海上固定平台
模块钻机加工设计指南

中海油能源发展装备技术有限公司　组织编写

刘剑　李衡　李晓赫　黄钢　张磊　张超　冯绍明　主编

U0264413

中国石化出版社

图书在版编目（CIP）数据

海上固定平台模块钻机加工设计指南 / 中海油能源
发展装备技术有限公司组织编写；刘剑等主编. —北京：
中国石化出版社，2018.12
ISBN 978 - 7 - 5114 - 5112 - 5

Ⅰ.①海…　Ⅱ.①中…　②刘…　Ⅲ.①海上钻探平台-
固定式平台-钻机-指南　Ⅳ.①TE951-62 ②TE922-62

中国版本图书馆 CIP 数据核字（2018）第 270069 号

中国石化出版社出版发行
地址：北京市朝阳区吉市口路 9 号
邮编：100020　电话：(010)59964500
发行部电话：(010)59964526
http://www.sinopec-press.com
E-mail:press@sinopec.com
北京建宏印刷有限公司印刷
全国各地新华书店经销

*

787×1092 毫米 16 开本 35 印张 876 千字
2018 年 12 月第 1 版　2018 年 12 月第 1 次印刷
定价:198.00 元

《海上固定平台模块钻机加工设计指南》

主 编	刘 剑	李 衡	李晓赫	黄 钢	张 磊
	张 超	冯绍明			
编 委	姚志义	王少平	张德全	刘卫东	李惠珍
	李冬翌	张维明	毕振扬	韩 鹏	杨昌华
	李柏林	栾爱科	梅 祥	彭立嵩	孙 滢
	王凤颖	路 明	韩明明	李树来	于 静
	王海晶	刘江歌	丛滋华	高维维	张立仁
	周可佳	曹 旭	李彦昭	刘志鹏	赵天婷
	张清香	梁 伟	杨玉冰	朱俊俊	王志军
	胡伟林	蒋观瑜	郑 凯	续宏亮	石婷婷
	钟 娜	郑道林	路 标	刘 玥	吴汉东
	许 沫	孙 婧			

前　言

　　加工设计是一种施工设计，是将详细设计图纸转化为用于施工的程序、加工图的设计过程，是最终实现设计意图的必备环节，它包含了设计准备、建立数字模型（PDMS）、碰撞检查、图纸设计、建造技术支持、完工图设计等六个过程，设计成果包括施工程序和方案、加工图、数字模型（PDMS）、采办料单、完工图等。

　　加工设计作为详细设计和现场施工的中间环节，它既是详细设计的延伸，又是现场施工前必要的工艺技术准备，其设计深度与详细设计和现场施工密不可分，是各生产要素的综合反映。加工设计取决于详细设计深度、技术手段，也取决于现场工艺装备、场地设施的配置及施工人员的技术水平。

　　加工设计的工作目标是满足现场建造需求，包括进度要求、质量要求、成本要求、安全要求等，加工设计工作核心是为现场建造技术服务，同时依据业主、详细设计、建造项目组、设备厂家各方要求制定最优建造方案。

　　《海上固定平台模块钻机加工设计指南》是根据海洋石油平台模块设计和建造工程项目实际需求，由渤海工程技术服务中心编制。

　　自 2007 年渤工成立了技术中心以来，通过 10 年的努力和磨练，技术中心已经成长为海洋石油工程专业化加工设计队伍，包含了 11 个设计专业，涵盖了海洋工程建造项目的全部内容，在模块钻机和生活模块的加工设计上已处于国内领先水平，能够使用 PDMS 软件建立工程建造三维模型，为现场提供最直观的、全方位的建造依据，应用 SACS 强度计算软件进行吊装、组装过程中的强度和变形计算，从技术上保证现场吊装过程的安全性。2007 年以来，渤工技术中心已完成 PY4-2/5-1、LF7-2、JZ25-1 等 19 座模块钻机加工设计，BZ28/34、KL3-2 等 16 座生活模块的加工设计，以及 QHD32-6 WHPH 和 WHPG 两个生活模块的详细设计。

本书在编制修订过程中，编写组经过广泛的调查研究，认真总结实践经验，参考相关国际标准和国内标准，并在征求各方意见的基础上进行了修订，最后经审查定稿。

本书编制的主要目的是收集、整理海洋石油平台模块建造加工设计的全部过程，全书按专业编制共 12 章，分别为：结构、电气、仪表、通讯、配管、机械、通风、舾装、安全、焊接、防腐、PDMS 模型。每个专业包含四个方面内容：专业简述、加工设计工作内容及流程、建造程序及技术要求、常见专业技术问题及处理方法和预防措施。附件中的设计图，部分列举了各专业常见工程材料、设备的名称、设计图例、典型实物图片以及简要的技术说明。本书具有系统性、完整性和实用性的特点，可以作为海洋石油工程模块钻机建造加工设计的指导性文件。

目　　录

第一章 结构专业加工设计

第一节 概述

结构是指模块钻机的钢结构部分，通常包括水平甲板、立柱、拉筋、围壁、滑轨等结构。

结构加工设计是在详细设计的基础上，按照详细设计规格书和相关规范的要求，根据装船形式、施工场地、设备设施和施工机具的能力进行施工设计。因此，同一个结构物，在不同的场地建造，或由不同的施工单位建造，所完成的加工设计内容是不同的。一个项目的加工设计成果，直接反映了一个企业的制造工艺水平和建造能力，其加工设计质量的优劣将直接影响工程的工期、安全、成本和质量。加工设计是实现设计者的意图、高质量完成工程建造任务的重要保障。

第二节 加工设计工作内容

一、工作内容

结构专业的加工设计内容主要包括：制定总体建造方案、制定分片预制和吊装方案、图纸加工设计、编制采办料单、技术支持和编制完工文件等。

主要设计内容如表 1-2-1 所示。

表 1-2-1

DOP		
1	SD-DOP-XXXX（MDR）-ST-0001	划线方案
2	SD-DOP-XXXX（MDR）-ST-0002	卷管程序
3	SD-DOP-XXXX（MDR）-ST-0003	组合梁预制方案
4	SD-DOP-XXXX（MDR）-ST-0004	管件卷制接长方案
5	SD-DOP-XXXX（MDR）-ST-0005	格栅制作方案
6	SD-DOP-XXXX（MDR）-ST-0006	无缝管单件图和排版图
7	SD-DOP-XXXX（MDR）-ST-0007	辅助吊杆卷制接长方案

DOP		
8	SD-DOP-XXXX（MDR）-ST-0008	BOX 梁板材排版图
9	SD-DOP-XXXX（MDR）-ST-1001	DES 模块建造程序
10	SD-DOP-XXXX（MDR）-ST-1002	DES 模块总体建造方案
11	SD-DOP-XXXX（MDR）-ST-1003	DES 模块水平片预制方案
12	SD-DOP-XXXX（MDR）-ST-1004	DES 模块水平片吊装方案
13	SD-DOP-XXXX（MDR）-ST-1005	DES 模块立片预制方案
14	SD-DOP-XXXX（MDR）-ST-1006	DES 模块立片吊装方案
15	SD-DOP-XXXX（MDR）-ST-1007	DES 模块钻台面主结构成品型材单件图
16	SD-DOP-XXXX（MDR）-ST-1008	DES 模块钻台面主结构成品型材排版图
17	SD-DOP-XXXX（MDR）-ST-1009	DES 模块下底座 EL.（+）46200 层成品型材单件图
18	SD-DOP-XXXX（MDR）-ST-1010	DES 模块下底座 EL.（+）46200 层成品型材排版图
19	SD-DOP-XXXX（MDR）-ST-1011	DES 模块下底座 EL.（+）43000 层成品型材单件图
20	SD-DOP-XXXX（MDR）-ST-1012	DES 模块下底座 EL.（+）43000 层成品型材排版图
21	SD-DOP-XXXX（MDR）-ST-1013	DES 模块下底座 EL.（+）38000 层成品型材单件图
22	SD-DOP-XXXX（MDR）-ST-1014	DES 模块下底座 EL.（+）38000 层成品型材排版图
23	SD-DOP-XXXX（MDR）-ST-1015	DES 模块下底座立面型材单件图
24	SD-DOP-XXXX（MDR）-ST-1016	DES 模块下底座立面型材排版图
25	SD-DOP-XXXX（MDR）-ST-1017	DES 模块附属结构型材单件图
26	SD-DOP-XXXX（MDR）-ST-1018	DES 模块附属结构型材排版图
27	SD-DOP-XXXX（MDR）-ST-1019	DES 模块下底座筋板环板排版图
28	SD-DOP-XXXX（MDR）-ST-1020	DES 模块钻台面筋板环板排版图
29	SD-DOP-XXXX（MDR）-ST-1021	DES 模块附属结构筋板环板排版图
30	SD-DOP-XXXX（MDR）-ST-1022	DES 模块滑轨和 BOP 悬挂梁预制方案
31	SD-DOP-XXXX（MDR）-ST-1023	DES 模块围壁排版图
32	SD-DOP-XXXX（MDR）-ST-1024	DES 模块下底座甲板板排版图
33	SD-DOP-XXXX（MDR）-ST-1025	DES 模块钻台面甲板板排版图
34	SD-DOP-XXXX（MDR）-ST-2001	DSM 模块建造程序
35	SD-DOP-XXXX（MDR）-ST-2002	DSM 模块总体建造方案
36	SD-DOP-XXXX（MDR）-ST-2003	DSM 模块水平片预制方案
37	SD-DOP-XXXX（MDR）-ST-2004	DSM 模块水平片吊装方案
38	SD-DOP-XXXX（MDR）-ST-2005	DSM 模块底层甲板型材单件图
39	SD-DOP-XXXX（MDR）-ST-2006	DSM 模块底层甲板型材排版图
40	SD-DOP-XXXX（MDR）-ST-2007	DSM 模块中层甲板型材单件图

续表

DOP		
41	SD-DOP-XXXX（MDR）-ST-2008	DSM模块中层甲板型材排版图
42	SD-DOP-XXXX（MDR）-ST-2009	DSM模块顶层甲板型材单件图
43	SD-DOP-XXXX（MDR）-ST-2010	DSM模块顶层甲板型材排版图
44	SD-DOP-XXXX（MDR）-ST-2011	DSM模块立面型材单件图
45	SD-DOP-XXXX（MDR）-ST-2012	DSM模块立面型材排版图
46	SD-DOP-XXXX（MDR）-ST-2013	DSM模块附属结构型材单件图
47	SD-DOP-XXXX（MDR）-ST-2014	DSM模块附属结构型材排版图
48	SD-DOP-XXXX（MDR）-ST-2015	DSM模块主结构筋板环板排版图
49	SD-DOP-XXXX（MDR）-ST-2016	DSM模块附属结构筋板环板排版图
50	SD-DOP-XXXX（MDR）-ST-2017	DSM模块甲板板排版图
51	SD-DOP-XXXX（MDR）-ST-2018	DSM模块围壁排版图
MAL		
1	SD-MAL-XXXX（MDR）-ST-0001	主结构板材采办料单
2	SD-MAL-XXXX（MDR）-ST-0002	主结构型材采办料单
3	SD-MAL-XXXX（MDR）-ST-0003	围壁板采办料单
4	SD-MAL-XXXX（MDR）-ST-0004	格栅板采办料单
5	SD-MAL-XXXX（MDR）-ST-0005	主结构钢材增补及附属结构钢材采办料单
6	SD-MAL-XXXX（MDR）-ST-0006	木材采办料单
7	SD-MAL-XXXX（MDR）-ST-0007	结构散料采办料单
DWG		
1	SD-DWG-XXXX（MDR）-ST-0001	结构图纸目录
2	SD-DWG-XXXX（MDR）-ST-0002	模块钻机结构总体说明
3	SD-DWG-XXXX（MDR）-ST-0003	模块钻机典型节点图（1-4）
4	SD-DWG-XXXX（MDR）-ST-0004	模块钻机典型节点图（2-4）
5	SD-DWG-XXXX（MDR）-ST-0005	模块钻机典型节点图（3-4）
6	SD-DWG-XXXX（MDR）-ST-0006	模块钻机典型节点图（4-4）
7	SD-DWG-XXXX（MDR）-ST-0007	DES模块滑轨结构图
8	SD-DWG-XXXX（MDR）-ST-0008	DES模块滑轨建造公差
9	SD-DWG-XXXX（MDR）-ST-0009	DES模块下底座滑道梁建造公差
10	SD-DWG-XXXX（MDR）-ST-1001	模块钻台面EL.（+）49500平面结构图
11	SD-DWG-XXXX（MDR）-ST-1002	模块钻台面立面结构图（1-4）
12	SD-DWG-XXXX（MDR）-ST-1003	DES模块钻台面立面结构图（2-4）
13	SD-DWG-XXXX（MDR）-ST-1004	模块钻台面立面结构图（3-4）

DWG		
14	SD-DWG-XXXX（MDR）-ST-1005	DES 模块钻台面立面结构图（4-4）
15	SD-DWG-XXXX（MDR）-ST-1006	DES 模块下底座 EL.（+）46200 平面结构图
16	SD-DWG-XXXX（MDR）-ST-1007	DES 模块下底座滑道梁结构图
17	SD-DWG-XXXX（MDR）-ST-1008	DES 模块下底座 EL.（+）43000 平面结构图
18	SD-DWG-XXXX（MDR）-ST-1009	DES 模块下底座 EL.（+）38000 平面结构图
19	SD-DWG-XXXX（MDR）-ST-1010	DES 模块下底座"XA"轴立面结构图
20	SD-DWG-XXXX（MDR）-ST-1011	DES 模块下底座"XB"轴立面结构图
21	SD-DWG-XXXX（MDR）-ST-1012	DES 模块下底座"1"轴立面结构图
22	SD-DWG-XXXX（MDR）-ST-1013	模块下底座"2"轴立面结构图
23	SD-DWG-XXXX（MDR）-ST-1101	DES 模块节点详图（1-4）
24	SD-DWG-XXXX（MDR）-ST-1102	DES 模块节点详图（2-4）
25	SD-DWG-XXXX（MDR）-ST-1103	DES 模块节点详图（3-4）
26	SD-DWG-XXXX（MDR）-ST-1104	DES 模块节点详图（4-4）
27	SD-DWG-XXXX（MDR）-ST-1105	DES 模块 VFD&MCC 房间及挡风墙结构图（1-3）
28	SD-DWG-XXXX（MDR）-ST-1106	DES 模块 VFD&MCC 房间及挡风墙结构图（2-3）
29	SD-DWG-XXXX（MDR）-ST-1107	DES 模块 VFD&MCC 房间及挡风墙结构图（3-3）
30	SD-DWG-XXXX（MDR）-ST-1108	DES 模块梯道平台结构图
31	SD-DWG-XXXX（MDR）-ST-1109	DES 模块钻台面铺板结构图（1-2）
32	SD-DWG-XXXX（MDR）-ST-1110	DES 模块钻台面铺板结构图（2-2）
33	SD-DWG-XXXX（MDR）-ST-1111	DES 模块集污盒结构图
34	SD-DWG-XXXX（MDR）-ST-1112	DES 模块 BOP 吊梁结构图
35	SD-DWG-XXXX（MDR）-ST-1113	DES 模块猫道结构图（1-2）
36	SD-DWG-XXXX（MDR）-ST-1114	DES 模块猫道结构图（2-2）
37	SD-DWG-XXXX（MDR）-ST-1115	DES 模块泥浆罐结构图（1-2）
38	SD-DWG-XXXX（MDR）-ST-1116	DES 模块泥浆罐结构图（2-2）
39	SD-DWG-XXXX（MDR）-ST-1117	DES 模块岩屑槽结构图
40	SD-DWG-XXXX（MDR）-ST-1118	DES 模块 BOP 维修平台结构图
41	SD-DWG-XXXX（MDR）-ST-1119	DES 模块吊耳布置详图
42	SD-DWG-XXXX（MDR）-ST-1120	DES 模块喇叭口操作平台结构图
43	SD-DWG-XXXX（MDR）-ST-1121	DES 模块钻台面防撞柱布置图
44	SD-DWG-XXXX（MDR）-ST-1201	DES 模块吊装布置图
45	SD-DWG-XXXX（MDR）-ST-1202	DES 模块辅助吊杆结构图
46	SD-DWG-XXXX（MDR）-ST-1301	DES 模块下底座 EL.（+）46200 平面甲板拼板图

DWG		
47	SD-DWG-XXXX（MDR）-ST-1302	DES 模块下底座 EL.（＋）43000 平面甲板拼板图
48	SD-DWG-XXXX（MDR）-ST-1303	DES 模块下底座 EL.（＋）38000 平面甲板拼板图
49	SD-DWG-XXXX（MDR）-ST-1304	DES 模块钻台面甲板拼板图
50	SD-DWG-XXXX（MDR）-ST-1305	DES 模块绞车顶棚甲板拼板图
51	SD-DWG-XXXX（MDR）-ST-1306	DES 模块房间及挡风墙围壁拼版图
52	SD-DWG-XXXX（MDR）-ST-1307	DES 模块集污盒拼板图
53	SD-DWG-XXXX（MDR）-ST-1308	DES 模块泥浆罐拼板图
54	SD-DWG-XXXX（MDR）-ST-1309	DES 模块岩屑槽拼板图
55	SD-DWG-XXXX（MDR）-ST-1310	DES 模块猫道甲板拼板图
56	SD-DWG-XXXX（MDR）-ST-1311	DES 模块污水槽拼版图
57	SD-DWG-XXXX（MDR）-ST-1312	DES 模块筋板环板单件图-1
58	SD-DWG-XXXX（MDR）-ST-1313	DES 模块筋板环板单件图-2
59	SD-DWG-XXXX（MDR）-ST-1314	DES 模块筋板环板单件图-3
60	SD-DWG-XXXX（MDR）-ST-1315	DES 模块筋板环板单件图-4
61	SD-DWG-XXXX（MDR）-ST-1316	DES 模块筋板环板单件图-5
62	SD-DWG-XXXX（MDR）-ST-1317	DES 模块筋板环板单件图-6
63	SD-DWG-XXXX（MDR）-ST-1318	DES 模块筋板环板单件图-7
64	SD-DWG-XXXX（MDR）-ST-1319	DES 模块筋板环板单件图-8
65	SD-DWG-XXXX（MDR）-ST-2001	DSM 模块下层甲板 EL.（＋）36400 平面结构图
66	SD-DWG-XXXX（MDR）-ST-2002	DSM 模块中层甲板 EL.（＋）41400 平面结构图
67	SD-DWG-XXXX（MDR）-ST-2003	DSM 模块上层甲板 EL.（＋）45900 平面结构图
68	SD-DWG-XXXX（MDR）-ST-2004	DSM 模块测井平台 EL.（＋）48600 平面结构图
69	SD-DWG-XXXX（MDR）-ST-2005	DSM 模块 A 轴 ＆ B 轴立面结构图
70	SD-DWG-XXXX（MDR）-ST-2006	DSM 模块"LY1"轴 ＆ "LY3"轴立面结构图
71	SD-DWG-XXXX（MDR）-ST-2007	DSM 模块"LY2"轴 ＆ "LY4"轴立面结构图
72	SD-DWG-XXXX（MDR）-ST-2101	DSM 模块节点详图（1－5）
73	SD-DWG-XXXX（MDR）-ST-2102	DSM 模块节点详图（2－5）
74	SD-DWG-XXXX（MDR）-ST-2103	DSM 模块节点详图（3－5）
75	SD-DWG-XXXX（MDR）-ST-2104	DSM 模块节点详图（4－5）
76	SD-DWG-XXXX（MDR）-ST-2105	DSM 模块节点详图（5－5）
77	SD-DWG-XXXX（MDR）-ST-2106	DSM 模块围壁结构布置图（1－3）

DWG		
78	SD-DWG-XXXX（MDR)-ST-2107	DSM 模块围壁结构布置图（2－3）
79	SD-DWG-XXXX（MDR)-ST-2108	DSM 模块围壁结构布置图（3－3）
80	SD-DWG-XXXX（MDR)-ST-2109	DSM 模块钻杆堆场结构图
81	SD-DWG-XXXX（MDR)-ST-2110	DSM 模块基座结构图
82	SD-DWG-XXXX（MDR)-ST-2111	DSM 模块发电机房操作平台 EL.（十）37200 平面结构图
83	SD-DWG-XXXX（MDR)-ST-2112	DSM 模块泥浆罐吸入槽结构图
84	SD-DWG-XXXX（MDR)-ST-2113	DSM 模块和北侧吊机栈桥结构图
85	SD-DWG-XXXX（MDR)-ST-2114	DSM 模块和生活楼栈桥结构图
86	SD-DWG-XXXX（MDR)-ST-2115	DSM 模块和南侧吊机栈桥结构图
87	SD-DWG-XXXX（MDR)-ST-2116	DSM 模块维修吊梁及吊耳布置详图
88	SD-DWG-XXXX（MDR)-ST-2201	DSM 模块吊装布置及吊耳结构图
89	SD-DWG-XXXX（MDR)-ST-2301	DSM 模块下层甲板拼板图
90	SD-DWG-XXXX（MDR)-ST-2302	DSM 模块中层甲板拼板图
91	SD-DWG-XXXX（MDR)-ST-2303	顶层甲板及测井平台拼板图
92	SD-DWG-XXXX（MDR)-ST-2304	DSM 模块围壁拼板图－1
93	SD-DWG-XXXX（MDR)-ST-2305	DSM 模块围壁拼板图－2
94	SD-DWG-XXXX（MDR)-ST-2306	DSM 模块围壁拼板图－3
95	SD-DWG-XXXX（MDR)-ST-2307	DSM 模块围壁拼板图－4
96	SD-DWG-XXXX（MDR)-ST-2308	DSM 模块围壁拼板图－5
97	SD-DWG-XXXX（MDR)-ST-2309	DSM 模块筋板环板单件图－1
98	SD-DWG-XXXX（MDR)-ST-2310	DSM 模块筋板环板单件图－2
99	SD-DWG-XXXX（MDR)-ST-2311	DSM 模块筋板环板单件图－3
100	SD-DWG-XXXX（MDR)-ST-2312	DSM 模块筋板环板单件图－4
101	SD-DWG-XXXX（MDR)-ST-2313	DSM 模块附属结构板材单件图

二、设计界面划分

　　详细设计负责整套结构图纸的设计，结构各个工况下整体强度的计算，以及附属结构和节点等强度的计算，负责编写设计、建造、材料，以及检验等规格书，并编写详细设计料单和重量控制报告。加工设计是以详细设计图纸和相关技术规格书、标准的要求为基础，制定模块的总体建造方案，各类施工方案，并绘制各类加工设计图纸，负责采办料单的编制。

详细界面划分见附录二《设计阶段划分及设计内容规定》。

三、加工设计

（一）设计流程（图1－2－1）

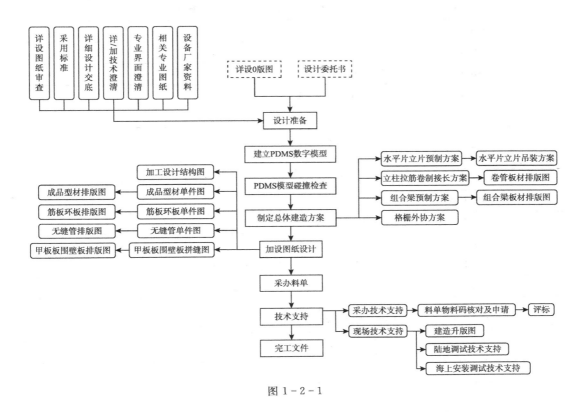

图1－2－1

（二）加工设计依据

加工设计文件编制的依据是详细设计图纸、规格书和其所规定采用的国际、国内规范或标准，若规格书与规范、标准相互间矛盾，应优先执行规格书，若规范、标准间相互矛盾，应按规格书规定的优先顺序执行，通常采用的规格书、规范和标准如下：

（1）规格书

详细设计建造技术规格书；

详细设计材料技术规格书；

详细设计焊接技术规格书；

详细设计检验技术规格书；

（2）标准和规范（表1－2－2）

表 1-2-2

序号	标准号	名称
国内标准		
1	CCS	海上固定平台入级与建造规范
2	CCS	海上固定平台移动平台入级与建造规范补充规定
3	GB/T 699	优质碳素结构钢
4	GB/T 700	碳素结构钢
5	GB/T 701	低碳钢热轧圆盘条
6	GB/T 704	热轧扁钢尺寸、外形、重量及允许偏差
7	GB/T 706	热轧工字钢尺寸、外形、重量及允许偏差
8	GB/T 707	热轧槽钢尺寸、外形、重量及允许偏差
9	GB/T 709	热轧钢板和钢带的尺寸、外形、重量及允许偏差
10	GB/T 712	船体用结构钢
11	GB/T 3277	花纹钢板
12	GB/T 5313	厚度方向性能钢板
13	GB/T 1591	低合金高强度结构钢
14	GB/T 9787	热轧等边角钢尺寸、外形、重量及允许偏差
15	GB/T 9788	热轧不等边角钢尺寸、外形、重量及允许偏差
16	GB/T 8162	结构用无缝钢管
17	GB/T 11263	热轧 H 型钢尺寸、外形、重量及允许偏差
18	YB 3301	焊接 H 型钢
19	YB 4001	钢格栅板
20	GB/T 5780	六角螺栓 C 级
21	GB/T 5781	六角螺栓全螺纹 C 级
22	GB/T 56	六角厚螺母
23	GB/T 95	平垫圈 C 级
24	GB/T 1228	钢结构用高强度大六角螺栓
25	GB/T 1299	钢结构用高强度螺栓六角螺母
26	GB/T 1230	钢结构用高强度垫圈
27	GB/T 1231	钢结构用高强度大六角头螺栓、大六角螺母、垫圈
美国石油学会标准（API）		
1	API RP 2A-WSD	海上固定平台规划、设计和建造的推荐作法
2	API Spec. 2B	结构钢管制造规范
3	API Spec. 2H	海上平台管节点用碳锰钢板规范
4	API RP2X	海上结构建造的超声检验推荐作法和超声技师资格考核指南
5	API Spec. 5L	管线钢管规范

续表

序号	标准号	名称
美国材料试验学会标准（ASTM）		
1	ASTM A6	结构用热轧钢板、型材、钢带和棒材的一般要求
2	ASTM A370	钢产品机械试验标准试验方法和说明
3	ASTM A123	钢铁产品的镀锌涂层（热浸锌）
美国焊接学会标准（AWS）		
1	AWS D1.1/D1.1M	钢结构焊接规范
美国机械工程师学会标准（ASME）		
1	ASME Sec. V	无损检验
美国钢结构学会（AISC）		
1	AISC	钢结构规范
日本工业标准（JIS）		
1	G3106	焊接结构用轧制钢材（SM）
2	G3101	一般结构用轧制钢材（SS）

（三）设计准备

熟悉详细设计图纸、规格书，参加业主组织的详细设计交底，针对图纸、规格书和材料等技术问题进行技术澄清。

加工设计工作内容确定后，根据工期要求，编制加工设计计划。加工设计计划要求有详细的加工设计图纸、施工程序和方案设计内容的起始时间，要指定设计、校对、审核人员。加工设计计划制定后，开始进行加工设计工作。

（四）碰撞检查

碰撞检查采用3D建模的方法，将全部模型建立完成后，先进行本专业的碰撞检查，检查结构本身有无设计错误导致的碰撞问题，再与其他专业进行碰撞检查，看是否有与结构主梁，立柱等碰撞的问题。

具体内容参考第十二章PDMS模型设计中三维模型碰撞检查部分。

（五）加工图纸设计

结构专业加工设计图纸包括：主结构及附属结构加工设计图纸，甲板及围壁拼板图，型材单件图和排版图，筋板环板单件图和排版图。

（1）主结构及附属结构加工设计图纸

①以详细设计图纸为基础，更换本项目加工设计统一使用的图框，更换时注意图框比例；

②为图纸上的型材和筋板环板编写杆件号，编写顺序为先型材后板材，不同型材的编写顺序为先大梁后小梁、由上至下、由左至右的顺序编号，筋板环板的编写顺序为先厚板后薄板，杆件号不重复不遗漏；

③增加编号说明；

④核对图纸其他细节，校对、审核无误后方可出版，如图1-2-2所示为水平层结构加工设计图纸。

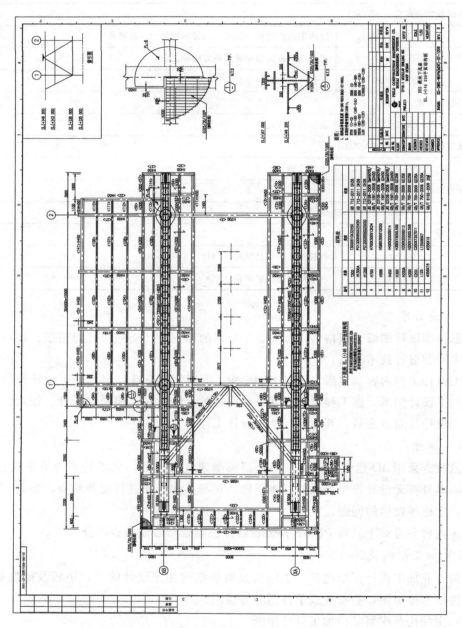

图1-2-2 水平层结构加工设计图纸

（2）甲板及围壁拼板图

①以水平层结构图和立面围壁图为基础，将甲板和围壁以外的结构修改为作为浅色背景；

②将甲板、围壁合理分割，分割时应依据采办料单中板的规格，甲板板在分割时应使

拼接缝尽量落在梁格上，围壁板在分割时不进行门窗的开孔，甲板和围壁在分割时均应避免出现十字拼接缝；

③给每一块甲板或围壁编写杆件号；

④标注加工尺寸，位置清晰合理，尺寸全面。

⑤增加焊接符号及编号说明。

⑥核对图纸其他细节，校对、审核无误方可出版，如图1-2-3所示为围壁拼板图。

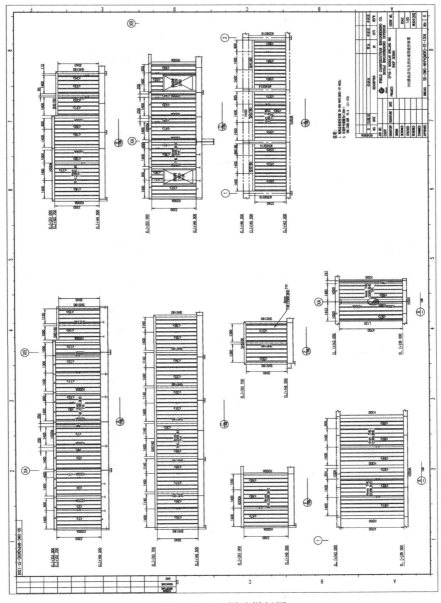

图1-2-3 围壁拼板图

（3）型材单件图

①参考加工设计结构相关图纸；

②依据每张图纸中型材的杆件号为每个杆件绘制单件图，单件图为型材主视图并标注尺寸，如有其他方位加工，需绘制俯视图或细节图，每根杆件还应标注与其两端相交型材的规格，以及最大长度、材质和数量；

③核对图纸其他细节，校对、审核无误方可出版，如图1-2-4所示型材单件图。

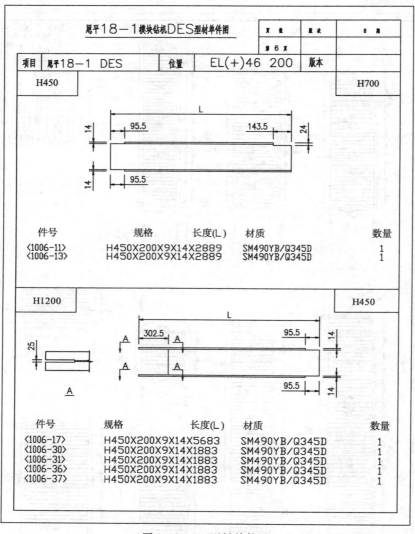

图1-2-4　型材单件图

（4）型材排版图

①以型材单件图中给出的长度和数量，把每个水平层或里面的型材分别排版，排版时型材的规格以采办料单中规格为基础，排版时注意每根型材应留有一定加工余量；

②可采用自动排版软件，以提高效率；

③统计排版后每种规格型钢所用的数量；

④核对图纸其他细节，校对、审核无误方可出版，如图1－2－5所示型材排版图。

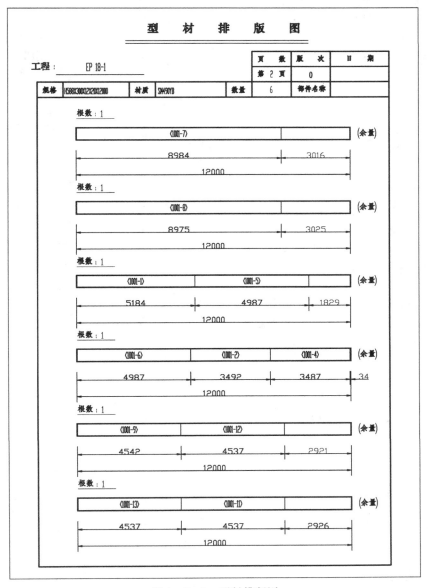

图1－2－5　型材排版图

（5）筋板环板单件图

①参考加工设计结构相关图纸，尤其是节点详图；

②将各筋板按照由厚板到薄板的顺序绘制版单件图，寄外围轮廓图，并标注尺寸；

③在单件图下方标注杆件号、数量、厚度、材质；

④核对图纸其他细节，校对、审核无误即可出版，如图1－2－6所示环板单件图。

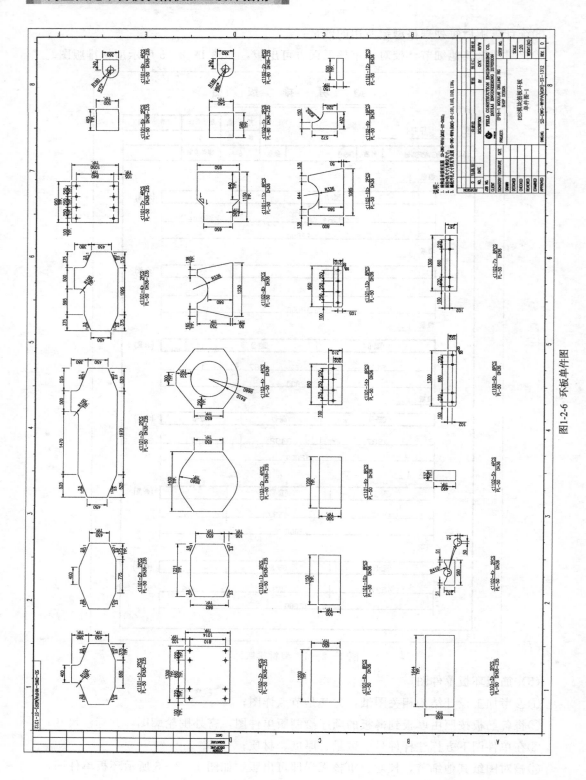

图1-2-6 环板单件图

（6）板材排版图

①以采办料单中板的尺寸为基础，将各类板在上面进行排版，排版时不能重合，同时要布置合理，使板材得到充分的利用；

②排版时各板相邻的地方应留有一定的切割距离；

③排版图下方给出本张板材杆件号、数量；

④核对图纸其他细节，校对、审核无误方可出版，如图 1 - 2 - 7 所示筋板环板排版图。

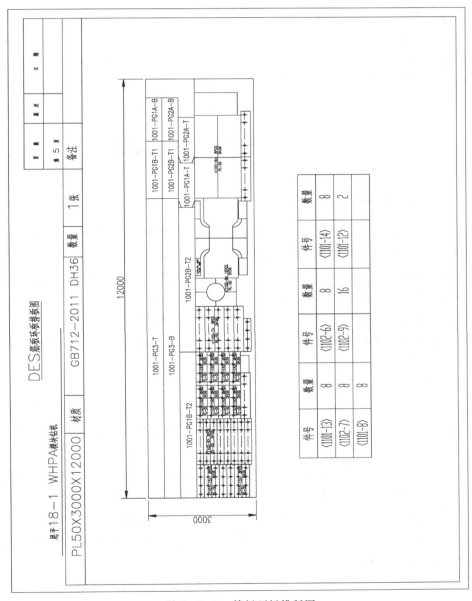

图 1 - 2 - 7　筋板环板排版图

四、技术支持

（一）采办技术支持

首先要根据详细设计图纸进行材料统计，编制采办料单，并协助采办人员进行评标工作，如评价钢材是否符合规格书和规范要求，钢材规格与料单不同时是否满足要求。

（二）现场技术支持

现场技术支持主要包括，总体方案及各类建造方案的澄清，加工设计图纸的修改和升版，以及协助项目工程师解决现场遇到的技术问题。

（三）加工设计完工图

所谓完工图是表达工程变更或修改后最后完工状态的图。即在整个模块海上完工后，将加工设计图历次升版图中保留最后的一版，删除图中所有的云雾线和修改符号。在标题栏上方标以"AS BUILT"字样，完工图要求备份存档和提交业主。

第三节　建造程序及技术要求

一、总体建造方案

总体建造方案是对模块建造过程的总体规划，以便能高效、高质的完成钢结构的制造，并为编制其它有关具体方案提供要求和依据。此方案的编制应综合考虑建造形式、资源情况（包括场地情况、吊机资源、滑靴尺寸、施工人员）、工期以及最终装船方式等因素，只有综合考虑各项因素才能编制出满足工程要求的方案。

完整的总体建造方案应包括工程描述；采用规范、规格书；建造技术要求；建造流程；建造场地布置；建造过程描述及组装顺序；临时支撑布置；滑靴与模块间的连接及固定；装船方式；施工机具清单；施工用料清单。

（一）工程描述

主要应说明工程概况，其中应包括项目名称、结构种类、总体尺寸、总体重量、附件种类、场地选择、工期要求、装船方式等情况。另外对本工程的独特之处应重点说明。

（二）总装场地布置

场地一般是指能够建造大型模块的滑道及满足各环节预制要求的有足够面积的室外作业场所。滑道是设置在码头后方并一直延伸到码头前沿的专为海洋石油平台的制造、装船而设计的钢筋混凝土结构物，主要由两条平行的桩基或弹性板基础承台结构组成。滑道的顶面标高与码头顶面标高及周围场地地面标高基本相同。在建造模块时一般要在滑道上再布置活动滑道块、滑道钢板（限位角钢）和滑靴。

滑道示意图如图 1-3-1 所示。

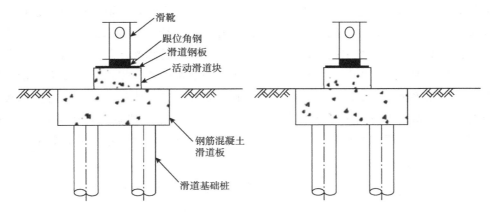

图 1-3-1

场地布置时主要考虑以下几个方面的问题：

（1）场地布置的一个重要工作是核算滑道的承载力，如果不满足要求，应及时采取相应的措施解决。解决方法从两个方面考虑：一方面是增强场地的承载力，可以改到承载力更强的场地进行施工；另一方面是采取措施减小模块对滑道的作用力，可以采取的措施包括增大滑靴长度，从而减少单位面积的压力。对由于模块重量偏心造成的滑道一侧承载力过大，可以通过在滑靴上架设横梁来调整模块的重心，使重心尽量位于两侧滑靴的中间，从而使两侧均匀受力。

以下为某工程用横梁调节重心的实例（图 1-3-2），采取此措施的缺点是需要额外的横梁，而横梁本身有重量，还要注意核算横梁的强度。

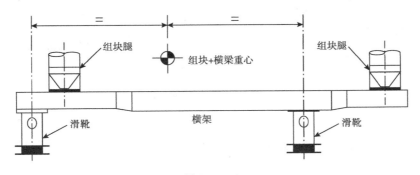

图 1-3-2

（2）承载能力的另一个方面是滑道的水平承载力，即滑道抵抗水平力的能力。在滑道上建造完毕的模块从滑道的后方牵引至码头前沿或牵引至驳船上时，牵引力将对滑道产生水平力，尤其在模块重量较大时将产生较大的水平力。因此，滑道对水平力的承载能力也要校核。

（3）关于滑道上滑道块的使用问题。很多滑道建造时，同时建造了滑道块，用于增强场地的竖向承载力，同时给出了在多大的竖向承载力下可以不用滑道块的要求。一般可以根据模块竖向荷载大小决定是否需要滑道块。同时，在是否使用滑道块的问题上还要考虑滑移装船的要求,因为滑道块直接决定了驳船上滑道的顶标高,而驳船的所能达到标高与潮位和调载能力有关,因此必须与相关方面协调好,避免给工程带来被动。滑道块使用时应注意要按照滑道的设计要求摆放。滑道块的另一个作用是承受水平力,当模块牵引上船时,一般驳船上滑道要顶在陆地的滑块上,把水平力通过滑块与模块的摩擦力抵消,这样对滑道本身的水平力就大大降低。同样道理,在不需要滑移上船而只需要滑移到码头前沿的情况时,如果滑道本身的水平承载力不够,也可以采取把前锚点固定于滑块上的方法,如图1-3-3所示。所以在编制"总体建造方案"时,就要考虑好是否用滑道块。

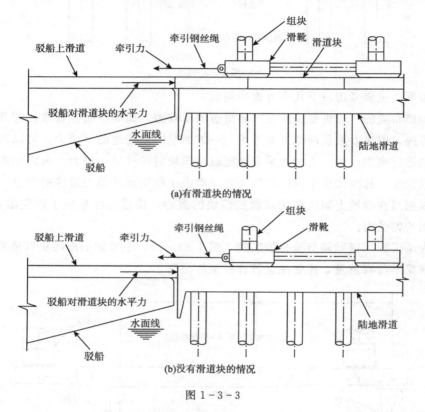

图1-3-3

(4) 必须核实滑道的宽度。如果模块的跨距超出了滑道允许宽度,可以考虑在滑靴上架横梁的方式解决。

(5) 还要考虑模块在滑道上的相对位置,最理想的情况是在模块前后均预留出车道,这样对模块的建造最有利。一般至少在模块的一侧留出车道。车道的宽度应根据履带吊机的尺寸以及被吊装结构的尺寸进行预留。

(6) 对于模块在场地上摆放的方向,首先要考虑场地尺寸的限制,然后考虑对于建造有利的方向布置,然后把此布置提交安装承包商,由其考虑是否满足吊装上船或者滑移上船以及运输的要求。对于吊装上船,一般来说应把模块的重心布置在前端。

(7) 对于特殊的建造场地,一般没有专门的滑道,只能建造较小型的模块,由浮吊直接吊装上船,这时根据荷载及场地承载力的情况有可能需要特殊的垫墩以满足承载力的要求。对需要新建造垫墩的情况，应在方案中出具制造图。

（三）滑靴选取及与模块间的连接固定

由于一般模块建造时距码头前沿较远，在建造完毕后，到海上安装，必须首先通过一定的方法把模块移动到码头前沿，然后再通过吊装或者直接滑移上船。滑靴是位于模块与滑道之间的一个工装设施。一方面，通过滑靴把模块的荷载传递到基础上，起到分散荷载的作用。另一方面，滑靴要适应模块滑移的要求，所以滑靴底部有木头，并在木头和滑道钢板之间抹上黄油以减少摩擦力。

另外模块的拖点一般也必须设置在滑靴上，以便于滑靴要适应模块滑移的要求。对于有称重要求的模块，还必须考虑称重支撑结构与滑靴是关系，有时称重结构要连接到滑靴上，有时滑靴要作为千斤顶的支撑基础。滑靴简图如图 1-3-4 所示。

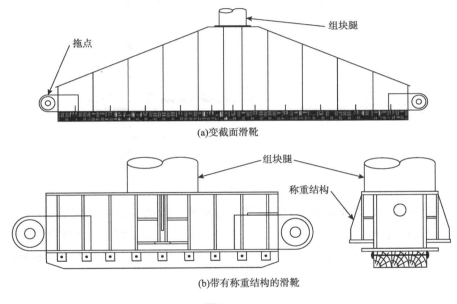

(a)变截面滑靴

(b)带有称重结构的滑靴

图 1-3-4

选用滑靴时首先应在现有滑靴中选择，因为滑靴重量很大，用已有的滑靴可以节省大量钢材及其预制费用。如果现有滑靴不能满足要求，应重新设计。

滑靴选用除了考虑以上提到的问题外，最重要的是要核算其强度，对于模块吊装上船的滑靴，滑靴只要承受建造过程以及牵引过程的力即可，受力比较简单；对于模块滑移上船的滑靴，滑靴受力比较复杂，而且与驳船的调载控制以及潮汐规律有关，应进行详细的分析计算。

一般情况下，在模块建造过程中滑靴与滑靴之间用钢管连接在一起，如图 1-3-5 所示。

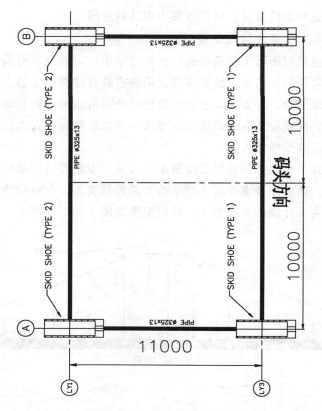

图 1-3-5　滑靴连接示意图

　　模块建造过程中，需要将滑靴之间用管材连接在一起的目的是固定滑靴，使其在建造过程中不能滑动，这样可以保证模块的施工安全，也可以保证模块整体建造尺寸。

　　模块在建造时，滑靴和模块立柱之间需要用筋板连接固定，如图 1-3-6 所示。

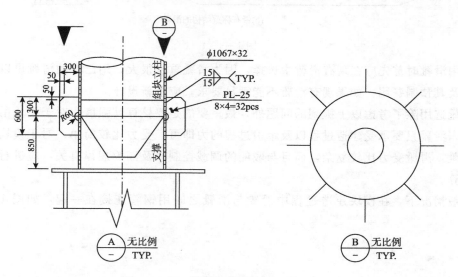

图 1-3-6　滑靴与模块立柱之间连接图

（四）建造流程

用框图的形式将模块建造的各个基本工序及其先后顺序表示出来，可以清楚的了解各工序的相互关系。流程图也是项目实施计划编制的重要数据。绘制时应以时间先后顺序，把从开工到完工期间的重要步骤绘成直观明了的框图形式。典型的模块钻机施工流程图如图 1-3-7 所示。

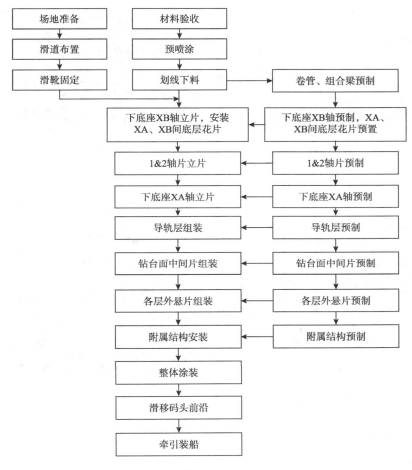

图 1-3-7

（五）建造过程描述及组装顺序

首先应把模块的建造过程描述清楚，整个模块如何分块预制、各块如何吊装就位、空间杆件的安装、机械设备的安装，同时可以把建造过程的制约因素也描述出来，并提醒施工人员注意。然后应用图的形式把组装顺序清楚的表示出来。

（1）钻机 DES 模块一般考虑立式建造

以 PY4-2 DES 模块为例：需预制"XA"轴、"XB"轴、"1"轴、"2"轴共 4 个立片和 12 个水平甲板分片，其中上导轨结构片和钻台平面需要分片预制。部分下底座水平片在轴立片吊装前先与立片安装就位，随轴立片一起吊装，模块的整体建造采用先吊装合拢

4 个立片，再安装上滑轨和钻台面等其它上部结构的空间组装方式（图 1-3-8～图 1-3-18）。

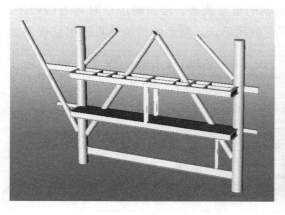

图 1-3-8 安装"XB"轴立片

图 1-3-9 组对"1"轴和"2"轴立片

图 1-3-10 安装"XA"轴立片

图 1-3-11 安装"XB"轴上滑轨结构

图 1-3-12 安装"XA"轴上滑轨结构

图 1-3-13 安装 EL（＋）50 000 层外悬片和斜拉筋及墙皮

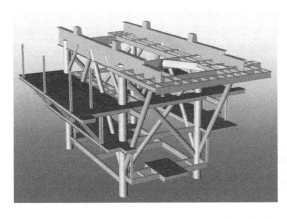

图1-3-14 安装EL（＋）53 000层外悬片和斜拉筋及墙皮

图1-3-15 安装EL（＋）56 200层水平片

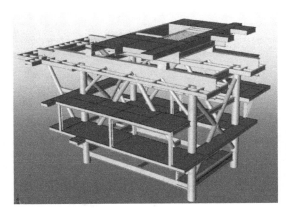

图1-3-16 安装钻台面1♯分片

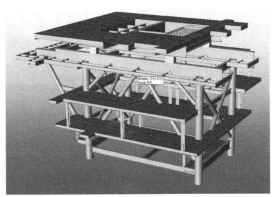

图1-3-17 安装钻台面2♯分片

图1-3-18 安装MCC房及其余附属结构

（2）钻机DSM模块一般考虑水平片叠层建造，立柱分层或整体插装。

以PY4-2 DSM模块为例：采用正造法，共需预制5个水平分片，底层甲板片直接在模块的总装位置预制，中层和顶层各分两片进行预制、吊装，主立柱分段安装，模块的整体建造采用水平片逐层安装的空间组装方式（图1-3-19～图1-3-26）。

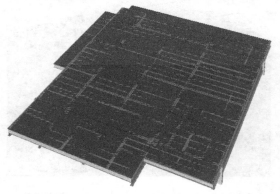

图1-3-19 底层水平片在组装场地预制

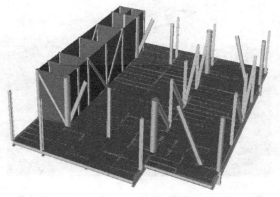

图1-3-20 安装底层的拉筋和泥浆池，大型设备就位

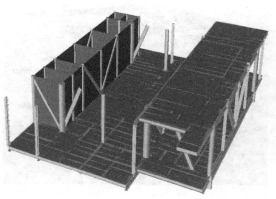

图1-3-21 安装中层甲板3#分片

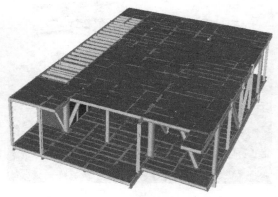

图1-3-22 安装中层甲板2#分片

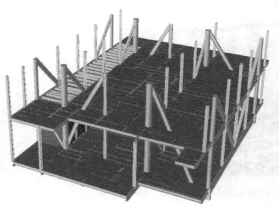

图1-3-23 安装中层的拉筋和泥浆池，大型设备就位

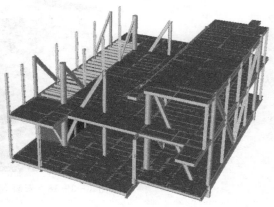

图1-3-24 安装顶层甲板5#分片

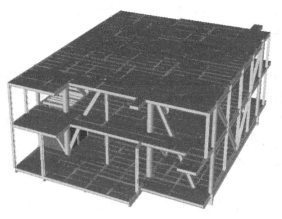 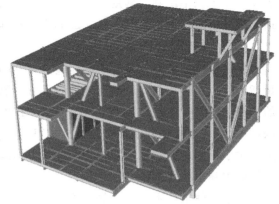

图 1-3-25 安装顶层甲板 4♯分片　　　图 1-3-26 安装测井平台及钻杆堆场

采用哪种建造方式，需充分考虑结构特点，把施工难度减小到最低。把尽可能多的预制工作在平面状态完成，减少高空作业量，提高效率，降低危险性，且更易于保证施工质量。在场地条件允许的情况下，模块还可以采用反造法，逐层预制翻身吊装合拢，有利于缩短建造周期。

（六）临时支撑布置

在建造过程中由于模块整个结构尚未组成一个整体，其承受设备荷载的能力与建造完成后的结构有很大差别，但设备又必须提前安装。因此必须根据实际情况采用临时支撑保证建造过程中的安全。应对临时支撑的位置、尺寸、数量和连接形式作出规定。

临时支撑既要保证安全，又不要过于保守而增加额外的不必要的施工工作量。确定临时支撑可以从两个思路考虑。一个是按照与整体结构等强的原则确定，即对暂时没有安装的立柱和斜撑应在其临近的位置用类似管子作为临时支撑，达到同等的支持效果。另外一个思路是根据具体的设备布置、重量、尺寸通过计算支撑的强度，对于重量特别大的设备可以考虑在其底部单独设置支撑。

临时支撑一般要从地面加起，并且在高度上要连续，以避免在甲板片的梁上产生弯矩。

临时支撑最底端应支撑在坚实的地面上，以避免沉降，最好位于混凝土地面上。底端应布置适当大小的垫墩，以分散对地面的压力。

如果可能，临时支撑顶端最好支撑在大梁的交叉点上。否则要考虑加适当的筋板，保证梁的局部强度。

（七）施工机具清单

应给出施工过程中所需要的机具清单，一般包括履带吊机等起重设备、铲车、千斤顶、倒链、焊机、索具，写明所需数量及性能要求。

（八）施工用料清单

应依据工程的具体情况列出施工辅助用料清单，说明材料规格尺寸。材质及数量。对于在单体预制中用到的辅助用料不必在此列出，应在具体单体的预制方案中列出。一般包括如垫墩制造用料，临时支撑。加固用料和其他辅助用料。

（九）建造技术要求

制定建造技术要求是"总体建造方案"的一项重要内容，它是模块建造工程的重要质量指标，也是工程最终验收标准的一部分。制造最终应该满足该公差和要求。公差和要求的主要来源是：建造技术规格书，API RP 2A 海上固定平台规划、设计和建造的推荐做法，API 2B 结构钢管制造规范，AWS D 1.1 焊接规范。模块制造最终应该满足的公差范围，对于不同的业主是不完全相同的，方案编制者在编制"总体建造方案"时应该查询具体的业主建造技术规格书。

以下是建造技术要求中的几项主要质量指标：相邻立柱间距误差要求、对角线立柱间距误差要求、各甲板标高最大允许误差、甲板面不平度及其它要求。

另外，在特殊情况下，施工单位可以根据施工情况规定比上述要求更严格的公差要求。

二、划线方案

划线方案是指导施工人员在材料切割前对材料进行划线工作的工艺方案。现场施工的第一步是施工人员在原材料上划线。只有完成划线工作的材料，下一步的施工人员才可以进行材料切割。另一方面，建造过程中，结构杆件组对完成后，焊接的过程中会造成焊缝的收缩，为使结构件焊后的尺寸满足最终的技术要求，在结构件划线时，要增加焊接收缩余量。因此，在模块建造过程中，某一根杆件从原材料切割下来时的尺寸不一定是其理论尺寸。同时，在施工过程中，为了减少施工工作量，常常需要将某一个杆件的一部分当成辅助结构使用，这时其尺寸可能比理论尺寸要大。

上面这些要求都需要技术人员考虑好，变成具体的对杆件的尺寸要求，在划线方案中描述清楚。

（一）立柱划线

立柱划线要以立柱底部为基准，按照立柱造管图和立柱接长方案进行划线，立柱整体长度误差为 0～6mm。与其相交的构件的位置划线误差要小于 2mm。

（二）空间组对的立面支撑划线

所有空间组对的立面支撑杆件根据单件图和排版图的理论尺寸进行划线，划线误差应不得大于±1mm。

（三）吊点和环板划线

吊点板外围尺寸按图纸尺寸划线，需要机加工的吊点孔划线为 ϕ～10mm（见图 1-3-27 吊点板划线图）；环板内孔尺寸划线按 ϕ+6mm，与甲板梁相交的直边尺寸按图纸尺寸划线，其它位置外形尺寸加 5mm（见图 1-3-28 环板划线图）。

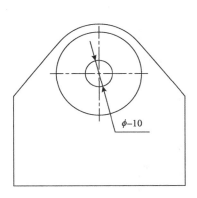

图 1-3-27　吊点板划线图

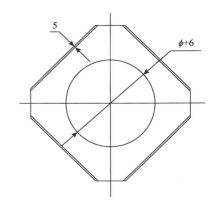

图 1-3-28　环板划线图

（四）甲板梁格划线

一次划线的梁格杆件，原则上按一道焊口加 1.5mm 焊接收缩量，每间隔杆件长度上加 3mm。参见图 1-3-29：杆件〈2〉、〈4〉、〈6〉的划线长度为 L_1+ 3mm；杆件〈1〉、〈3〉、〈5〉、〈7〉的划线长度为 L_2+3mm。

（五）与立柱、拉筋相交或有临时吊点的一次划线杆件的划线：

（1）组合工字钢对接的余量已在组合工字钢预制方案中考虑。

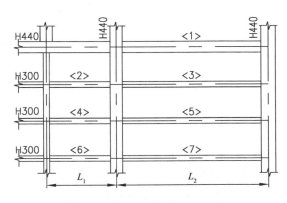

图 1-3-29　甲板梁格划线图

（2）与立柱相交的一次划线杆件，如果杆件只有一头与立柱相交，则在理论尺寸上加 30mm；如果杆件两头均与立柱相交，则在理论尺寸上加 50mm，但应保证插入板等被交位置与加工图上设计位置相同。参见图 1-3-30：杆件〈1〉的划线长度为 L_1+30mm；杆件〈2〉的划线长度为 L_2+30mm；杆件〈3〉的划线长度为 L_3+50mm。

（六）二次划线

一般需接长一次的杆件划线，一杆件按理论尺寸划线，另一杆件加 50mm 余量，待接长后，按理论尺寸再进行二次划线。

一般需接长两次的杆件划线，两杆件按理论尺寸划线，另一杆件加 100mm 余量，待接长后，按理论尺寸再进行二次划线。

与立柱相交的需一次接长的杆件，一杆件按理论尺寸划线，另一杆件加 50mm，待插立柱时再将多余部分切割掉。

（七）甲板板划线

甲板板按甲板拼板图和梁格预制实际尺寸、焊接要求进行划线。

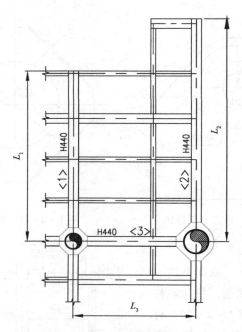

图 1－3－30　甲板梁格划线图 2

（八）附件划线

梯子、栏杆等所有附件均按图纸尺寸划线，筋板的划线在高度方向减小 2mm。

型钢与型钢、型钢与肋板放样、划线切割时，应根据图纸说明的要求，或者根据现场施工的需要开工艺孔，工艺孔的划线按有关规范的要求进行。

在类似图 1－3－31 中的相交情况，应按图示规定放样划线。

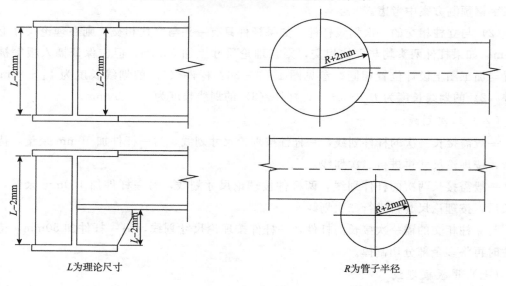

图 1－3－31

（九）划线技术要求

（1）管材

①构件长度划线尺寸误差±0.5mm；

②拉筋两端扭口误差±2mm；

③所有构件的检查点、测量点误差±0.5mm；

④如果构件弯曲度、椭圆度超过规范和技术规格书要求时，划线之前需调整到满足要求后再划线切割；

⑤在切割线内侧100mm处打上冲眼，作为检验标记。

（2）其它要求

①放样、划线应复审，对不符合规范规定的内容予以纠正及征得有关部门同意后方可进行。

②喷砂、涂漆前需将有用的标记用胶布粘牢，以防喷掉。

③划线所用的工具，如卷尺（钢卷尺）直尺及其它工具等，划线前要进行检查校正，并满足计量标准要求。

三、焊接钢管卷制接长方案

结构钢管是海洋平台广泛使用的重要型材之一，模块钻机结构中的主立柱拉筋管都是由结构钢管构成。按照钢管尺寸的不同，结构管可以分为焊接钢管和无缝钢管，外径不小于406的管一般为焊接钢管，外径小于406的管为无缝钢管。

目前，海洋平台项目中使用的无缝钢管为直接采办的成品管，加工工艺简单，管件单件图即可满足现场建造技术需求。而焊接钢管则需要建造现场由钢板卷制而成，具体能够制造什么规格的焊接钢管主要取决于建造单位卷制设备的能力。这种由现场建造的焊接钢管制造工艺复杂，需要加工设计人员单独编制焊接钢管卷制接长方案，作为现场建造的技术指导性文件。编制焊接管卷制接长方案的任务就是为现场焊接钢管的加工制造提供一套加工图及相关的技术支持，主要文件包含管件造管图、卷制清单、排版图、焊接钢管卷制接长的技术要求。

（一）造管图的编制

造管图是指在钢管的展开图中明确表示钢管的各分段环向、纵向焊缝位置的加工图，如果存在相交或拼接的钢管需要将马鞍口、MITER口以及脚印表示出来。造管图是钢管卷制接长的重要依据，对于焊接管，同时涉及环向和纵向两个方向的焊缝，加工内容较多，每根焊接管必须单独绘制造管图。

（1）造管图编制内容

造管图重点编制内容是确认钢管环缝及纵缝的位置，具体还需要编制的内容包括钢管的外径、壁厚、分段尺寸、环缝及纵缝的位置、杆件号、各分段杆件号、管件与结构相交位置、脚印位置及相关数据、马鞍口及MITER口相关数据。

（2）造管图编制要点

①绘制KEY PLAN图。

在造管图中绘制如图 1-3-32 所示的 KEY-PLAN 图,该图表示出焊接钢管在结构物中的位置及其顶部 0°和 180°线位置。生活楼模块焊接管 0°和 180°线位置如图 1-3-32 所示。

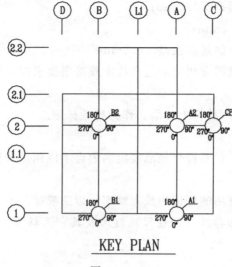

KEY PLAN

图 1-3-32

②确定拉筋/切杆的 0°和 180°。

在造管图中切杆与主杆相交处(马鞍口或 MITER 节点)形成的脚印数据需要通过角度表示,切杆与主杆相交处,小角度处的母线为 0°母线,相反大角度处的母线是 180°母线,右手定责区分相贯线其它各角度(右手定责:拇指指向节点的方向,四指握住钢管,四指的朝向就是角度增加的方向)(图 1-3-33、图 1-3-34)。

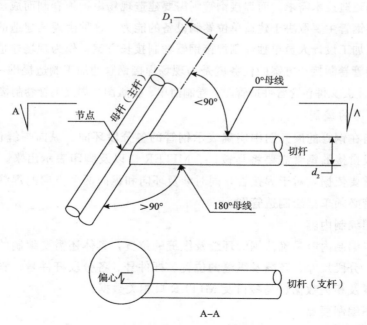

图 1-3-33 普通切杆 0°和 180°的确定方法

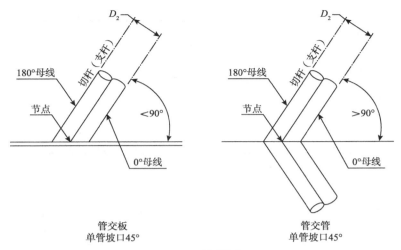

MITER节点形式

图 1-3-34 MITER 节点切杆 0°和 180°的确定方法

③车间拼缝、现场接口和海上安装接口的定义和表示方法。

a. 车间拼缝：焊接钢管上的接口，因为材料以及卷制能力的限制，需要对焊接管进行分段，分段后需要在车间的另一个地方完成接长、焊接工作的接口。

b. 用 Ⓜ 表示此接口为车间拼缝。为简便起见，现在常常用"S"表示。

c. 现场接口：焊接钢管上的接口，因为某种原因（车间空间、吊车、天车起吊能力或其它原因等）不能完成接长工作，需要在现场完成接长、焊接工作的接口。

d. 用 Ⓨ 表示此接口为现场接口。

e. 海上安装接口：焊接钢管需要在海上完成安装工作，对应的接口、焊口在海上完成的。

f. 用 ▶ 表示此接口为海上安装接口。

④焊接管分段接长原则

a. 焊接管接长时考虑数控切割设备的能力，实际卷制总长度每端比理论长度多 30～50mm 余量。

b. 考虑可能出现的误差，拉筋管接长时两端尽量采用能够卷制的最大长度（把短的管段放在中间）。

c. 在实际加工设计过程中，可能出现这样的情况，例如：需要卷制的管段长度为 1900mm，而采购的钢板的宽度为 2000mm，此时，为减少现场工作量，应该将这一短节放在管的端部。如图 1-3-35 所示。

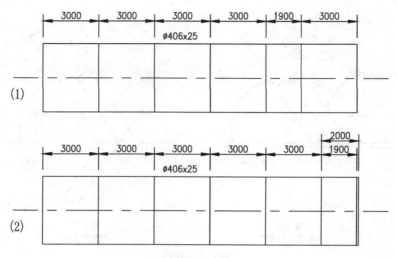

图 1 - 3 - 35

⑤焊接结构管环缝及纵缝位置的确定方法

a. 钢管卷制设备能力的大小直接影响到钢管的分段数量及分段尺寸，方案编制前依据建造方提供的钢管卷制设备能力（板材厚度、卷管直径、板材屈服强度、单节管卷制长度）结合项目图纸，确定钢管的分段数量以及分段尺寸，一般以卷制的最大宽度作为钢管分段的最大长度。

b. 相邻纵缝错开 90°或 90°以上，具体定位要配合施工图纸，避开各种附件及相交拉筋管的被交位置，一般情况下至少要避开 100mm。（注：规范和某些项目规格书规定为 2in 50.4mm 或 3in 75mm。考虑可能出现的建造误差、其它不可预见的情况，实际设计过程中，选用 100mm。）

c. 在确定环缝的位置时考虑避开相邻结构，钢管的环缝和相邻结构至少错开 76mm。相邻两个环缝的距离不应该小于钢管直径和 914mm 的大值。在任意 3050mm 长度范围内不应超过两个环焊缝。

d. 环缝和纵缝都应错开母杆上的脚印。

e. 结构圆管对接应满足 API SPEC 2B "结构钢管建造规范"，焊缝应满足 AWS D1.1/D1.1M 的要求（注：如详细设计规格书无特殊要求按以上规范要求设计，规格书有特殊要求的参考规格书）。

f. 常见的 T/K/Y 管节点，弦管厚壁段和撑杆的端部环缝要求示意图如图 1 - 3 - 36 所示。

g. 钢管环缝和纵缝位置禁区示意图如图 1 - 3 - 37 所示。

对于端部为马鞍口或 MITER 口的焊接管，其展开图可以通过 GMAKE 软件自动绘制。

GMAKE 软件的主要功能：计算多次搭接的马鞍口或 MITER 口，绘制单件图，它服务于现场施工的划线、数控切管机等工作。反映出单件图中杆件的几何特性和数据，是结构管加工设计及施工的重要文件。

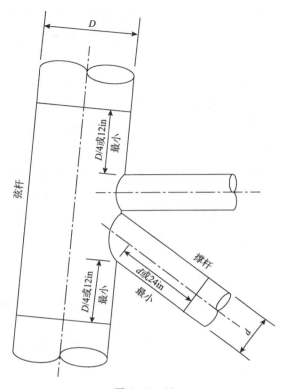

图 1-3-36

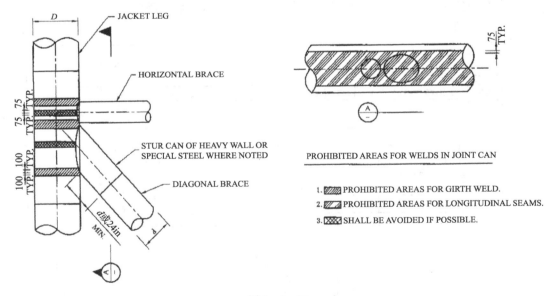

图 1-3-37

GMAKE 软件的其他功能：绘制 1:1 的样板图（服务于数控切管机工作范围之外的马鞍口或 MITER 口）；在单件图中绘制正确的被交杆位置及测量点（服务于现场施工的杆件组对、摆放和测量）；绘制断口位置（服务于钢管卷制接长、检验）；绘制 1:1 的被交样板图（服务于大管开孔）；输入工程名，在每张单件图上分辨不同的工程项目；MITER 口坡口角的计算可以任意取值；列出样板图数据（服务于手工放样）等。

（二）材料排版图的编制

为了保证项目施工人员下料工作能够按计划、合理、高效、有序的进行，设计人员需要依据材料订货单的规格尺寸对结构钢管进行分段，按规定要求确定拼接缝的位置，对不同材质、不同规格的材料分别进行归类排版，绘制成板材排版图，供现场焊接管制作下料使用。

（1）材料排版图编制内容

焊接钢管是用钢板通过钢板机卷制而成，所以需要编制钢板排版图。钢板排版图中需要包含杆件号、规格、尺寸、数量、材质、卷制方向、以及所用钢板的规格、尺寸和数量。

（2）焊接管材料排版图编制要点

钢板排版需要在长宽两个方向进行考虑，需要手工完成，排版时建议设计人员注意以下要点：

①钢管的周长按照中径进行展开计算。

②根据不同规格尺寸分别排版，排版时根据需要添加余量，先排较大的，再排较小的杆件。

③在排版图中标明钢管的卷制方向，避免施工人员卷制方向出错。

④在钢管两端加 30～50mm 的切割余量。

⑤对于需要现场接长的钢管，拼接处应该预留适当的余量。

⑥为充分使用材料，对于可以利用的剩余材料要标明"余料待用"。

具体详见图 1-3-38 所示。

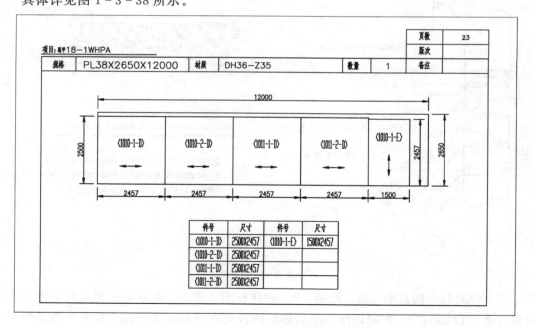

图 1-3-38 卷管排版图

（三）卷制清单的编制

造管图与材料排版图完成后，需要统计本项目所需要卷制钢管的具体清单，以方便施工人员进行卷制，备查。

（1）卷制清单编制的内容

杆件编号、规格、材质、重量以及焊接钢管每段所需要加的余量都是必不可少的内容，其中余量的添加是卷制清单中的重要指标，要根据造管图的分段情况、拼接情况进行添加（表1-3-1）。

表1-3-1 某项目管件卷制清单

序号	杆件号	规格/mm	材质	单重/(kg/m)	总重/kg	备注
1	<1007-1-A>	φ1067×38×2950	DH36-Z35	964	2845	
2	<1007-1-B>	φ1067×25×2650	DH36	642	1702	
3	<1007-1-C>	φ1067×25×2650	DH36	642	1702	
4	<1007-1-D>	φ1067×45×1800	DH36-Z35	1134	2042	
5	<1007-1-E>	φ1067×45×1900	DH36-Z35	1134	2155	已加50mm余量
6	<1007-2-A>	φ1067×38×2950	DH36-Z35	964	2845	
7	<1007-2-B>	φ1067×25×2650	DH36	642	1702	
8	<1007-2-C>	φ1067×25×2650	DH36	642	1702	
9	<1007-2-D>	φ1067×45×1800	DH36-Z35	1134	2042	
10	<1007-2-E>	φ1067×45×1900	DH36-Z35	1134	2155	已加50mm余量
11	<1008-1-A>	φ1067×38×2950	DH36-Z35	964	2845	
12	<1008-1-B>	φ1067×25×2650	DH36	642	1702	
13	<1008-1-C>	φ1067×25×2650	DH36	642	1702	
14	<1008-1-D>	φ1067×45×1800	DH36-Z35	1134	2042	
15	<1008-1-E>	φ1067×45×1900	DH36-Z35	1134	2155	已加50mm余量
16	<1008-2-A>	φ1067×38×2950	DH36-Z35	964	2845	
17	<1008-2-B>	φ1067×25×2650	DH36	642	1702	
18	<1008-2-C>	φ1067×25×2650	DH36	642	1702	
19	<1008-2-D>	φ1067×45×1800	DH36-Z35	1134	2042	
20	<1008-2-E>	φ1067×45×1900	DH36-Z35	1134	2155	已加50mm余量
21	<2005-1-A>	φ762×32×1300	DH36-Z35	576	749	已加32mm余量
22	<2005-1-B>	φ762×25×2600	DH36	454	1181	
23	<2005-1-C>	φ762×25×2600	DH36	454	1181	
24	<2005-1-D>	φ762×25×2650	DH36	454	1204	
25	<2005-1-E>	φ762×32×2000	DH36-Z35	576	1152	
26	<2005-2-A>	φ762×32×1300	DH36-Z35	576	749	已加32mm余量

续表

序号	杆件号	规格/mm	材质	单重/（kg/m）	总重/kg	备注
27	<2005-2-B>	$\phi762\times25\times2600$	DH36	454	1181	
28	<2005-2-C>	$\phi762\times25\times2600$	DH36	454	1181	
29	<2005-2-D>	$\phi762\times25\times2650$	DH36	454	1204	
30	<2005-2-E>	$\phi762\times32\times2600$	DH36-Z35	576	1152	
31	<2005-3-A>	$\phi762\times32\times1300$	DH36-Z35	576	749	已加 32mm 余量
32	<2005-3-B>	$\phi762\times25\times2600$	DH36	454	1181	

（四）焊接钢管卷制接长的技术要求

（1）焊接管卷制的一般要求

①所有用于卷制钢管的钢板其纵、环缝位置的坡口使用半自动切割时，切割边缘需进行打磨处理。

②用钢板卷制的钢管，卷制时应注意坡口朝外。

③加工成型后的零件应标明下道工序所需各种符号，如节段号、零件号、零件名称、尺寸及各种标记线等。

（2）钢管纵、环缝装焊一般要求

①钢管纵缝装焊：钢管纵缝装配应在铁平台上完成，应控制纵缝间隙，焊后冷却至常温，成型不好的应进行矫圆。

②环缝装焊：环缝应当在具有纵向线型的水平胎架的进行，应当控制环缝的间隙。为保证线型，每个节段两端头应当设点以控制线型。装焊时应当将焊接收缩量考虑在内。

（3）焊接管建造的技术要求

①管的不圆度：焊接管最大内径与最小内径差不应超过 6mm。

②管周长公差：钢管长度方向上任意一点的外圆周长公差：管外径不大于 650mm 时为±10mm；管外径大于 650mm 时为±13mm。

③纵缝、环缝对接错皮要求：纵焊缝对接边的径向偏差不超过 2mm。环焊缝对接边的径向偏差不应超过 $0.2T$（T 为壁厚）或 6mm，两者取小值。

④接长后的直线度不超过下列给定值：任意 3m 长度内允许的最大直线度误差应为 3mm；任意 12m 长度内允许的最大直线度误差应为 10mm；任意长度内允许的最大直线度误差应为 12mm。

（4）尺寸和工艺要求

①环向焊缝：环向对接焊管材的壁厚之差大于 1.6mm 时，应当把厚管壁切割成不小于 2.5：1 的过渡区并平滑打磨。

②板边偏差：焊接管纵向焊缝对接边的径向偏差不应大于 3mm。相邻截面的纵向焊缝之间必须保证最小 90°夹角。焊接管环向焊缝对接边的径向偏差不应大于 6mm。

③外焊道的焊缝增强高：壁厚为 13mm 或 13mm 以下的管的外焊道不应超过钢管原表

面的 3mm，大于 13mm 的管的外焊道不应超过钢管原表面的 5mm。

④内焊道的焊缝增强高：双面焊、壁厚小于 38mm 的管的内焊道不应超过管子内表面的 3mm，壁厚大于 38mm 的管的内焊道不应超过管子内表面的 5mm。

四、组合梁预制方案

钢结构组合梁是组成模块钻机结构的重要组成部分，当 H 型材高度大于 700mm 或有特殊要求时，不能定制成品件，而需要现场预制。

组合梁具有建造困难，施工周期比较长的特点，经过多年的建造实践，组合梁从加工设计文件的编制到现场的施工，已经逐步发展成为一套独立的施工体系。从而组合梁预制方案以成为加工设计前期需要编制的重要方案之一，本章重点介绍编制组合梁预制方案的方法，组合梁预制方案主要文件包含组合梁单件图、排版图、组合梁预制的技术要求。

（一）组合梁单件图的编制

组合梁单件图是绘制出组合梁本身的相关属性以及与其他杆件相交的相关属性，它是排版下料、组对焊接、以及后期模块安装时的重要依据。绘制组合梁单间图，要按照 1：1 的比例准确绘制出本工程项目的所有组合梁单件图，包括组合梁的杆件编号、长度、规格、数量、材质、两端接口位置及接口尺寸，需要进行分段的，根据设计规范要求绘制出具体分段位置。

（1）单件图的编制内容

组合梁单件图就是将组合梁的实际规格型式以及与其他杆件的交口型式，按照 1：1 的比例准确绘制在图纸上，组合梁单件图包括杆件编号、长度、规格、数量、材质、两端接口位置及接口尺寸，需要进行分段的，根据设计规范要求绘制出具体分段位置．

（2）单件图的编制要点

①要点一：阅读详细设计规格书和相关标准文件了解在进行设计时应该注意以下问题。

a. 分析详细设计料单，统计组合梁的种类、长度以及重量、组合梁的型式、查看料单组合梁的数量是否与图纸能够一一对应。

b. 整理图纸，将组合梁相关图纸复制到一张图纸上（包含相关的平面结构图、立面图、节点图等），注意一定要和料单对照，避免遗漏。

c. 根据加工设计编号要求对每张图纸的组合梁进行编号，编号时有些梁的长度会超出相关规定或现场能够建造的极限长度，这时需要进行断口，断口时翼缘板的焊缝与腹板焊缝要错开 305，两条平行大梁的断口尽量错开不要在同一条直线上。断口焊缝要避开其他杆件的焊缝。

d. 根据组合梁两端的节点型式以及与之相交的缺口画出组合梁单件图标注尺寸，并标明组合梁长度以及所用的材质。

e. 存在待定尺寸或一端有筋板，但位置不明确实，不要进行开口。

②要点二：组合梁拼接时，首先要参考详细设计规格书是否有具体要求，如果没有具

体要求，按下面两种方法进行。

a. 组合梁拼接（图1-3-39）

组合梁拼接时上翼缘板、腹板和下翼缘板的拼接缝不能在一条线上，相互之间至少错开305mm。

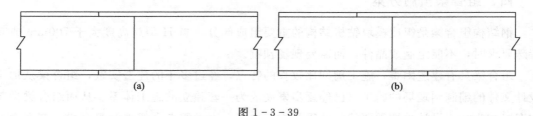

图1-3-39

b. 组合梁拼接缝位置

组合梁需要拼接时，其拼接缝的位置要考虑错开水平片中的其它梁格的位置、立面的拉筋的位置。另一方面，组合梁拼接缝位置及定位尺寸线应该在甲板片平面图中表示出来。

如果有两根以上平行组合梁需要接长，拼接缝尽可能不要安排在一条直线上。

c. 组合梁两端余量预留方法

组合梁预制时，在总长度上需要增加30～100mm的余量。一般情况下，余量按照下面的原则进行：

（a）组合梁上没有拼接缝，也没有与工字钢共同预制的筋板、耳板、插入板时，余量可以留在组合梁的任何一端；

（b）组合梁上有拼接缝，或者有与工字钢共同预制的筋板、耳板、插入板时，余量留在工字钢的两端；

（c）组合梁的一端不与其它构件相接而是其它构件与它相接，是直口时，余量留在另一端。

（二）排版图的编制

排版图是对本方案中用到的翼缘板、腹板、筋板环板进行排版，以方便备料、优化用料、减少在施工过程中产生的浪费。

（1）排版图的编制内容

组合梁排版图是根据组合梁单件图的外观尺寸，将组合梁单件图的腹板和翼缘板进行拆分，根据不同的材质及厚度要求按照1：1比例分别排布，绘制在现有钢板板尺的图纸上。

（2）排版图的编制要点

在排版过程中，需要根据实际情况调整，具体调整依据如下：

①排版的先后顺序是先长板条后短板条，先宽板条后窄板条。

②同等宽度的板条尽量排在一条直线上。

③同种材质一张钢板排满后再排另一张钢板。

④理论上是将余料留在板长方向上，但在实际排版中一定要与出加工设计料单的人核对一下，后期是否用到这块钢板，余料怎样预留。

⑤板宽方向不要排的过满，要留出切割余量。

⑥数控切割要留出切割损耗。根据切割机能力，厚板切割，切割机无法一次性切割完成时，要考虑加大余量。

（三）组合梁预制的技术要求

①板材切割边缘应平直光顺，无明显的切割缺陷。

②横截面相同的组合工字钢可以拼接。

③组合工字钢的腹板和翼缘板，在拼接处应采用熔透焊，翼缘板对接口与腹板对接口应错开 305mm 以上。

④组合工字钢的预制过程中应使用合理的焊接顺序，以控制焊接变形。完工的组合工字钢不得有显著扭曲。

⑤组合工字钢由于焊接造成的变形应予以校正，以使组合工字钢满足公差要求。

⑥每根组合工字钢应做标记，标明项目名称、杆件号。

⑦施工余料应做钢号转移，并做好标记，妥善保管待用。

⑧组合工字钢翼缘板和腹板的编号按照下列原则：上翼缘板为〈-T〉，腹板为〈-W〉，下翼缘板为〈-B〉，前面加组合工字钢的杆件号作为字头。

⑨组合工字钢的端部需包角焊。

⑩组合工字钢上的过焊孔等工艺孔及其位置，必须按照业主批准的图纸或相关的程序施工。

⑪焊接 H 型钢建造公差要求：（具体参见结构建造规格书及相关标准规定）（图 1 - 3 - 40）

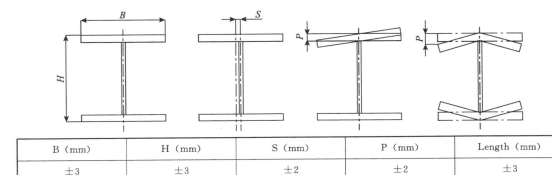

B（mm）	H（mm）	S（mm）	P（mm）	Length（mm）
±3	±3	±2	±2	±3
整个长度方向的拱形和屈曲变形不大于 0.1% 长度，且最大变形不超过 5mm。				

图 1 - 3 - 40

五、分片预制方案

分片预制方案的作用是指导施工人员更好的进行预制场地的规划，更好的开展分片的预制工作。在编制预制方案前，应对场地资源和规划进行充分的了解，并按照总体建造方案确定的分片方法进行编制。

"分片预制方案"中应该包括工程概述、场地要求、施工步骤、施工辅料、尺寸控制及技术要求几部分。

（一）工程概述

"分片预制方案"的概述部分应介绍模块的分片情况，每一片的相应信息包括分片在模块上的位置、尺寸、重量和附件安装特点。编制信息表时，外形尺寸为外围轮廓最大值。分片重量通过结构模型取得，也可手算获得。备注部分要注明哪些结构可以随分片一起预制，严格控制重量，如表1-3-2为某模块分片信息表。

表 1-3-2

序号	水平层	外形尺寸/m	重量/t	备注
1#	EL（+）48300	17.7×4.828	11	包括梁和部分甲板
2#	EL（+）48300	17.7×9.144	71	型钢，组合梁，不装附件，部分甲板
3#	EL（+）48300	17.7×4.478	13	包括梁和部分甲板
4#	EL（+）45000	21.4×6.225	12	包括梁和部分甲板

给出各分片的结构示意图，标注好编号，使预制人员能够更清楚的知道本片包含哪些结构，是否有本片上的结构不能随本片一起预制，以及是否有位置需要做临时加强都要表达清楚，如图1-3-41所示为某模块钻机水平分片结构图。

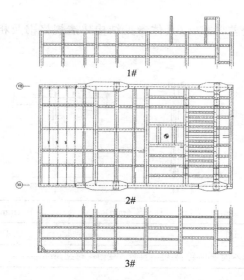

图 1-3-41 某模块钻台面分片示意图

（二）场地要求

预制场地的布置要根据"总体建造方案"而定，预留出吊车行走车道。车道应满足吊机在满负荷状态下的承载要求，和周围环境要求，做好安全防范工作。预制时的临时垫墩可利用现场余料制作，摆放位置可根据现场实际情况进行灵活调整。

（三）施工步骤

施工步骤是根据总体建造方案中的分片的组装顺序确定建造顺序。根据划线方案对需预留余量的杆件认真校对划线定位尺寸。

（四）工艺流程框图

方案中要给出工艺流程框图，从最开始的技术准备开始，到分片预制结束为止。整个过程通过框图形式表示出来，如图1-3-42所示为某分片的工艺流程框图。

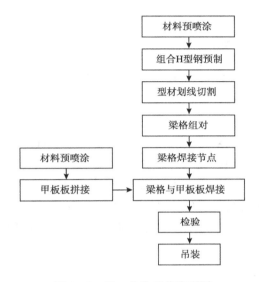

图1-3-42 分片工艺流程图

（五）分片的组装及焊接顺序

分片的组装顺序的确定以便于施工为原则，保证每根杆件能顺利组装。型材组装就位一般按照由中间向四周组对，先组对大梁，再组对小梁。

焊接原则上自中间向四周施焊。为减少焊接变形，要求采用对称焊。小梁焊接自中间向四周对称施焊；甲板焊接先焊接小梁与甲板的角焊缝，再焊接大梁与甲板的角焊缝；节点焊接先焊接腹板与翼缘的焊缝，再焊接腹板与腹板，最后焊接翼缘与翼缘。

（六）施工辅助用料部分

统计出在预制分片过程中需要用到的各种辅助材料。

（七）尺寸控制及技术要求

尺寸控制图是分片各梁格的理论尺寸图，施工人员可按照其进行尺寸控制，如图1-3-43所示为某分片尺寸控制图。

预制的技术要求是分片预制最终应该满足的要求。对于不同的业主要求也不尽相同，在编制不同的项目方案时应查询相应业主的建造技术规格书。通常规范及技术要求如下：

①节点上筋板和隔板应在规定位置的±3mm或$t/10$内（两个取小值）就位，t为筋板或隔板厚度。

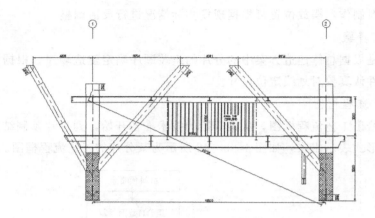

图 1-3-43 某项目分片尺寸控制图

②所有结点的位置应当在设计标高的 ±25mm 以内。

③主立柱中心线的误差为 ±10mm 以内。

④在平面图上，主立柱两对角线的相对误差为 19mm 以内。

⑤凡未提到的误差要求均按技术规格书或规范执行。

⑥所有临时附件用后必须在距母材表面至少 5mm 地方用气炬割除，并用砂轮打磨，使其与母材光滑平齐。当碰到主要构件时，此位置应用磁粉检验以避免缺陷。

⑦此要求给出的误差是建造的最终误差，施工时要严格控制各工序误差，保证最终误差控制在允许范围内。

六、分片吊装方案

水平片或立片预制完成后，需要通过吊装进行整体组装。"分片吊装方案"即是指导分片吊装作业的程序文件。

对于正造法，吊装时只需要进行平吊，对于反造法吊装时要进行翻身，吊装方案注重吊装过程中结构的安全性及施工设施，锁具的安全性，必须对相关结构和设施进行校核。分片吊装方案应包括分片重量中心、吊车及参数的选择，吊点的设计，锁具的选择，结构强度的校核和结构变形的校核。

（一）分片重量重心

要进行吊装设计，首先要计算分片的重量重心，计算要尽量的准确，不要遗漏构件，现在很多设计软件都能自动计算结构的重量中心，也可用计算公式进行统计计算。最后将重心位置用图示表示出来，如图 1-3-44 所示。

（二）吊车吊装能力的选取

吊装方案根据现场所具有的吊装机具而定，对于履带吊而言，选择吊装能力时需要考虑吊装吨位是否满足、吊高是否满足、作业半径是否满足、吊机之间是否干扰、吊机的行车路线。校核时要遵守"陆上大型起重作业安全管理规定"等相关规定，吊车的吊装性能数据查找吊车设备手册，最后形成如表 1-3-3 所示的校核数据表。

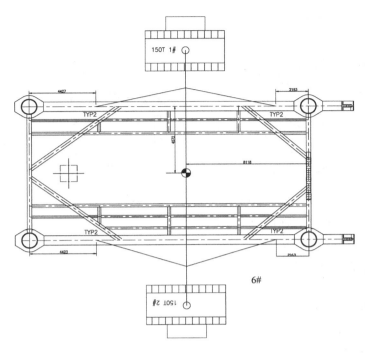

图 1-3-44 重心及吊装示意图

表 1-3-3 吊车性能表

5#水平片		
150 吨吊车 2 号		
主扒杆/m	48	
回转半径/m	10	
结构重/t	23	
索具重/t	2.00	
吊重/t	25.00	
吊车额定起重量/t	54	
最大负荷利用率/t	46.3%	
钢丝绳：25t16m4 根，卸扣 8.5t4 个		

吊车的最大负荷利用率采用单台吊车时不得高于 90%，两台及以上吊车联吊时不得高于 80%。

（三）吊耳的设计

吊耳是设备吊装过程中最直接的受力部件，所以一定要对吊耳的强度进行校核。分片重量一定时，α 角越大，吊绳力越小。为使吊绳力达到最大值，α 取最小值 60°。由于吊机的移动和外部环境如风的作用力会使甲板片在吊装过程中产生晃动，重量计算时要增加不确定系数，50～100t 范围内近岸系数为 1.15，校核时取两倍的吊绳力，以图 1-3-45 吊点为例进行吊耳强度的校核。

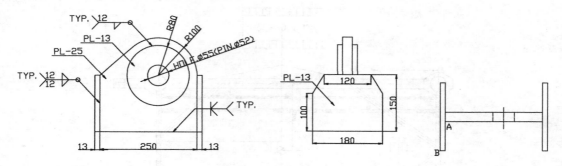

图 1-3-45　吊耳形式图

根据吊耳的材质查找得屈服应力：F_Y

许用挤压应力：$F_p = 0.9 \times F_Y$

材料许用剪切应力：$F_V = 0.4 \times \sigma_s$

符号含义：

R　　　耳板外缘半径

ϕ　　　耳板销孔直径

L　　　耳板宽度

L_1　　　耳板宽度

L_X　　　A 点到 X 轴距离

ΔL　　　耳板宽度中心线到销孔圆心的距离

L_A　　　A 点到销孔圆心的垂直距离

t　　　耳板厚度

t_1　　　耳板加强环板厚度

t_2　　　耳板两端加强筋板厚度

V　　　偏离系数取 0.05

h_1　　　耳板孔圆心到截面的距离

r_1　　　环板内孔半径

r_2　　　环板外缘半径

A_1　　　A、B 点所在的截面面积

α　　　吊绳与水平片之间的夹角

d_1　　　TYP2 销钉直径，数值由卸扣性能表查询得

σ_s　　　材料的极限应力

吊点最大受力为 P 单位 kN（包含两倍安全系数）；

吊点受力：

垂直方向分力：$P_V = P \times \sin 60°$

水平方向分力：$P_h = P \times \cos 60°$

压应力校核应满足：$f_p = P / [(2 \times t_1 + t) \times d_1] < F_p$

$A_S = 2 \times (r_2 - r_1) \times t_1 + t \times (R - \Phi/2)$

剪应力校核应满足：$f_V = P/A_S < F_V$

A、B 两点处应力校核：

根据矩形的惯性矩公式

$I_y = \dfrac{bh^3}{12}$（其中 b 为平行于轴的长度，h 为垂直于轴的长度）

平行移轴公式 $I_y = I_{yC} + a^2 A$

其中：I_{yC} 为面积在形心 C 上的惯性矩，a 为形心到轴的距离，A 为面积。

可求得面（耳板平面）内惯性矩：I_y

面外惯性矩：I_x

点 A 应力校核：

对截面产生的相对于 y 轴弯矩：$M_y = P_H \times h_1$

面内弯曲应力：$f_{Ay} = M_y \times L_A / I_y$

对截面产生的相对于 x 轴弯矩：$M_x = P \times h_1 \times V$

面外弯曲应力：$f_{Ax} = M_x \times L_x / I_x$

拉应力：$f_a = P_v / A_1$

拉应力应满足：$\dfrac{f_a}{0.6F_Y} + \dfrac{f_{Ay}}{0.66F_Y} + \dfrac{f_{Ax}}{0.66F_Y} < 1.0$

点 B 应力校核：

面内弯曲应力：$f_{By} = M_y \times (L_A + t_2) / I_y$

面外弯曲应力：$f_{Bx} = M_x \times (L_1/2) / I_x$

拉应力：$f_a = P_v / A_1$

拉应力应满足：$\dfrac{f_a}{0.6F_Y} + \dfrac{f_{Ay}}{0.66F_Y} + \dfrac{f_{Ax}}{0.66F_Y} < 1.0$

（四）锁具的选择

锁具的选用包括钢丝绳卡环等。

钢丝绳的选用要根据有关规范要求保证钢丝绳的一定的安全系数，一般要求钢丝绳的最小破断力为 4～6 倍的钢丝绳拉力，钢丝绳的长度要保证吊绳的水平夹角大于 60°。卡环的选择既要保证它的额定载荷大于吊绳力，还要保证其尺寸和钢丝绳及吊点相匹配。

（五）立片锚固系统

模块钻机 DES 模块的下底座通常采用先立轴片的建造顺序，由于此时其他结构还没有组装，为保证先立的轴片不会倾倒，需要采用锚固系统将立片固定住。

首先应确定拖拉绳的数量和位置，拖拉绳的位置不应影响后续的甲板片的吊装，并尽量减少场地的占用，一般一个立片用四个拖拉绳固定，拖拉绳的布置图 1-3-46 所示，并表明各个锚点的位置。

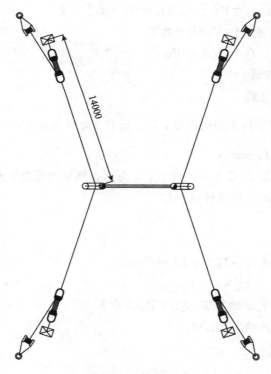

图 1-3-46 拖拉绳布置图

拖拉绳的锁具选择应根据受力决定。受力一般主要考虑风力（尤其是立片带有墙皮时）造成的水平力，然后可以再考虑大小为 10% 立片重量的水平力作用在立片顶端作为不确定荷载。考虑两者的作用，计算拖拉绳拉力，并确定钢丝绳规格。

拖拉绳在立片上的一端一般可以选择固定在立片顶端的工字钢或者拉筋或立柱上，但要注意需要对连接点的局部处理，既要保证连接的可靠性，又要保证不会损害主体结构。在拖拉绳靠近地面的一端，必须设置拖拉绳长度调整装置，用来调整拖拉绳的长度，从而调整立片角度。一般受力小时用倒链，受力大时用绞车加滑轮组的形式。拖拉绳在地面的一端通过长度调整装置后，固定到地锚上。

（六）结构强度校核

为了保证结构不破坏和方便组对，还要对结构片各个梁的强度及变形进行计算，必要时对结构片进行临时加强，以保证吊装的顺利进行，结构强度的校核通常采用 SACS 软件进行计算。

七、格栅制作方案

格栅板（Grille board）又称为钢格板，格栅板是用扁钢按照一定的间距和横杆进行交叉排列，并且焊接成中间带有方形格子的一种钢铁制品，格栅其主要用途很广泛。在模块钻机中主要用于楼梯踏板、泥浆罐顶部的铺板和滑轨层的铺板。格栅板需要专业的格栅制造厂家进行制造，在模块建造过程中，加工设计人员需根据详细设计的相关文件确定格栅的型号、根据布置图纸和钢格栅板标准进行排版制作。

加工设计应当依照"YB/T4001.1 钢格栅板及配套件第 1 部分：钢格栅板"的规定编制格栅制作方案，加工设计阶段格栅板的设计文件主要包括格栅拼版尺寸详图和格栅采办料单。

（一）格栅拼版尺寸详图

编制步骤：

（1）熟悉详细设计结构各部分的图纸文件，整理汇总需要安装格栅板的结构位置，根据结构型式和规格打包分类。

（2）根据标准和详细设计规格书及图纸绘制格栅拼版详细图纸，合理分片、并标注尺寸，注明要求，完成格拼版尺寸详图的编制，编制时注意以下事项：

①格栅的边界，钢格板按照钢结构平板构件安装，安装后不能横向移动或者脱离支架，钢格板承载扁钢方向两段在支架上的支承长度每端不得小于 25mm。

②在于其他结构有交叉碰撞的部分。例如，格栅与梯子、栏杆、斜支撑等的相交处，格栅应该避让，并留有足够的空间供焊接施工。

③在和甲板相邻的位置，如果此处有围壁应当注意，格栅应避让使围壁落在甲板上并留有足够的焊接距离。

④格栅的承载扁钢方向为格栅的大跨距方向，并应保证承载扁钢尽量全部搭载在横梁上。

⑤工作平台或通道的钢格板的净空间隙应不能让直径 35mm 的球体通过落下。

⑥有人的地方上面的平台及通道钢格板的净空间不能使直径 20mm 的球体通过下落，否则应采用其他适当设施保证同等的安全水平。

⑦为了避免行人绊倒危险，钢格板应平坦，相邻的钢格板与构件之间最大高度差不应超过 4mm。

⑧为了防止坠落危险，钢格板尽量采用焊接方法固定；

⑨钢格板单人通道宽度应不小于 600mm，当经常有人通过或者多人同时交叉通过时，宽度应增加至 1200mm；当作为撤离路线时通道宽度 应满足法规的要求，如果么有特定的法规，宽度应不小于 1200mm。

除以上规定外，还应满足法律法规规定的其他要求。

（二）格栅采办料单

统计格栅采办的需求量，编制采办料单，格栅采办料单应包含以下内容：

①标准编号、材质；

②产品名称；

③型号；

④表面处理状态；

⑤交货面积数量；

⑥附加技术要求等。

某项目格栅板采办料单如表1-3-4所示。

表1-3-4 格栅板采办料单

Item 序号	Material Code 物料号	Name 名称	Specification 规格/mm	Material 材质	Q'TY 数量	UnitWeight 单重/(t/m)	SingleWeight 单根重/t	Gross weight 总重/t	Remark 备注
1	82225659	格栅板	G 325/30/100 S G	GB/T 700—2006 Q235A	251m²				格栅尺寸见"格栅外协方案"格栅安装用卡子需配足够,型式及数量由制作方确定
				SUM	251m²				

注:G325/30/100S G:表示钢格板的截面尺寸为32mm×5mm,承载扁钢中心间距为30mm,横杆中心间距为100mm,构造形式为压焊钢格板,表面用热浸锌处理,参照标准YB/T 4001.1

第四节 常见专业技术问题及处理方法、预防措施

①主结构的钢材往往在详细设计不完善,甚至详细设计还没有开始的情况下就开始采办,如何尽量减少钢材采办误差?如何进行钢材的统计?

为减少采办误差,应在保证前期施工需求的条件下尽量减少第一次采办的钢材量,待详细设计完善后,再进行补充采办,在进行钢材用量统计时,对规格大,用量少的钢材一定进行排版后,确定规格和数量,特殊用途的如卷管和组合梁用的板材也必须排版后确定规格和数量。对用量大,规格小的钢材,如甲板、小规格H型钢、角钢等可在详细设计料单统计的基础上乘以按照以往项目经验确定的系数,来确定用量。

②在确定总体建造方案时,如何确定使用滑靴的数量和尺寸?

在模块建造时如果可能,应尽量在所有立柱下均设置滑靴,跟模块在位生产的条件下保持一致,如果要减少滑靴的数量,某个立柱下不设置滑靴,需确保与详细设计计算报告拖拉工况的计算条件相一致。如不一致,应协调祥设人员进行重新计算。滑靴的尺寸,应确保模块在建造以及装船的工况下,模块通过滑靴对滑倒的压力始终小于滑倒的额定承载力。

③如何确定卷制管的环缝合纵缝位置?

卷制钢管的纵缝和还缝位置首先要错开与之相交杆件或筋板的焊缝,并且焊缝的位置还应满足规格书和规范的要求。尤其要满足节点详图中关于焊缝位置的要求。

④型材接长错焊缝问题。

型材在接长时是采用直封,还是需要错开腹板和翼缘板的焊缝需遵照项目节点详图的

要求，一般主要结构，大规格的型材需要错焊缝接长，次要结构，小规格的型材可以采用直缝接长。接长焊缝的位置需满足规格书的要求。

⑤门窗的开孔尺寸需与舾装专业确认。

结构专业所有围壁的开孔需与舾装专业确定最后的位置和尺寸，在进行围壁拼版和排版时，先按照无孔进行。

⑥格栅边界问题。

详细设计图纸中格栅的尺寸都没有考虑栏杆，以及围壁的位置，在有栏杆的地方，格栅需让开栏杆的位置。在和甲板板相交的位置，如果有围壁，格栅应让开围壁位置，让围壁完全落在甲板上。

第二章　配管专业加工设计

第一节　概述

管道是由管道组成件和管道支承件组成，用以输送、分配、混合、分离、排放、计量、控制和制止流体流动的管子、管件、法兰、螺栓连接、垫片、阀门和其他组成件或受压部件的装配总成。

配管专业通常包含 17 个系统，分别为非危险排放系统 DON、危险排放系统 DOH、低压泥浆系统 ML、海水系统 SWR、海水系统 SWS、仪表气系统 IA、公用气系统 UA、钻井水系统 RW、冷凝水系统 SC、大气放空系统 AV、柴油系统 DO、饮用水系统 DW、液压油系统 HO、膨润土/重晶石系统 BB、水泥系统 CB、消防水系统 FW 以及 FM200 系统。

模块钻机工艺系统可分为公用系统和主工艺系统。

公用系统主要包括：海水系统、钻井水系统、饮用水系统、压缩空气系统、柴油系统、排放系统、蒸汽系统等。

公用系统中海水系统由平台方提供，钻机海水的主要用途是冷却、冲洗和作为钻井液循环。冷却水主要用户是空压机（单台 $15m^3/h$）、房间空调和发电机等；冲洗的主要用户是公用站和需要冲洗的设备等 ；海水作为钻井液工况主要出现在打表层作业时（$240m^3/h$），在不设置发电机时，打表层时所需的海水量即是海水用量最大值。

钻井水系统由平台方提供，钻井水可以由平台提供，也可以模块钻机本身配置钻井水罐，但是现在模块钻机的钻井水罐都设置在平台上。钻井水主要用途是配泥浆、泥浆实验室、公用站和冲洗甲板。

饮用水系统由平台方提供，主要用于洗眼站和蒸汽锅炉。

柴油系统由平台方提供，一般用于配浆、录井测井、固井、发电机和应急发电机。当钻机自带发电机和应急发电机时，都会配有柴油罐。

排放系统的设计考虑到钻机主要分为 DES 模块和 DSM 模块以及后期固井租用撬块，各模块之间距离较远同时也存在相对移动，排放管线很难汇集，因此各模块均配置单独的含油污水和不含油污水排放管线。模块钻机一般不设置独立的开排处理系统，不含油污水途经平台直接排海，含油污水进入平台的开排系统处理。考虑到一些特殊的含油岩屑或含油泥浆等平台也无法处理的排放介质，钻机上将配置专用回收装置进行收集，通过驳船运回陆地处理。

蒸汽系统是通过锅炉加热饮用水产生的，用于暖风机和公用站等处。

主工艺系统主要包括：泥浆循环系统、泥浆处理系统、泥浆储存、混合系统、井控系统、固井系统和灰粉系统等。

主工艺系统中泥浆系统的设计要点包括：

（1）灌注泵、高压泥浆泵布置在 DSM 模块，立管管汇布置在 DES 模块的钻台上，由于 DES 模块在各个井位移动，而 DSM 模块不移动，因此采用软管或跳接管汇的形式来满足两个模块之间相对移动的需要。

（2）高压泥浆泵入口供液既可以通过泥浆罐重力自吸，也可以通过灌注泵灌注，但也可以只设计有灌注泵灌注管线，灌注泵和混合泵可以互为备用。

（3）高压泥浆泵压力保护考虑有手动泄放和安全阀自动泄放保护，泄放管线接入泥浆罐，管线布置应深入泥浆罐以防止泄放的泥浆飞溅造成人员伤害，同时增加低点排放防止管线内积存泥浆。

（4）高压泥浆泵泵冲在钻井仪表系统和节流控制台均设置显示，可以方便司钻观察高压泥浆泵运行状况。

泥浆混合储存系统的组成及流程：

（1）泥浆混合存储系统是指为了满足钻井需要，完成泥浆的初配、调整、加重、储存等操作，主要包括：泥浆存储系统、泥浆混合系统、药剂罐、搅拌器、泥浆混合泵、泥浆混合漏斗、管汇、现场仪表等。

（2）混合泵从泥浆罐或药剂罐的出口管汇吸入泥浆，送入混合漏斗，高速液流在漏斗内形成涡流，加快了固相溶解，从漏斗出来的泥浆重新进入储存罐或药剂罐。

泥浆储存、混合系统设计要点：

（1）在泥浆混合储存系统设计时，要先确定泥浆系统的容量，在考虑作业时，要先确定泥浆系统的容量，在考虑作业的流失量和保持泥浆良好循环的基础上，尽量降低泥浆系统容量。泥浆、散料和储存系统的总量应满足完全替换井筒内的泥浆，如果不能实现，则需考虑其他必要的措施保证泥浆量。

（2）泥浆罐应配置足够功率的搅拌器以防止泥浆沉积。所有泥浆罐的设计应避免有产生固体物质沉积的凹槽，罐内尽可能避免设置加强结构。

（3）泥浆罐出口有灌注和混合两条管汇，入口有两条泥浆泵的返回管线、海水供给管汇、钻井水供给管汇和柴油供给管汇。出口的管汇到各个泥浆罐均设置分支管线。

（4）在泥浆罐各罐的底部设置排放口，通到排放管线将岩屑或废泥进行排海或收集运回陆地。在罐底排放管线上设置海水冲洗管线用以冲刷。

（5）所有泥浆罐均至少配置液位指示装置和高低报警。

泥浆净化系统：在钻井过程中，钻头钻进破碎岩石，钻井液将岩屑带至地面，然后把钻井液中的岩屑出去以保持钻井液的性能。固控设备主要包括振动筛、除气器、离心机供给泵、离心机等。流程简述：喇叭口—分流盒—振动筛—沉砂罐—除气器—离心泵—离心机—泥浆返回罐—泥浆储存罐。

泥浆净化过程：

（1）一级净化：即泥浆在振动筛的处理。配置好的钻井液在钻井泵的作用下进入井底，并携带钻进岩屑返回地面经过井口高架管进入振动筛，将钻井液中大于 $70\mu m$ 的岩屑筛分出来。

（2）二级净化：当钻井液有气侵时，可通过真空除气器的作用将钻井液中的气体清除，从而恢复钻井液的密度、稳定钻井液粘度。

（3）三级净化：二级净化后的钻井液经除砂器供液泵进入除砂器，钻井液中的 $40\sim 60\mu m$ 以上的细小有害固相在除砂器里被分离出来。

（4）四级净化：三级净化过后的钻井液经除泥器供液泵进入除泥器，钻井液中 $15\sim 40\mu m$ 以上的细小有害固相在除泥器里被分离出来。

（5）五级净化：四级净化后的钻井液经离心机供液泵进入离心机，离心机将钻井液中 $5\sim 15\mu m$ 微小的颗粒分离出来。

通常五级净化是同时进行的。如果只进行其中的一项或几项进化，钻井液参数就能满足作业要求时，可以只进行这一项或几项净化。钻井液的净化过程完成后，钻井液即可进入下一个正常的钻井循环。

固控系统设计要点：

（1）固控系统的泥浆罐分为沉砂罐、除气罐、除砂罐、除泥罐和泥浆返回罐。罐面上安装有振动筛、真空除气器、除砂器、除泥器、离心机等设备，为方便人员操作，固控设备尽量集中布置。

（2）对于喇叭口至振动筛以及 DES 模块的泥浆返回罐至 DSM 模块的储存罐管线最适宜采用重力自流，管线保证一定坡度，以确保泥浆不堵塞。如果两个模块之间的泥浆罐高差无法满足自流要求，则需增加回流泵。

（3）除气器排出的气体应引至安全地点。

（4）考虑到完全用海水作为钻井液时的工况，设计有海水可以不经过振动筛直接排海的流程。

（5）油基钻井液和含油岩屑必须设置专用的泥浆处理回收装置进行收集。

（6）去振动筛的分流系统必须保证钻井的循环需要，而不能出现溢流的情况。

（7）在固控系统泥浆罐各罐的底部设置排放口，通到排放总管将岩屑或废弃泥进行排海或收集运回陆地。在罐底排放管路上设计有海水冲洗管路用以冲刷。

（8）喇叭口返回管线设计有去分流盒和计量罐两路流程，去振动筛处理流程或计量流程可以通过各自入口管线上的互锁气动控制阀控制。

井控系统：

功用：确保安全钻开高压油、气层，控制钻井液柱静压力和地层压力的平衡。当钻井液柱静压力小于地层压力时，地层流体将进入井眼，引起井涌（溢流），需要利用防喷系统防止井喷。

组成：防喷器组、防喷器控制系统、防喷器卸吊装置、节流/压井管汇、泥气分离器。
防喷器的选定原则：

防喷设备的选择，决定于钻井时存在的危险性以及需要防护的程度。钻进过程中的危险性主要从两个方面来考虑：即地层压力和施工环境。由于海上平台作业，需要防护程度较高。因此，防喷器组的选择以井口压力为基准。

目前，海洋模块钻机的防喷器组的尺寸为 $13\frac{5}{8}''$，由环形防喷器，双闸板防喷器，单闸板防喷器，和钻井四通防喷器控制系统及液压站组成。

节流压井管汇选定原则：

节流压井管汇作为井口压力控制系统的关键部分之一。其流程设计合理与否至关重要。目前钻机中通常把节流和压井两部分组合成一体。节流与压井管线通过四通相互连接，根据现场情况可以互为备用。同时，压井管汇提供了与立管管汇和固井水泥管汇的接口。

根据 SY/T 5323—92《压井管汇与节流管汇》的规定，节流压井管汇最大的工作压力分别为 5 级：14MPa、21MPa、35MPa、70MPa、105MPa。海洋模块钻机节流压井管汇的压力为通常为 35MPa，极少数情况为 70MPa 两种，一般情况其压力等级与井口防喷器组一致。

灰罐的系统流程及体积选用：来自组块南北侧装载站的灰粉（水泥、重晶石及膨润土）分别进入各散料罐。配泥浆时散料被输送到缓冲罐混合，然后通过混合漏斗进入泥浆混合系统。配水泥浆时散料进入固井系统。

第二节 加工设计工作内容

配管加工设计是对详细设计的审核与完善，是在详细设计基础上，按照其规定的设计方案、技术要求、规格书、程序文件等对管线进行细化的过程，以达到方便指导现场施工的目的。

一、工作内容

配管专业包含的主要工作内容主要有：
①详细设计文件审核
②各专业间模型碰撞审核
③管线支架建模
④现场建造图纸及料单
⑤技术评标及采办技术支持
⑥现场技术支持
常规模块钻机项目加工设计文件目录如表 2-2-1 所示。

表 2 - 2 - 1

DOP（程序文件）		
1	SD-DOP-XXX（MDR)-PI-0101	管线施工程序
2	SD-DOP-XXX（MDR)-PI-0102	管线试压程序
MAL（采办料单）		
1	SD-MAL-XXX（MDR)-PI-0101	阀门采办料单
2	SD-MAL-XXX（MDR)-PI-0102	管材采办料单
3	SD-MAL-XXX（MDR)-PI-0103	管件采办料单
4	SD-MAL-XXX（MDR)-PI-0104	管支架采办料单
5	SD-MAL-XXX（MDR)-PI-0105	地漏采办料单
6	SD-MAL-XXX（MDR)-PI-0106	保温材料采办料单
7	SD-MAL-XXX（MDR)-PI-0107	试压采办料单
DWG（图纸）		
1	SD-DWG-XXX（MDR)-PI-0101	单管加工图（AI 系统）
2	SD-DWG-XXX（MDR)-PI-0102	单管加工图（DO 系统）
3	SD-DWG-XXX（MDR)-PI-0103	单管加工图（FW 系统）
4	SD-DWG-XXX（MDR)-PI-0104	单管加工图（WF 系统）
5	SD-DWG-XXX（MDR)-PI-0105	单管加工图（WS 系统）
6	SD-DWG-XXX（MDR)-PI-0106	单管加工图（WB&WG 系统）
7	SD-DWG-XXX（MDR)-PI-0107	单管加工图（WH 系统）
8	SD-DWG-XXX（MDR)-PI-0108	单管加工图（FF 系统）
9	SD-DWG-XXX（MDR)-PI-0201	管支架详图（一层下）
10	SD-DWG-XXX（MDR)-PI-0202	管支架详图（二层下）
11	SD-DWG-XXX（MDR)-PI-0203	管支架详图（ROOF 下）
12	SD-DWG-XXX（MDR)-PI-0204	管支架详图（ROOF 上）
13	SD-DWG-XXX（MDR)-PI-0205	管支架详图（DECK 下）
14	SD-DWG-XXX（MDR)-PI-0301	地漏制作详图
15	SD-DWG-XXX（MDR)-PI-0401	水压试验图

二、设计界面划分

（一）详细设计/加工设计界面划分

配管专业设计资料类别主要包括规格书、数据表、计算书、图纸、材料表、程序文件、调试大纲、三维模型等。具体界面划分详见附录二《设计阶段划分及设计内容规定》。

（二）加工设计各专业界面划分

各相关专业界面划分、接口界面划分没有唯一性，可根据具体情况，沟通确定界面。

通常配管专业与其他专业界面如下：

（1）与设备接口界面划分：由设备厂家提供管道与设备连接的配对法兰、垫片、螺栓。

（2）与压力表、压力变送器接口界面划分：配管专业设计到阀门为止，以阀门为界面，具体情况可查阅相关图纸，现举例如图2-2-1所示。

（3）与温度计、温度变送器接口界面划分：配管专业设计到单片法兰为止，以单片法兰为界面，温度计、温度变送器厂家提供管道与温度计、温度变送器连接的另一片法兰，以及连接所需的垫片、螺栓。具体情况可查阅相关图纸，现举例如图2-2-2所示。

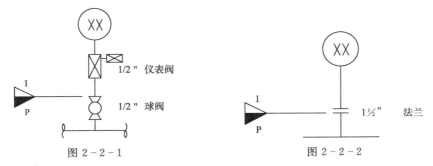

图2-2-1　　　　　　　　　　　图2-2-2

（4）与防火风闸界面划分：配管专业设计到阀门为止，以阀门为界面，具体情况可查阅图2-2-3所示。

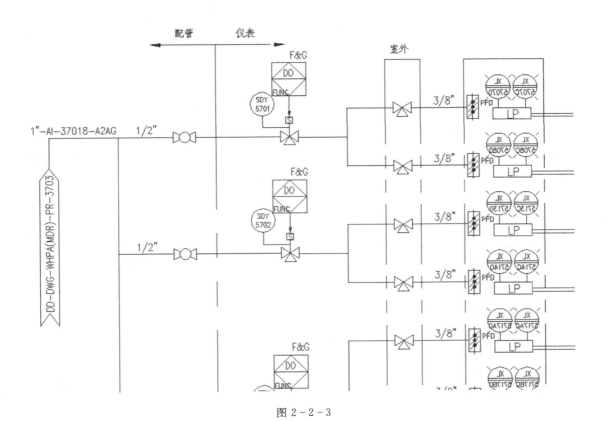

图2-2-3

（5）与平台组块接口界面划分：我方配管专业设计到单片法兰为止，以单片法兰为界面，具体情况可查阅相关图纸。由组块方提供双方管道连接的另一片法兰，以及连接所需的垫片、螺栓。

三、加工设计

（一）设计流程（图 2-2-4）

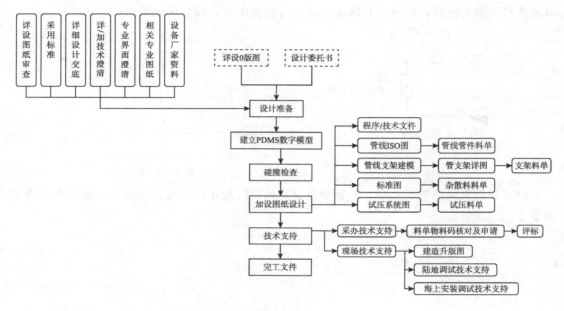

图 2-2-4

（二）加工设计依据

加工设计文件编制的依据是详细设计图纸、规格书和其所规定采用的国际、国内规范或标准，若规格书与规范、标准相互间矛盾，应优先执行规格书，若规范、标准间相互矛盾，应按规格书规定的优先顺序执行，通常采用的规格书、规范和标准如下：

（1）规格书/文件

①管道总体规格书；

管道材料规格书；

管道建造规格书；

管道焊接规格书；

管道检验规格书；

管道试验规格书；

管道标准图规格书；

管道支架规格书；

管道色标规格书；

管道保温规格书。

②管线单线图：

包括非危险排放系统 DON、危险排放系统 DOH、低压泥浆系统 ML、海水系统 SWR、海水系统 SWS、仪表气系统 IA、公用气系统 UA、钻井水系统 RW、冷凝水系统 SC、大气放空系统 AV、柴油系统 DO、饮用水系统 DW、液压油系统 HO、膨润土/重晶石系统 BB、水泥系统 CB、消防水系统 FW 以及 FM200 系统 FM 单线图。

③总图：用于了解工程的总体布置和设备间的立体关系。

④P&ID 图：用于了解工艺系统、流程及介质流向、管线级别、特殊要求等。

⑤管线平面布置图：用于了解并核对三维图的连接、尺寸、走向、坐标、标高、有无碰撞等问题，是管线定位的依据之一。

⑥管道支架布置图：加工设计将根据详细设计的支架图进行管支架制作图纸的设计。

（2）规范和标准分类（表 2-2-2）

表 2-2-2

序号	标准号	标准名称
国内标准		
1	GB 8163—2008	输送流体用无缝钢管
2	GB/T 14976—2012	流体输送用不锈钢无缝钢管
3	GB 6479—2013	高压化肥设备用无缝钢管
4	GB 50316—2000	工业金属管道设计规范
5	GB/T 3077—2015	合金结构钢
6	GB/T699—2015	优质碳素结构钢
7	GB 1220—2007	不锈钢棒
8	NB/T 47008—2010	承压设备用碳素钢和合金钢锻件
9	NB/T 47010—2010	承压设备用不锈钢和耐热钢锻件
国际标准		
1	ASME B31.3	工艺管道
2	ASME B16.5	管法兰和法兰管件
3	ASME B16.9	工厂制造的锻轧制对焊管配件
4	ASME B16.10	阀门的面对面和点对点尺寸
5	ASME B16.11	承插焊和螺纹连接的锻造管件
6	ASME B16.20	管法兰环形连接、螺旋绕和套封的金属垫圈
7	ASME B16.21	管法兰用非金属平垫片
8	ASME B16.25	对接焊端
9	ASME B16.34	法兰、螺纹和焊连接的阀门
10	ASME B16.36	孔板法兰

续表

序号	标准号	标准名称
国际标准		
11	ASME B16.47	大直径管钢制法兰
12	ASME B16.48	钢制管线盲板
13	ASME B36.10	焊接和无缝轧制钢管
14	ASME B36.19	不锈钢钢管
15	API 5L	管线钢管
16	API 600	石油和天然气工业用阀盖螺栓连接的钢制闸阀
17	API 602	公称尺寸小于和等于 DN100 的钢制闸阀、截止阀和止回阀
18	API 608	法兰、螺纹和焊连接的金属球阀
19	API 593	法兰连接球墨铸铁旋塞阀
20	API 594	对夹式和凸耳对夹式止回阀
21	API 595	法兰连接的铸铁闸阀
22	API 597	法兰和对焊连接的钢制缩径闸阀
23	API 598	阀门的检查和试验
24	API 599	法兰和焊接的金属旋塞阀
25	API STD 600	石油和天然气工业用阀盖螺栓连接的钢制闸阀
26	API 601	用于凸面管法兰和法兰连接的金属垫片
27	API STD 602	法兰、螺纹、焊接连接和阀体加长连接的紧凑型闸阀
28	API 603	150LB 铸造耐腐蚀法兰连接闸阀
29	API 604	法兰连接球墨铸铁闸阀
30	API 606	阀体加长的紧凑型钢闸阀
31	API 607	转 1/4 周软阀座阀门的耐火试验
32	API 608	法兰、螺纹和焊连接的金属球阀
33	API 609	凸耳对夹式和对夹式蝶阀
34	API 527	泄压阀的阀座密封度
35	API 6D	石油和天然气工业管线输送系统管线阀门
36	API 6A	井口装置和采油树设备规范
37	API 16C	节流压井系统规范
38	API RP 14E	近海生产平台管道系统的设计和安装
39	MSS-SP-25	阀门、管件、法兰和管接头的标准标记方法
40	MSS-SP-44	钢制管道法兰
41	MSS-SP-72	法兰端或对焊端通用球阀
42	MSS-SP-80	青铜闸阀、截止阀、角阀和单向阀

序号	标准号	标准名称
国际标准		
43	MSS-SP-83	3000级承插焊和螺纹连接的碳钢管接头
44	MSS-SP-84	承插焊和螺纹连接的阀门
45	MSS-SP-95	模锻螺纹管接头与大管塞
46	MSS-SP-97	整体加强锻制分支管引出端管件-承插焊式、螺纹式与对焊式端头

注：各标准规范以最新有效版本为准。

（三）设计准备

配管专业加工设计准备目的是明确所承担设计工作的范围，熟悉配管技术要求，考虑管线的制造方案，澄清各种技术问题，熟悉和理解专业设计思路和方案，熟悉详细设计资料，包括管道规格书、数据表以及相关图纸等技术资料，掌握项目技术要求以及整体概况，其中审查详细设计图纸包括如下内容：

①检查管线设计的合理性；

②检查详细设计设计管线与P&ID的一致性；

③检查管线平面布置图有无管线间错漏碰撞；

④检查管线与结构梁、电气仪表托架、设备撬块、通风管道间有无碰撞；

⑤检查管线三维图与平面布置图的一致性并检查标高；

⑥检查每张图纸上料表中材料的种类和数量与图面是否一致，材料的规格和属性与规格书是否一致；

⑦检查相关三维图之间轴线的间距是否正确，连接关系是否正确；

⑧检查三维图中管线是否需要添加焊点、管箍、由壬或法兰来实现断管。

（四）碰撞检查

碰撞检查采用PDMS建模的方法，将全部模型建立完成后，先进行本专业的碰撞检查，检查管线与管线之间的碰撞问题，再与其他专业进行碰撞检查，检查是否与结构、电仪讯、机械等专业存在碰撞问题。具体内容参考第十二章PDMS模型设计中三维模型碰撞检查部分。

（五）加工设计图纸设计

本专业加工设计图纸主要分为单管加工图、管线试压图、支架详图、地漏详图、采办料单等。

1. 单管加工图

在详细设计管线三维图的基础上进行单管加工图的设计，单管加工图用于管线分段预制、现场安装及检验，提高管线制造质量和效率，减少管线现场安装的工作量。单管加工图的设计应主要包括管线分段设计和单管下料精确尺寸设计，图2-2-5为典型的模块钻机单管加工图。

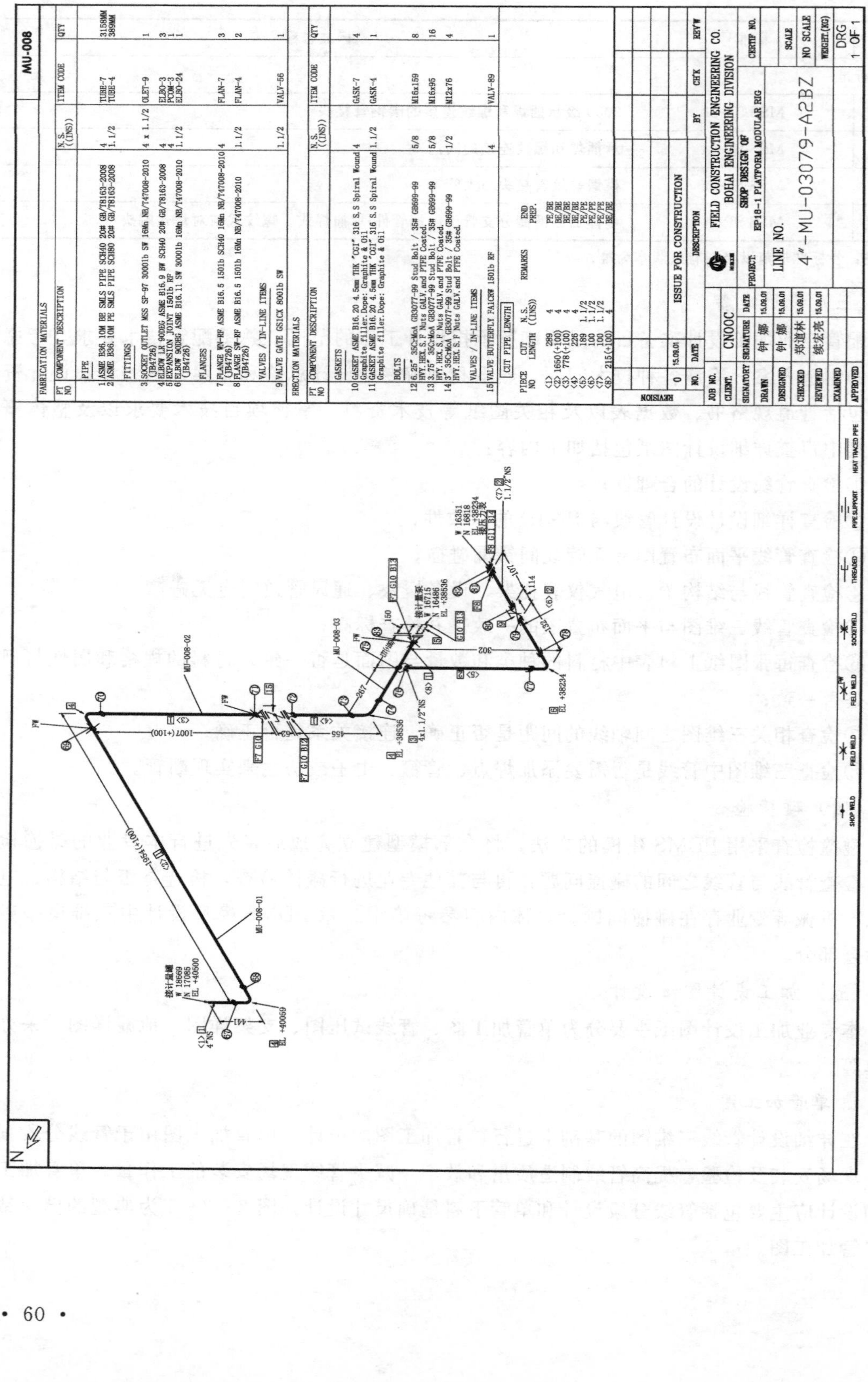

图2-2-5 典型的模块钻机单管加工图

（1）设计原则

①预制量最大化原则：充分利用管线批量预制的优势，减少现场连接的工作量。

②有利于运输、预制、安装的原则。

③要考虑制造工艺、设备的需要，管线分段应保证制造工艺的要求。管线中任何焊接附件尽可能在单管图中体现并预制。

④考虑管线安装连接点、管线与设备接点三维方向调整需要。

⑤所有单管在法兰、阀门处为自然分段。

（2）设计内容

主要包括管线分段、管段号、单管的净长（管线下料尺寸）、单管标识、预制焊口号、现场焊口号、管件标识，适当地为管系补充压力试验的高点放空和低点排放，并对材料明细表进行修改和补充。

为了让施工人员能准确迅速地理解图纸所传递的信息和内容，以及图纸的整洁、统一，在设计前应对图纸上的各类符号做相应的规定，包括各种符号的意义、字体的大小、标注的方式、标注的顺序等。

上述内容涉及的名称解释如下：

管段：每一个自然断开或两个或几个现场焊点间的预制管段。

单管：相邻管件之间的直管。

预制焊口号：每个单管上标明需在预制车间内焊接的焊口编号。

现场焊口号：每个单管上标明需现场焊接的焊号（陆地及海上连接焊口号）。

管线元件标识：图纸上各种符号与料表中对应的关系。

管线上的高点放空和低点排放：根据管线压力试验要求设置的排放气体或排液而增加的排放点。

（3）设计方法

①预制管线：指需要车间预制的管线，包括2″以上的碳钢管线、不锈钢管线、铜镍合金管线。一般设计流程如下：

a. 按系统编制图纸流水编号；

b. 添加管线连接信息；

c. 镀锌及涂塑管线增加法兰；

d. 编制焊口编号；

e. 根据安装要求对管线进行分段，确定现场焊口位置，并标注管段号；

f. 核对材料明细表，补充增加的材料；

g. 根据预制要求增加单管下料预留长度。

②非预制管线：指不需要车间预制可直接在现场安装的管线，包括非金属管线和管径1-1/2″及以下的金属管线。一般设计流程如下：

a. 按系统编制图纸流水编号；

b. 添加管线连接信息；

c. 编制焊口编号；

d. 螺纹连接管线添加由壬；

e. 核对材料明细表，补充增加的材料。

（4）注意事项

①现场焊口位置应考虑周围结构梁、电缆托架等情况，应有足够的焊接作业空间。

②长度超过 6m 的管线应增加焊接点。

③与设备相连的管线，在断管时应尽量在其三维方向上留出至少 100mm 的调整段，以便现场调整。

④总管（汇流管线）一般不预留调整段。

⑤同一管段中应避免出现多个特殊角度。

⑥对于穿甲板的管线应注意管段不能太长，不能超过平台层间高度，穿甲板处应为直管，不能有法兰、管件。

⑦根据每个系统或管线的情况适当地增加高点排放和低点放空管线，并在图纸上标明其具体位置和尺寸，在图的材料明细表中增加相应的材料。

2. 管线试压图

试压图是试压工作的依据，施工人员通过试压图了解管线试验的范围、内容、要求等。图 2-2-6、图 2-2-7 为模块钻机管线压力试验的典型图纸。

（1）试压图的内容

管线试压图中应包含系统名称、系统流程、管线压力试验参数、试压介质、上水点、排水点、放空点、压力表位置、盲板位置。

（2）设计步骤

①划分试压系统，确定每个试压系统包含的试压管线范围，参与试压部分应以粗实线表示；

②根据管线数据表确定系统试验压力、试验介质；

③根据试压范围隔离不参与试压的管线、设备、仪表元件等，在试压图中标记盲板位置；

④确定上水点、排水点、放空点、压力表位置，并标记在试压图中。

（3）设计要点

①管线压力试验扫线中需隔离或移开的孔板、流量计和滤器等元件在图中应表示并说明。

②所有在线阀门都应该设置为全开状态，除非有特殊要求。

③压力表数量至少为两块，压力表的量程为试验压力的 1.5～3 倍，精度不低于 1.5 级，安装在系统的最高和最低处。

④如果对夹式盲板需要现场制造，厚度应按以下公式计算：

$$t = d_g \sqrt{\frac{3P}{16\sigma E}} + C$$

式中　d_g——凸面法兰或平面法兰的垫片内径，mm；

　　　P——试验压力，kPa；

σ——许用应力；

E——质量系数；

C——腐蚀裕量，mm。

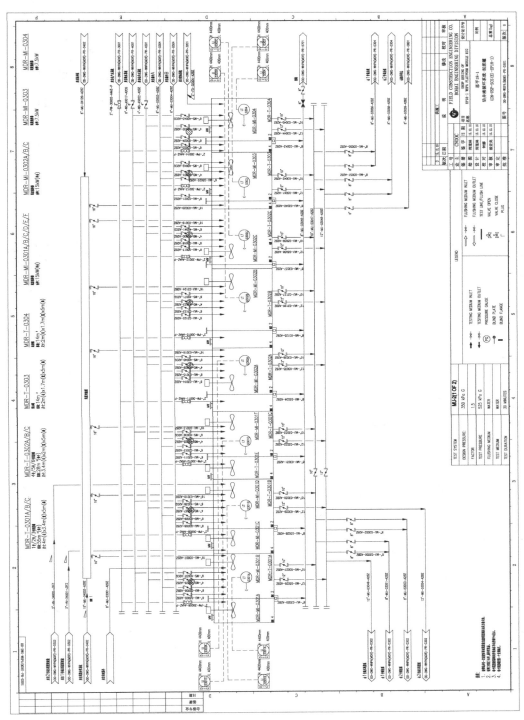

图2-2-6　模块钻机管线压力试验的典型图

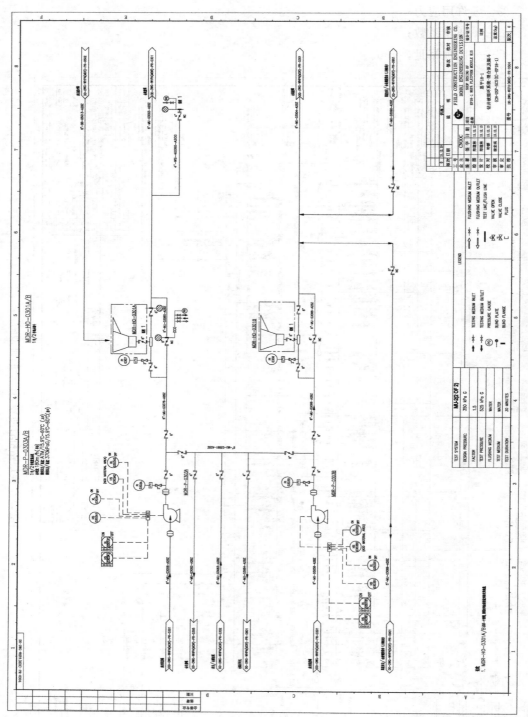

图2-2-7 模块钻机管线压力试验的典型图

⑤压力试验上水点、排水点通常选取管线最低点，根据管线走向、标高、位置进行选取。

⑥选择试压、扫线进出口时，应注意单向阀的安装方向。

⑦在液体作为介质进行压力试验时，应在管线的高点设置排气口，以便在试压时排净管线内的空气和试压后进气替换。

⑧不锈钢管线试压水中氯离子含量应少于25ppm。

3. 管线支架详图

管线支架详图是结合配管支架标准图和详细设计支架布置图确定支架形式及定位后，通过MDS软件搭建管支架模型后抽取的支架图纸。

图2-2-8为模块钻机典型支架详图。

（1）支架详图的内容

管支架详图中应包含以下内容：

①支架编号；

②制造详图（三视图）：表示支架结构型式、组装尺寸，以及支架安装位置的结构梁的相对方位；

③支架定位图：表示支架的准确平面坐标位置和标高；

④轴侧图：表示支架与管线的相对位置和连接方式；

⑤材料明细表：用来描述构成支架的单件材料的尺寸、规格、材质。

（2）设计步骤

①支架选型：根据支架承载的管线数量、管径、介质，以及附近结构梁情况，初步确定支架型式及所选用的型材规格；

②建模：使用MDS软件创建支架的三维模型；

③支架强度校核：使用支吊架荷载计算系统对支架进行强度校核以及优化，编制《支架强度计算报告》；

④抽图：使用MDS软件抽取支架详图；

⑤完善图纸：调整图纸使其清晰美观。

（3）设计要点

①环焊缝距支吊架净距离不小于50mm，热处理焊缝距支吊架净距离不小于焊缝宽度的5倍，且不小于100mm；

②支架建模时注意不要与其他专业发生碰撞；

③支架的型式、安装位置要便于管线的安装和拆卸；

④支架应安装在结构梁柱上；

⑤通常高空支架选用吊架型式，地面支架选用支撑架型式。

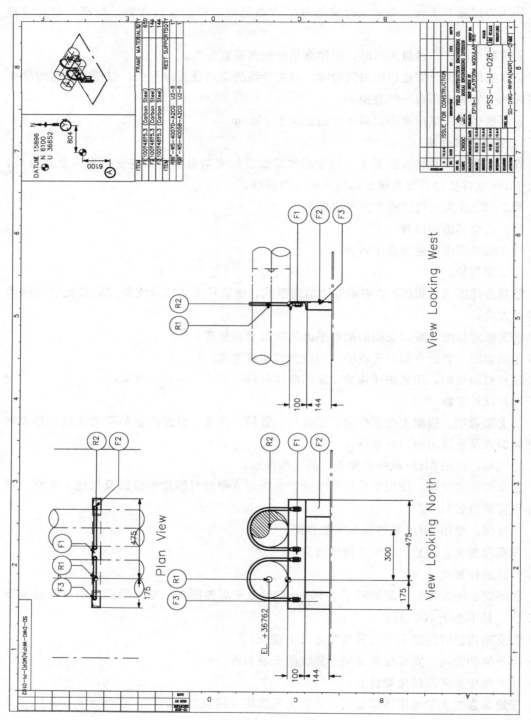

图2-2-8 模块钻机典型支架详图

4. 地漏详图

模块钻机地漏尺寸通常分为 3 寸和 6 寸两种。图 2-2-9 为模块钻机典型地漏详图。

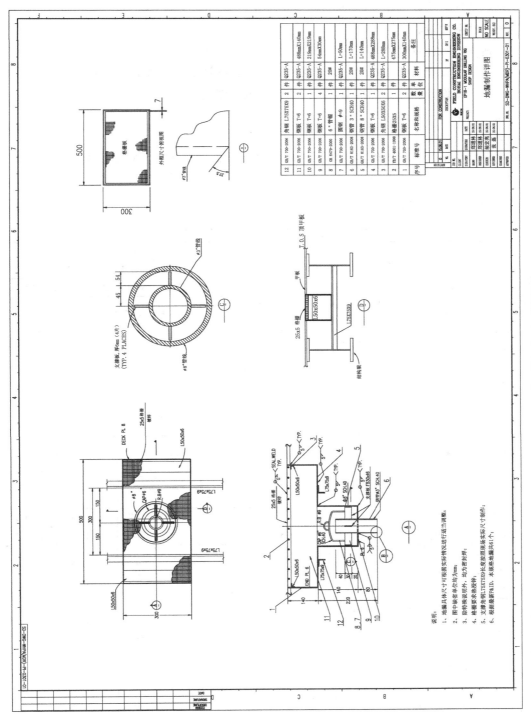

图2-2-9 模块钻机典型地漏详图

（1）地漏制作设计内容

①明确地漏制作技术要求；

②材料特性、壁厚及相关标准；

③统计地漏数量。

（2）地漏图纸注意事项

①根据详细设计的管线布置图以及管线三维图，统计确认地漏的数量和形式。

②参考详细设计相关的规格书，确定所需要的详图类型。

③核实图纸中的各部件尺寸。

5．采办料单

采办料单包括：管材管件采办料单、阀门采办料单、支架采办料单、保温采办料单、特殊件采办料单、地漏采办料单。

表2-2-3为模块钻机典型采办料单。

表2-2-3　通信专业常用钢材料单

EP18-1模块钻机管件采办料单（第一批）						SD-MAL-WHPA（MDR）-PI-0103-01					
						REV.（0）					
序号	物料号	名称	尺寸	材料描述	壁厚	等级	端面	数量	单位	备注	
1	82344541	45°弯头	1½″	00Cr17Ni14Mo2 NB/T 47010—2010		3000LB	NPT	2	个		
2	82344542	45°弯头	3″	00Cr17Ni14Mo2 NB/T 47010—2010	SCH40S		BW	6	个		
3	82344543	45°弯头	4″	00Cr17Ni14Mo2 NB/T 47010—2010	SCH40S		BW	7	个		
4	82344540	45°弯头	1″	16Mn NB/T 47008—2010 GALV.		3000LB	NPT	5	个		
5	82344537	45°弯头	1½″	16Mn NB/T 47008—2010 GALV.		3000LB	NPT	1	个		
6	82344534	45°弯头	2″	20# GB/T 8163—2008	SCH80		BW	1	个		
7	81996320	45°弯头	3″	20# GB/T8 163—2008	SCH40		BW	8	个	3个说明2	
8	82344530	45°弯头	3″	20# GB/T 8163—2008	SCH80		BW	1	个	说明2	
9	82179943	45°弯头	4″	20# GB/T 8163—2008	SCH80		BW	11	个	说明2	
10	82032656	45°弯头	6″	20# GB/T 8163—2008	SCH40		BW	24	个		
11	82180030	45°弯头	6″	20# GB/T 8163—2008	STD		BW	1	个		
12	82006471	45°弯头	8″	20# GB/T8163—2008	SCH40		BW	4	个		
13	82344527	45°弯头	10″	20# GB/T 8163—2008	SCH40		BW	4	个		
14	82179985	90°弯头	1/2″	00Cr17Ni14Mo2 NB/T 47010—2010		3000LB	NPT	1	个		
15	82134066	90°弯头	1″	00Cr17Ni14Mo2 NB/T 47010—2010		3000LB	NPT	9	个		
16	82134067	90°弯头	1½″	00Cr17Ni14Mo2 NB/T 47010—2010		3000LB	NPT	13	个		

续表

EP18-1模块钻机管件采办料单（第一批）						SD-MAL-WHPA（MDR）-PI-0103-01				
						REV.（0）				
序号	物料号	名称	尺寸	材料描述	壁厚	等级	端面	数量	单位	备注
17	82134068	90°弯头	2″	00Cr17Ni14Mo2 NB/T 47010—2010		3000LB	NPT	47	个	
18	81996318	90°弯头	1″	16Mn NB/T 47008—2010		3000LB	SW	34	个	
19	81996317	90°弯头	1/2″	16Mn NB/T 47008—2010 GALV.		3000LB	NPT	3	个	
20	82344515	90°弯头	3/4″	16Mn NB/T 47008—2010 GALV.		3000LB	NPT	2	个	
21	82344506	90°弯头	1″	16Mn NB/T 47008—2010 GALV.		3000LB	NPT	130	个	
22	82344512	90°弯头	1½″	16Mn NB/T 47008—2010 GALV.		3000LB	NPT	67	个	
23	82344503	90°弯头	2″	16Mn NB/T 47008—2010 GALV.		3000LB	NPT	89	个	
24	82344504	90°弯头	2½″	16Mn NB/T 47008—2010 GALV.		3000LB	NPT	16	个	
25	82344524	90°弯头	3″	00Cr17Ni14Mo2 GB/T 14976—2012	SCH40S		BW	33	个	
26	82344509	90°弯头	3″	00Cr17Ni14Mo2 GB/T 14976—2012	SCH40S		BW	3	个	R=1D
27	82344521	90°弯头	4″	00Cr17Ni14Mo2 GB/T 14976—2012	SCH40S		BW	30	个	
28	82344520	90°弯头	4″	00Cr17Ni14Mo2 GB/T 14976—2012	SCH40S		BW	5	个	R=1D
29	82344518	90°弯头	2″	20♯ GB/T8163—2008	SCH80		BW	49	个	
30	82344519	90°弯头	3″	20♯ GB/T8163—2008	SCH40		BW	173	个	61个说明2

采办料单设计步骤：

①审查详设料单，核对材质、规格、型号是否与详细设计材料规格书一致；

②根据详细设计三维图、PID图等统计材料，核对详设料单材料数量；

③查询、申请并维护SAP物料编码；

④根据不同材料的施工损耗率，适当调整余量；

⑤编制加工设计采办料单。

四、技术支持

（一）采办技术支持

加工设计进行配管专业采办技术支持主要有三个方面：技术评标、技术澄清和SAP

码申请。

（1）技术评标：对厂家投标的技术参数与设计文件进行比对，填写技术参数比较表。

①将厂家技术标书中的技术参数、数量、证书等与详细设计规格书、数据表、料单等技术图纸进行对比审查，并填入技术参数比较表中。

②如果厂家设备技术参数与技术文件要求一致或优于且不影响使用则评议合格，如果有出入项则需要和厂家进行技术书面澄清，是否满足设计要求，是否影响报价。

③管材技术评标，主要评标项有尺寸、材质、涂层、壁厚、端面型式、加工制作标准以及数量和重量。

④管件技术评标，主要评标项有管件名称、尺寸、材质、涂层、壁厚、压力等级、端面型式、加工制作标准及数量。

⑤阀门技术评标，主要评标项有阀门类型、尺寸、阀门型号、压力等级、端面、数量、制作标准等，对于具备耐高温、防火、防静电、防腐衬里等特殊要求的阀门需明确澄清。有些阀门厂家投技术标时会附带阀门图纸，对于图纸内标明的阀体材料、阀芯材料、阀座材料、阀杆材料及型式、接口型式、传动型式以及具体结构特点（如，通径、缩径、硬密封、软密封、偏心、对夹、凸耳等）需认真仔细审核。

⑥管线保温技术评标，保温材料多采用年度协议，主要评标项有保温材料的厚度和热传导率，铝皮材质厚度及有无防潮层，扎带和带扣的规格材质，自攻螺钉的型号、材质和规格。

表 2-2-4 为典型的技术评标表。

版本号 2015-01

表 2-2-4 技术参数比较表

项目/所属单位名称：恩平 18-1 钻机模块 EP 建造项目　　　　采办申请编号：

项目内容/产品名称：阀门　　　　招标书编号：

投标人/国别							
制造商/国别							
型　号							
数　量							
招标文件要求		技术参数	评议	技术参数	评议	技术参数	评议
主要指标	球阀参数						
	尺寸：1/2″、3/4″、1″、1½″、2″、2½″、3″						
	材质：Nickel Alluminum Bronze/Monel/Monel & RPTFE/Monel；A182　F316L/316L　S. S/316LS. S&stellite/316S. S；A105/316L S. S/316L S. S&stellite/316S. S；316S. S/316 S. S/316L S. S/316L S. S&stellite/316S. S；A216 Gr WCB/316L S. S/316L S. S&stellite/316S. S						
	压力等级：150LB、800LB、3000psi						
	端面形式：NPT、SW、SW×NPT、RF						

续表

招标文件要求		技术参数	评议	技术参数	评议	技术参数	评议
一般指标	规范/标准：ASME B16.34、API 608						
主要指标	闸阀参数						
	尺寸：1/2″、3/4″、1″、1½″、2″、4″、6″、8″、10″						
	材质：A105/316L S. S/316L S. S&stellite/316S. S；A182 F316/316L S. S/316L S. S&stellite/316S. S；A216 Gr WCB/316L S. S/316L S. S&stellite/316S. S；						
	压力等级：150LB、800LB						
	端面形式：RF、SW、SW×NPT、NPT						
一般指标	规范/标准：ASME B16.34、API STD 602						
供货范围	料单中的所有阀门及阀门附属手柄，手轮，锁具等，其他配件（如果需要）及所有检查、测试报告，证书以及与安装、操作有关的文件等						
结论							

1. "评议"栏中填写"接受"或"不接受"。
2. "结论"栏中填写"合格"或"不合格"。
3. 备注：工程和服务项目，本表可在根据招标文件调整后使用。

申请单位/项目组确认签字：

其他相关管材管件技术参数详见附录三。

（2）技术澄清

解答厂家对料单中的疑问，对评标中发生的疑问、争议和不符合项，要求厂家进行技术澄清，并填写采办技术澄清表。表2-2-5为典型的技术澄清表。

表2-2-5 采办技术澄清

序号	澄清内容	厂家回复	是否影响价格
1			
2			
3			
4			
5			
6			
7			
8			
9			
10			

厂家签字盖章：

（3）SAP 码申请

参见附录四《SAP 物料编码申请流程及注意事项》。

（二）现场技术支持

①技术交底：

技术交底内容一般包含：项目概况、管道分布情况、各系统压力等级、设计温度、介质、材质，详细设计规格书中规定的内容，以及管道施工技术要求。

②协助建造项目组人员进行设备及材料验货：

对现场到货管道材料尺寸进行检查，与设计标准规格核对，对现场到货与管道连接的设备管口规格方位进行核对，检查设备与最终认可图纸是否一致。

③现场安装技术指导：

解决现场施工中出现的技术问题，通过现场检查、各专业图纸核对查明原因，并根据现场的实际情况修改或完善设计图纸和文件。

④调试技术支持：

协助调试组完成单机调试工作，负责确定调试工艺流程。

五、加工设计完工图

在完工后将变动的部分同原图进行修正得出的最终图纸即为完工图。完工图的根本目的是使存档的图纸和资料与现场的实际情况一致。

第三节　建造程序及技术要求

管线建造一般包含三个阶段：材料到货验收、管线预制和安装、管道系统试验，其中的管道系统试验包含管道试压、吹扫和清洗、泄露性试验。

一、材料到货验收

材料到货验收一般要说明材料验收的常规检验方法和技术要求，通常包括外观检验、质量证明文件、规格数量检查、化学成分抽检、阀门检验要求等。材料技术检验要求一般包含以下内容：

①管道组成件应分区存放，且不锈钢管道组成件不得与非合金钢、低合金钢接触。

②管材应有质量证明文件，包括产品标准号、钢的牌号、炉罐号、批号、交货状态、重量和件数、品种名称、规格及质量等级等。

③钢管内、外表面不得有裂纹、折叠、发纹、扎折、离层、结疤等缺陷。

④钢管表面的锈蚀、凹陷、划痕及其他机械损伤的深度，不应超过相应产品标准允许的壁厚负偏差。

⑤管件的表面不得有裂纹，外观应光滑、无氧化皮，表面的其他缺陷不得超过产品标

准规定的允许深度。坡口、螺纹加工精度应符合产品标准的要求。

⑥螺栓、螺母的螺纹应完整，无划痕、毛刺等缺陷，加工精度符合产品标准的要求。螺栓、螺母应配合良好，无松动或卡涩现象。

⑦缠绕垫片不得有松散、翘曲现象，表面不得有影响密封性能的伤痕、空隙、凹凸不平及锈斑等缺陷。

⑧法兰密封面不得有径向划痕等缺陷。

⑨阀门在安装前，应逐个进行阀体液体压力试验和上密封试验。此项工作也可以在阀门制造厂进行，试验过程应有甲方或第三方监督。

⑩检查不合格的管道元件或材料不得使用，并做好标识和隔离。

⑪材质为不锈钢、有色金属的管道元件和材料，到货后进行色谱分析，在运输和储存期间不得与碳钢、低合金钢接触。

二、管线预制

管线预制一般包括划线、切割、组对、焊接、检验等工序。管线预制程序应针对这些工序编写详细的技术要求，且这些技术要求需满足详细设计规格书、国际标准及国家标准的相关要求。

（一）一般要求

①预制先后顺序为：管支架→地漏→开排系统→大管径管线→需要焊接的镀锌管线→其他管线。

②管道预制应在专用平台或专用胎具上进行。

③材料的替代和变更必须得到详设的书面批准，其中包括厚度的变化。

④预制好的管线应将管内清扫干净，两端封口，以防杂物进入。

⑤管线预制流程见图 2-3-1。

（二）下料、切割

①下料时应根据三维单管加工图所给定的管线尺寸进行下料。

②不锈钢管不允许用钢印作标记。

③管线相邻的两焊缝之间的最小距离应大于管壁厚的 5 倍或 75mm，两者中取大值。

④管线的对接焊缝上不应有开孔，支管连接，管支撑等。

⑤支架螺栓孔应比螺栓直径大 1.5mm，所有螺栓孔应采用钻孔以保护油漆，不能用气割的方法割孔。

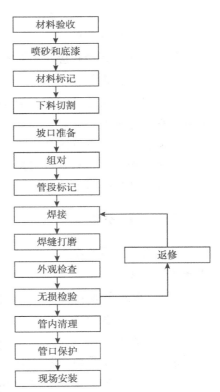

图 2-3-1

⑥管线、管线与管件之间不允许斜接，除非业主批准。

⑦火焰切割后，经处理后表面应该平滑，切割之后应将表面的熔渣、氧化皮等彻底清理干净。

⑧切口端面倾斜偏差≤管外径的 1% 且≯3mm。

（三）坡口/端口的准备

①所有对焊管及管件应按要求开相应的焊接坡口，图纸中注明在现场组焊或留有余量的管端除外。

②碳钢材料坡口/端口的加工方法可以使用机械加工和火焰切割。火焰切割表面的熔渣应彻底清理干净且打磨光滑。

③坡口两侧 20mm 范围内应该仔细清理掉油漆、潮湿、熔渣、氧化皮、油污或其它杂质。

（四）组对

①组对应在专用的胎具上进行。不锈钢材料要在碳钢胎具上垫上胶皮或其它类似物。

②管道不得强力组对，不允许用锤击、千斤顶或其他机械方法来矫正。

③碳钢管线组对错边量：管内壁应≤1mm，管外壁应≤壁厚 10% 且≯3mm。

④不同壁厚组对时，当壁厚差＞3mm 时应作削边处理、削边长度应≥4 倍的厚度差。

⑤不锈钢管线组对内、外壁错边量均应≤0.5mm。

⑥插焊管件组对时，插入端顶部至承插口底部的间隙为 1.6～2mm 以防止在焊接和/或焊接后承插口低部破裂。

⑦所有法兰螺栓孔应跨中对齐。

（五）尺寸精度

①管线预制尺寸偏差应符合 ASME B31.3 的要求。长度尺寸偏差不允许累计，长度和直线性尺寸偏差不应超过 3mm。

②所有弯管和支管的角度偏差不超过 1.4°。

③法兰面应与轴线垂直其偏差为 0.3°。

④详细的管线制造允差见图 2-3-2。

三、管线安装

管线安装先后顺序为：管支架→地漏槽→开排系统→大管径管线→需要焊接的镀锌管线→其他管线。

（一）管支架的安装

①管支架应在管线安装之前就位。

②管支架安装前应完成涂装工作。

③环焊缝距支吊架净距离不小于 50mm。

④管支架应焊接在平台的结构梁柱上，不应搁在格栅、甲板或其他非结构元件上。

（二）管线的安装

（1）一般要求

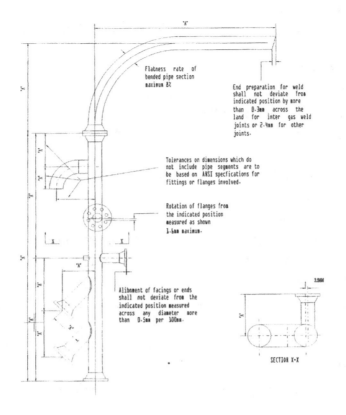

图 2 - 3 - 2

①管道应按图纸要求的坡度和坡向进行安装。

②法兰、管口的保护措施应保留到管线安装之前。

③管段上的开孔应在管段安装前完成。当在已安装的管段上开孔时，管内因切割而产生的异物应清除干净。

（2）不锈钢管线的安装

①安装不锈钢管线时，不得用铁质工具敲击。

②不锈钢管与支架间应垫上 3mm 聚四氟乙烯垫或橡胶垫。

③不锈钢管线应使用带聚四氟乙烯衬的镀锌绝缘 U 型螺栓固定管道。

（3）镀锌螺纹管的安装

①螺纹镀锌管线可在现场下料、丝扣加工后直接安装。

②螺纹应用螺纹加工机或螺纹加工工具制作，螺纹表面应光滑并涂上允许的专用润滑油。

③所有的螺纹应修整干净，不允许有毛刺或剥落物。螺纹连接应防止损坏。

④螺纹加工或吊装过程中应特别注意镀锌层的保护，如被卡伤应消除缺陷，用罐装锌液喷涂，修复镀锌层。

⑤螺纹管安装时可使用聚四氟乙烯带或螺纹密封胶保证螺纹密封。

（4）焊接连接镀锌管的安装

焊接连接的镀锌管线安装且水压试验合格后拆除，清理干净并清楚的标记后进行镀锌，镀锌完毕后回装。

（5）连接设备管线的安装

①与动设备连接的管线，其现场焊口应远离设备。

②管线安装合格后，不得承受设计以外的附加载荷。

③与动设备连接的管线，宜从设备侧开始安装。管线、阀门的重量和附加力矩不得作用在设备上。

④与动设备连接的管线在压力试验完毕后，拆下8字盲板或插板，检查法兰平行度和同轴度应符合要求。

（6）阀门及特殊件的安装

①法兰阀门和螺纹阀门应在关闭状态下安装，焊接阀门连接时不得关闭。

②安全阀在安装前应经调校、检定合格且有铅封。安全阀应垂直安装。

③阀门手轮的位置应便于操作。

④有流向要求的单向阀、过滤器、孔板流量计等，安装时应注意安装方向。

（7）法兰的连接

①安装时应检查法兰密封面及垫片，不得有影响密封性能的划痕、锈斑等缺陷。

②垫片不能重复使用。

③所有螺栓应完全伸出螺母并且每条螺栓最少应露出1扣螺纹。

（8）管线安装允许偏差

①管线安装的允许偏差如表2-3-1所示。

表 2 - 3 - 1
单位：mm

项　目		允 许 偏 差
法兰与管子中心垂直度	$DN<100$	0.5
	$100≤DN≤300$	1.0
	$DN>300$	2.0
法兰螺栓孔对称水平度		±1.6
坐标		25
标高		±20
水平管线平直度	$DN≤100$	2L：1000，最大50
	$DN>100$	3L：1000，最大80
立管铅垂度		5L：1000，最大30
成排管间距		15
交叉管外壁或绝缘层间距		20
L—管子有效长度；DN—管子公称直径		

②与转动设备连接的管线，应在自由状态下检查法兰的平行度和同轴度，允许偏差见表2-3-2。

表2-3-2

机器转速/（r/min）	平行度/mm	同轴度/mm
<3000	≤0.4	≤0.8
3000～6000	≤0.15	≤0.50
>6000	≤0.10	≤0.20

四、管道系统试验

（一）一般技术要求

管线安装完毕后，按设计及规范要求应对管道系统进行压力试验，试验的目的为检查管线系统的力学性能和密封情况。

（二）管线压力试压前，应具备以下条件

①管线系统全部按设计文件安装完毕；

②管线支、吊架的型式、材质、安装位置正确，数量齐全，紧固程度、焊接质量合格；

③焊接及热处理工作已全部完成；

④焊缝及其他需进行检查的部位不应隐蔽；

⑤试压用的临时加固措施符合要求，临时盲板加置正确，标志明显；

⑥试压用的检测仪表的量程、精度等级、检定期符合要求；

⑦有经批准的试压方案，并经技术交底。

（三）清扫

管线安装完毕后应进行清扫，以清理管内杂质。

①依照压力试验流程图，管线系统清扫工作应逐个系统完成；

②清扫介质使用洁净的淡水或干燥的压缩空气。生活模块中仪表气使用压缩空气清扫，其他系统使用水冲洗；

③不参与清扫的系统应隔离；

④控制阀、孔板流量计、涡轮计、旋转型计量仪表、安全阀不能参与清扫；

⑤冲洗水应该持续不断，直到在排放口流出洁净水至少1min以上为止；

⑥空气吹扫过程中，目测排气无烟尘5min以上即可。

（四）压力试验

（1）试验介质

①试压用水为洁净的淡水；

②试压时环境温度应不低于5℃，否则应采取防冻措施；

③奥氏体不锈钢管道用水试验时，水中的氯离子含量不得超过25mg/L。

(2) 试验压力

管道试验压力按管道数据表中的要求选取，一般管道强度试验压力为设计压力的 1.5 倍。

当设计温度高于试验温度时，管道的试验压力应按以下公式核算：

$$P_t = KP_0 \frac{[\sigma]_1}{[\sigma]_2}$$

式中　K——系数，液体压力试验取 1.5，气体压力试验取 1.15；

　　　P_t——试验压力，MPa；

　　　P_0——设计压力，MPa；

　　　$[\sigma]_1$——试验温度下材料的许用应力，MPa；

　　　$[\sigma]_2$——设计温度下材料的许用应力，MPa。

(3) 压力试验技术要求

①不能参与管道系统试压的设备、仪表、安全阀、爆破片等应加置盲板隔离，并有明显标志；

②试压泵的接口点、压力表设置点、泄压点、放气点已严格按试压图连接完毕；

③水压试验前，在试压泵出口设压力安全阀，安全阀起跳值为最大试验压力的 1.05 倍；

④液体压力试验时，必须排净系统内的空气。升压应分级缓慢，达到试验压力后停压 10min，然后降至设计压力，停压 30min，不降压、无泄漏和无变形为合格；

⑤试压过程中若有泄漏，不得带压修理。缺陷消除后应重新试验；

⑥管道系统试压合格后，应缓慢降压。试验介质宜在室外合适地点排净，排放时应考虑反冲力作用及安全环保要求；

⑦管道系统试压完毕，应及时拆除所用的临时盲板，核对盲板加置记录，并填写管道系统试压记录。

第四节　常见专业技术问题及处理方法、预防措施

(1) 管线与设备管口连接不匹配

原因：设备到货晚，管线安装时设备尚未安装，设备到货状态与厂家资料不符，例如管口方位与厂家资料不一致，管口尺寸、压力等级、连接形式与设备资料不一致。

解决办法：设备采办技术澄清时认真核对设备厂家资料，明确规定所有设备管线接口的技术参数，包括尺寸、压力等级、连接形式等。加强设备出厂前检验，保证设备出厂状态与采办合同规定的设备制造图纸完全一致。

(2) 管线布置与设备操作空间或特定空间冲突

原因：设备操作空间或特定空间一般在规格书有规定，但在图纸中没有画出，管线设计时易被忽略。

解决方法：管线布置需充分考虑这些特定空间的技术要求，避让安全通道、设备操作空间、吊机臂高度和挥臂空间等，避免碰撞。

（3）管线布置时存在 U 型低点，造成管内积液

解决方法：布管时尽量避免存在 U 型低点，如无法避免，需增设低点排放口，以防存液。

（4）排水管线（包括 DO、WW＆WG）排水不畅

解决方法：排水管线需要做坡度，通常以主管为起点，按照 1∶100 比例倾斜支管路。

（5）阀门的操作与检修不便

解决方法：阀门应尽量布置在方便人员操作及检修的位置。如淡水 WF 系统、海水 WS 系统管线与组块接口处设有自力式调节阀，尽量布置于甲板上，方便检修；仪表气 AI 系统在各层预留的接口位置尽量布置于管道间内一米左右的高度，方便操作。舾装板内布管时，如有阀门，应考虑阀门操作空间以及阀门检修等问题，可设检修门。

（6）地漏格栅网与室内地面存在高差，不仅不美观，也存在安全隐患

解决方法：完善室内地漏详图细节，考虑甲板敷料厚度，提高地漏的安装标高，使格栅网与甲板敷料上表面平齐。

（7）镀锌、涂塑管线增加的法兰与其他专业碰撞

镀锌、涂塑管线方便现场热浸锌，加工设计需要增加拆卸法兰，这些法兰未体现在 PDMS 模型中，易发生与其他专业碰撞的情况。

解决方法：将后增加的法兰位置反馈给详细设计修改 PDMS 模型。

第三章　电气专业加工设计

第一节　概述

模块钻机电气专业为模块钻机其他用电设备提供电源，又分为以下几个系统：正常配电系统、应急配电系统、正常照明和应急照明系统、电伴热系统、UPS 系统。

正常配电系统一般包括中低压变压器、690V 配电盘、400V 配电盘、变频器、有源滤波器、电能质量监控，采用分段母线配置，负责模块钻机正常运转用电；应急配电系统为一组 400V 配电盘，组成为应急设备提供电源；正常照明和应急照明系统一般由正常和应急照明盘、接线盒、照明灯具组成；UPS 和电池系统由电池组和 UPS 盘柜组成；正常和应急电伴热系统由伴热盘、接线盒、电伴热线组成。常规模块钻机还配备一台备用发电机。

第二节　加工设计工作内容

一、工作内容

本专业包含的主要工作内容有详细设计文件审核，加工设计图纸、采办料单设计，建造技术支持、采办技术支持、建立 PDMS 模型及核查碰撞工作。

主要设计内容如（常规项目）表 3-2-1 所示。

表 3-2-1

1	SD-DOP-XXX（MDR）-EL-0001	电气安装程序
MAL（采办料单）		
1	SD-MAL-XXX（MDR）-EL-0001	电气钢材采办料单
2	SD-MAL-XXX（MDR）-EL-0002	电气杂散料采办料单
3	SD-MAL-XXX（MDR）-EL-0003	电气小设备采办料单
4	SD-MAL-XXX（MDR）-EL-0004	电气电缆桥架采办料单
5	SD-MAL-XXX（MDR）-EL-0005	电气电缆采办料单
6	SD-MAL-XXX（MDR）-EL-0006	照明系统采办料单

7	SD-MAL-XXX（MDR）-EL-0008	电气电缆滚筒清册
8	SD-MAL-XXX（MDR）-EL-0009	电伴热采办料单

DWG（图纸）

1	SD-DWG-XXX（MDR）-EL-0001	室内护管定位图
2	SD-DWG-XXX（MDR）-EL-0002	室内设备底座定位图
3	SD-DWG-XXX（MDR）-EL-0003	电气设备底座加工图
4	SD-DWG-XXX（MDR）-EL-0004	电气小设备底座加工图
5	SD-DWG-XXX（MDR）-EL-0005	照明系统底座加工图
6	SD-DWG-XXX（MDR）-EL-0006	电气接地片加工图
7	SD-DWG-XXX（MDR）-EL-0007	电气电缆护管加工图
8	SD-DWG-XXX（MDR）-EL-0008	电气桥架支架布置图
9	SD-DWG-XXX（MDR）-EL-0009	电气马脚加工图
10	SD-DWG-XXX（MDR）-EL-0010	电气电缆护管布置图
11	SD-DWG-XXX（MDR）-EL-0011	电气马脚布置图
12	SD-DWG-XXX（MDR）-EL-0012	电气设备接线端子图
13	SD-DWG-XXX（MDR）-EL-0013	电伴热布置图

CMO（调试表格）

1	SD-CMT-XXX（MDR）-EL-0002	低压配电盘
2	SD-CMT-XXX（MDR）-EL-0002	低压配电盘及 VFD 系统调试表格
3	SD-CMT-XXX（MDR）-EL-0003	电气电缆调试表格
4	SD-CMT-XXX（MDR）-EL-0004	照明系统调试表格
5	SD-CMT-XXX（MDR）-EL-0005	交流不间断系统调试表格
6	SD-CMT-XXX（MDR）-EL-0006	柴油发电机组调试表格

二、设计界面划分

（一）详细设计/加工设计界面划分

电气专业详细设计负责电气系统图、单线图、布局图和设备选型计算以及规格书、请购书设备数据表、设备料单编制。加工设计是以详细设计文件为基础，参考标准规范，编写施工程序、绘制加工类设计图纸、编制采办料单。

详细界面划分见附录二《各工程设计阶段设计文件典型目录》。

（二）上部组块和模块钻机界面

常规模块钻机供电通常由上部组块供电，加工设计需在详细设计技术交底时询问电缆连接接口。通常情况下电缆由上部组块提供预留给模块钻机，并提供此部分电缆规格，用于模块钻机电气加工设计电缆及接线时所需的散料统计，护管和马脚图绘制及电缆清册编制。

常规模块钻机与组块电气接口主要有以下几个部分：

①正常配电系统：上部组块为模块钻机提供两路电源。

②应急配电系统：上部组块为模块钻机提供一路电源。

③应急照明配电系统：上部组块为模块钻机提供一路电源。

④应急电伴热配电系统：上部组块为模块钻机提供一路电源。

（三）专业界面划分

①结构专业：电气专业设计中电气设备及底座、护管、马脚、桥架及支架布置图都要以结构加工设计图纸为设计底图。

②机械专业：需要机械专业提供机械设备定位图及设备厂家资料。

③暖通专业：需暖通专业提供风机风闸布置图，空调布置图，以及厂家资料。

④舾装专业：需舾装专业提供舾装板排版图。

⑤配管专业：需配管专业提供加工设计单管图来制作电伴热布置图。

⑥仪表专业：需确认关断信号预留接口（无源还是有源信号），仪表设备定位图。

⑦通讯专业：需通讯设备定位图。

三、加工设计

（一）设计流程（图 3-2-1）

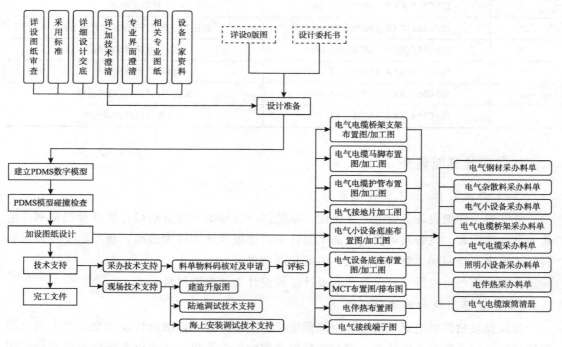

图 3-2-1

（二）加工设计依据

加工设计文件编制的依据是详细设计图纸、规格书和其所规定采用的国际、国内规范或标准，若规格书与规范、标准相互间矛盾，应优先执行规格书，若规范、标准间相互矛盾，应按规格书规定的优先顺序执行，通常采用的规格书、规范和标准如下：

（1）规格书/文件

①电气总规格书；

②低压配电盘及马达控制中心规格书；

③电力变压器规格书；

④撬装电气设备规格书；

⑤交流不间断电源（UPS）规格书；

⑥交流变频控制系统（VFD）规格书；

⑦备用发电机规格书；

⑧电伴热规格书；

⑨电气安装规格书；

⑩电缆规格书；

⑪电气系统单线图；

包括低压盘单线图（正常低压盘/应急低压盘）、照明小功率系统单线图（正常/应急）、电伴热系统单线图（正常/应急），UPS系统单线图。

⑫电气设备布置图；

⑬照明布置图；

⑭接地布置图；

⑮电缆桥架布置图；

⑯电缆布线图；

⑰电缆清册；

⑱电气典型安装图；

⑲电气设备材料清单。

（2）标准和规范（表3-2-2）

表3-2-2

序号	标准号	标准名称
1	API	美国石油组织
2	ANSI	美国国家标准化组织
3	NFPA	国家标准火警代码
4	IEEE-45	电气和电子工程协会
5	NEC	国家电气标准

序号	标准号	标准名称
6	NEMA	国际电气制造业协会
7	UL	美国保险商实验所
8	IEC	国际电工委员会
9	CCS	中国船级社（CCS）
10	IEC 60092	船用电气安装规范
11	NFPA 70	国际电工规则委员会
12	IEEE 45	电气和电子工程师协会
13	IMO-SOLAS	国际海洋组织机构－海上人命安全公约 《海上固定平台安全规则》

（三）设计准备

电气专业加工设计准备目的是明确所承担设计工作的范围，熟悉电气技术要求，澄清各种技术问题，熟悉和理解专业设计思路和方案，熟悉详细设计资料，包括规格书、数据表以及相关图纸等技术资料，掌握项目技术要求以及整体概况，其中审查详细设计图纸包括如下内容：

①电气单线图设计的合理性；

②电气设备布置图与单线图的一致性；

③检查电缆桥架布置图，电缆布线图是否合理，电缆桥架与其他专业有无碰撞；

④检查设备材料料单与设备布置图是否一致，材料的规格和属性与规格书是否一致；

⑤检查电缆清册和单线图是否一致。

参加业主组织的详细设计交底，针对详细设计图纸、规格书和材料等技术问题进行技术澄清。加工设计工作内容确定后，根据工期要求，编制加工设计计划。加工设计计划要求有详细的加工设计图纸、施工程序和方案设计内容的起始时间，要指定设计、校对、审核人员。加工设计计划制定后，开始进行加工设计工作。

（四）碰撞检查

碰撞检查采用 PDMS 建模的方法，将全部模型建立完成后，先进行本专业的碰撞检查，检查本专业碰撞问题，再与其他专业进行碰撞检查，检查是否与结构、仪表、配管、机械等专业存在碰撞问题。具体内容参考第十二章 PDMS 模型设计中三维模型碰撞检查部分。

（五）图纸设计

加工设计文件主要包括采办料单和图纸设计。

1. 电气专业加工设计采办料单

电气专业加工设计阶段需要设计的采办料单主要有钢材、杂散料、电伴热、照明系统、电气小设备、电气电缆、电缆托架采办料单。

（1）钢材采办料单的编制

①对所有电气专业需要的钢材进行统计，主要包括各类电气设备的支架、底座以及各种支撑和固定件。

②抓药使用钢材有：扁铁主要用于敷设电缆时所用的马脚加工；钢板主要用于加工方形电缆护管、设备支架、接地片等；钢管主要用于圆形护管、设备支架；槽钢及角钢主要用于各类底座和支架。

③统计数量完成后进行料单编制，查询 SAP 物资编码。

④对料单进行审核、校对、签发。

表 3-2-3 为电气专业在加工设计过程中电气钢材的采办料单。

表 3-2-3

电气钢材采办料单						SD-MAL-XXXX-EL-XXXX	
						Rev. 0	
序号	SAP 物资编码	货物名称	单位	数量	规格型号	技术要求	备注
1	XXXXXXXX	角钢	t	XX	角钢 \ L50×50×5 \ GB/T 700-2006 Q235A		灯支架、设备支架
2	XXXXXXXX	角钢	t	XX	角钢 \ L75×75×6 \ 6000 \ GB/T 700-2006 Q235A		桥架支架
3	XXXXXXXX	扁钢	t	XX	扁钢 \ FB50×5 \ 6000 \ GB/T 700-2006 Q235A		马脚
4	XXXXXXXX	扁钢	t	XX	扁钢 \ FB30×5 \ 6000 \ GB/T 700-2006 Q235A		设备马脚
5	XXXXXXXX	扁钢	t	XX	扁钢 \ FB60×9 \ 6000 \ GB/T 700-2006 Q235A		接地片
6	XXXXXXXX	槽钢	t	XX	槽钢 \ 100×48×5.3 \ 6000 \ GB/T 700-2006 Q235A		设备支架
7	XXXXXXXX	钢板	t	XX	钢板 \ PL10 \ 1000×1500 \ GB/T 700-2006 Q235A		灯支架、设备支架
8	XXXXXXXX	钢板	t	XX	钢板 \ PL6 \ 1500×2000 \ GB/T 700-2006 Q235A		方形电缆护管

（2）杂散料采办料单的编制

①电气专业的杂散料主要包括接线端子、螺栓/螺母、电气绝缘胶带、密封电缆穿舱件的堵料以及电缆密封终端等。

②根据图纸进行统计各类材料用量，同时参考同类项目进行误差比对。

③查询 SAP 物资编码，进行料单编制

④对料单进行审核、校对、签发。

表 3-2-4 为电气专业在加工设计过程中电气杂散料的采办料单。

表 3 - 2 - 4

序号	SAP 物资编码	货物名称	单位	数量	规格型号	技术要求	备注
电气杂散料采办料单 SD-MAL-WHPG (MDR)-EL-XXXX Rev.0							
1	XXXXXXXX	六角头螺栓	套	XX	六角头螺栓 \ M6×35/316LSS		
2	XXXXXXXX	自攻螺栓	件	XX	自攻螺栓 \ M8×50 \ 不锈钢		
3	XXXXXXXX	电缆标记牌	套	XX	电缆标记牌 \ 109×15×1/316SS \ 两端有孔 \ 扎带 L＝100×0.45		
4	XXXXXXXX	不秀钢	件	XX	不锈钢扎带 \ 200×4.5		
5	XXXXXXXX	低压热缩直管	套	XX	低压热缩直管 \ 收缩前直径＝30mm，收缩比＝3：1每段长度＝200mm		
6	XXXXXXXX	电缆衬套	件	XX	电缆衬套 \ 30 \ 聚氯乙烯		
7	XXXXXXXX	尼龙扎带	件	XX	尼龙扎带 \ 450×9		
8	XXXXXXXX	不秀钢扎带	件	XX	不锈钢扎带 \ 300×8		
9	XXXXXXXX	防腐锌喷剂	罐	XX	防腐锌喷剂 \ 含锌量＞99％ \ 挥发性强 \ 银白色		
10	XXXXXXXX	电气绝缘胶带	卷	XX	电气绝缘胶带 \ 0.6kV/红色/19mm×20M/卷		
11	XXXXXXXX	接地电缆	米	XX	接地电缆 \ HOFR \ 0.6/1kV \ 1×2.5		
12	XXXXXXXX	接线端子	件	XX	接线端子 \ 1.5mm² \ 叉型 \ 紫铜镀银 带 PVC 绝缘护套		
13	XXXXXXXX	接线端子	件	XX	接线端子 \ 1.5mm² \ 针型 \ 紫铜镀银 带 PVC 绝缘护套		

（3）电伴热采办料单的编制

①根据电伴热布置图核算电伴热线长度，电源接线盒、三通、尾端数量。

②根据工艺专业要求，核对工作环境、P&ID 图中的温度维持要求及管线系统的保温要求，核算材料数量。

③技术要求要加上：所有材料和附件都应是耐用的工业品级，应适合于在恶劣的环境下连续工作，具体要求参加详细设计编制的电伴热规格书。

④查询 SAP 物资编码，进行料单编制

⑤对料单进行审核、校对、签发。

表 3 - 2 - 5 为电气专业在加工设计过程中电伴热及附件的采办料单。

表 3 - 2 - 5

| | | | | | | SD-MAL-XXXX-EL-XXXX | |
| 电伴热采办料单 | | | | | | Rev. 0 | |
序号	SAP 物资编码	货物名称	单位	数量	规格型号	技术要求	备注
1	XXXXXXXX	自控电伴热线	米	XX	电伴热带 \ 8BTV2-CT \ 220V		
2	XXXXXXXX	电源接线盒	个	XX	电源接线盒 \ JBS-100-E		
3	XXXXXXXX	尾端接线盒	个	XX	电伴热尾端 \ PMKG-LEC \ 220V		
4	XXXXXXXX	三通接线盒	个	XX	电伴热带三通 \ PMKG-LTC \ 220V		
5	XXXXXXXX	两通接线盒	个	XX	电伴热两通 \ PMKG-LSC \ 220V		
6	XXXXXXXX	玻璃纤维胶带	卷	XX	玻璃纤维胶带 \ GT-66 \ 220V		
7	XXXXXXXX	电伴热标签	张	XX	电伴热标签 \ ETL-C		
8	XXXXXXXX	接线盒扎带	个	XX	电伴热扎带 \ PS-10		
9	XXXXXXXX	接线盒扎带	个	XX	电伴热扎带 \ PS-03		
10	XXXXXXXX	防爆填料函	个	XX	防爆填料函 \ M25 \ 14.1-19.9 \ 黄铜 \ ExdII IP66		

（4）照明系统采办料单的编制

①根据详细设计照明系统布置图、照明系统单线图，核对详细设计照明设备清单数量是否准确无误。

②如在核对过程中出现照明设备清单、照明布置图、照明单线图中的灯具种类或数量三者不一致的情况，应及时联系详细设计进行沟通，确认需要采办的准确数量。

③根据核对和澄清后的详细设计料单确定采办灯具的种类和数量，查找相应的物料编码，进行采办料单的编制。

④对料单进行审核、校对、签发。

表 3 - 2 - 6 为电气专业在加工设计过程中照明灯具的采办料单。

表 3 - 2 - 6

| | | | | | | SD-MAL-XXXX-EL-XXXX |
| 照明灯具采办料单 | | | | | | Rev. 0 |
序号	SAP 物资编码	货物名称	单位	数量	规格型号	技术要求
1	XXXXXXXX	荧光灯	EA	XX	双管荧光灯 \ TP23 \ 220V \ 2×20W \ 不带电池	天花板嵌入式双管荧光灯，功率因数＞0.8。
2	XXXXXXXX	荧光灯	EA	XX	双管荧光灯 \ TP44 \ 220V \ 2×20W \ 不带电池	天花板嵌入式双管荧光灯，功率因数＞0.8。
3	XXXXXXXX	防爆荧光灯	EA	XX	防爆荧光灯 \ TP56/ExedIIBT4 \ 220V \ 2×40W \ 不带电池	室外双管荧光灯，功率因数＞0.8。

					照明灯具采办料单	SD-MAL-XXXX-EL-XXXX
						Rev. 0
序号	SAP 物资编码	货物名称	单位	数量	规格型号	技术要求
4	XXXXXXXX	防爆荧光灯	EA	XX	防爆荧光灯 \ TP56/ExedIIBT4 \ 220V \ 2×40W \ 带电池	室外双管荧光灯，功率因数＞0.8。
5	XXXXXXXX	荧光灯	EA	XX	双管荧光灯 \ TP56/ExedIIBT4 \ 220V \ 2×40W \ 带电池	天花板嵌入式双管荧光灯，功率因数＞0.8。

（5）电气小设备采办料单的编制

①根据详细设计的电气小设备清单，核对电气设备布置图，确定需要采办的电气小设备的种类和数量。

②电气小设备主要包括各种电气设备接线箱、风机的启停按钮盒等。其中风机的启停按钮盒的采办需要确认通风专业加工设计料单中的风机是否自带启停按钮盒，如厂家提供配套的启停按钮盒，则电气专业需要减除这一部分的采办。

③查询 SAP 物资编码，进行料单编制

④对料单进行审核、校对、签发。

表 3-2-7 为电气专业在加工设计过程中电气小设备的采办料单。

表 3-2-7

					电气小设备采办料单	SD-MAL-XXXX-EL-XXXX
						Rev. 0
序号	SAP 物资编码	货物名称	单位	数量	规格型号	技术要求
1	XXXXXXXX	防爆操作柱	EA	XX	防爆操作柱 \ AC110V \ 5A \ Exd II BT4 \ IP56 \ 不锈钢	两个指示灯（运行：红色，停止：绿色）。两个按钮（运行：红色，停止：绿色、停止按钮）。配接地端子。每只按钮带一个防爆铜制电缆填料函、适合铠装电缆。电缆外径Φ17.1mm～Φ22.9mm。
2	XXXXXXXX	防爆操作柱	EA	XX	防爆操作柱 \ AC110V \ 5A \ Exd II CT4 \ IP56 \ 不锈钢	两个指示灯（运行：红色，停止：绿色）。两个按钮（运行：红色，停止：绿色、停止按钮）。配接地端子。每只按钮带一个防爆铜制电缆填料函、适合铠装电缆。电缆外径Φ17.1mm～Φ22.9mm。
3	XXXXXXXX	按钮盒	EA	XX	按扭盒 \ IP56 \ 0.11kV \ 316L	两个指示灯（运行：红色，停止：绿色）。两个按钮（运行：红色，停止：绿色、停止按钮）。配接地端子。每只按钮带一个防爆铜制电缆填料函、适合铠装电缆。电缆外径Φ17.1mm～Φ22.9mm。

续表

电气小设备采办料单						SD-MAL-XXXX-EL-XXXX
						Rev. 0
序号	SAP 物资编码	货物名称	单位	数量	规格型号	技术要求
4	XXXXXXXX	接线箱	EA	XX	按扭盒 \ IP56 \ 0.38kV \ 250A \ Exd II BT4 \ 不锈钢	配接地端子，下进线，下出线，配 1 路电源进线，1 路出线（1 路电源开关为：一路 380V，250AT/400AF；配塑壳断路器；电缆进线：3C×150mm²，电缆出线：3C×150mm²；填料函配合电缆使用）。带不锈钢铭牌；设备位号为 MDR-JB-02。

（6）电气电缆采办料单的编制

①根据详细设计的电缆材料清单，核对电气设备布置图、单线图、电缆清册，核算需要采办的电气电缆的种类和数量。

②所有电缆选型应根据 IEC60332-3 标准采用阻燃型（HOFR）。对应急供电回路，电缆选型应根据 IEC60331 标准选用防火型（FS）。根据 IEC 60092 标准要求，在环境温度为 40℃，最小导体截面积的选型应为实际回路载荷容量的 120%。

③在核算电缆长度的过程中需要考虑电缆与设备连接部分的施工难度以及部分电缆在陆地调试结束后需要在海上二次连接，计算长度时要特别注意这部分留有足够的裕量。

④当加工设计核算的电缆总量与详细设计数量有较大偏差值时，应及时与详细设计、建造项目组以及业主进行沟通与说明，避免出现采办不足或过剩的情况发生。

表 3-2-8 为电气专业在加工设计过程中电气电缆的采办料单。

表 3-2-8

电气电缆采办料单						SD-MAL-XXXX-EL-XXXX	
						Rev. 0	
序号	SAP 物资编码	货物名称	单位	数量	规格型号	技术要求	备注
1	XXXXXXXX	电力电缆	m	XX	电力电缆 \ HOFR \ 铠装 \ 0.6/1kV \ 7×1.5		
2	XXXXXXXX	电力电缆	m	XX	电力电缆 \ HOFR \ 铠装 \ 0.6/1kV \ 3×1.5		
3	XXXXXXXX	电力电缆	m	XX	电力电缆 \ HOFR \ 0.6/1kV \ 3×4		
4	XXXXXXXX	电力电缆	m	XX	电力电缆 \ HOFR \ 铠装 \ 0.6/1kV \ 3×6		
5	XXXXXXXX	电力电缆	m	XX	电力电缆 \ HOFR \ 铠装 \ 0.6/1kV \ 3×50		
6	XXXXXXXX	电力电缆	m	XX	电力电缆 \ HOFR \ 0.6/1kV \ 3×150		
7	XXXXXXXX	电力电缆	m	XX	电力电缆 \ FS \ 铠装 \ 0.6/1kV \ 7×1.5		
8	XXXXXXXX	电力电缆	m	XX	电力电缆 \ FS \ 铠装 \ 0.6/1kV \ 3×2.5		

（7）电缆托架采办料单的编制

①根据详细设计的电缆托架材料清单，核对电缆托架布置图

②根据托架的位置和标高确定托架及其附件的材料种类和数量。

③电缆托架的材质必须符合电气规格书的要求。

表3-2-9为电气专业在加工设计过程中电缆托架的采办料单。

表3-2-9

序号	SAP物资编码	货物名称	单位	数量	规格型号	技术要求	备注
	电气电缆托架采办料单					SD-MAL-XXXX-EL-XXXX	
						Rev. 0	
1	XXXXXXXX	电缆桥架	EA	XX	电缆桥架＼400×150×2000＼无铜铝合金＼梯级式直通		
2	XXXXXXXX	电缆桥架	EA	XX	电缆桥架＼600×150×2000＼无铜铝合金＼梯级式		
3	XXXXXXXX	水平三通	EA	XX	水平三通＼400×400×400×150＼无铜铝合金＼梯级式水平三通		
4	XXXXXXXX	水平三通	EA	XX	水平三通＼600×600×600×150＼无铜铝合金＼Ladder type		
5	XXXXXXXX	水平弯通	EA	XX	水平弯通＼600×150（h）＼无铜铝合金＼Ladder-type		
6	XXXXXXXX	压板	EA	XX	压板＼35×3×67＼不锈钢		
7	XXXXXXXX	绝缘垫块	EA	XX	绝缘垫块＼35×4×80＼胶木 GMC		

（8）干式变压器采办料单的编制

①根据详细设计的变压器料单和数据表，核对变压器数量规格尺寸。

②根据变压器变比等级确定变压器种类和数量。

③编制采办料单。

表3-2-10为电气专业在加工设计过程中干式变压器采办料单。

表3-2-10

序号	SAP物资编码	货物名称	单位	数量	技术参数	备注
	干式变压器采办料单					SD-MAL-XXXX-EL-XXXX
						Rev. 0
1	XXXX	干式变压器	套	XX	干式变压器＼PSCD＼1250kVA＼690V＼400V	具体参数详见数据表DD－DDS－WHPA（MDR）－EL－0005
2	XXXX	干式变压器	套	XX	干式变压器＼200kVA＼0.4kV＼0.23kV	具体参数详见数据表DD－DDS－WHPA（MDR）－EL－0006

注：以上采办料单均为典型示例，采办内容包含且不止于示例内的内容，具体采办物资根据不同项目也有所不同，示例仅作参考。

2. 电气专业加工设计图纸

(1) 配电盘类设备底座加工图

绘图步骤：

①参考详细设计配电盘的布置图，了解每个配电盘的位置和尺寸。

②参考配电盘厂家图纸，根据配电盘的具体外形尺寸确定配电盘底座尺寸。

③选取制作底座所用的钢材（如 C100\C120 槽钢或 L75×75×6 角钢）。

④将处于一排的配电盘底座进行组对，调整各配电盘间的间隙。

⑤在配电盘底座图纸中分别列出正视图、侧视图、细节图，并标注尺寸和设备位号。

⑥根据配电盘厂家资料，标注出配电盘与底座连接的地脚螺栓数量和尺寸。

⑦列出配电盘底座加工的技术要求（如打磨处理、热浸锌处理等）。

⑧统计并填写加工底座所需的材料表。

⑨核对图纸其他细节，校对、审核无误后即可出版，如图 3-2-2 所示。

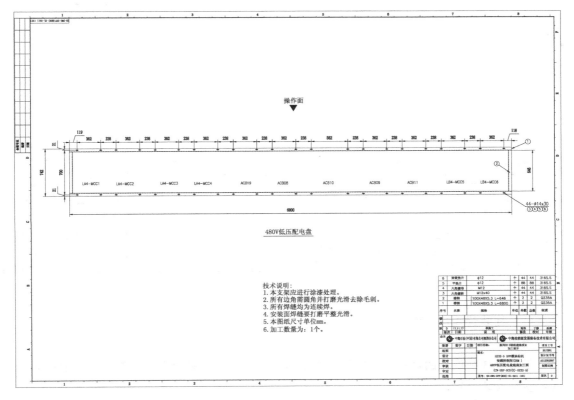

图 3-2-2

(2) 墙装荧光灯底座加工图

绘图步骤：

①参考详细设计的灯具布置图纸，根据布置图的灯具位置确定需要墙装的荧光灯的数量和安装位置。

②参考灯具厂家资料，确定灯具支架的外形尺寸和具体安装形式。

③选取制作底座所用的钢材（如 C100 槽钢、L75×75×6 角钢等）。

④在灯具底座图纸中分别列出正视图、侧视图，并标注底座尺寸、数量、安装位置、安装高度和设备位号。

⑤列出灯具底座加工的技术要求（如打磨处理、热浸锌处理）

⑥统计并填写加工底座所需的材料表。

⑦核对图纸其他细节，校对、审核无误后即可出版，如图 3-2-3 所示。

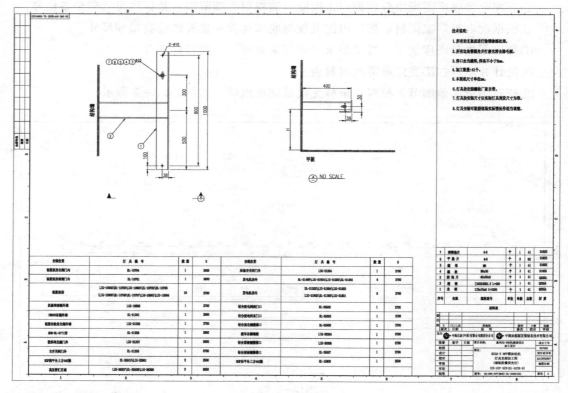

图 3-2-3

（3）柱装荧光灯底座加工图

绘图步骤：

①参考详细设计的灯具布置图纸，根据布置图的灯具位置确定需要舱内柱装的荧光灯的数量和安装位置。

②参考灯具厂家资料，确定灯具支架的外形尺寸和具体安装形式。

③选取制作底座所用的钢材（如 C100 槽钢、φ89 钢管等）。

④在灯具底座图纸中分别列出正视图、侧视图、细节图，并标注底座尺寸、数量、安装位置和设备位号。

⑤列出灯具底座加工的技术要求（如打磨处理、热浸锌处理等）

⑥统计并填写加工底座所需的材料表。

⑦核对图纸其他细节，校对、审核无误后即可出版，如图 3-2-4 所示。

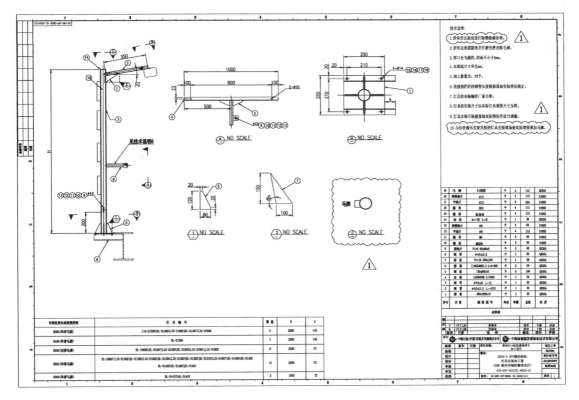

图 3-2-4

（4）吊装荧光灯底座加工图

绘图步骤：

①参考详细设计的灯具布置图纸，根据布置图的灯具位置确定需要吊装的荧光灯的数量和安装位置。

②参考灯具厂家资料，确定灯具支架的外形尺寸和具体安装形式。

③选取制作底座所用的钢材（如 L75×75×6、L50×50×5 角钢等）

④在灯具底座图纸中分别列出正视图、细节图，并标注底座尺寸、数量、安装位置和设备位号。

⑤根据灯具安装高度分别计算吊装在不同梁下的底座支腿高度，并标注尺寸。

⑥列出灯具底座加工的技术要求（如打磨处理、热浸锌处理等）

⑦统计并填写加工底座所需的材料表。

⑧核对图纸其他细节，校对、审核无误后即可出版，如图 3-2-5 所示。

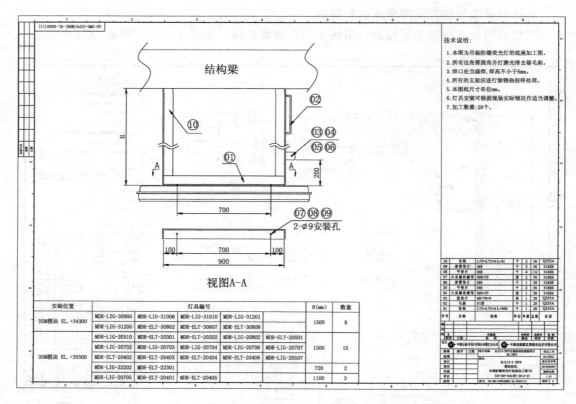

图 3-2-5

（5）墙装金卤灯、高压钠灯、投光灯、泛光灯底座加工图

绘图步骤：

①参考详细设计的灯具布置图纸，根据布置图的灯具位置确定需要墙装的金卤灯、高压钠灯、投光灯、泛光灯的数量和安装位置。

②参考灯具厂家资料，确定灯具支架的外形尺寸和具体安装形式。

③选取制作底座所用的钢材（如 C100 槽钢、PL6 钢板等）

④在灯具底座图纸中分别列出正视图、侧视图、细节图，并标注底座尺寸、数量、安装位置和设备位号。

⑤根据灯具安装高度分别计算墙装高度，并标注尺寸。

⑥列出灯具底座加工的技术要求（如打磨处理、热浸锌处理等）

⑦统计并填写加工底座所需的材料表。

⑧核对图纸其他细节，校对、审核无误后即可出版，如图 3-2-6 所示。

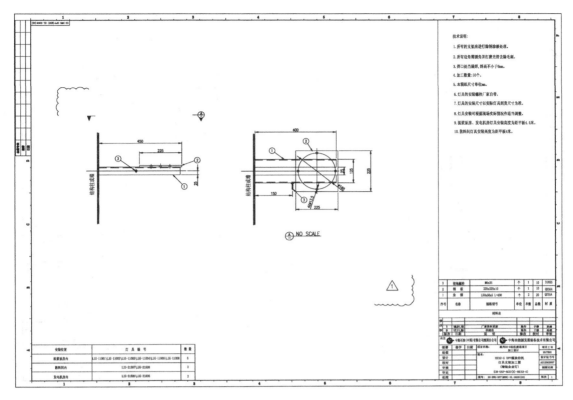

图 3-2-6

（6）柱装金卤灯、高压钠灯、投光灯、泛光灯底座加工图

绘图步骤：

①参考详细设计的灯具布置图纸，根据布置图的灯具位置确定需要墙装的金卤灯、高压钠灯、投光灯、泛光灯的数量和安装位置。

②参考灯具厂家资料，确定灯具支架的外形尺寸和具体安装形式（由于此类灯底座体积较大，为了不妨碍安全通道一般均采用舷外柱装形式）。

③选取制作底座所用的钢材（如 C100 槽钢、φ114 钢管等）

④在灯具底座图纸中分别列出正视图、侧视图、细节图，并标注底座尺寸、数量、安装位置和设备位号。

⑤根据灯具安装高度分别计算柱装高度，并标注尺寸。

⑥列出灯具底座加工的技术要求（如打磨处理、热浸锌处理等）

⑦统计并填写加工底座所需的材料表。

⑧核对图纸其他细节，校对、审核无误后即可出版，如图 3-2-7 所示。

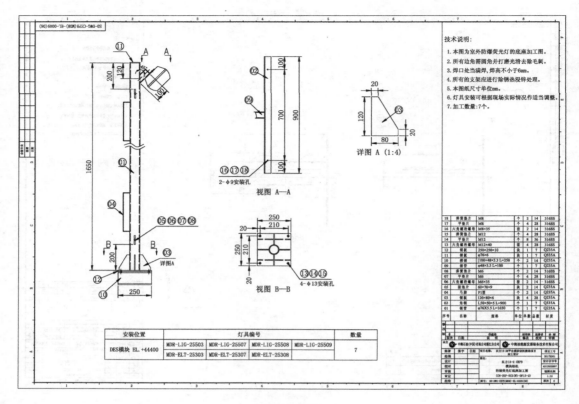

图 3-2-7

（7）柱装按钮盒底座加工图

绘图步骤：

①参考详细设计的电气按钮盒布置图，根据布置图中按钮盒的位置确定需要柱装的按钮盒的数量和安装位置。

②参考按钮盒厂家资料，确定按钮盒支架的外形尺寸和具体安装形式。

③选取制作底座所用的钢材（如 C100 槽钢、角钢、PL6 钢板等），需注意角钢应外翻，方便螺栓安装。

④在按钮盒底座图纸中分别列出正视图、侧视图、细节图，并标注底座尺寸、数量、安装位置和设备位号。

⑤根据按钮盒操作高度分别计算柱装高度，并标注尺寸（一般距甲板 1.5m 为宜）。

⑥列出按钮盒底座加工的技术要求（如打磨处理、热浸锌处理等）

⑦统计并填写加工底座所需的材料表。

⑧核对图纸其他细节，校对、审核无误后即可出版，如图 3-2-8 所示。

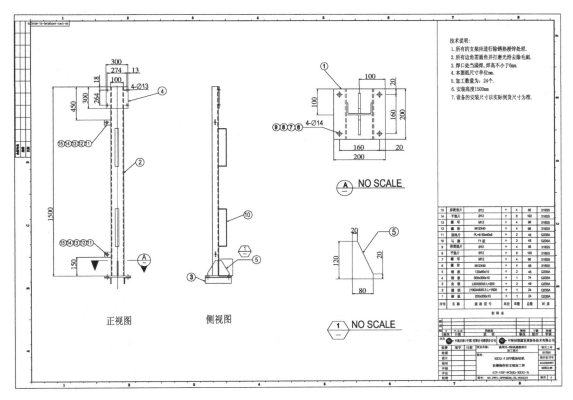

图 3-2-8

（8）墙装按钮盒底座加工图

绘图步骤：

①参考详细设计的电气按钮盒布置图，根据布置图中按钮盒的位置确定需要墙装的按钮盒的数量和安装位置。

②参考按钮盒厂家资料，确定按钮盒支架的外形尺寸和具体安装形式。

③选取制作底座所用的钢材（如 L75×75×6、L50×50×5 角钢等）需注意角钢应外翻，方便螺栓安装。

④在按钮盒底座图纸中分别列出正视图、侧视图，并标注底座尺寸、数量、安装位置和设备位号。

⑤根据按钮盒操作高度分别计算墙装高度，并标注尺寸（一般距甲板 1.5m 为宜）。

⑥列出按钮盒底座加工的技术要求（如打磨处理、热浸锌处理等）

⑦统计并填写加工底座所需的材料表。

⑧核对图纸其他细节，校对、审核无误后即可出版，如图 3-2-9 所示。

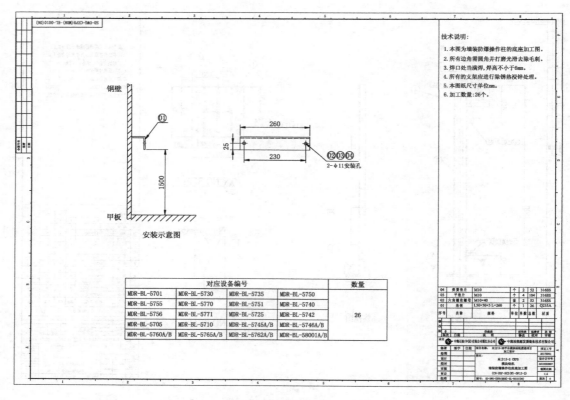

图 3-2-9

（9）柱装接线箱底座加工图

绘图步骤：

①参考详细设计的电气接线箱布置图，根据布置图中接线箱的位置确定需要柱装的接线箱的数量和安装位置。

②参考接线箱厂家资料，确定接线箱支架的外形尺寸和具体安装形式。

③选取制作底座所用的钢材（如 C100 槽钢、L75×75×6、L50×50×5 角钢等）

④在接线箱底座图纸中列出正视图，并标注底座尺寸、数量、安装位置和设备位号。

⑤根据接线箱操作高度分别计算柱装高度，并标注尺寸（一般距甲板 1.5m 为宜）。

⑥列出接线箱底座加工的技术要求（如打磨处理、热浸锌处理等）

⑦统计并填写加工底座所需的材料表。

⑧核对图纸其他细节，校对、审核无误后即可出版，如图 3-2-10 所示。

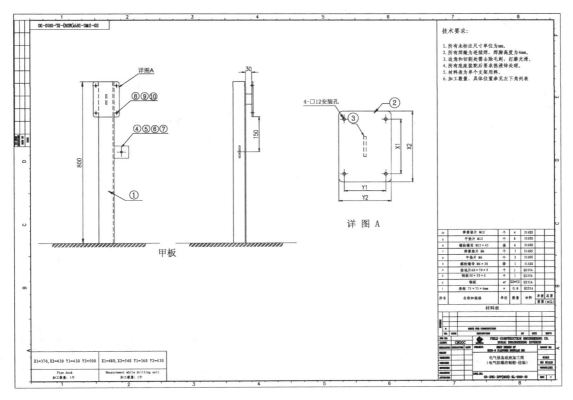

图 3-2-10

（10）墙装接线箱底座加工图

绘图步骤：

①参考详细设计的电气接线箱布置图，根据布置图中接线箱的位置确定需要墙装的接线箱的数量和安装位置。

②参考接线箱厂家资料，确定接线箱支架的外形尺寸和具体安装形式。

③选取制作底座所用的钢材（如 L75×75×6、L50×50×5 角钢等）需注意角钢应外翻，方便螺栓安装。

④在接线箱底座图纸中分别列出正视图、细节图，并标注底座尺寸、数量、安装位置和设备位号。

⑤根据接线箱操作高度分别计算墙装高度，并标注尺寸（一般距甲板 1.5m 为宜）。

⑥列出接线箱底座加工的技术要求（如打磨处理、热浸锌处理等）。

⑦统计并填写加工底座所需的材料表。

⑧核对图纸其他细节，校对、审核无误后即可出版，如图 3-2-11 所示。

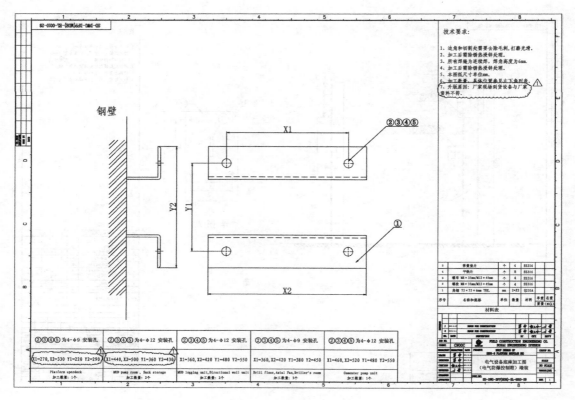

图 3-2-11

（11）墙装开关、插座底座加工图

绘图步骤：

①参考详细设计的电气开关、插座布置图，根据布置图中开关、插座的位置确定需要墙装的开关、插座的数量和安装位置。

②参考开关、插座厂家资料，确定开关、插座支架的外形尺寸和具体安装形式。

③选取制作底座所用的钢材（如 $\phi 48$ 钢管、PL6 钢板等）。

④在开关、插座底座图纸中分别列出正视图、侧视图，并标注底座尺寸、数量、安装位置和设备位号。

⑤根据开关、插座操作高度分别计算墙装高度，并标注尺寸（一般距甲板 1.5m 为宜）。

⑥列出开关、插座底座加工的技术要求（如打磨处理、热浸锌处理等）

⑦统计并填写加工底座所需的材料表。

⑧核对图纸其他细节，校对、审核无误后即可出版，如图 3-2-12 所示。

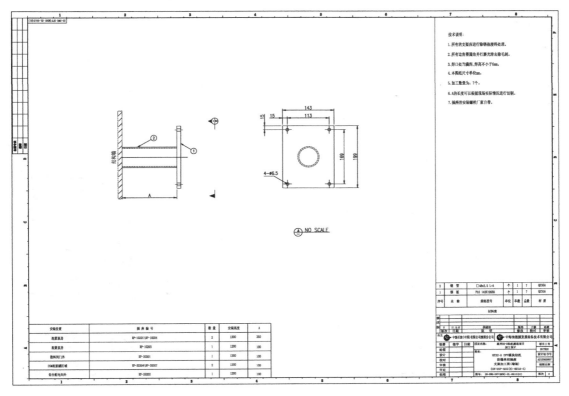

图 3-2-12

（12）柱装开关、插座底座加工图

绘图步骤：

①参考详细设计的电气开关、插座布置图，根据布置图中开关、插座的位置确定需要柱装的开关、插座的数量和安装位置。

②参考开关、插座厂家资料，确定开关、插座支架的外形尺寸和具体安装形式。

③选取制作底座所用的钢材（如 C100 槽钢、ϕ89 钢管、PL6 钢板等）。

④在开关、插座底座图纸中分别列出正视图、侧视图、细节图，并标注底座尺寸、数量、安装位置和设备位号。

⑤根据开关、插座操作高度分别计算柱装高度，并标注尺寸（一般距甲板 1.5m 为宜）。

⑥列出开关、插座底座加工的技术要求（如打磨处理、热浸锌处理等）

⑦统计并填写加工底座所需的材料表。

⑧核对图纸其他细节，校对、审核无误后即可出版，如图 3-2-13 所示。

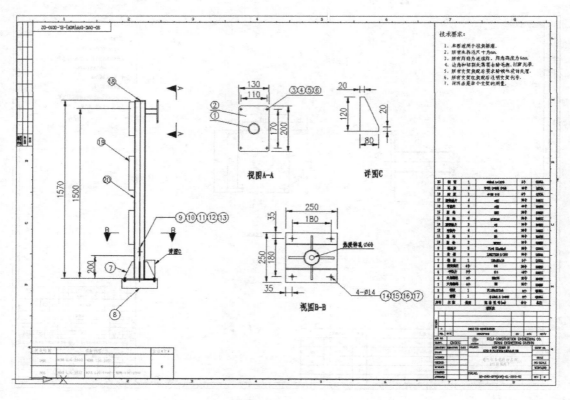

图 3-2-13

（13）电气桥架支架加工图

绘图步骤：

①参考详细设计的电气桥架布置图，了解布置图中电气桥架的位置和走向。

②核对详细设计电气桥架布置图中桥架的尺寸和相对位置是否与详细设计所提供的PDMS模型中电气桥架的尺寸和相对位置一致。

③将电气桥架按照其所在层高进行分类，并在 PDMS 中 MDS 电气桥架支架模块中分别对每一层的电气桥架支架进行建模。（具体建模步骤参考本指南 PDMS 桥架支架建模部分）。

④对已建好的桥架支架模型进行碰撞核对，检查与其他专业是否有碰撞现象。

⑤碰撞核对后如没有问题，则对桥架支架模型进行软件抽图。

⑥检查抽出图纸的相关数据信息是否正确，如不正确则返回 PDMS 中进行修改并重新抽图或进行手动修改。

⑦将本层的电气桥架支架图纸按照桥架支架编号的顺序进行排列，并附上封皮和说明页。

⑧核对图纸其他细节，校对、审核无误后即可出版，如图 3-2-14 所示。

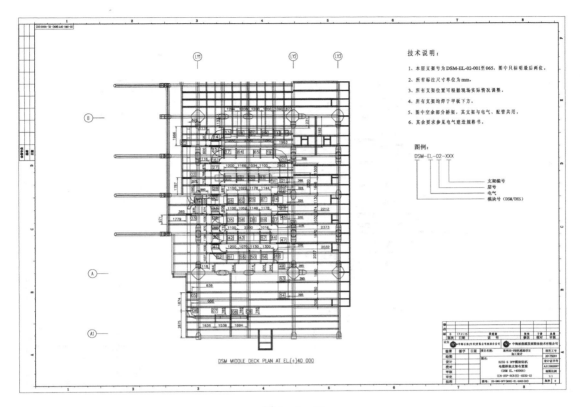

图 3 - 2 - 14

（14）电气马脚加工图

绘图步骤：

①依据加工设计的电气马脚布置图，统计各种类型的马脚数量。

②在图纸中绘制出马脚的典型图，包括正视图、俯视图。

③在马脚典型图中，标注出其长度（L）、宽度（W）、高度（H）、厚度（T）、倒角圆度（R）等相关尺寸代号。

④针对各类马脚类型，填写马脚类型表，将每种马脚对应的数据填入表中，包括马脚类型、马脚规格（长、宽、高、厚度、倒角圆度）、马脚加工数量。

⑤列出马脚加工的技术要求（如打磨处理、热浸锌处理等）。

⑥核对图纸其他细节，校对、审核无误后即可出版，如图 3 - 2 - 15 所示。

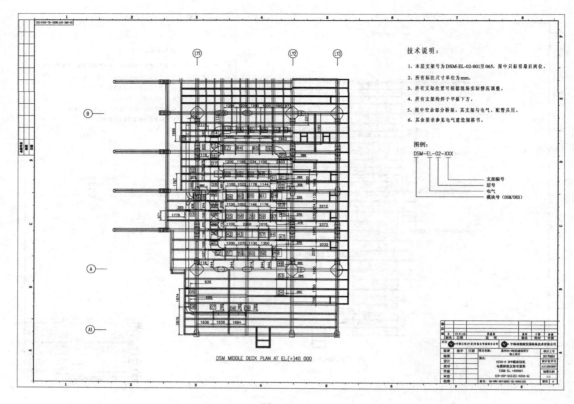

图 3-2-15

（15）电气护管加工图

绘图步骤：

①依据加工设计的电气护管布置图，统计各种类型的护管数量。

②在图纸中绘制出护管的典型图，包括正视图、俯视图、细节图。

③在护管典型图中，圆形护管要标注出其直径（D）、厚度（T）、高度（H）、倒角圆度（R）等相关尺寸代号；方形护管要标注出其长度（L）、宽度（W）、高度（H）、厚度（T）、倒角圆度（R）等相关尺寸代号。

④针对各类护管类型，填写护管类型表，将每种护管对应的数据填入表中，包括护管类型、护管规格（圆形护管：直径、厚度、高度、倒角圆度；方形护管：长、宽、高、厚度、倒角圆度）、护管代号、护管加工数量。

⑤列出护管加工的技术要求（如打磨处理、热浸锌处理等）。

⑥统计并填写护管加工所需的材料表。

⑦核对图纸其他细节，校对、审核无误后即可出版，如图 3-2-16 所示（以方形护管为例）。

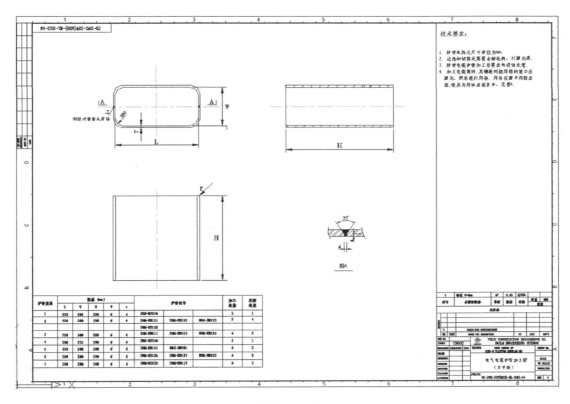

图 3-2-16

（16）电气接地片加工图

绘图步骤：

①参考详细设计电气设备接地布置图、电气设备接地典型安装图、依据加工设计的电气设备支架图中含有的接地部分，统计各种类型接地片的数量。

②在图纸中绘制出接地片的典型图，包括正视图、侧视图。

③在接地片典型图中，标注出其长度（L）、宽度（W）、厚度（T）、螺栓孔直径（D）等相关尺寸代号。

④针对各类接地片类型，填写接地片类型表，将每种接地片对应的数据填入表中，包括接地片类型、接地片规格（长、宽、厚度、螺栓孔直径）、接地片加工数量。

⑤列出接地片加工的技术要求（如打磨处理、热浸锌处理等）。

⑥核对图纸其他细节，校对、审核无误后即可出版，如图 3-2-17 所示。

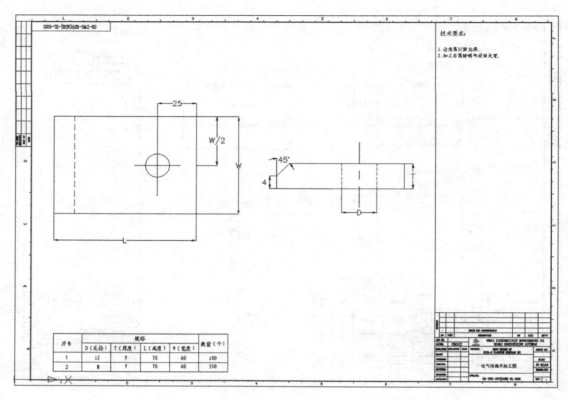

图 3 - 2 - 17

（17）配电盘类底座布置图

绘图步骤：

①参考详细设计的配电盘布置图，了解布置图中配电盘的位置和尺寸。

②核对加工设计配电盘底座加工图中底座的尺寸是否与详细设计的配电盘布置图的尺寸和相对位置一致。

③核对加工设计配电盘底座加工图中底座的尺寸是否与配电盘厂家资料相匹配。

④以房间为单位，将配电盘布置图、配电间结构图、配电盘底座加工图在 AutoCAD 中进行分图层叠加。

⑤核对配电盘底部进线孔位置是否与结构梁有冲突，如有冲突则需与详细设计方和配电盘厂家进行沟通并调整配电盘位置。

⑥确认配电盘位置准确后，将配电盘底座与房间的相对位置进行尺寸标注，并用△表示出盘前位置。

⑦列出底座布置图的技术要求（如打磨处理、焊口满焊等）。

⑧核对图纸其他细节，校对、审核无误后即可出版，如图 3 - 2 - 18 所示。

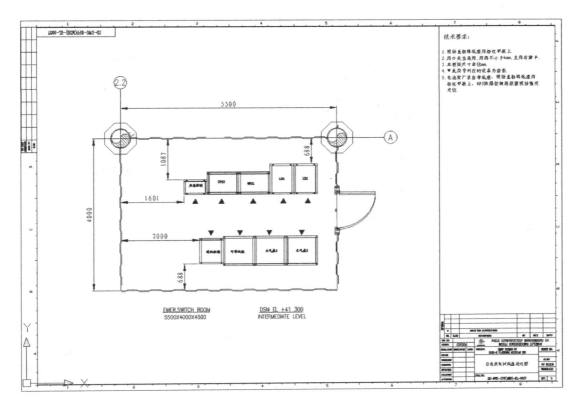

图 3-2-18

（18）电气桥架支架布置图

绘图步骤：

①参考详细设计的电气桥架布置图，了解布置图中电气桥架的位置和走向。

②核对详细设计电气桥架布置图中桥架的尺寸和相对位置是否与详细设计所提供的 PDMS 模型中电气桥架的尺寸和相对位置一致。

③对已建好的桥架支架模型进行碰撞核对，检查与其他专业是否有碰撞现象。

④碰撞核对后如没有问题，则对每一层的桥架支架模型布置情况进行软件抽图。（具体抽图步骤参考本指南 PDMS 桥架支架布置图抽图部分）。

⑤检查抽出图纸的相关数据信息是否正确，如不正确则返回 PDMS 中进行修改并重新抽图或进行手动修改。

⑥核对图纸其他细节，校对、审核无误后即可出版，如图 3-2-19 所示。

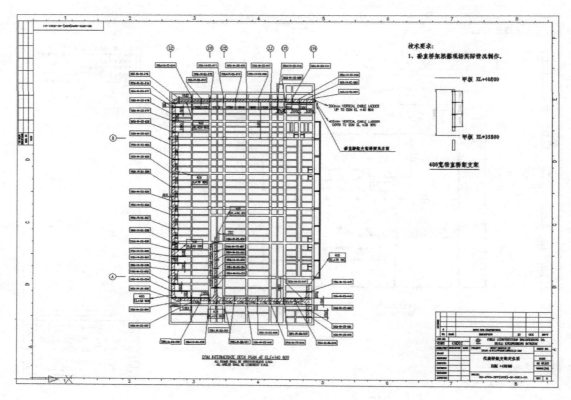

图 3-2-19

（19）电气护管布置图

绘图步骤：

①参考详细设计的电气电缆布线图，了解电缆布线图中电气电缆的走向。

②参考详细设计的总体布置图，了解各个电气设备的具体位置。

③以详细设计总体布置图为基础，以各层为单位，根据详细设计电气电缆清册，核对每一个电缆回路的路径，在该回路电缆路径上需要穿甲板、穿舱壁的位置进行护管位置标记，同时确定护管的外形样式和安装形式（如方形护管、圆形护管、穿甲板护管、穿舱壁护管等），并对每个护管进行编号。

④筛选并统计每个护管所包含的电缆，根据电缆厂家提供的电缆外径，计算经过该护管电缆截面积总和，并据此计算出电气护管的截面积（电气护管截面积≥电缆截面积总和/40%）。

⑤根据计算出的护管截面积，确定电气护管的外形尺寸，并将尺寸数据记录下来提供给电气护管加工图使用，同时在电气护管布置图中按照护管外形进行示意表示。

⑥根据确定下来的护管外形尺寸，再次在详细设计总体布置图和结构图中进行碰撞核对，避免碰撞。

⑦列出电气护管布置图技术要求（如焊口满焊、护管表示方法备注等）。

⑧核对图纸其他细节，校对、审核无误后即可出版，如图 3-2-20 所示。

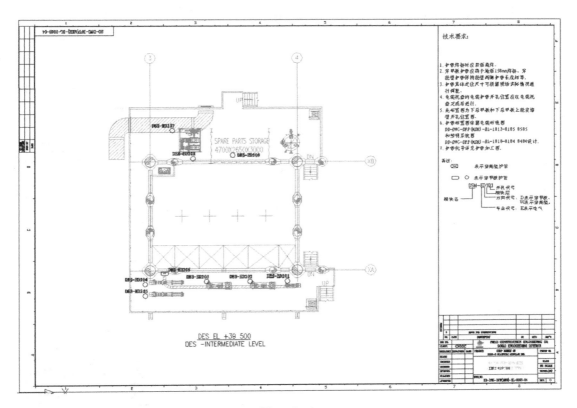

图 3 - 2 - 20

（20）电气马脚布置图

绘图步骤：

①参考详细设计的电气电缆布线图，了解电缆布线图中电气电缆的走向。

②参考详细设计的总体布置图，了解各个电气设备的具体位置。

③以详细设计总体布置图为基础，各甲板层为单位，根据详细设计电气电缆清册，将详细设计总体布置图、电缆布线图、该层或上一层甲板结构图在 AutoCAD 中按图层叠加，核对每一个电缆回路的路径，根据该回路上的分支电缆的路径确定马脚的布置走向。

④根据分支电缆的规格和数量以及其所经过的结构位置确定马脚的外形，一般要求为：相邻两个水平马脚之间间距不大于 500mm，垂直马脚之间间距不大于 400mm；每个马脚上最多可绑扎 3 根电缆；如遇甲板或舱壁有保温层，则马脚的腿长应高于保温层的厚度并小于舾装板与舱壁之间的距离。

⑤根据不同马脚的类型对其使用马脚加工图中的代号进行表示，并将此类型马脚按照1：1 的比例在马脚布置图中进行绘制。

⑥根据确定下来的马脚外形尺寸，再次在详细设计总体布置图、结构图、舾装图中进行碰撞核对，避免碰撞。

⑦列出电气马脚布置图技术要求（如焊口满焊、马脚表示方法备注等）。

⑧核对图纸其他细节，校对、审核无误后即可出版，如图 3-2-21 所示。

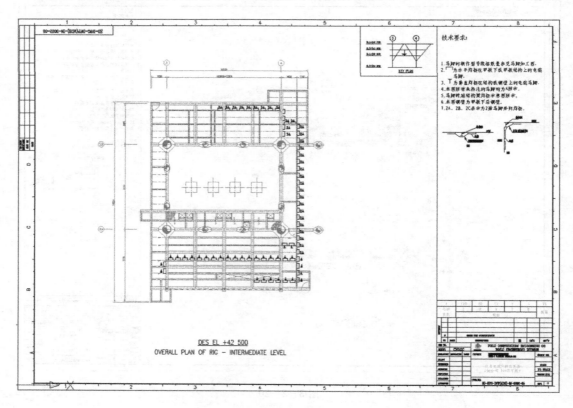

图 3-2-21

（21）MCT 排布图

绘图步骤：

①参考详细设计的电气电缆布线图，了解电缆布线图中电气电缆的走向。

②参考详细设计的总体布置图，了解各个电气设备的具体位置。

③以详细设计总体布置图为基础，以各层为单位，根据详细设计电气电缆清册，核对每一个电缆回路的路径，在该回路电缆路径上需要穿甲板、穿舱壁的位置进行 MCT 位置标记，并对每个 MCT 进行编号。

④使用 MCT 厂家提供的 MCT 排布软件，将穿过该 MCT 的电缆的相关信息输入软件中，并根据具体项目要求留取余量，然后再结合该 MCT 的放置位置选择合适的 MCT 框架尺寸。

⑤使用 MCT 软件内部排布功能，将电缆进行自动排布，如不满意软件的排布方案可选择手动排布，然后将排布图从 MCT 软件中抽出。

⑥根据确定下来的 MCT 框架尺寸，再次在详细设计总体布置图和结构图中进行碰撞核对，避免碰撞。

⑦修改图框、添加封皮和说明页，将该层所有 MCT 安装编号排序，装订成册，并列

出 MCT 排布图技术要求（如 MCT 表示方法备注等）。

⑧核对图纸其他细节，校对、审核无误后即可出版，如图 3－2－22 所示。

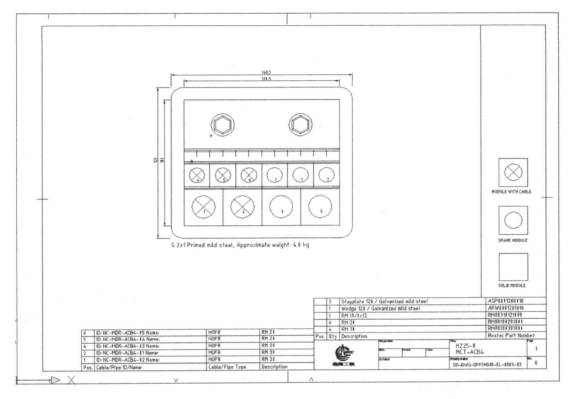

图 3－2－22

（22）MCT 布置图

绘图步骤：

①参考详细设计的电气电缆布线图，了解电缆布线图中电气电缆的走向。

②参考详细设计的总体布置图，了解各个电气设备的具体位置。

③以详细设计总体布置图为基础，以各层为单位，根据详细设计电气电缆清册，核对每一个电缆回路的路径，在该回路电缆路径上需要穿甲板、穿舱壁的位置进行 MCT 位置标记，并对每个 MCT 进行编号。

④将详细设计总体布置图、该层或上层结构图、电气电缆布线图在 AutoCAD 中分图层叠加，然后将 MCT 排布图中 MCT 外形尺寸按照 1：1 比例添加到之前已标记的 MCT 的位置，结合当前位置进行调整其具体位置并标注尺寸。

⑤根据确定下来的 MCT 框架位置，再次在详细设计总体布置图和结构图中进行碰撞核对，避免碰撞，对于盘柜下方的 MCT 还应核对与盘柜进线口的位置关系。

⑥列出 MCT 布置图的技术要求（如焊口满焊、MCT 表示方法备注等）。

⑦核对图纸其他细节，校对、审核无误后即可出版，如图 3－2－23 所示。

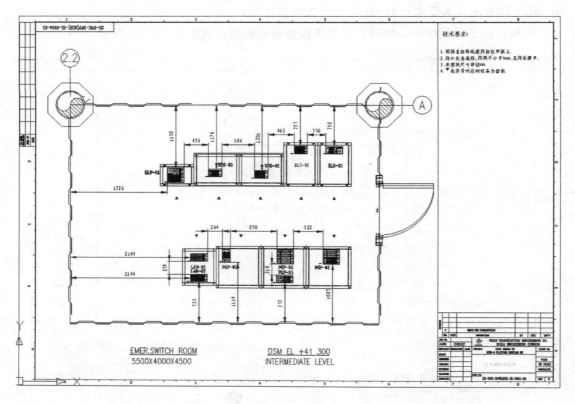

图 3-2-23

（23）电伴热布置图

绘图步骤：

①参考详细设计的配管 ISO 图及配管专业保温伴热规格书，明确需要电伴热的管线系统，并根据工艺要求将电伴热系统分为正常电伴热和应急电伴热。

②针对某一个管线系统，原则上使用一个电伴热回路，但如果该管线系统走向较复杂，长度较长时，则可以使用多个电伴热回路分别对其伴热。

③连接配管专业的 ISO 图，形成完整的伴热回路。如该系统需要多个伴热回路时，每段伴热回路的长度和位置要根据配管的工艺要求进行分段，且长度要合理，防止过载。

④在连接好的配管专业 ISO 图的基础上，首先确定电伴热电源盒的位置，其位置应选取在该伴热回路的一端，且现场便于维修的位置；其次从电源盒开始按照管线路径绘制伴热带（用虚线表示），如遇"T"型管线，则在该处增加三通，如需要不同规格电伴热带之间连接或加长电伴热带，则在该处增加两通；最后在电伴热的末端增加尾端，则该系统的电伴热布置图基本绘制完毕。

⑤将不同电伴热系统及其回路进行编号，一般一张图纸代表一个电伴热回路。同时，在图纸中应列出该电伴热回路的相关数据，如启动电流、输出功率、管线尺寸及长度、阀门法兰数量、操作温度、维持温度、最低环境温度、伴热带电压、长度、伴热比等。

⑥填写该回路中所需电伴热的材料表。将配管系统所有电伴热回路编号排序，装订成册，并列出电伴热布置图技术要求（如电伴热表示方法备注等）。

⑦核对图纸其他细节，校对、审核无误后即可出版，如图3-2-24所示。

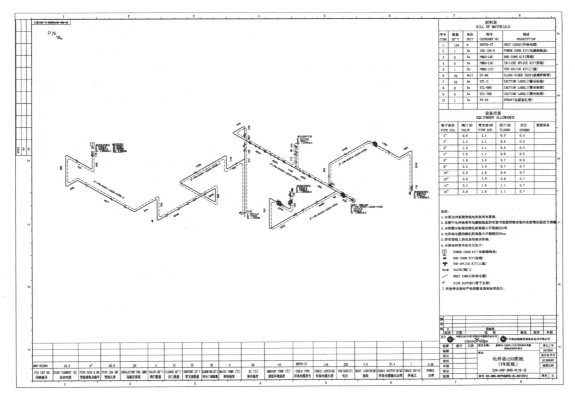

图 3-2-24

（24）电缆滚筒清册

绘图步骤：

①参考详细设计的电缆清册、电缆布线图、总体布置图，并与详细设计澄清有争议电缆的走向，补充遗漏电缆，确保所有电缆准确、完整。

②在详细设计电缆清册的基础上增加电缆外径尺寸、护管编号、滚筒编号、填料函规格等项目。

③根据电缆厂家资料、护管布置图、电缆厂家发货滚筒清单、填料函选型表，将以上的增加项目分别进行相关数据的填写，其中滚筒编号的填写要在合理计算后进行，例如，$3CX150mm^2$ 的电缆总长共500m，分为三个滚筒，分别为1♯220m，2♯110m，3♯170m。当该规格的电缆分为如下长度：20m，50m，80m，15m，40m，60m，100m，55m，30m，50m。我们可以算出：50m＋50m＋40m＋60m＋20m＝220m，则可以将上述长度的电缆归为1♯滚筒；80m＋30m＝110m可以将上述长度的电缆归为2♯滚筒；剩余电缆则归为3♯电缆滚筒。

④核对图纸其他细节，校对、审核无误后即可出版，如图3-2-25所示。

锦州25-1/锦州25-1南油气田Ⅱ期模块钻机加工设计　　电气电缆滚筒清册　　SD-MAL-WHPC(MDR)-EL-0010版次：0

JZ25-1 WHPC电气电缆滚筒清册

	电缆编号	电缆说明					路径		滚筒号	护管编号	备注
		电压等级(kv)	类型	规格尺寸(mm²)	电缆长度(m)	外径(mm)	起点	终点			
						平台动力电缆					
1	EP-WHPC-DM-001-01-02	8.7/15	FCFR	3C×120	55.5	预留35	来自JZ25-1 WHPC平台中压盘	MDR-TR-001 变压器		DSM-ED137 HG-TR-02	组块力提供
2	EP-WHPC-DM-002-01-02	8.7/15	FCFR	3C×120	55.5	预留35	来自JZ25-1 WHPC平台中压盘	MDR-TR-002 变压器		DSM-ED137 HG-TR-04	组块力提供
3	EP-WHPC-DM-380V-01	0.4/1	FS	3C×95	51.5	预留45	来自JZ25-1 WHPC平台 400V应急配电盘	MDR-ELV-001 400V应急电盘及马达控制中心		DSM-ED102 DSM-EW101 DSM-EW102 MST-ESW-001	组块力提供
4	EP-WHPC-DM-220V-01	0.4/1	FS	3C×50	40.5	预留45	来自JZ25-1 WHPC平台 应急照明及小功率配电盘220V	MDR-ELP-001 230V应急照明及小功率配电盘		DSM-ED102 DSM-EW101 DSM-EW102	组块力提供
5	EP-WHPC-EHTPDM-001-01	0.6/1	FS	3C×25	30	预留45	来自JZ25-1 WHPC平台 应急电伴热配电盘220V	MDR-EHIP-001 230V应急电伴热配电盘		DSM-ED102 DSM-EW101 DSM-EW102	组块力提供
6	EP-WHPC-CL-001-01	0.6/1	FS	3C×4	19	预留200	来自JZ25-1 WHPC平台 导航控制系统监控面板	WHPC-OL-001 井架障碍灯		DSM-ED401	组块力提供
7	EC-WHPC-DM-001-01	0.6/1	HCFR	7C×1.5	18	预留35	来自JZ25-1 WHPC平台中压盘	MDR-TR-001 变压器		DSM-ED102	组块力提供
8	EC-WHPC-DM-001-02	0.6/1	HCFR	3C×1.5	15.5	预留35	来自JZ25-1 WHPC平台中压盘	MDR-TR-001 变压器		DSM-ED102 HG-SW1 HG-TR-01	组块力提供
9	EC-WHPC-DM-001-03	0.6/1	HCFR	5C×4	23	预留35	来自JZ25-1 WHPC平台中压盘	MDR-LOV-001 690V配电盘及马达控制中心		DSM-ED102 DSM-EW101 HG-TR-01	组块力提供
10	EC-WHPC-DM-002-01	0.6/1	HCFR	7C×1.5	18	预留35	来自JZ25-1 WHPC平台中压盘	MDR-TR-002 变压器		DSM-ED102 HG-TR-03 HG-TR-01	组块力提供
11	EC-WHPC-DM-002-02	0.6/1	HCFR	3C×1.5	15.5	预留35	来自JZ25-1 WHPC平台中压盘	MDR-TR-002 变压器		DSM-ED102 HG-SW4 HG-TR-03	组块力提供
12	EC-WHPC-DM-002-03	0.6/1	HCFR	5C×4	23	预留35	来自JZ25-1 WHPC平台中压盘	MDR-LOV-001 690V配电盘及马达控制中心		DSM-ED102 DSM-EW101 HG-SW4 HG-TR-03	组块力提供
						DSM 690V正常配电盘					
13	NP-ACB01-01-16	0.6/1	HCFR	3C×150	61.5	20	MDR-TR-001 变压器	MDR-LOV-001 690V配电盘及马达控制中心	F14-11-8132-6 F14-11-8132-2 F14-11-8132-3 F14-11-8132-19	HG-SW1 HG-TR-01	
14	NP-ACB02-01-16	0.6/1	HCFR	3C×150	61.5	25	MDR-TR-002 变压器	MDR-LOV-001 690V配电盘及马达控制中心	F14-11-8132-1	HG-SW1 HG-TR-03	
15	NP-ACB03-01-08	0.6/1	HCFR	3C×150	61.5	30	MDR-DEG-7001 备用发电机盘	MDR-LOV-001 690V配电盘及马达控制中心	F14-11-8132-15	DSM-ED101 DSM-ED102 DSM-EW101 MCT-GEN1	
16	NC-MDR-DEG-7001-01	0.6/1	HCFR	5C×4	23	30	MDR-LOV-001 690V配电盘及马达控制中心	MDR-DEG-7001 备用发电机	D14-11-10318	DSM-EW101 DSM-ED102 DSM-ED101	(屏蔽)
17	NC-MDR-DEG-7001-02-04	0.6/1	HCFR	3C×1.5	15.5	120	MDR-DEG-7001 备用发电机	司钻房	D14-11-10314	DSM-ED101 DSM-ED102 DSM-EW101 DSM-EW102 MCT-GEN1	经南北东西拖链
18	NC-MDR-DEG-7001-05	0.6/1	HCFR	7C×1.5	18	30	MDR-LOV-001 690V配电盘及马达控制中心	MDR-DEG-7001 备用发电机	D14-11-10319-1	DSM-EW101 DSM-ED102 DSM-ED101 MCT-GEN1	

图3-2-25

（25）电气接线端子图

绘图步骤：

①参考详细设计的电缆清册，确保所有电缆准确、完整，电缆的连接信息齐全（如起始位置、终止位置等）。

②参考相关电气设备的厂家资料，包括图例、原理图、端子图，熟悉相关电气设备的功能（如保护功能、跳闸功能等）。

③通过电缆连接，找到满足同一功能的端子，将两个设备通过电缆连接起来。

④在连接好的端子框图上按照由上而下的顺序分别标明：起始设备名称和位号、起始设备接入的端子号、连接电缆的规格和编号、终止设备接入的端子号、终止设备名称和位号。

⑤将具有类似功能或同区域的电气设备端子图汇总在同一张图纸中，不同功能或不同区域的电气设备端子图额外单独绘制在一张图纸中。

⑥列出技术说明（如调试前检查电机正反转、电气符号表示备注等）

⑦填写封面并将所有电气系统的接线端子图汇总，按照顺序排列，装订成册。

⑧核对图纸其他细节，校对、审核无误后即可出版，如图3-2-26所示。

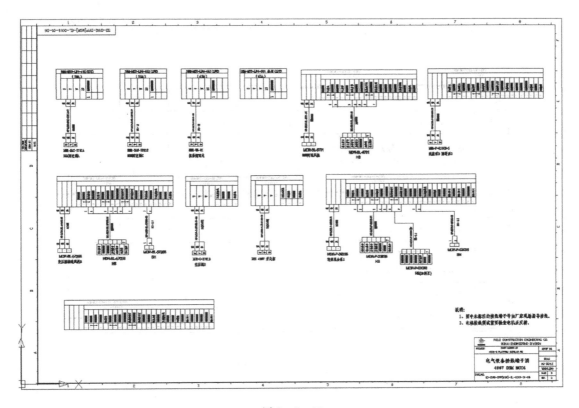

图 3 - 2 - 26

3. 电气专业调试表格

常用的调试表格主要有：干式变压器调试表格、低压配电盘及 VFD 系统调试表格、电气电缆调试表格、照明系统调试表格、交流不间断系统调试表格、柴油发电机组调试表格。调试表格的设计主要参考详细设计调试大纲，具体步骤如下：

（1）参考详细设计大纲，对大纲进行解读。

（2）如果大纲中存在问题、跟详细设计、建造项目组、业主项目组以及第三方进行沟通，如果可以修改则进行修改。

（3）列出参加调试人员签字栏，一般包括厂家、调试项目组、检验人员、业主项目组、第三方等，可根据项目要求进行调整。

（4）对大纲中调试项逐步列表，并加入调试结果，如图 3 - 2 - 27 所示。

（5）加入调试尾项表格，可以记录调试尾项。

通电及系统状态检查

序号	检查内容	结果	备注
1	合上交流供电主电源开关，测量各分支开关的电压是否正常。		
2	依次合上直流电源开关，每次仅能合上一个开关，依次测量直流电源输出是否为稳定的直流24V电压，如有偏差，应进行调整。		
3	电源指示灯亮，各CPU单元、通讯适配器、冗余模块指示状态正常。		
4	检查24VDC每排及各保险端子处的电压值是否正常。		
5	分别合上保险确认所有I/O适配器及I/O模块指示是否正常，确保无故障报警或异常现象。		
6	确认钻井仪表显示屏供电正常。		
7	确认报警单元显示正常。		

结论：＿＿＿＿＿＿＿＿＿＿＿＿＿＿＿＿＿＿＿＿＿＿

图 3－2－27

四、技术支持

（一）采办技术支持

加工设计进行电气专业采办技术支持主要有以下几个方面：技术评标、技术澄清、SAP码申请。

（1）技术评标：对厂家投标的技术参数与设计文件进行比对，填写技术参数比较表。

①将厂家技术标书中的技术参数、数量、证书等与详细设计规格书、数据表、料单等技术图纸进行对比审查，并填入技术参数比较表中。

②技术参数比较表有主要指标、一般指标，如主要指标不能满足招标文件要求，则评议不合格。表3－2－11是典型技术参数比较表。

版本号 2013-01

表 3－2－11　技术参数比较表（油田建设工程分公司）

项目/所属单位名称：　　　　　　　　　　　　　采办申请编号：

项目内容/产品名称：　　　　　　　　　　　　　招标书编号：

投标人/国别				
制造商/国别				
型号				
数量				

续表

	招标文件要求	技术参数	评议	技术参数	评议	技术参数	评议	技术参数	评议
标准体系及业绩	使用标准满足规格书要求								
	质量体系								
	海上项目两年以内稳定运行证明								
	船检机构工厂认证及产品证书								
低压动力电缆主要技术指标 FS	电缆绝缘等级（0.6/1kV）								
	导体：镀锡软铜导体								
	耐火层：云母带								
	绝缘层：交联聚乙烯（XLPE）或乙丙橡胶（EPR）								
	内护套：低烟无卤交联聚烯烃内护套								
	铠装：镀锌钢丝编织带								
	外护套：低烟无卤交联聚烯烃护套								
	电缆满足 B 类设备要求，并提供产品船检证书								
	使用寿命：25 年								
低压动力电缆一般技术指标	业绩（过去 2 年中，投标人应在中国境内至少成功供应了 2 台/套与本次招标货物相当的并在与本次招标货物运行环境相当的条件下稳定运行 2 年以上的货物，并提供用户证明）								
	每一滚筒电缆应为连续长度，中间不能有拼接。电缆端头应做防水处理，以防运输或户外贮存期间进水受潮，电缆滚筒应用板条封固。								
	技术偏离表								
	质量体系文件								
	导线材料：镀锡软铜导体								
	电压等级：150/250V								
	防火层：云母带								
	绝缘层材料：交联聚乙烯（XLPE）或乙丙橡胶								

③如果一般指标不满足招标文件要求，则需要和厂家进行技术书面澄清，有影响报价项目则重新报价。

其他相关电气设备技术参数详见附录三《技术参数比较表》。

（2）技术澄清

解答厂家对料单中的疑问，对评标中发生的疑问、争议和不符合项，要求厂家进行技术澄清，并填写采办技术澄清表。表 3 - 2 - 12 为典型的技术澄清表。

表 3 - 2 - 12 采办技术澄清

序号	澄清内容	厂家回复	是否影响价格
1			
2			
3			
4			
5			
6			
7			
8			
9			
10			

厂家签字盖章：

（3）SAP 码申请

参见附录四《SAP 物料编码申请流程及注意事项》。

（二）现场技术支持

在项目施工过程中需进行现场技术支持，主要工作内容如下：

①进行现场技术交底；

②厂家图纸确认；

③配合项目组完成设备和材料验收；

④现场安装技术指导；

⑤协助解决现场发生的问题；

⑥现场图纸修改记录或升版。

五、加工设计完工图

完工图设计是加工设计结束前最后一项工作。在完工后将变动的部分同原图进行修正得出的最终图纸即为完工图。完工图的根本目的是使存档的图纸和资料与现场的实际情况一致。

第三节 建造程序及技术要求

电气建造主要分为以下几个阶段，电气设备材料验收和储存、电气设备底座和支吊架预制安装、电缆桥架安装、电气设备安装、电缆敷设连接、电伴热安装、机械完工、调试。

一、设备材料验收和储存

（1）收到设备和材料后，根据技术协议和材料清单对设备材料进行逐项检查，主要包括外观尺寸，设备材料技术参数、材质，设备质量文件、证书。

（2）如设备材料有损坏应书面通知供应商，及时处理，避免延误工期。

（3）验收完成后将设备材料进行存储，易损坏和贵重的设备或元件要单独保管。

（4）所有设备材料应储存在合适场所，电气设备的储存分为库房储存和室外储存。

（5）库房（防水仓库）储存项目如下：

①配电盘；

②电气小设备（现场控制开关、按钮盒、接线箱）；

③照明系统设备；

④电伴热材料；

⑤电气杂散料；

（6）室外储存场地储存项目如下：

①电缆；

②电缆桥架；

③电气钢材散料如钢管、槽钢、角钢等。

二、底座和支吊架预制安装

（1）根据电气加工设计底座以及支吊架加工图进行预制。主要预制件有以下几项：电气马脚、电气接地片、电缆桥架支架、电气盘柜底座、电气小设备底座、电气电缆护管、照明系统设备底座。

（2）严格按照图纸上的尺寸进行下料，避免浪费。

（3）图纸上要求热浸锌处理的预制件要进行热浸锌处理。如没有特殊要求应根据涂装规格书进行防腐处理。

（4）根据电气加工设计底座以及支吊架布置图进行安装，严格按照定位图上尺寸进行底座和支吊架安装

（5）底座和支架安装焊接处，破坏的油漆应根据相应的涂装规格书进行补漆。

三、电缆桥架安装

（1）电缆桥架安装要参考电缆桥架布置图安装。

（2）电缆桥架的安装应该在电缆敷设前完成。

（3）电缆桥架应根据厂家的标准设计和规格书要求，使用合适的卡扣或紧固件固定在支架上。

（4）电缆桥架的连接应使用厂家提供的螺栓。

（5）桥架安装完成后不应有变形，损坏。

（6）电缆桥架安装完成后，内部应没有尖角。

（7）电缆桥架切割后应最大限度地磨平以免划伤电缆或伤人。

（8）电缆桥架的弯曲半径应该不小于所安装最大电缆的最小弯曲半径。

（9）电缆桥架间连接板的两端要采用跨接铜芯接地线连接。

（10）电缆桥架两端要可靠接地，当长度每超过 30m 时做一次可靠接地。

四、设备安装

（1）安装要求

①设备应根据图纸安装在指定位置。

②设备在安装过程中防止物理损伤。

③设备安装要安全、牢靠。

④安装完成后，配电盘内部应进行彻底清洁。

⑤安装完成后，电气小设备、按钮盒和接线箱内部应进行彻底清洁。

⑥安装完成后，设备应进行防护，防止潮气和灰尘的进入，防止其他施工造成设备磕碰。

⑦所有设备在试验或运行前要检查螺栓或螺丝。

（2）安装说明

①所有设备应根据厂家的说明书或推荐方法安装。

②电气设备的具体安装位置应考虑操作、维修和试验的空间。

③所有电气设备应该安装在合适的底座或支吊架上。

（3）设备接地

①设备接地应根据设备接地布置图接地。

②电气设备的接地应有效地连接到钢结构上。

③所有露天电气设备的非载流部分以及电缆桥架应有效短接或用接地线连到平台钢结构上。

（4）照明灯具和照明接线盒接地。

①所有照明灯具的电缆应包括一根用于接地的额外线芯，此接地线芯应连续，并在灯具和照明分电箱处分别接地，照明分电箱直接与钢结构接地。

②对于非金属照明灯具配有的金属填料函，电缆的金属编织应伸进填料函并接到灯具或接线箱内部。

五、电缆

（1）电缆敷设

①电缆应按照图纸和电缆清册进行敷设。电缆敷设要平整，不允许有扭曲、交叉或缠

绕，确保敷设的电缆整洁有序。

②电缆的类型以及导体的芯数和截面应与电缆清册一致。

③电缆敷设前进行绝缘测量，1kV 以下电缆采用 1kV 兆欧表，绝缘值不小于 $10M\Omega$，做好记录。

④电缆敷设时应确保导体不被拉伸，电缆绝缘层或外护套保护层不被损坏。

⑤所有主要路径上的电缆应敷设在电缆桥架上，分支电缆可以走马脚或 U 型槽钢。每个马脚最多绑轧 3 根电缆；若多于 3 根电缆，应增加马脚或 U 型槽钢。

⑥所有电缆应用外表镀塑的不锈钢扎带或尼龙电缆扎带紧固在电缆桥架和马脚以及 U 型槽钢上。水平方向上电缆扎带的间距不得超过 600mm；垂直方向上电缆扎带的间距不得超过 500mm。

⑦电缆弯曲半径应符合厂家推荐并满足 IEC 规范要求。

⑧所有电缆应用标识牌进行标识。

⑨用于电缆穿舱件或甲板贯通件的密封堵料应符合防火等级要求，同时密封堵料应按照厂家推荐的方法或说明书进行封堵。

⑩敷设在电缆桥架中的电缆不应超过桥架的帮高，单芯电缆应铺成品字型。

⑪敷设在桥架中的电缆应在两侧的槽内，并绑扎在电缆桥架上。当电缆桥架改变高度或由水平转为垂直时，电缆应最多每隔 450mm 用电缆扎带紧固。

⑫电缆穿过贯通件时，每端至少保持 150mm 的直段，以免电缆和贯通件不对中。

⑬电缆敷设时应避免经过高失火危险区域或由于维修操作容易受到机械损伤的处所，电缆应远离热管。

⑭如果电缆与热管的交叉不可避免，电缆应离开热管绝缘外表面至少 150mm。如果分包商在敷设过程中发现这样的距离无法满足，应通知业主。

⑮电缆不能支撑或敷设在管道上，以及管道的绝缘层上。

⑯为防止干扰，电力及照明系统电缆应与通讯仪表系统电缆分开敷设，在条件允许的情况下 380V 电力电缆与通讯仪表电缆间距不小于 300mm，220V 电力照明电缆与通讯仪表电缆间距不小于 150mm。

⑰电缆绑扎如果在室外应采用不锈钢或防紫外线电缆扎带，在室内可采用塑料扎带。

⑱电缆桥架内部电缆的填充率应符合规范要求。通常不应超过 40%。

（2）电缆贯通件

①电缆贯通室内的水密或防火围壁（舱壁或地板）将采用 MCT 或电缆护管，在 MCT 中要留有 20% 的备用空间以备将来扩充。

②电缆贯通室内外的同一防火等级的甲板将采用带密封堵料的电缆护管。

③电缆敷设完成后安装电缆堵料说明书进行电缆护管封堵。按照 MCT 安装布置图及厂家说明书进行 MCT 封堵。

（3）电缆的截断

①电缆截断后，端部应用防潮气的密封帽或电缆胶带密封。

②做好电缆编号标记。

③电缆应连续没有接头，若有接头应采用接线箱或接线盒。

（4）电缆接线

①电缆接线应根据电缆厂家推荐的方法进行处理。

②电缆的备用线芯不应在填料函处截断，而应该保留与已接线最长线芯的长度，端部做好绝缘密封。如果有备用端子，应接到备用端子上，标明"备用"字样。

③接线端子应选用冷压型，同时根据导线的截面尺寸，选用合理尺寸和型式的端子。

④压接后，导线和端子应形成一个牢固均匀的整体，以保证良好的导电特性和机械强度。

⑤控制电缆两端的接线端子应根据接线端子图进行各自的标识，并用电缆标识固定在电缆绝缘层上，电缆标识应为非开口型。

⑥任何一个接线端子上不能接超过 2 个导体（1 进 1 出）。如果 2 个以上导体必须接到同一点上，则必须增加端子的数量，端子间用短接片内部连接，短接片应该与导体分开。

⑦如有特殊要求，敷设在室外的电缆终端应使用内壁挂胶的热缩套管。

⑧连接到设备的每根电缆应用校准过的兆欧表进行绝缘测量，1kV 以下电缆采用 1kV 兆欧表，绝缘值不小于 10MΩ，做好记录。

（5）电缆接地

①控制盘内的电缆铠装末端应连接到控制盘的接地端子上。

②接线箱内的电缆铠装应通过填料函短接到接线箱或控制盘的框架上。

③对于所有非金属材质外壳的设备，电缆应在填料函处可靠接地。

六、电伴热

电伴热系统参考电伴热布置图，根据厂家的说明书或推荐方法安装。

七、机械完工

根据机械完工检查表进行机械完工检查，记录尾项，并进行尾项整改。

八、调试

机械完工完成后根据调试表格进行预调试和调试，记录尾项，并进行尾项整改。

九、其他要求

为防止静电在供给管线上集聚，所有油气管线和罐体都要有效接地。

第四节　常见问题及解决方案

1. 问题：在 EPC 项目中由于项目工期较短，压缩了设计、采办周期，容易出现材料采办缺项、错项、个别材料的过剩或不足问题。

解决方案及预防措施：根据采办周期的长短及详细设计、加工设计的完成度，参考类似项目，对部分采办周期短的料单进行分批次采办，避免缺项漏项问题。先采办周期长、已确定数量规格的材料，后补充采办周期短、需要精确核算数量的材料，减少误采办的发生。

2. 问题：电控柜内部的接线端子以及接线母牌预留的螺栓孔和连接螺栓与采办的接线端子不能完全匹配，接线端子形状或螺栓孔尺寸均出过问题，加工设计与电控厂家沟通后现场也有此类问题出现。

预防措施：在电控柜招标时，招标文件加入要求厂家提供接线端子规格，母线预留接线孔规格一览表或者提供与母排配套的线鼻子，实际接线时可直接连接电缆，免线鼻子的匹配问题。

第四章 仪表专业加工设计

第一节 概述

仪表控制系统是海上油气田开发工程中的关键环节之一，它是海上油气田各种开发设施的大脑和安全卫士，仪表控制系统一方面连续检测和控制海上油气田各种生产、公用设备的正常运行，另一方面又对各种意外事故进行实时监测，一旦出现意外问题，第一时间进行报警并经过系统逻辑自动地处理控制，以便将不安全的因素控制在最小的范围内，从而保障海上油气田的生产安全，确保人员、设施的安全。

模块钻机的仪表系统分为钻井仪表控制系统及仪表火气系统，钻井仪表控制系统是测量钻井参数和监控钻机正常工作的系统，它是钻井参数储存、处理的核心，是钻井作业的眼睛和大脑。仪表火气系统是钻井作业的安全保障。

钻井仪表系统主要由数据采集处理系统 DAQ，数据存储监控工作站，司钻房显示系统和现场仪表。

仪表火气系统有火气探测、报警系统（FGS 及 ESD 系统集成在一个柜内，火气盘，可寻址盘，烟、热探头，氢气探头，可燃气探头，火焰探头，硫化氢探头，手动报警，状态指示灯，FM200 释放、抑制按钮，FM200 警灯警铃）

模块钻机的仪表专业还包括节流压井控制系统及相关公用设施的仪表控制及关断，另外还有一些现场仪表，接口界面。

仪表专业不仅材料种类繁琐，既有检测压力、液位、温度、流量等各种仪器仪表，泵冲传感器，灰罐称重传感器，又有 tubing 管、紧固件、支架等材料。

第二节 加工设计工作内容

模块钻机的仪表专业加工设计是在详细设计的基础上，依据详细设计规格书和相关规范的要求，按照详细设计图纸绘制加工设计图纸，包括设备的支架图设计、调试表格的设计和料单的编制等，以及编制仪表安装程序，以达到方便指导现场施工的目的。

一、工作内容（表 4 - 2 - 1）

①详细设计文件审核；

②桥架支架建模；

③编制现场安装程序，建造图纸，料单，调试表格；

④参与技术评标；

⑤采办技术支持和现场技术支持；

⑥编制完工文件。

表 4 - 2 - 1

DOP（程序文件）		
1	SD-DOP-XXXX（MDR）-IN-1001	仪表安装程序
DWG（图纸）		
1	SD-DWG-XXXX（MDR）-IN-0001	仪表设备支架加工图
2	SD-DWG-XXXX（MDR）-IN-0002	仪表电缆马脚加工图
3	SD-DWG-XXXX（MDR）-IN-0003	仪表电缆马脚布置图
4	SD-DWG-XXXX（MDR）-IN-0004	仪表电缆护管加工图
5	SD-DWG-XXXX（MDR）-IN-0005	仪表电缆护管布置图
6	SD-DWG-XXXX（MDR）-IN-0006	仪表接地片加工图
7	SD-DWG-XXXX（MDR）-IN-0007	仪表电缆桥架支架加工图
8	SD-DWG-XXXX（MDR）-IN-0008	仪表电缆桥架支架布置图
9	SD-DWG-XXXX（MDR）-IN-0009	仪表接线端子图
10	SD-DWG-XXXX（MDR）-IN-0010	仪表电缆滚筒清册
MAL（料单）		
1	SD-MAL-XXXX（MDR）-IN-0001	仪表钢材采办料单
2	SD-MAL-XXXX（MDR）-IN-0002	仪表杂散料采办料单
3	SD-MAL-XXXX（MDR）-IN-0003	现场仪表采办料单
4	SD-MAL-XXXX（MDR）-IN-0004	仪表接线箱采办料单
5	SD-MAL-XXXX（MDR）-IN-0005	仪表电缆采办料单
6	SD-MAL-XXXX（MDR）-IN-0006	仪表电缆桥架采办料单
7	SD-MAL-XXXX（MDR）-IN-0007	仪表填料函采办料单
8	SD-MAL-XXXX（MDR）-IN-0008	仪表管及附件采办料单
9	SD-MAL-XXXX（MDR）-IN-0009	灰罐仪表采办料单
10	SD-MAL-XXXX（MDR）-IN-0010	火气系统采办料单
CMT		
1	SD-CMT-XXXX（MDR）-IN-0001	钻井仪表调试表格
1	SD-CMT-XXXX（MDR）-IN-0002	火气系统调试表格
1	SD-CMT-XXXX（MDR）-IN-0003	灰罐仪表调试表格

二、设计界面划分

（一）详细设计/加工设计界面划分

仪表专业加工设计是对详细设计的延伸，更便于现场施工。加工设计参考详细设计料单，并直接用于采办。加工设计图纸更多的是底座加工和布置图，电缆清册更加详细，并出接线端子图。另外加工设计参考详细设计调试大纲出具用于记录和报验的调试表格。

此处仅是对界面简单描述，更多界面细节见附录二。

（二）专业界面划分

（1）与机械专业的安装界面划分

与机械专业界面到设备接线箱。

（2）与电气专业的界面划分

仪表系统盘柜供电由电气专业电缆敷设及连接。

（3）与配管专业的界面划分

①仪表气：防火风闸气源管路安装位置确定，仪表气管线及气源阀由配管专业安装，气源阀至用气点由仪表专业安装。如图4-2-1所示。

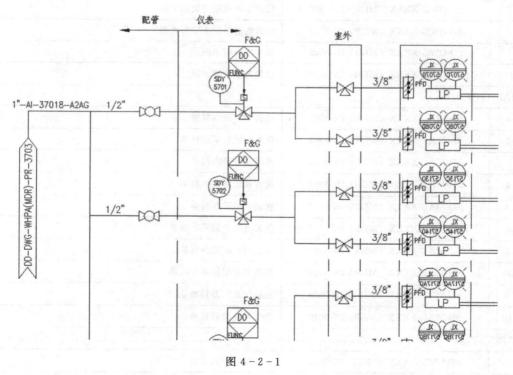

图4-2-1

②阀门：阀门本体由配管专业安装，执行机构接线由仪表专业安装（包括定位器和电磁阀）。

③流量仪表：在线的各种节流元件、流量计设备本体由配管专业安装，变送器由仪表

专业安装或接线。

④现场仪表：温度计，温度开关由仪表专业安装，与温井连接的配对法兰由配管专业安装；压力仪表和对应的仪表阀由仪表专业安装，仪表阀之后部分由配管专业安装。如图4－2－2所示。

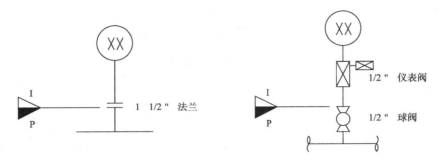

1 1/2 " 法兰

1/2 " 仪表阀

1/2 " 球阀

图 4－2－2

⑤物位仪表：各种液位计由仪表专业安装，与其对接的法兰、阀门由配管专业安装。

（4）与其他专业的界面划分

①通风专业：防火风闸气源接口确定，防火风闸的接线由有仪表专业完成。

②舾装专业：舾装专业根据仪表专业提供的定位图预留安装孔，仪表专业进行设备（烟、热探头，接线箱）安装。

③通讯专业：广播对讲系统（火灾报警信号通过广播系统报警）。电缆桥架走向确定，确定通讯电缆数量及设备布置等（与仪表共用桥架和马脚）。

④与平台接口：涉及紧急关断系统（ESD）；火气系统（F&G）的信号分硬线和软线传递大平台。硬线传递信号通过接线箱来完成，通讯线采用冗余的RS485通讯缆来完成（不经过接线箱）。

三、加工设计

（一）设计流程（图4－2－3）

（二）加工设计依据

加工设计文件编制的依据是详细设计图纸、规格书和其所规定采用的国际、国内规范或标准，若规格书与规范、标准相互间矛盾，应优先执行规格书，若规范、标准间相互矛盾，应按规格书规定的优先顺序执行，通常采用的规格书、规范和标准如下：

（1）规格书、图纸、数据表，清单

①仪表总规格书；

②仪表安装规格书；

③撬装仪表规格书；

④仪表电缆规格书；

⑤火气系统规格书；

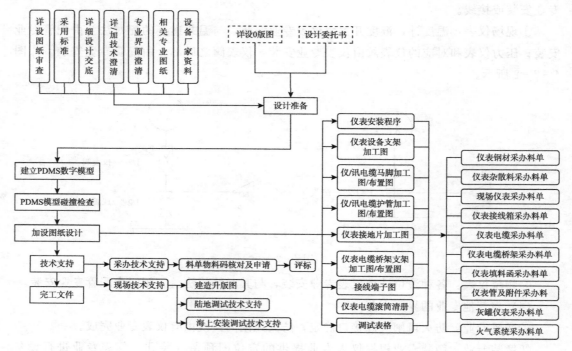

图 4-2-3

⑥钻井仪表控制系统规格书;

⑦火气系统因果图;

⑧火气系统控制框图;

⑨火气设备布置图;

⑩电缆桥架布置图;

⑪电缆布线图;

⑫电缆清册;

⑬典型安装图;

⑭仪表设备数据表;

就地仪表数据表、灰罐仪表数据表、接线箱数据表、钻井仪表数据表。

⑮材料表及设备清单:

就地仪表设备清单、灰罐仪表设备清单、仪表系统 I/O 清单、火气系统设备清单、火气系统 I/O 清单、钻井仪表设备清单、仪表电缆桥架材料表、仪表电缆材料表。

(2) 标准和规范(表 4-2-2)

表 4-2-2

序号	标准号	名称
环境保护标准		
1		《中华人民共和国环境保护法》（已由第十二届全国人民代表大会常务委员会第八次会议于 2014 年 4 月 24 日修订通过，2015 年 1 月 1 日起施行）
2		《中华人民共和国海洋环境保护法》2013 年 12 月 28 日第十二届全国人民代表大会常务委员会第六次会议修订
3		《中华人民共和国海洋石油勘探开发环境保护管理条例实施办法》（2016 年修正本）1990 年 9 月 20 日国家海洋局令第 1 号发布 根据 2016 年 1 月 8 日中华人民共和国国土资源部令第 64 号《国土资源部关于修改和废止部分规章的决定》修正）
国内标准		
1	GB50058-92	《爆炸和火灾危险场所电力设计规范》
2	GB3836-83	《爆炸性环境防爆电气设备》
3	SY/T 10045-2003	《工业生产过程中安全仪表系统的应用》
4	SY/T 10043-2002	《泄压和减压系统指南》
5	CCS	海上固定平台入级与建造规范
6	CCS	海上固定平台移动平台入级与建造规范补充规定
7	安监总局 25 号令	海洋石油安全管理细则
美国石油学会标准（API）		
1	API RP 14C	海上生产平台安全系统的分析、设计、安装以及测试的基本推荐做法
2	API RP 14G	开放式海上生产平台上火灾的防火和控制的推荐做法
3	API RP 14F	海上生产平台电气系统的设计和安装的推荐做法
4	API RP 500	石油设施电气设备安装一级一类和二类区域分类的推荐作法
国际电工委员会（IEC）		
1	IEC 61508	电力/电子/程序化电子系统的多功能安全标准
2	IEC 61511	过程工业安全仪表系统的功能安全
3	IEC 60331	电缆的防火性能
4	IEC529-1976	Classification of Degrees of Protection Provided by Enclosure《外壳防护等级》
美国国家防火协会（NFPA）		
1	NFPA 72	美国国家火灾报警规范
2	NFPA 70	美国国家电气规程
美国仪表协会标准		
1	ISA RP 12.1	Electrical Instrument in Hazardous Atmospheres《危险大气中的电气仪表》
2	ISA RP 12.12	Electrical Equipment for Use in Class 1，Division 2 Hazardous (Classified) Locations《1 区 2 类危险场所的电气设备》
美国国家电气标准（NEC）		
国际电气制造业协会（NEMA）		
美国船级社（ABS）		
美国保险商实验所安全标准（UL）		

注：各标准规范以最新有效版本为准。

（三）设计准备

仪表专业加工设计准备目的是明确所承担设计工作的范围，熟悉仪表技术要求，考虑仪表的安装程序，澄清各种技术问题，熟悉和理解专业设计思路和方案，熟悉详细设计资料，包括仪表规格书、数据表以及相关图纸等技术资料，掌握项目技术要求以及整体概况，其中审查详细设计图纸包括如下内容：

①检查仪表系统框图设计的合理性；

②仪表探头布置图与接线图的一致性；

③检查电缆桥架布置图，电缆布线图是否合理，电缆桥架与其他专业有无碰撞；

④检查设备材料料单与设备布置图是否一致，材料的规格和属性与规格书是否一致；

⑤检查电缆清册和单线图是否一致。

参加业主组织的详细设计交底，针对详细设计图纸、规格书和材料等技术问题进行技术澄清。加工设计工作内容确定后，根据工期要求，编制加工设计计划。加工设计计划要求有详细的加工设计图纸、施工程序和方案设计内容的起始时间，要指定设计、校对、审核人员。加工设计计划制定后，开始进行加工设计工作。

（四）碰撞检查

碰撞检查采用 PDMS 建模的方法，将全部模型建立完成后，先进行专业内部的碰撞检查，再与其他专业进行碰撞检查。具体内容参考第十二章 PDMS 模型设计中三维模型碰撞检查部分。

（五）图纸设计

本专业加工设计图纸主要包含：仪表设备支架加工图（火气盘、接线箱、手动报警、弃平台、可燃气体探头、火焰探头、状态灯），马脚加工及布置图、护管加工及布置图，接地片加工图，桥架支架加工及布置图，电缆接线端子图，电缆滚筒清册。

（1）火气盘底座加工图

绘图步骤：

①参考详细设计盘柜的布置图，了解每个配电盘的位置。

②参考盘柜厂家图纸，根据盘柜的具体外形尺寸确定盘柜底座尺寸。

③选取制作底座所用的钢材（一般选用 C100\C120 槽钢，槽钢能很好的与甲板构成稳定结构）。

④将处于一排的盘柜底座进行组对，调整各盘柜间的间隙。

⑤在盘柜底座图纸中分别列出正视图、侧视图，并标注尺寸和设备位号。

⑥根据盘柜厂家资料，标注出盘柜与底座连接的地脚螺栓数量和尺寸。

⑦列出配电盘底座加工的技术要求（如打磨处理、热浸锌/喷漆）。

⑧统计并填写加工底座所需的材料表。

⑨核对图纸其他细节，校对、审核无误后即可出版，如图 4-2-4 所示。

（2）仪表接线箱支架加工图

在进行仪表接线箱的加工设计时，首先应根据接线箱的厂家资料，核对接线箱的端子

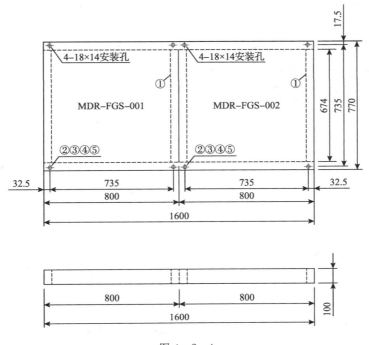

图 4-2-4

数量、接线箱的材质、接线箱的防爆和防护等级是否符合详细设计要求；再检查其电缆进、出口的数量是否与设计相符，配套的填料函尺寸或开孔尺寸是否与电缆的外径或加工设计采办的填料函尺寸相匹配。对备用的电缆孔，应使用符合防爆要求的堵头进行封堵。

根据厂家资料提供的信息，确定接线箱的安装形式。接线箱的后部一般有四个螺栓孔，加工设计时，应按这四个孔的尺寸确定安装背板的开孔位置。

在确定了接线箱的开孔数据之后，选择"合适的"（考虑用到的不同材料的规格，具体到实际的加工设计时，考虑接线箱的尺寸及安装位置，采用柱装或墙装的形式，可以参考常用的一些做法）角钢、槽钢或钢板等材质，设计仪表接线箱的支架图，以便于支架的预制和材料的采办。为适应海洋环境工况，底座在加工完后还应做除锈、热浸锌/涂漆防腐处理。

①墙装接线箱底座加工图

绘图步骤：

a. 参考详细设计的接线箱布置图，根据布置图中接线箱的位置确定需要墙装的接线箱的数量和安装位置。

b. 参考接线箱厂家资料，确定接线箱支架的外形尺寸和具体安装形式。

c. 选取制作底座所用的钢材（如 L75×75×6、L50×50×5 角钢等）需注意角钢应外翻，方便螺栓安装。

d. 在接线箱底座图纸中分别列出正视图、侧视图、细节图，并标注底座尺寸、数量、安装位置和设备位号。

e. 根据接线箱操作高度分别计算墙装高度，并标注尺寸（一般设备中心距甲板 1.5m 为宜）。

f. 列出接线箱底座加工的技术要求（如打磨处理、热浸锌/喷漆）。

g. 统计并填写加工底座所需的材料表。

h. 核对图纸其他细节，校对、审核无误后即可出版，如图 4-2-5 所示。

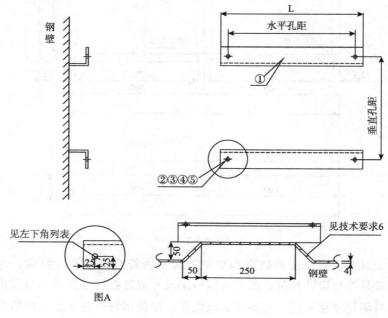

图 4-2-5

②柱装接线箱底座加工图

绘图步骤：

a. 参考详细设计的接线箱布置图，根据布置图中接线箱的位置确定需要柱装的接线箱的数量和安装位置。

b. 参考接线箱厂家资料，确定接线箱支架的外形尺寸和具体安装形式。

c. 选取制作底座所用的钢材（如 C100 槽钢，L75×75×6、L 50×50×5 角钢等）。

d. 在接线箱底座图纸中列出正视图，并标注底座尺寸、数量、安装位置和设备位号。

e. 根据接线箱操作高度分别计算柱装高度，并标注尺寸（一般设备中心距甲板 1.5m 为宜）。

f. 列出接线箱底座加工的技术要求（如打磨处理、热浸锌/喷漆）。

g. 统计并填写加工底座所需的材料表。

h. 核对图纸其他细节，校对、审核无误后即可出版，如图 4-2-6 所示。

（3）手动报警站支架

手动报警站一般设置在主要逃生通道上。布置在室内，在有舾装板的房间，可直接将报警站固定在舾装板上，不需要加工支架；布置在室外，可将支架固定在钢壁、甲板上或平台外边缘，可使用角钢、槽钢或 $\phi 60$ 圆管做立柱，支架的高度一般为 1500mm，适于人员操作。为了便于支架的移动，将底座做成螺栓连接的形式，而不是焊接的形式。

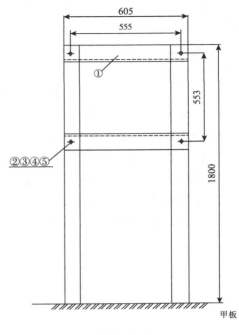

图 4-2-6

①墙装手动报警站支架图

绘图步骤：

a. 参考详细设计的火气设备布置图纸，根据布置图的手动报警站位置确定需要做支架的数量和安装位置。

b. 参考设备厂家资料，确定支架的外形尺寸和具体安装形式。

c. 选取制作底座所用的钢材（如 L75×75×6、L50×50×5 角钢等）需注意角钢应外翻，方便螺栓安装。

d. 在底座图纸中分别列出正视图、侧视图，并标注底座尺寸、数量、安装位置、安装高度和设备位号。

e. 根据报警站操作高度分别计算墙装高度，并标注尺寸（一般设备中心距甲板 1.5m 为宜）。

f. 列出底座加工的技术要求（如打磨处理、热浸锌/喷漆）。

g. 统计并填写加工底座所需的材料表。

h. 核对图纸其他细节，校对、审核无误后即可出版，如图 4-2-7 所示。

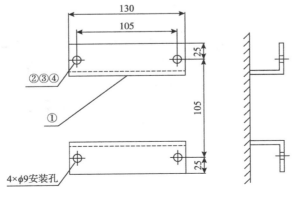

图 4-2-7

②柱装（舷内/外）手动报警站支架图

绘图步骤：

a. 参考详细设计的火气设备布置图纸，根据布置图的手动报警站位置确定需要做支架的数量和安装位置。

b. 参考设备厂家资料，确定支架的外形尺寸和具体安装形式。

c. 选取制作底座所用的钢材（如 C100 槽钢、ϕ60 钢管、PL6 钢板等）。

d. 在底座图纸中分别列出正视图、侧视图、细节图，并标注底座尺寸、数量、安装位置、安装高度和设备位号。

e. 列出底座加工的技术要求（如打磨处理、热浸锌/喷漆）。

f. 统计并填写加工底座所需的材料表。

g. 核对图纸其他细节，校对、审核无误后即可出版，如图 4-2-8 所示。

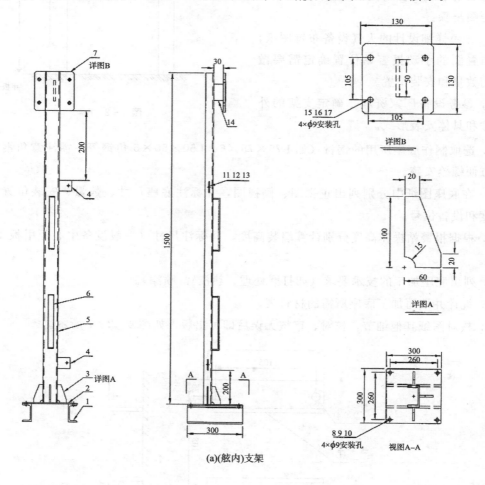

(a)(舷内)支架

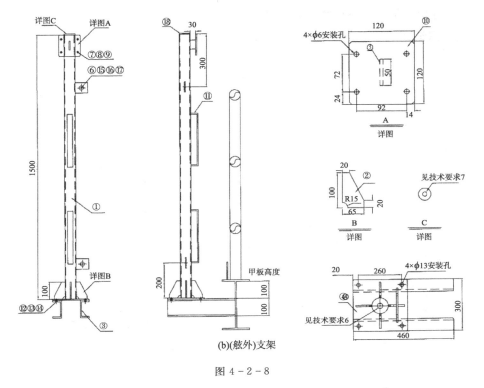

图 4-2-8

（4）可燃气体探头支架

可燃气体探头根据安装位置的不同，分为重气探头（气体比重大于空气）和轻气探头（气体比重小于空气），所使用支架的形式也不同。

重气探头一般安装在甲板以上，高度为 500mm，用于测量比重大于空气的可燃气体，支架的具体形式和要求如图所示。

轻气探头一般安装在可燃气体可能泄漏或易于积聚的地方，一般固定在钢结构或设备支架上，用于测量比重小于空气的可燃气体，支架的具体形式和要求如图所示。

在电池间等特殊区域，因电池在正常工作时会释放出氢气，因此需设置氢气探头、托架的形式与室外安装的轻气探头相同。

①吊装可燃气体探头（轻气）支架图

绘图步骤：

a. 参考详细设计的火气设备布置图纸，根据布置图的可燃气体探头位置确定需要做支架的数量和安装位置。

b. 参考设备厂家资料，确定支架的外形尺寸和具体安装形式。

c. 选取制作底座所用的钢材（如 L 75×75×6 或 L50×50×5 角钢、PL6 钢板等）。

d. 在底座图纸中分别列出正视图、俯视图，并标注底座尺寸、数量、安装位置、安装高度和设备位号。

e. 列出底座加工的技术要求（如打磨处理、热浸锌/喷漆）。

f. 统计并填写加工底座所需的材料表。

g. 核对图纸其他细节，校对、审核无误后即可出版，如图 4-2-9 所示。

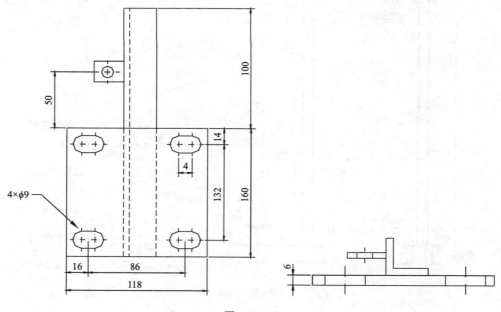

图 4-2-9

②墙装可燃气体探头（轻气）支架图

绘图步骤：

a. 参考详细设计的火气设备布置图纸，根据布置图的可燃气体探头位置确定需要做支架的数量和安装位置。

b. 参考设备厂家资料，确定支架的外形尺寸和具体安装形式。

c. 选取制作底座所用的钢材（如 L 75×75×6 或 L50×50×5 角钢、PL6 钢板等）。

d. 在底座图纸中分别列出正视图、俯视图，并标注底座尺寸、数量、安装位置、安装高度和设备位号。

e. 根据可燃气体探头测量范围计算墙装高度，并标注尺寸。

f. 列出底座加工的技术要求（如打磨处理、热浸锌/喷漆）。

g. 统计并填写加工底座所需的材料表。

h. 核对图纸其他细节，校对、审核无误后即可出版，如图 4-2-10 所示。

③柱装可燃气体探头（轻气）支架图

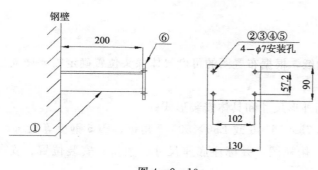

图 4-2-10

绘图步骤：

a. 参考详细设计的火气设备布置图纸，根据布置图的可燃气体探头位置确定需要做支架的数量和安装位置。

b. 参考火气设备厂家资料，确定支架的外形尺寸和具体安装形式。

c. 选取制作底座所用的钢材（如 C100 槽钢、$\phi 60$ 钢管、PL6 钢板等）。

d. 在底座图纸中分别列出正视图、侧视图、细节图，并标注底座尺寸、数量、安装位置、安装高度和设备位号。

e. 列出底座加工的技术要求（如打磨处理、热浸锌/喷漆）。

f. 统计并填写加工底座所需的材料表。

g. 核对图纸其他细节，校对、审核无误后即可出版，如图 4-2-11 所示。

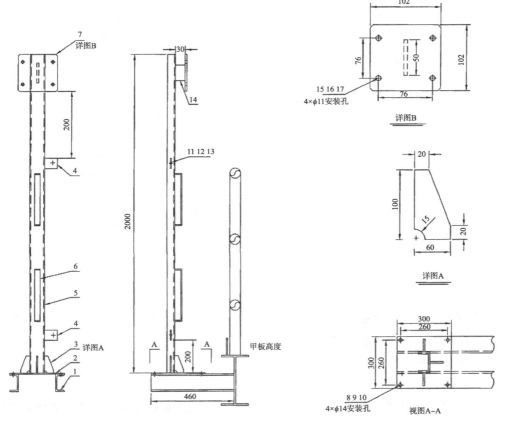

图 4-2-11

④可燃气体探头（重气）支架图

绘图步骤：

a. 参考详细设计的火气设备布置图纸，根据布置图的可燃气体探头位置确定需要做支架的数量和安装位置。

b. 参考火气设备厂家资料，确定支架的外形尺寸和具体安装形式。

c. 选取制作底座所用的钢材（如 C100 槽钢、$\phi60$ 钢管、PL6 钢板等）。

d. 在底座图纸中分别列出正视图、侧视图、细节图，并标注底座尺寸、数量、安装位置、安装高度和设备位号。

e. 列出底座加工的技术要求（如打磨处理、热浸锌/喷漆）。

f. 统计并填写加工底座所需的材料表。

g. 核对图纸其他细节，校对、审核无误后即可出版，如图 4-2-12 所示。

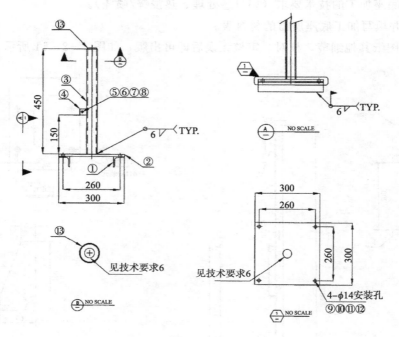

图 4-2-12

（5）火焰探头支架

火焰探头一般安装在被保护区域的上方，一般安装在高处，火焰探头的支架一般直接焊接在钢结构上，支架的形式及加工要求如图所示。

①吊装火焰探头支架图

绘图步骤：

a. 参考详细设计的火气设备布置图纸，根据布置图的火焰探头位置确定需要做支架的数量和安装位置。

b. 参考设备厂家资料，确定支架的外形尺寸和具体安装形式。

c. 选取制作底座所用的钢材（如 C100 槽钢、L $75\times75\times6$ 或 L$50\times50\times5$ 角钢、PL6 钢板等）。

d. 在底座图纸中分别列出正视图、侧视图、细节图，并标注底座尺寸、数量、安装位置、安装高度和设备位号。

e. 列出底座加工的技术要求（如打磨处理、热浸锌/喷漆）。

f. 统计并填写加工底座所需的材料表。

g. 核对图纸其他细节，校对、审核无误后即可出版，如图 4-2-13 所示。

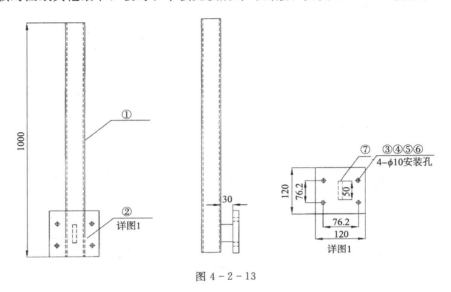

图 4-2-13

②柱装火焰探头支架图：

绘图步骤：

a. 参考详细设计的火气设备布置图纸，根据布置图的火焰探头位置确定需要做支架的数量和安装位置。

b. 参考设备厂家资料，确定支架的外形尺寸和具体安装形式。

c. 选取制作底座所用的钢材（如 C100 槽钢、φ60 钢管、PL6 钢板等）。

d. 在底座图纸中分别列出正视图、侧视图、细节图，并标注底座尺寸、数量、安装位置、安装高度和设备位号。

e. 列出底座加工的技术要求（如打磨处理、热浸锌/喷漆）。

f. 统计并填写加工底座所需的材料表。

g. 核对图纸其他细节，校对、审核无误后即可出版，如图 4-2-14 所示。

（6）平台状态灯支架

平台状态灯应布置在主要逃生通道上，用于指示平台的安全状况。为了便于人员的观察，平台状态灯一般安装高度为 2500mm，并且周围不应有障碍物遮挡。

①墙装平台状态灯支架图：

绘图步骤：

a. 参考详细设计的火气设备布置图纸，根据布置图的平台状态灯位置确定需要做支架的数量和安装位置。

b. 参考设备厂家资料，确定支架的外形尺寸和具体安装形式。

c. 选取制作底座所用的钢材（如 L 75×75×6、L50×50×5 角钢等）需注意角钢应外

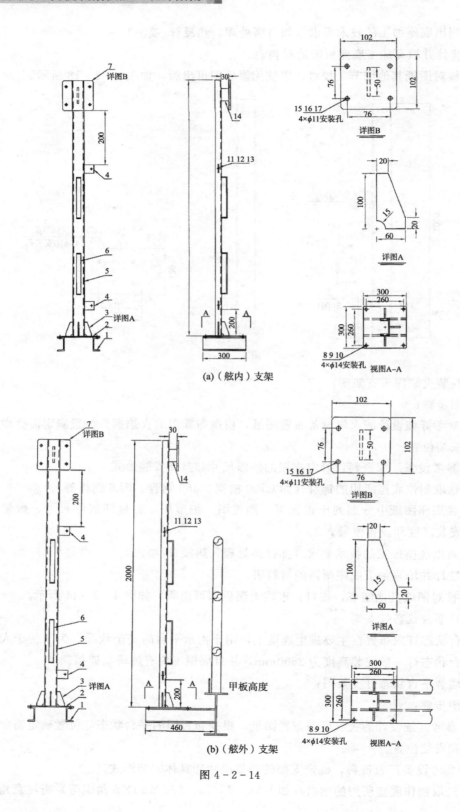

(a)（舷内）支架

(b)（舷外）支架

图 4-2-14

翻，方便螺栓安装。

d. 在底座图纸中分别列出正视图、侧视图，并标注底座尺寸、数量、安装位置、安装高度和设备位号。

e. 列出底座加工的技术要求（如打磨处理、热浸锌/喷漆）。

f. 统计并填写加工底座所需的材料表。

g. 核对图纸其他细节，校对、审核无误后即可出版，如图 4-2-15 所示。

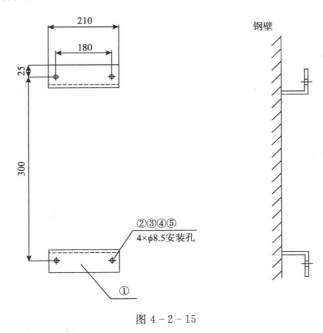

图 4-2-15

②柱装平台状态灯支架图

绘图步骤：

a. 参考详细设计的火气设备布置图纸，根据布置图的平台状态灯位置确定需要做支架的数量和安装位置。

b. 参考设备厂家资料，确定支架的外形尺寸和具体安装形式。

c. 选取制作底座所用的钢材（如 C100 槽钢、φ60 钢管、PL6 钢板等）。

d. 在底座图纸中分别列出正视图、侧视图、细节图，并标注底座尺寸、数量、安装位置、安装高度和设备位。

e. 列出底座加工的技术要求（如打磨处理、热浸锌/喷漆）。

f. 统计并填写加工底座所需的材料表。

g. 核对图纸其他细节，校对、审核无误后即可出版，如图 4-2-16 所示。

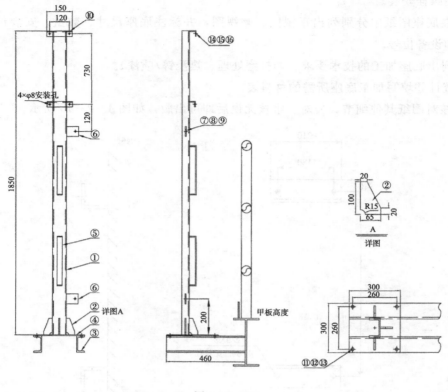

图 4-2-16

（7）烟、热探头支架

烟探头一般布置在室内，在有舾装板的房间，可直接将烟探头固定在舾装板上，不需要加工支架；如果项目有要求必须将探头固定在钢结构上或房间内无舾装板，可用角钢和钢板做成如图所示的支架。一般支架的长度根据层高设定，如果在设有舾装的房间内，支架要与舾装板平齐，支架的长度须根据舾装的高度确定。

绘图步骤：

a. 参考详细设计的火气设备布置图纸，根据布置图的探头位置确定需要做探头支架的数量和安装位置。

b. 参考火气设备厂家资料，确定支架的外形尺寸和具体安装形式。

c. 选取制作底座所用的钢材（如 C100 槽钢、L75×75×6 角钢等）。

d. 在底座图纸中分别列出正视图、俯视图，并标注底座尺寸、数量、安装位置、安装高度和设备位号。

e. 列出底座加工的技术要求（如打磨处理、热浸锌/喷漆）。

f. 统计并填写加工底座所需的材料表。

g. 核对图纸其他细节，校对、审核无误后即可出版，如图 4-2-17 所示。

（8）FM200 释放和抑制按钮支架

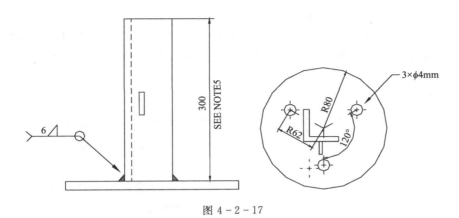

图 4-2-17

FM200 释放和禁止按钮一般布置在房间的门口，可直接将支架焊接在墙壁上，可用角钢和钢板做成如图所示的支架。

绘图步骤：

a. 参考详细设计的火气设备布置图纸，根据布置图的按钮位置确定需要做支架的数量和安装位置。

b. 参考火气设备厂家资料，确定支架的外形尺寸和具体安装形式。

c. 选取制作底座所用的钢材（如 L75×75×6 角钢、L50×50×5 等）。

d. 在底座图纸中分别列出正视图、侧视图，并标注底座尺寸、数量、安装位置、安装高度和设备位号。

e. 列出底座加工的技术要求（如打磨处理、热浸锌/喷漆）。

f. 统计并填写加工底座所需的材料表。

g. 核对图纸其他细节，校对、审核无误后即可出版，如图 4-2-18 所示。

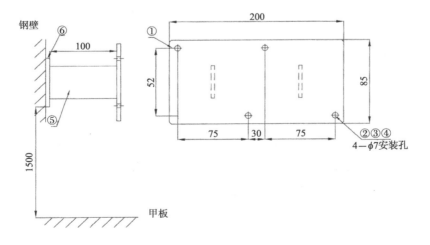

图 4-2-18

（9）FM200 警灯、警铃支架

FM200 警灯、警铃支架一般安装在需 FM200 保护房间的门内和门外，可焊接在钢结构上（不要焊接在门的结构上），根据所选探头的不同可用角钢和钢板做成如图所示的支架。

绘图步骤：

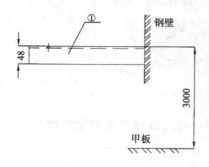

a. 参考详细设计的火气设备布置图纸，根据布置图的灯铃位置确定需要做支架的数量和安装位置。

b. 参考火气设备厂家资料，确定支架的外形尺寸和具体安装形式。

c. 选取制作底座所用的钢材（如 L75×75×6 角钢、L50×50×5 等）。

d. 在底座图纸中分别列出正视图、侧视图、俯视图，并标注底座尺寸、数量、安装位置、安装高度和设备位号。

e. 列出底座加工的技术要求（如打磨处理、热浸锌/喷漆）。

f. 统计并填写加工底座所需的材料表。

g. 核对图纸其他细节，校对、审核无误后即可出版，如图 4-2-19 所示。

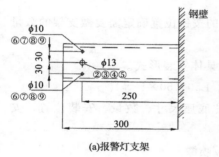

(a)报警灯支架

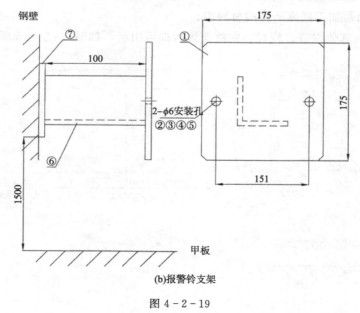

(b)报警铃支架

图 4-2-19

（10）仪表电缆马脚加工图

在现场布线时，大量的电缆应固定在托架上，局部电缆数量较少而又不方便设置托架的场所，可考虑将电缆绑扎在马脚上。

马脚一般由 30 或 50mm 宽的扁铁制成，马脚长度为 300 或 500mm，两边弯成 90°，并预留一定的长度，以便焊接在钢结构上，具体形式和加工要求如图所示。

为适应海洋环境工况，马角在加工完后还应做除锈、热浸锌/喷漆防腐处理。

绘图步骤：

a. 依据加工设计的仪表马脚布置图，统计各种类型的马脚数量。

b. 在图纸中绘制出马脚的典型图，包括正视图、俯视图。

c. 在马脚典型图中，标注出其长度（L）、宽度（W）、高度（H）、厚度（T）、倒角圆度（R）等相关尺寸代号。

d. 针对各类马脚类型，填写马脚类型表，将每种马脚对应的数据填入表中，包括马脚类型、马脚规格（长、宽、高、厚度、倒角圆度）、马脚加工数量。

e. 列出马脚加工的技术要求（如打磨处理、热浸锌/喷漆）。

f. 核对图纸其他细节，校对、审核无误后即可出版，如图 4-2-20 所示。

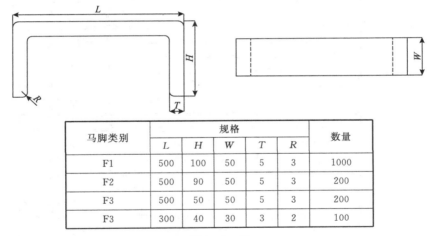

马脚类别	规格					数量
	L	H	W	T	R	
F1	500	100	50	5	3	1000
F2	500	90	50	5	3	200
F3	500	50	50	5	3	200
F3	300	40	30	3	2	100

图 4-2-20

（11）马脚布置图

绘图步骤：

a. 参考详细设计的仪表电缆布线图，了解电缆布线图中仪表电缆的走向。

b. 参考详细设计的总体布置图、火气设备布置图、仪表设备布置图，了解各个仪表设备的具体位置。

c. 以详细设计总体布置图为基础，各甲板层为单位，根据详细设计仪表电缆清册，将详细设计总体布置图、电缆布线图、该层或上一层甲板结构图在 AutoCAD 中按图层叠加，核对每一个电缆回路的路径，根据该回路上的分支电缆的路径确定马脚的布置走向。

d. 根据分支电缆的规格和数量以及其所经过的结构位置确定马脚的外形，一般要求为：相邻两个水平马脚之间间距不大于 500mm，垂直马脚之间间距不大于 400mm；每个马脚上最多可绑扎 3 根电缆；如遇甲板或舱壁有保温层，则马脚的腿长应高于保温层的厚度并小于舾装板与舱壁之间的距离。

　　e. 根据不同马脚的类型对其使用马脚加工图中的代号进行表示，并将此类型马脚按照 1 : 1 的比例在马脚布置图中进行绘制。

　　f. 根据确定下来的马脚外形尺寸，再次在详细设计总体布置图、结构图、舾装图中进行碰撞核对，避免碰撞。

　　g. 列出仪表马脚布置图技术要求（如焊口满焊、马脚表示方法备注等）。

　　h. 核对图纸其他细节，校对、审核无误后即可出版，如图 4-2-21 所示。

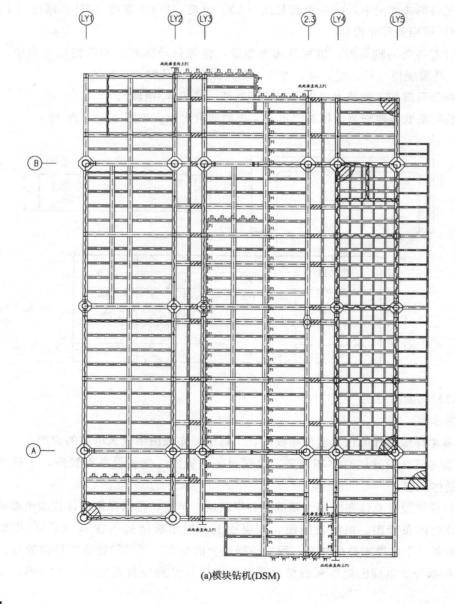

(a)模块钻机(DSM)

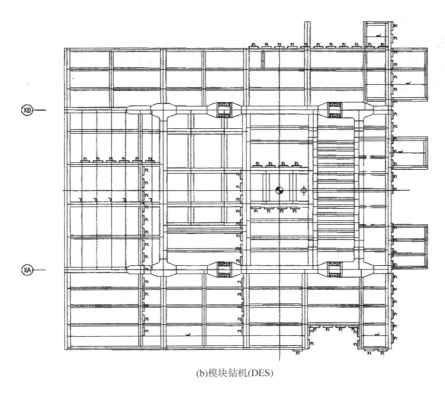

(b)模块钻机(DES)

图 4－2－21

（12）仪表电缆护管加工图

为确定护管的位置和尺寸，应先检查总体专业的设备布置图和各有关房间的控制盘的布置图，找到各个设备的位置，再根据仪表的布线图（系统接线图）确定各个设备的接线箱或控制盘的电缆的数量和电缆的直径，然后，根据下面的方式确定护管的尺寸。

仪表加工设计过程中，设计人员要确定电缆保护管所能容纳的电缆数和截面积大小，其计算公式可以依据表 4－2－3，该表摘自《仪表常用数据手册》。

表 4－2－3　电缆护管内径选择表

电线种类	管内导线根数		
	2	3	4～10
橡皮绝缘电线	$0.32D^2 \geqslant d_1{}^2 + d_2{}^2$	$0.42D^2 \geqslant d_1{}^2 + d_2{}^2 + d_3{}^2$	$0.40D^2 \geqslant n_1 d_1{}^2 + n_2 d_2{}^2 + \cdots\cdots$
塑料绝缘电线	$0.26D^2 \geqslant d_1{}^2 + d_2{}^2$	$0.34D^2 \geqslant d_1{}^2 + d_2{}^2 + d_3{}^2$	$0.32D^2 \geqslant n_1 d_1{}^2 + n_2 d_2{}^2 + \cdots\cdots$

注：D——保护管内径，mm；

　　d_1，d_2，d_3……——电线或电缆外径，mm；

　　n_1，n_2，n_3……——相同直径的电线或电缆根数。

仪表护管有两种形式，一种是用钢板制作的尺寸较大的护管，它主要用于电缆较为集中的场合；一种是用现成的钢管制作的护管，用于电缆较少的场所。

电缆护管的形式主要有如下几种：

①圆管形护管：

当少量电缆穿甲板或舱壁时，可直接使用钢管做保护管，穿甲板的护管长度一般为300mm；穿舱壁一般为250mm。圆管型护管的具体形式和加工要求如图所示。为适应海洋环境工况，护管在加工完后还应做除锈、热浸锌防腐处理，如图4-2-22、图4-2-23所示。

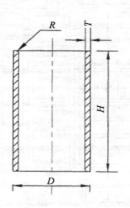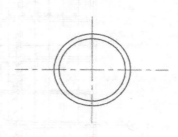

护管类别	规格/mm				护管代号								加工数量	实际数量
	D	T	H	R										
1	48	3.5	300	2	HG-ID103	HG-ID104	HG-ID105	HG-ID106	HG-ID107	HG-ID108	HG-ID109	HG-ID205	45	40
1	48	3.5	300	2	HG-ID206	HG-ID207	HG-ID208	HG-ID209	HG-ID210	HG-ID211	HG-ID212	HG-ID213		
1	48	3.5	300	2	HG-ID301	HG-ID303	HG-ID401	HG-ID402	HG-ID405	HG-ID404	HG-ID503	HG-ID504		
1	48	3.5	300	2	HG-ID505	HG-ID506	HG-ID507	HG-ID601	HG-ID602	HG-ID603	HG-ID702	HG-ID703		
1	48	3.5	300	2	HG-ID704	HG-ID705	HG-ID706	HG-ID709	HG-ID712	HG-ID713	HG-ID715	HG-ID716		
2	60	3.5	300	2	HG-ID302	HG-ID707	HG-ID714							
3	76	4	300	3	HG-ID708	HG-ID801							6	3
4	89	4	300	3	HG-ID102	HG-ID604							5	3
													5	3

图4-2-22　圆管形护管（穿甲板）加工图

②方形护管：

当有大量电缆集中穿甲板时，可使用方形的保护管，使用6mm厚的钢板弯成，如图所示。一般根据电缆的数量确定护管的尺寸。穿甲板的护管长度一般为300mm；穿钢壁一般为250mm。方形护管在穿完电缆后进行密封时，方形角不易有效密封，所以在进行加工时，对方形角进行圆角设计，圆角半径一般为20mm。为适应海洋环境工况，护管在加工完后还应做除锈、热浸锌防腐处理，如图4-2-24、图4-2-25所示。

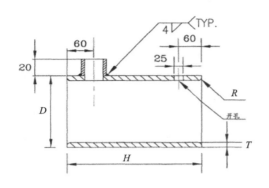
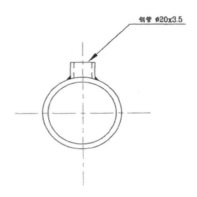

护管类别	规格/mm				护管代号					加工数量	实际数量
	D	T	H	R							
1	48	3.5	250	2	HG-IW106	HG-IW110	HG-IW114	HG-IW115	HG-IW204	HG-IW208		
1	48	3.5	250	2	HG-IW210	HG-IW213	HG-IW214	HG-IW215	HG-IW216	HG-IW217	25	16
1	48	3.5	250	2	HG-IW218	HG-IW219	HG-IW702	HG-IW703				
2	76	4	250	2	HG-IW105	HG-IW108	HG-IW109	HG-IW111	HG-IW201	HG-IW202	15	9
2	76	4	250	2	HG-IW209	HG-IW211	HG-IW212					
3	89	4	250	3	HG-IW112	HG-IW701					5	2
4	114	4	250	3	HG-IW102	HG-IW103	HG-IW203	HG-IW205	HG-IW206	HG-IW207	10	6

图 4-2-23　圆管形护管（穿舱壁）加工图

绘图步骤：

a. 依据加工设计的仪表护管布置图，统计各种类型的护管数量。

b. 在图纸中绘制出护管的典型图，包括正视图、俯视图、细节图。

c. 在护管典型图中，圆形护管要标注出其直径（D）、厚度（T）、高度（H）、倒角圆度（R）等相关尺寸代号；方形护管要标注出其长度（L）、宽度（W）、高度（H）、厚度（T）、倒角圆度（R）等相关尺寸代号。

d. 针对各类护管类型，填写护管类型表，将每种护管对应的数据填入表中，包括护管类型、护管规格（圆形护管：直径、厚度、高度、倒角圆度；方形护管：长、宽、高、厚度、倒角圆度）、护管代号、护管加工数量。

e. 列出护管加工的技术要求（如打磨处理、热浸锌处理等）

f. 统计并填写护管加工所需的材料表。

g. 核对图纸其他细节，校对、审核无误后即可出版。

（13）护管布置图

室外护管布置图在设计时由于设备的安装位置大致确定，所以最终的定位位置要现场确定。室外护管布置图中要给出护管的尺寸、数量等。

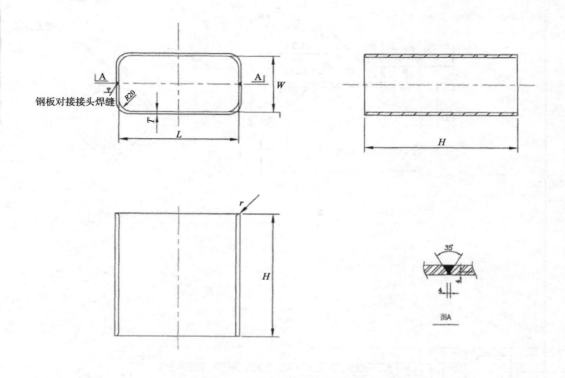

护管类别	规格/mm					护管代号			加工数量	实际数量
	L	W	E	T	r					
1	150	100	300	6	4	HG-ID214	HG-ID711		4	2
2	200	100	300	6	4	HG-ID501			2	1
3	250	150	300	6	4	HG-ID204			2	1
4	300	100	300	6	4	HG-ID201	HG-ID202	HG-ID701	5	3
5	300	150	300	6	4	HG-ID203	HG-ID502	HG-ID710	5	3
6	350	200	300	6	4	HG-ID101			2	1

图 4-2-24 方形护管（穿甲板）加工图

绘图步骤：

a. 参考详细设计的仪表电缆布线图，了解电缆布线图中仪表电缆的走向。

b. 参考详细设计的总体布置图，了解各个仪表设备的具体位置。

c. 以详细设计总体布置图为基础，以各层为单位，根据详细设计仪表电缆清册，核对每一个电缆回路的路径，在该回路电缆路径上需要穿甲板、穿舱壁的位置进行护管位置标记，同时确定护管的外形样式和安装形式（如方形护管、圆形护管、穿甲板护管、穿舱壁护管等），并对每个护管进行编号。

d. 筛选并统计每个护管所包含的电缆，根据电缆厂家提供的电缆外径，计算经过该护管电缆截面积总和，并据此计算出仪表护管的截面积（仪表护管截面积≥电缆截面积总和/40％）。

e. 根据计算出的护管截面积，确定仪表护管的外形尺寸，并将尺寸数据记录下来提供

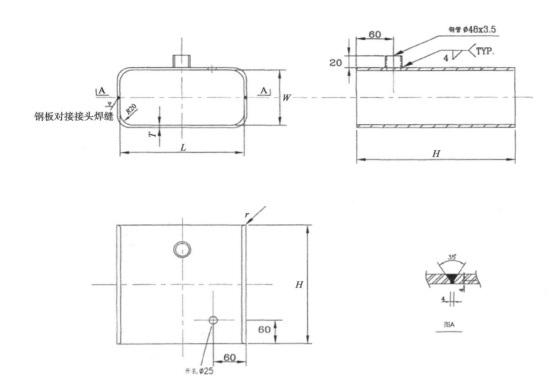

护管类别	规格/mm					护管代号		加工数量	实际数量
	L	W	E	T	r				
1	150	100	250	6	4	HG-IW104	HG-IW113	4	2
2	250	150	250	6	4	HG-IW107		2	1
3	600	250	250	6	4	HG-IW101		2	1

图 4-2-25 方形护管（穿舱壁）加工图

给仪表护管加工图使用，同时在仪表护管布置图中按照护管外形进行示意表示。

f. 根据确定下来的护管外形尺寸，再次在详细设计总体布置图和结构图中进行碰撞核对，避免碰撞。

g. 列出仪表护管布置图技术要求（如焊口满焊、护管表示方法备注等）。

h. 核对图纸其他细节，校对、审核无误后即可出版，如图 4-2-26、图 4-2-27 所示。

（14）仪表接地片加工图

接地片的使用是为了保证仪表、接线箱、控制盘或设备的有效保护接地。一般使用 60mm 宽的扁铁切割制成外形尺寸为 70×60mm 的接地片，切割完成后在接地片的中心钻一圆孔，用于接地螺栓的连接。接地片在制作完成后，应做除锈、热浸锌防腐处理。接地片在使用时直接焊接在需接地的设备附近的钢结构上，将设施的接地端或接地柱与接地片之间用接地线连接起来。具体的制作形式及要求如图所示。

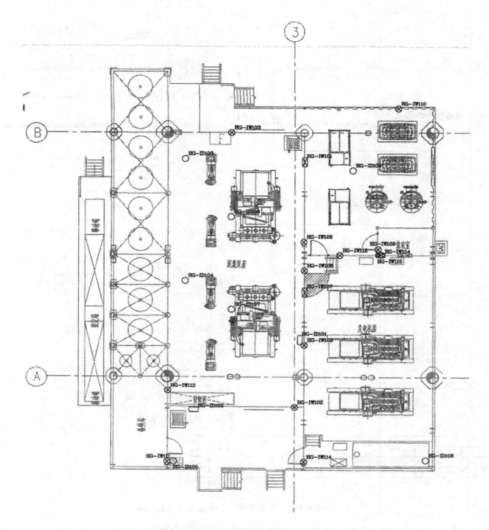

图 4-2-26 模块钻机（DSM）

绘图步骤：

a. 参考详细设计仪表设备接地布置图、仪表设备接地典型安装图、依据加工设计的仪表设备支架图中含有的接地部分，统计各种类型接地片的数量。

b. 在图纸中绘制出接地片的典型图，包括正视图、侧视图。

c. 在接地片典型图中，标注出其长度（L）、宽度（W）、厚度（T）、螺栓孔直径（D）等相关尺寸代号。

d. 针对各类接地片类型，填写接地片类型表，将每种接地片对应的数据填入表中，包括接地片类型、接地片规格（长、宽、厚度、螺栓孔直径）、接地片加工数量。

e. 列出接地片加工的技术要求（如打磨处理、热浸锌处理等）

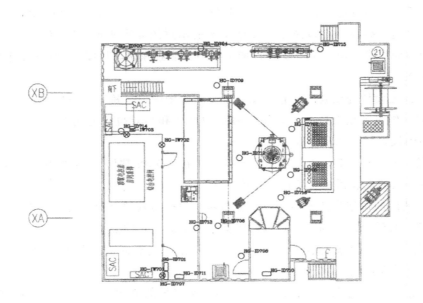

图 4-2-27 模块钻机 (DES)

f. 核对图纸其他细节，校对、审核无误后即可出版，如图 4-2-28 所示。

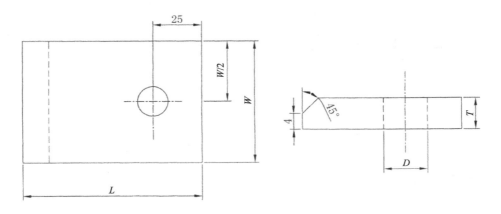

序号	规格				数量 (个)
	D (孔径)	T (厚度)	L (高度)	W (宽度)	
1	12	9	70	60	100
2	8	9	70	60	400

图 4-2-28

(15) 仪表电缆桥架支架加工图及布置图

①电缆桥架支架加工图

模块钻机上常用的电缆托架是无铜铝电缆托架。电缆托架形式主要使用梯级式。

基本的电缆托架支架图以及多层托架支架的示意图如图所示。用 $50 \times 50 \times 5mm$ 角钢作支架。为适应海洋环境工况，支架在加工完后还应做除锈、热浸锌/喷漆防腐处理。

绘图步骤：

a. 参考详细设计的仪表桥架布置图，了解布置图中仪表桥架的位置和走向。

b. 核对详细设计仪表桥架布置图中桥架的尺寸和相对位置是否与详细设计所提供的 PDMS 模型中仪表桥架的尺寸和相对位置一致。

c. 将仪表桥架按照其所在层高进行分类，并在 PDMS 软件中 MDS 仪表桥架支架模块中分别对每一层的仪表桥架支架进行建模。

d. 对已建好的桥架支架模型进行碰撞核对，检查与其他专业是否有碰撞现象。

e. 碰撞核对后如没有问题，则对桥架支架模型进行软件抽图。

f. 检查图纸的相关数据信息是否正确，如不正确则返回 PDMS 软件中进行修改并重新抽图或进行手动修改。

g. 将本层的仪表桥架支架图纸按照桥架支架编号的顺序进行排列，并附上封皮和说明页。

h. 核对图纸其他细节，校对、审核无误后即可出版，如图 4-2-29 所示。

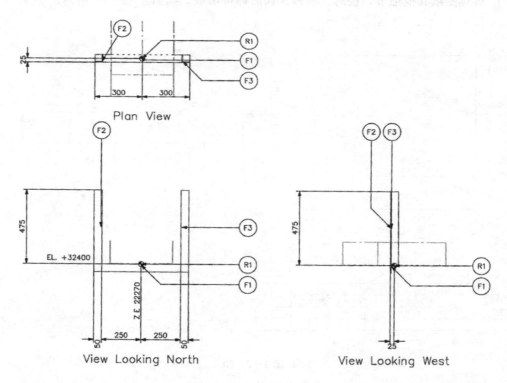

图 4-2-29

②电缆桥架支架布置图

电缆托架支架的间隔应考虑定载荷与动载荷，定载荷包括电缆重量、托架重量及附件重量，动载荷包括敷设电缆时人的重量及风、雪等的重量和风载。但实际加工设计时，一般不进行计算，电缆托架支架一般情况下水平支架间距以 1.5～2m 为宜；垂直支架以不大于 1m 为宜。

在确定电缆托架的定位图时，应考虑如下的因素：

·托架的安装位置：由于托架与配管、风管、结构等专业相互影响，难免会出现碰撞现象，因此在电缆托架加工设计中应尽早发现并尽量减少相互碰撞。电缆托架应尽量布置在工艺管道的上方或在侧面，应尽量避免安装在管线下方。当仪表电缆与电气电缆需要布置在一起时，应保证仪表电缆与电气电缆之间有 200mm 及以上的距离。

·电缆托架组对安装时，应保持两节桥架架成一条线。在甲板或房屋内安装托架时，应保持托架和上方的甲板或屋顶有适当的距离，留出足够的操作空间。

·托架宽度：从电缆数量上考虑，要求选择的托架宽度有一定余量，以备今后增加电缆时用。

·可靠接地：电缆托架应可靠接地，长距离的电缆托架每隔 30～50m 应接地一次。

绘图步骤：

a. 参考详细设计的仪表桥架布置图，了解布置图中仪表桥架的位置和走向。

b. 核对详细设计仪表桥架布置图中桥架的尺寸和相对位置是否与详细设计所提供的PDMS 模型中仪表桥架的尺寸和相对位置一致。

c. 对已建好的桥架支架模型进行碰撞核对，检查与其他专业是否有碰撞现象。

d. 碰撞核对后如没有问题，则对每一层的桥架支架模型布置情况进行软件抽图。（具体抽图步骤参考本指南 PDMS 桥架支架布置图抽图部分）。

e. 检查抽出图纸的相关数据信息是否正确，如不正确则返回 PDMS 软件中进行修改并重新抽图或进行手动修改。

f. 核对图纸其他细节，校对、审核无误后即可出版，如图 4-2-30 所示。

（16）接线端子图

接线端子图的编制需要根据厂家提供的资料，将各个设备之间的端子对接关系梳理出来，整理在同一张图纸上，以方便现场施工人员进行接线。

绘图步骤：

a. 参考详细设计的电缆清册，确保所有电缆准确、完整，电缆的连接信息齐全（如起始位置、终止位置等）。

b. 参考相关仪表设备的厂家资料，包括图例、原理图、端子图，熟悉相关仪表设备的功能。

c. 通过电缆连接，找到满足同一功能的端子，将两个设备通过电缆连接起来。

d. 在连接好的端子框图上按照由上而下的顺序分别标明：起始设备名称和位号、起始设备接入的端子号、连接电缆的规格和编号、终止设备接入的端子号、终止设备名称和

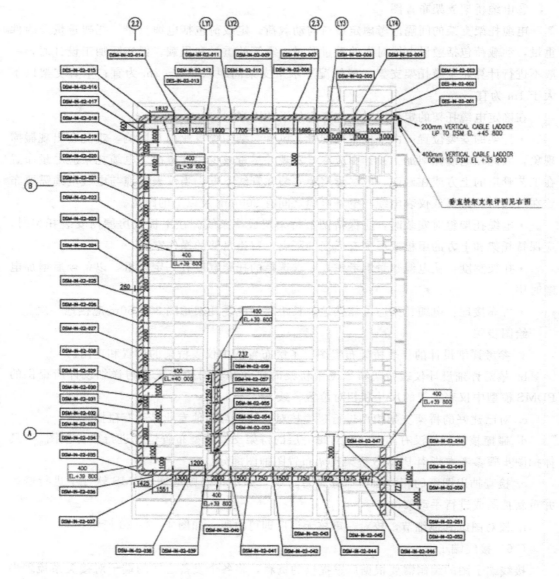

图 4 - 2 - 30　电缆桥架支架布置图

位号。

e. 将具有类似功能或同区域的仪表设备端子图汇总在同一张图纸中，不同功能或不同区域的仪表设备端子图额外单独绘制在一张图纸中。

f. 填写封皮并将所有仪表系统的接线端子图汇总，按照顺序排列，装订成册。

g. 核对图纸其他细节，校对、审核无误后即可出版，如图 4 - 2 - 31 所示。

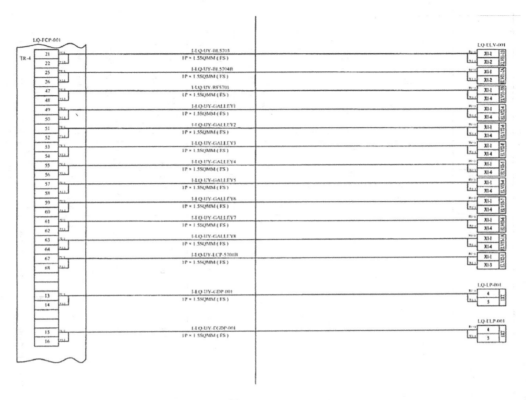

图 4 - 2 - 31

（17）电缆滚筒清册

滚筒清册包括的内容主要是详细设计中的电缆清册内容再加上每根电缆所在的滚筒号。在对每个滚筒的电缆进行分配电缆的时候，要考虑余量。滚筒清册的表格形式可参考下表。

绘图步骤：

a. 参考详细设计的电缆清册、电缆布线图、总体布置图，并与详细设计澄清有争议电缆的走向，补充遗漏电缆，确保所有电缆准确、完整。

b. 在详细设计电缆清册的基础上增加电缆外径尺寸、护管编号、滚筒编号、填料函规格等项目。

c. 根据电缆厂家资料、护管布置图、电缆厂家发货滚筒清单、填料函选型表，将以上的增加项目分别进行相关数据的填写，其中滚筒编号的填写要在合理计算后进行。

d. 核对图纸其他细节，校对、审核无误后即可出版，如表 4 - 2 - 4 所示。

（18）采办料单

仪表专业加工设计采办料单包括：仪表钢材采办料单、仪表杂散料料单、仪表设备采办料单、仪表接线箱采办料单、仪表电缆采办料单、仪表电缆桥架采办料单、仪表电缆填料函料单、仪表管及及附件采办料单、现场仪表采办料单、灰罐仪表采办料单、火气系统采办料单。

表 4-2-4

电缆代号	电缆的规格参数					电缆预估长度	电缆实际长度	滚筒号	路径		护管代号	备注
	电压等级/V	类型	芯数	电缆芯截面积/mm²	电缆外径				开始(设备号)	结束(设备号)		
钻井仪表												
I-MDR-LT-0301A	150/250	HOFR	1P	1.5	13.5	30	30	D15-09-12066	MDR-LT-0301A	MDR-1JB-D01	HG-ID204 HG-IW107 HG-IW113 HG-ID214	
I-MDR-LT-0301B	150/250	HOFR	1P	1.5	13.5	30	30	D15-09-12066	MDR-LT-0301B	MDR-IJB-D01	HG-ID204 HG-IW107 HG-IW113 HG-ID214	
I-MDR-LT-0301C	150/250	HOFR	1P	1.5	13.5	30	30	D15-09-12066	MDR-LT-0301C	MDR-IJB-D01	HG-ID204 HG-IW107 HG-IW113 HG-ID214	
I-MDR-LT-0302A	150/250	HOFR	1P	1.5	13.5	30	30	D15-09-12066	MDR-LT-0302A	MDR-IJB-D01	HG-ID204 HG-IW107 HG-IW113 HG-ID214	
I-MDR-LT-0302B	150/250	HOFR	1P	1.5	13.5	30	30	D15-09-12066	MDR-LT-0302B	MDR-IJB-D01	HG-ID204 HG-IW107 HG-IW113 HG-ID214	
I-MDR-LT-0302C	150/250	HOFR	1P	1.5	13.5	30	30	D15-09-12066	MDR-LT-0302C	MDR-IJB-D01	HG-ID204 HG-IW107 HG-IW113 HG-ID214	
I-MDR-LT-0303	150/250	HOFR	1P	1.5	13.5	20	20	D15-09-12066	MDR-LT-0303	MDR-IJB-D01	HG-ID204 HG-IW107 HG-IW113 HG-ID214	
I-MDR-LT-0304	150/250	HOFR	1P	1.5	13.5	20	20	D15-09-12066	MDR-LT-0304	MDR-IJB-D01	HG-ID204 HG-IW107 HG-IW113 HG-ID214	
I-MDR-IJB-D01-01	150/250	HOFR	10PR	1.5	33	120	120	D15-09-12073	MDR-IJB-D01	钻井仪表数据采集器	HG-ID214 HG-IW113 HG-ID101 HG-ID502 电气护管	

续表

电缆代号	电缆的规格参数							滚筒号	路径		护管代号	备注
	电压等级/v	类型	芯数	电缆芯截面积/mm²	电缆外径	电缆预估长度	电缆实际长度		开始（设备号）	结束（设备号）		
I-MDR-ST-0301A	150/250	HOFR	1P	1.5	13.5	50	50	D15-09-12066	1-MDR-ST-0301A	MDR-IJB-D01	HG-ID204 HG-ID101 HG-IW113 HG-1D214	
I-MDR-ST-0301C	150/250	HOFR	1P	1.5	13.5	50	50	D15-09-12066	1-MDR-ST-0301C	MDR-IJB-D01	HG-ID204 HG-ID101 HG-IW113 HG-1D214	
I-MDR-IJB-D01-02	150/250	HOFR	5PR	1.5	24.5	120	120	D15-09-12076	MDR-IJB-D01	钻井仪表数据采集器	HG-ID214 HG-IW113 HG-ID101 HG-ID502 电气护管	
I-MDR-PT-0301A	150/250	HOFR	1P	1.5	13.5	35	35	D15-09-12066	立管管汇液/电转换器	MDR-IJB-D02	HG-ID710 HG-ID711	
I-MDR-PE-001	150/250	HOFR	1P	1.5	13.5	30	30	D15-09-12066	大钳载荷液/电转换器	MDR-IJB-D02	HG-ID710 HG-ID711	
I-MDR-PE-002	150/250	HOFR	1P	1.5	13.5	30	30	D15-09-12066	大钳扭矩液/电转换器	MDR-IJB-D02	HG-ID710 HG-ID711	
I-MDR-PE-003	150/250	HOFR	1P	1.5	13.5	30	30	D15-09-12066	动力大钳扭矩液/电转换器	MDR-IJB-D02	HG-ID710 HG-ID711	
I-MDR-SI-0301A	150/250	HOFR	1P	1.5	13.5	15	15	D15-09-12066	泵冲盘面指示	MDR-IJB-D02	HG-ID710 HG-ID711	
I-MDR-SI-0301C	150/250	HOFR	1P	1.5	13.5	15	15	D15-09-12066	泵冲盘面指示	MDR-IJB-D02	HG-ID710 HG-ID711	

① 钢材采办料单：

对所有仪表专业需要的钢材（主要用于各类设备的支架、底座以及各种支撑和固定件等）进行统计

a. 敷设电缆时所用的马脚，主要使用扁铁进行加工；

b. 钢板主要用于加工方形电缆护管、设备支架、接地片等；

c. 钢管主要用于圆形护管、设备支架；

d. 槽钢及角钢主要用于各类底座和支架；

e. 核对图纸其他细节，校对、审核无误后即可出版，如表4-2-5所示。

表4-2-5

仪表钢材采办料单							SD-MAL-WHPA (MDR)-IN-XXXX		
							REV. 0		
序号	SAP物资编码	货物名称	单位	数量	规格型号	重量/吨	技术要求	备注
1	XXXXX	角钢	m	XX	角钢 \ 50×50×5 \ Q0235A \ GB/T 706-2008	XX		
2	XXXXX	角钢	m	XX	角钢 \ 75×75×6 \ Q0235A \ GB/T 706-2008	XX		
3	XXXXX	扁钢	m	XX	扁钢 \ FB50×5 \ Q235A \ GB/T 702-2008	XX		
4	XXXXX	扁钢	m	XX	扁钢 \ FB30×3 \ Q235A \ GB/T 702-2008	XX		
5	XXXXX	扁钢	m	XX	扁钢 \ FB60×9 \ Q235A \ GB/T 702-2008	XX		
6	XXXXX	钢管	m	XX	无缝钢管 \ Φ27 × 3 \ Q235B \ GB/T 8162-2008	XX		
7	XXXXX	钢管	m	XX	焊接钢管 \ Φ48 × 3.5 \ Q235A \ GB/T 3091-2001	XX		
8	XXXXX	钢管	m	XX	焊接钢管 \ Φ60 × 3.5 \ Q235A \ GB/T 30063-2013	XX		
9	XXXXX	钢管	m	XX	焊接钢管 \ Φ76.1×4 \ Q235A \ GALV. \ GB/T 3091-2008	XX		
10	XXXXX	钢管	m	XX	焊接钢管 \ Φ89 × 4 \ Q235A \ GB/T 30063-2013	XX		
11	XXXXX	钢管	m	XX	焊接钢管 \ Φ102 × 4 \ Q235A \ SY/T 5768-2006	XX		
12	XXXXX	钢管	m	XX	焊接钢管 \ Φ114 × 4 \ Q235A \ GB/T 30063-2013	XX		
13	XXXXX	钢板	m²	XX	钢板 \ PL6 \ Q235A \ GB/T 709-2006	XX		
14	XXXXX	槽钢	m	XX	槽钢 \ 〔80×43×5×8 \ Q235A \ GB/T 706-2008	XX		
15	XXXXX	槽钢	m	XX	槽钢 \ 〔100×48×5.3×8.5 \ Q235A \ GB/T 706-2008	XX		

② 杂散料采办料单：

仪表专业的杂散料主要包括接线端子、线芯号胶带、螺栓/螺母、电气绝缘胶带、电缆密封堵料、电缆标记牌等，如表4-2-6所示。

表4-2-6

序号	物资编码	货物名称	单位	数量	规格型号	技术要求
					仪表杂散料采办料单	SD-MAL-WHPA (MDR)-IN-XXXX
						REV.0
1	XXXXX	不锈钢扎带	EA	XX	不锈钢绑扎带 \ 4.5mm×250mm \ 不锈钢表面涂塑	
2	XXXXX	黑色绑线	M	XX	黑色绑线 \ 2.5mm \ 外表面缠绕黑色棉线	
3	XXXXX	电气绝缘胶带	EA	XX	电气绝缘胶带 \ 19mm×20000mm \ 0.6kV \ 黑	
4	XXXXX	电缆记号笔	EA	XX	电缆记号笔 \ 粗杆/白色	
5	XXXXX	电缆记号笔	EA	XX	电缆记号笔 \ 粗杆/黑色	
6	XXXXX	防腐锌	CAN	XX	防腐锌喷剂 \ WS80 \ 银白色 \ 400mL	含锌量＞99%，挥发性强
7	XXXXX	电缆密封堵料	KG	XX	电缆密封堵料 \ 20kg/包 \ A-60无机耐火 \ 水密	
8	XXXXX	电缆密封膨胀堵料	PAC	XX	电缆密封膨胀堵料 \ 120片/包 120mm×32mm×7mm/片	
9	XXXXX	不锈钢螺栓/母	EA	XX	六角头螺栓 \ M4×35 \ 316 \ 不经处理 \ GB/T5782-2000	全螺纹，螺栓螺母，每套带1弹垫、2平垫
10	XXXXX	接线端子	EA	XX	接线端子 \ 1.5mm² /叉型/螺栓孔直径4.3mm \ 开口 \ 紫铜镀锡	
11	XXXXX	低压热缩直管	M	XX	低压热缩管 \ ϕ60mm \ 3:1	收缩前直径＝60mm，收缩比＝3:1，每段长度＝200mm阻燃，两端挂胶
12	XXXXX	不锈钢标记牌	SET	XX	不锈钢标记牌 \ 109mm×15mm×1.5mm	
13	XXXXX	线芯号胶带	EA	XX	线芯号胶带安装匣 \ 0～9数字	匣内含0～9 10个字母胶带各1卷
14	XXXXX	十字槽盘头自攻螺钉	EA	XX	十字槽盘头自攻螺钉 \ M4×50 \ 316	不锈钢 M4×50
15	XXXXX	十字槽盘头自攻螺钉	EA	XX	十字槽盘头自攻螺钉 \ M6×50 \ Q235A \ 镀锌	不锈钢 M6×50

③现场仪表设备采办料单：

a. 根据详细设计的就地仪表设备清单及就地仪表数据表，进行编制。

b. 确定采办就地仪表设备的种类和数量，查找相应的物料编码（如无物料编码需要进行申请，申请编码详见附录四 SAP 部分），进行采办料单的编制。

c. 如在核对过程中出现就地仪表设备清单、就地仪表数据表中的仪表种类或数量不一致的情况，应及时联系详细设计进行沟通，确认需要采办的准确数量。

d. 核对图纸其他细节，校对、审核无误后即可出版，如表 4-2-7 所示。

表 4-2-7

就地仪表采办料单						SD-MAL-WHPA (MDR)-IN-XXXX
						REV. 0
序号	SAP 物资编码	设备名称	描述	数量	单位	备注
1	XXXX	压力表	压力表 \ 0～1MPa \ 1.5 \ 1/2″NPTM \ 316SS	XX	EA	膜片密封，材质为 316SS
2	XXXX	压力表	压力表 \ 0～1MPa \ 1.5 \ 2″ ANSI 150LB RF \ 316SS	XX	EA	膜片密封，材质为 316SS
3	XXXX	压力表	压力表 \ 0～600kPa \ 1.5 \ 1/2″ NPTM \ 316SS	XX	EA	膜片密封，材质为 316SS；带表阀，表阀接液材质为 316SS
4	XXXX	压力表	压力表 \ 0～1.6MPa \ 1.5 \ 1/2″ NPTM \ 316SS	XX	EA	MDR-PI-3705 \ MDR-PI-3706 膜片密封材质为 316SS，带表阀，表阀接液材质为 316SS；MDR-PI-6101 \ MDR-PI-6102 膜片密封
5	XXXX	压力表	压力表 \ 0～0.6MPa \ 1.5 \ 2″ ANSI 150LB RF \ 316SS	XX	EA	膜片密封，材质为 316SS
6	XXXX	压力变送器	压力变送器 \ 0～1MPa \ 1.0 \ 1/2″ NPTM \ DC24V \ 4~20mA	XX	EA	膜片密封材质为 Monel，带表阀，表阀接液材质为 Monel，配铜质填料函
7	XXXX	压力变送器	压力变送器 \ 0～1.6MPa \ 1.0 \ 1/2″ NPTM \ DC24V \ 4~20mA	XX	EA	膜片密封材质为 361SS，带表阀，表阀接液材质为 316SS，配铜质填料函
8	XXXX	差压表	差压表 \ 0～100kPa \ 1.6 \ 150mm \ 720kPa	XX	EA	带五阀组及附属连接件
9	XXXX	差压表	差压表 \ 0～100kPa \ 1.6 \ 150mm \ 380kPa	XX	EA	带五阀组及附属连接件
10	XXXX	差压表	差压表 \ 0～100kPa \ 1.6 \ 150mm \ 750kPa	XX	EA	带五阀组及附属连接件
11	XXXX	压力开关	压力开关 \ 0～1.6MPa \ 1.5 \ 1/2″ NPTM \ DC24V	XX	EA	膜片密封材质为 Monel，带表阀，表阀接液材质为 Monel，配铜质填料函

						SD-MAL-WHPA (MDR)-IN-XXXX
就地仪表采办料单						REV. 0
序号	SAP物资编码	设备名称	描述	数量	单位	备注
12	XXXX	自动式调节阀	自力式调节阀 \ 6″ANSI 150LB RF \ 镍铝青铜/Monel/Monel \ 阀后取压	XX	SET	
13	XXXX	自动式调节阀	自力式调节阀 \ 2″ANSI 150LB RF \ 碳钢/316SS/361SS \ 阀后取压	XX	SET	
14	XXXX	自动式调节阀	自力式调节阀 \ 2″ANSI 150LB RF \ 碳钢/316SS/361SS \ 阀后取压	XX	SET	
15	XXXX	安全阀	安全阀 \ 1″×2″ \ 150LB \ 650kPa	XX	EA	
16	XXXX	电磁阀	电磁阀 \ 是 \ 三通 \ 1/2″NPTF \ DC24V \ 10V \ 316SS	XX	EA	配铜质填料函

④仪表接线箱采办料单：

a. 根据详细设计的仪表接线箱数据表，进行编制。

b. 确定采办仪表接线箱的种类和数量，查找相应的物料编码（如无物料编码需要进行申请，申请编码详见 SAP 部分），进行采办料单的编制。

c. 核对图纸其他细节，校对、审核无误后即可出版，如表 4 - 2 - 8 所示。

表 4 - 2 - 8

							SD-MAL-WHPA (MDR)-IN-XXXX
仪表接线箱采办料单							REV. 0
序号	SAP物资编码	设备名称	设备编号	描述	数量	单位	备注
1	XXXXX	接线箱	MDR-IJB-XX	接线箱 \ IP56 \ 250/440kV \ Exd Ⅱ BT4 \ 316	XX	EA	接线箱开孔详见数据表，接线端子数：30
2	XXXXX	接线箱	MDR-IJB-XX	接线箱 \ IP56 \ 250/440kV \ Exd Ⅱ BT4 \ 316 \ 120	XX	EA	接线箱开孔详见数据表
3	XXXXX	接线箱	MDR-IJB-XX	接线箱 \ IP56 \ 250/440kV \ Exd Ⅱ BT4 \ 316 \ 100	XX	EA	接线箱开孔详见数据表
4	XXXXX	接线箱	MDR-IJB-XX	接线箱 \ IP56 \ 250/440kV \ Exd Ⅱ BT4 \ 316 \ 100	XX	EA	接线箱开孔详见数据表
5	XXXXX	接线箱	MDR-IJB-XX	接线箱 \ IP56 \ 250/440kV \ Exd Ⅱ BT4 \ 316 \ 80	XX	EA	接线箱开孔详见数据表
6	XXXXX	接线箱	MDR-IJB-XX	接线箱 \ IP56 \ 250/440kV \ Exd Ⅱ BT4 \ 316 \ 100	XX	EA	接线箱开孔详见数据表

⑤仪表电缆采办料单：

a. 根据详细设计的电缆材料清单，核对仪表设备布置图、单线图、电缆清册，核算需要采办的仪表电缆的种类和数量。

b. 所有电缆应根据仪表电缆规格书进行选型。

c. 在核算电缆长度的过程中需要考虑电缆与设备连接部分的施工难度以及部分电缆在陆地调试结束后需要在海上二次连接，计算长度时要特别注意这部分留有足够的裕量。

d. 当加工设计核算的电缆总量与详细设计数量有较大偏差值时，应及时与详细设计、建造项目组以及业主进行沟通与说明，避免出现采办不足或过剩的情况发生。

e. 核对图纸其他细节，校对、审核无误后即可出版，如表4-2-9所示。

表4-2-9

仪表电缆采办料单						SD-MAL-WHPA (MDR)-IN-XXXX
						REV. 0
序号	SAP物资编码	设备名称	描述	数量	单位	备注
1	XXXXX	控制电缆	控制电缆 \ XLPE/FS/P/铠装 \ 150/250V \ 1×2×1.5mm²	XX	M	FS \ 150/250V \ 1P×1.5
2	XXXXX	控制电缆	控制电缆 \ XLPE/FS/P/铠装 \ 150/250V \ 2×2×1.5mm²	XX	M	FS \ 150/250V \ 2P×1.5
3	XXXXX	控制电缆	控制电缆 \ XLPE/FS/P/铠装 \ 150/250V \ 5×2×1.5mm²	XX	M	FS \ 150/250V \ 5P×1.5
4	XXXXX	控制电缆	控制电缆 \ XLPE/FS/P/铠装 \ 150/250V \ 10×2×1.5mm²	XX	M	FS \ 150/250V \ 10P×1.5
5	XXXXX	控制电缆	控制电缆 \ FS \ 150/250V \ 1×3×1.5mm²	XX	M	FS \ 150/250V \ 1T×1.5
6	XXXXX	控制电缆	控制电缆 \ XLPE/FS/TR/铠装 \ 150/250V \ 5×3×1.5mm²	XX	M	FS \ 150/250V \ 5TR×1.5
7	XXXXX	控制电缆	控制电缆 \ XLPE/FS/TR/铠装 \ 150/250V \ 10×3×1.5mm²	XX	M	FS \ 150/250V \ 10TR×1.5
8	XXXXX	控制电缆	控制电缆 \ XLPE/HOFR/P/铠装 \ 150/250V \ 1×2×1.5mm²	XX	M	HOFR \ 150/250V \ 1P×1.5
9	XXXXX	控制电缆	控制电缆 \ XLPE/HOFR/P/铠装 \ 150/250V \ 2×2×1.5mm²	XX	M	HOFR \ 150/250V \ 2P×1.5
10	XXXXX	控制电缆	控制电缆 \ XLPE/HOFR/P/铠装 \ 150/250V \ 5×2×1.5mm²	XX	M	HOFR \ 150/250V \ 5P×1.5
11	XXXXX	控制电缆	控制电缆 \ HOFR/P \ 150/250V \ 5×2×1.5mm²	XX	M	HOFR \ 150/250V \ 5PR×1.5
12	XXXXX	控制电缆	控制电缆 \ HOFR/P \ 150/250V \ 10×2×1.5mm²	XX	M	HOFR \ 150/250V \ 10PR×1.5

⑥电缆托架采办料单：

a. 根据详细设计的电缆托架材料清单，核对电缆托架布置图。

b. 根据托架的位置和标高确定托架及其附件的材料种类和数量。

c. 电缆托架的材质必须符合仪表规格书的要求。

d. 核对图纸其他细节，校对、审核无误后即可出版，如表4-2-10所示。

表 4-2-10

仪表电缆拖架采办料单						SD-MAL-WHPA (MDR)-IN-XXXX
						REV. 0
序号	物料码	名称	规格型号	单位	数量	备注
1	XXXXX	电缆桥架直通	电缆桥架直通 \ 600mm×150mm×2000mm \ 316 \ 梯级式	M	XX	带连接片、螺栓、螺母，厚度：2mm
2	XXXXX	电缆桥架直通	电缆桥架直通 \ 400mm×150mm×2000mm \ 316 \ 梯级式	M	XX	带连接片、螺栓、螺母，厚度：2mm
3	XXXXX	电缆桥架直通	电缆桥架直通 \ 200mm×150mm×2000mm \ 316 \ 梯级式	M	XX	带连接片、螺栓、螺母，厚度：2mm
4	XXXXX	水平弯通	水平弯通 \ 600mm×150mm \ 316 \ 梯级式	EA	XX	带连接片、螺栓、螺母，厚度：2mm，$R=300$
5	XXXXX	水平弯通	水平弯通 \ 400mm×150mm \ 316 \ 梯级式	EA	XX	带连接片、螺栓、螺母，厚度：2mm，$R=300$
6	XXXXX	水平弯通	水平弯通 \ 200mm×150mm \ 316 \ 梯级式	EA	XX	带连接片、螺栓、螺母，厚度：2mm，$R=300$
7	XXXXX	水平三通	水平三通 \ 600mm×400mm×600mm×150mm \ 316 \ 梯级式	EA	XX	带连接片、螺栓、螺母，厚度：2mm，$R=300$
8	XXXXX	水平三通	水平三通 \ 400mm×400mm×400mm×150mm \ 316 \ 梯级式	EA	XX	带连接片、螺栓、螺母，厚度：2mm，$R=300$
9	XXXXX	固定压板	固定压板 \ 35×3×67 \ 316	EA	XX	带螺栓、螺母
10	XXXXX	绝缘垫块	绝缘垫块 \ 35×4×80 \ 胶木 GMC	EA	XX	带螺栓、螺母
11	XXXXX	连接片	连接片 \ 150mm \ 316	EA	XX	带螺栓、螺母
12	XXXXX	调角片	调角片 \ 150mm \ 316	EA	XX	带螺栓、螺母，厚度：2mm
13	XXXXX	接地电缆	接地电缆 \ 0.6/1kV \ 70mm²	M	XX	镀锡铜绞合导体，HOFR
14	XXXXX	接地电缆	黄绿接地电缆 \ 0.6/1kV \ 6mm²	M	XX	镀锡铜绞合导体，HOFR

⑦仪表电缆填料函采办料单：

a. 填料函所在的区域是否为危险区，根据危险区域划分图选用不同防爆防护等级的填料函，对于室外的应用，多选择防爆填料函。

b. 电缆是否为铠装电缆，并且分清电缆是铠装形式，然后根据电缆的内、外径尺寸，确定填料函的尺寸。

c. 根据仪表设备的开孔尺寸及螺纹形式，最终确定填料函的规格。

d. 核对图纸其他细节，校对、审核无误后即可出版，如表 4－2－11 所示。

表 4－2－11

仪表填料函采办料单						SD-MAL-WHPA（MDR）-IN-XXXX	
						REV. 0	
序号	SAP物资编码	货物名称	单位	数量	规格型号	技术要求	备注
1	XXXX	防爆填料函	套	25	防爆填料函 \ 1/2″ NPT	黄铜	电缆外径 14.5
2	XXXX	防爆填料函	套	20	填料函 \ 1″ 15.9 \ 黄铜 \ IP56	黄铜	电缆外径 20
3	XXXX	防爆填料函	套	12	防爆填料函 \ 3/4″ NPT	黄铜	电缆外径 15.5
4	XXXX	防爆填料函	套	25	防爆填料函 \ M20 \ 16-19 \ 黄铜 \ ExdII IP66	黄铜	电缆外径 14.5

⑧ 仪表管及附件采办料单：

在海上平台生活模块的设计中，以下部分的安装连接材质最低应是 316SS。

a. 压力变送器和差压变送器等需要引压管线的安装连接，参考图纸是典型的仪表安装图。

b. 调节阀、关断阀及放空阀等阀门的气源管路，参考图纸是典型仪表安装图。

c. 气动防火风闸的气路控制管线的连接，通常所用的管线是直径 3/8 的仪表管。

d. 核对图纸其他细节，校对、审核无误后即可出版，如表 4－2－12 所示。

表 4－2－12

仪表管及附件采办料单						SD-MAL-WHPA（MDR）-IN-XXXX	
						REV. 0	
序号	SAP物资编码	货物名称	单位	数量	规格型号	技术要求	备注
1	XXXX	仪表管	M	XX	仪表管 \ 1/2″O. D×0.049″WT \ 316LSS	6m/pcs	
2	XXXX	仪表管	M	XX	仪表管 \ 3/8″O. D×0.049″WT \ 316LSS	6m/pcs	
3	XXXX	仪表管	M	XX	仪表管 \ 1/2″O. D. ×0.049″WT \ MONEL	6m/pcs	
4	XXXX	卡套接头	SET	XX	卡套接头 \ 1/2″O. D. ×1/2″NPTM \ 316SS \ ASME \ 6000psig		
5	XXXX	卡套接头	SET	XX	卡套接头 \ 1/2″O. D. ×3/8″NPTM \ 316SS \ ASME \ 6000psig		
6	XXXX	卡套接头	SET	XX	卡套接头 \ 3/8″O. D. ×3/8″NPTM \ 316SS \ ASME \ 6000psig		
7	XXXX	卡套接头	SET	XX	卡套接头 \ 1/2″O. D. ×1/2″NPTM \ MONEL \ ASME \ 6000psig		

| | | 仪表管及附件采办料单 | | | | SD-MAL-WHPA（MDR）-IN-XXXX | |
| | | | | | | REV. 0 | |
序号	SAP 物资编码	货物名称	单位	数量	规格型号	技术要求	备注
8	XXXX	三通卡套接头	SET	XX	三通卡套接头 \ 1/2″O. D \ 316SS \ ASME \ 6000psig		
9	XXXX	直通接头	SET	XX	直通接头 \ 1/2″O. D \ 316SS \ ASME \ 6000psig		
10	XXXX	直通接头	SET	XX	直通接头 \ 3/8″O. D \ 316SS \ ASME \ 6000psig		
11	XXXX	U 仪表管卡	EA	XX	仪表管 \ 1/2″0D \ 用于 1 根仪表管 \ 316SS \ 两侧固定 \ 2 套螺栓		
12	XXXX	U 仪表管卡	EA	XX	仪表管 \ 3/8″0D \ 用于 1 根仪表管 \ 316SS \ 两侧固定 \ 2 套螺栓		
13	XXXX	表阀	EA	XX	表阀 \ 1/2″NPTM ＊（3）1/2″NPTF \ MONEL		

⑨灰罐仪表设备采办料单：

a. 根据详细设计的灰罐仪表设备清单及灰罐仪表数据表，进行编制。

b. 确定采办灰罐仪表设备的种类和数量，查找相应的物料编码（如无物料编码需要进行申请，申请编码详见 SAP 部分），进行采办料单的编制。

c. 如在核对过程中出现灰罐仪表设备清单、灰罐仪表数据表的仪表种类或数量不一致的情况，应及时联系详细设计进行沟通，确认需要采办的准确数量。

d. 核对图纸其他细节，校对、审核无误后即可出版，如表 4 - 2 - 13 所示。

表 4 - 2 - 13

| | | 灰罐仪表采办料单 | | | | SD-MAL-MDR-IN-XXXX |
| | | | | | | REV. 0 |
序号	SAP 物资编码	设备名称	描述	数量	单位	备注
Ⅰ灰罐仪表系统：包括指重显示，辅助设备，液压型压缩指重传感器、表、压力变送器、液压管路。						
1	XXXX	DAQ，显示器	CAQ \ 天津海科信达石油技术有限公司 \ LF7-2 钻机/7000m	XX	SET	
2	XXXX	指重传感器	指重传感器 \（0~30）t	XX	SET	
3	XXXX	指重传感器	指重传感器 \（0~30）t	XX	SET	
4	XXXX	指重传感器	指重传感器 \（0~30）t	XX	SET	
5	XXXX	指重传感器	指重传感器（0~30）t	XX	SET	

灰罐仪表采办料单						SD-MAL-MDR-IN-XXXX
						REV.0
序号	SAP 物资编码	设备名称	描述	数量	单位	备注
Ⅰ灰罐仪表系统：包括指重显示，辅助设备，液压型压缩指重传感器、表、压力变送器、液压管路。						
6	XXXX	指重传感器	指重传感器（0～70）t	XX	SET	
7	XXXX	指重传感器	指重传感器（0～50）t	XX	SET	
8	XXXX	压力变送器	压力变送器 \ （0～3000）PSI	XX	SET	
12	XXXX	压力变送器	压力变送器 \ （0～5000）PSI	XX	SET	
14	XXXX	报警扬声器	报警扬声器 \ 天津海科信达石油技术有限公司 \ LF7-2 钻机/7000m	XX	SET	
Ⅱ缓冲槽仪表系统：包括指重显示，辅助设备，液压型拉伸指重传感器、表、压力变送器、液压管路						
1	XXXX	DAQ，显示器	DAQ \ 天津海科信达石油技术有限公司 \ LF7-2 钻机/7000m	XX	SET	
2	XXXX	指重传感器	指重传感器 \ （0～17）t	XX	SET	
3	XXXX	压力变送器	压力变送器（0～10）MPa	XX	STE	
4	XXXX	报警扬声器	报警扬声器 \ 天津海科信达石油技术有限公司 \ LF7-2 钻机/7000m	XX	SET	

⑩火气系统采办料单：

a. 根据详细设计的火气系统请购单和火气系统设备清单，进行编制。

b. 确定采办火气系统，查找相应的物料编码（如无物料编码需要进行申请，申请编码详见 SAP 部分），进行采办料单的编制。

c. 核对图纸其他细节，校对、审核无误后即可出版，如表 4-2-14 所示。

表 4-2-14

火气系统采办料单						SD-MAL-WHPJ（MDR)-IN-XXXX
						REV.0
序号	SAP 物资编码	设备名称	描述	数量	单位	备注
1		火气监控系统	火气监控系统 \ 500 点 \ SIL3	1	SET	相关设备参数参见详设相关文件

说明：所有火气设备严格按照详设相关文件要求提供。

四、技术支持

（一）采办技术支持

主要有三个方面：技术评标、技术澄清和 SAP 码申请。

（1）技术评标：对厂家投标的技术参数与设计文件进行比对，填写技术参数比较表。

①将厂家技术标书中的技术参数、数量、证书等与详细设计规格书、数据表、料单等技术图纸进行对比审查，并填入技术参数比较表中。

②技术参数比较表有主要指标、一般指标，如主要指标不能满足招标文件要求，则评议不合格。表 4-2-15 是典型技术参数比较表。

表 4-2-15 技术参数比较表（油田建设工程分公司）

项目/所属单位名称：　　　　　　　　　　　　　采办申请编号：
项目内容/产品名称：　　　　　　　　　　　　　招标书编号：

	投标人/国别								
	制造商/国别								
	型号								
	数量								
	招标文件要求	技术参数	评议	技术参数	评议	技术参数	评议	技术参数	评议
标准体系及业绩	使用标准满足规格书要求								
	质量体系								
	海上项目两年以内稳定运行证明								
	船检机构工厂认证及产品证书								
低压动力电缆主要技术指标 FS	电缆绝缘等级（0.6/1kV）								
	导体：镀锡软铜导体								
	耐火层：云母带								
	绝缘层：交联聚乙烯（XLPE）或乙丙橡胶（EPR）								
	内护套：低烟无卤交联聚烃烯内护套								
	铠装：镀锌钢丝编织带								
	外护套：低烟无卤交联聚烃烯护套								
	电缆满足 B 类设备要求，并提供产品船检证书								
	使用寿命：25 年								

招标文件要求		技术参数	评议	技术参数	评议	技术参数	评议	技术参数	评议
低压动力电缆一般技术指标	业绩（在过去2年中，投票人应在中国境内至少成功供应了2台/套与本次招标货物相当的并在与本次招标货物运行环境相当的条件下稳定运行2年以上的货物，并提供用户证明。								
	每一滚筒电缆应为连续长度，中间不能有拼接。电缆端头应做防水处理，以防运输或户外贮存期间进水受潮，电缆滚筒应用板条封固。								
	技术偏离表								
	质量体系文件								
	导线材料：镀锡软铜导体								
	电压等级：150/250V								
	防火层：云母带								
	绝缘层材料：交联聚乙烯（XLPE）或乙丙橡胶								

其他相关仪表设备技术参数详见附录三《模块钻机主要设备材料技术参数表》。

（2）技术澄清：

解答厂家对料单中的疑问，对评标中发生的疑问、争议和不符合项，要求厂家进行技术澄清，并填写采办技术澄清表。表4-2-16为典型的技术澄清表。

表4-2-16 采办技术澄清

序号	澄清内容	厂家回复	是否影响价格
1			
2			
3			
4			
5			
6			
7			
8			
9			
10			

厂家签字盖章：

（3）SAP 码申请：参见附录四《SAP 物料编码申请流程及注意事项》。

（二）现场技术支持

（1）技术交底：

技术交底内容一般包含：项目概况、仪表设备布置情况、桥架及电缆走向，与平台界面划分，详细设计规格书中规定的内容，以及仪表施工技术要求。

（2）协助建造项目组人员进行设备及材料验货：

对现场到货仪表设备规格型号进行检查，与设计标准规格核对，检查设备与最终认可图纸是否一致。

（3）现场安装技术指导：

解决现场施工中出现的技术问题，通过现场检查、各专业图纸核对查明原因，并根据现场的实际情况修改或完善设计图纸和文件

（4）调试技术支持：

协助调试组完成火气系统调试工作。

五、加工设计完工图

在完工后将变动的部分同原图进行修正得出的最终图纸即为完工图。完工图的根本目的是使存档的图纸和资料与现场的实际情况一致。

第三节　建造程序及技术要求

仪表专业主要分为以下几个阶段，设备材料验收和储存、设备底座和支吊架预制安装、电缆桥架安装、仪表设备安装、电缆敷设连接、仪表管和仪表管托架的安装、校验、机械完工、调试。

一、设备材料验收和储存

（1）在入库时应仔细检查所有仪表设备和材料及其附件，根据技术协议和材料清单对设备材料进行逐项检查，主要包括外观尺寸，设备材料技术参数、材质，设备质量文件、证书。

（2）如设备材料有损坏应书面通知供应商，及时处理，避免延误工期。

（3）验收完成后将设备材料进行存储，提供合适的保护遮盖以防止机械损伤、灰尘、湿气及其他物体的进入，易损坏和贵重的设备或元件要单独保管。

（4）所有设备材料应储存在合适场所，电气设备的储存分为库房储存和室外储存。

（5）库房（防水仓库）储存项目如下：

①火灾盘；

②火气设备（烟、热探头，手动报警，状态指示灯，弃平台按钮，火气探头，可燃气探头）；

③接线箱；

④仪表管材料；

⑤电气杂散料。

（6）室外储存场地储存项目如下：

①电缆；

②电缆桥架；

③钢材散料如钢管、槽钢、角钢等。

二、底座和支吊架预制安装

（1）根据加工设计底座以及支吊架加工图进行预制。主要预制件有以下几项：马脚、接地片、电缆桥架支架、盘柜底座、火气设备底座、电缆护管。

（2）严格按照图纸上的尺寸进行下料，避免浪费。

（3）图纸上要求热浸锌处理的预制件要进行热浸锌处理。如没有特殊要求应根据涂装规格书进行防腐处理。

（4）根据电气加工设计底座以及支吊架布置图进行安装，严格按照定位图上尺寸进行底座和支吊架安装

（5）底座和支架安装焊接处，破坏的油漆应根据相应的涂装规格书进行补漆。

三、电缆桥架安装

（1）电缆桥架安装要参考电缆桥架布置图安装。

（2）电缆桥架的安装应该在电缆敷设前完成。

（3）电缆桥架应根据厂家的标准设计和规格书要求，使用合适的卡扣或紧固件固定在支架上。

（4）电缆桥架的连接应使用厂家提供的螺栓。

（5）桥架安装完成后不应有变形，损坏。

（6）电缆桥架安装完成后，内部应没有尖角。

（7）电缆桥架切割后应最大限度地磨平以免划伤电缆或伤人。

（8）电缆桥架的弯曲半径应该不小于所安装最大电缆的最小弯曲半径。

（9）电缆桥架间连接板的两端要采用跨接铜芯接地线连接。

（10）电缆桥架两端要可靠接地，当长度每超过 30m 时做一次可靠接地。

四、设备安装

（1）安装要求：

①设备应根据图纸安装在指定位置。

②设备在安装过程中防止物理损伤。

③设备安装要安全、牢靠。

④安装完成后，火灾盘内部应进行彻底清洁。

⑤安装完成后，探头、手动报警和接线箱应进行防护，防止潮气和灰尘的进入，防止其他施工造成设备磕碰。

⑥所有设备在试验或运行前要检查螺栓或螺丝。

（2）安装说明：

①所有设备应根据厂家的说明书或推荐方法安装。

②设备的具体安装位置应考虑操作、维修和定期检测的空间。

③所有设备应该安装在合适的底座或支吊架上。

（3）设备接地：

①所有仪表外壳（仪表盘、操作台、仪表接线箱、接线盒等）均应可靠接地。

②仪表电缆屏蔽线应该是连续的，屏蔽线必须接地且为单端接地，接地点通常选控制盘一侧。

③中间接线箱两端屏蔽都应接地。

④信号回路电缆屏蔽的接地可按制造厂家的要求进行，接地点可选在二次仪表一侧。

⑤在仪表接线箱处，电缆铠装应通过填料函或接地卡子进行接地，电缆铠装不能接在屏蔽地上。

五、电缆

（1）电缆敷设：

①电缆应按照图纸和电缆清册进行敷设。电缆敷设要平整，不允许有扭曲、交叉或缠绕，确保敷设的电缆整洁有序。

②电缆的类型以及导体的芯数和截面应与电缆清册一致。

③电缆敷设前进行绝缘测量，1kV 以下电缆采用 1kV 兆欧表，绝缘值不小于 $10M\Omega$，做好记录。

④电缆敷设时应确保导体不被拉伸，电缆绝缘层或外护套保护层不被损坏。

⑤所有主要路径上的电缆应敷设在电缆桥架上，分支电缆可以走马脚或 U 型槽钢。每个马脚最多绑轧 3 根电缆；若多于 3 根电缆，应增加马脚或 U 型槽钢。

⑥所有电缆应用外表镀塑的不锈钢扎带或尼龙电缆扎带紧固在电缆桥架和马脚以及 U 型槽钢上。水平方向上电缆扎带的间距不得超过 600mm；垂直方向上电缆扎带的间距不得超过 500mm。

⑦电缆弯曲半径应符合厂家推荐并满足 IEC 规范要求。

⑧所有电缆应用标识牌进行标识。

⑨用于电缆穿舱件或甲板贯通件的密封堵料应符合防火等级要求，同时密封堵料应按照厂家推荐的方法或说明书进行封堵。

⑩敷设在电缆桥架中的电缆不应超过桥架的帮高，单芯电缆应铺成品字型。

⑪敷设在桥架中的电缆应在两侧的槽内，并绑扎在电缆桥架上。当电缆桥架改变高度

或由水平转为垂直时，电缆应最多每隔 450mm 用电缆扎带紧固。

⑫电缆穿过贯通件时，每端至少保持 150mm 的直段，以免电缆和贯通件不对中。

⑬电缆敷设时应避免经过高失火危险区域或由于维修操作容易受到机械损伤的处所，电缆应远离热管。

⑭如果电缆与热管的交叉不可避免，电缆应离开热管绝缘外表面至少 150mm。如果分包商在敷设过程中发现这样的距离无法满足，应通知业主。

⑮电缆不能支撑或敷设在管道上，以及管道的绝缘层上。

⑯为防止干扰，电力及照明系统电缆应与通讯仪表系统电缆分开敷设，在条件允许的情况下 380V 电力电缆与通讯仪表电缆间距不小于 300mm，220V 电力照明电缆与通讯仪表电缆间距不小于 150mm。

⑰电缆绑扎如果在室外应采用不锈钢或防紫外线电缆扎带，在室内可采用塑料扎带。

⑱电缆桥架内部电缆的填充率应符合规范要求。通常不应超过 40%。

（2）电缆贯通件：

①电缆贯通室内的水密或防火围壁（舱壁或地板）将采用 MCT 或电缆护管，在 MCT 中要留有 20% 的备用空间以备将来扩充。

②电缆贯通室内外的同一防火等级的甲板将采用带密封堵料的电缆护管。

③电缆敷设完成后安装电缆堵料说明书进行电缆护管封堵。按照 MCT 安装布置图及厂家说明书进行 MCT 封堵。

（3）电缆的截断

①电缆截断后，端部应用防潮气的密封帽或电缆胶带密封。

②做好电缆编号标记。

③电缆应连续没有接头，若有接头应采用接线箱或接线盒。

（4）电缆接线：

①电缆接线应根据电缆厂家推荐的方法进行处理。

②电缆的备用线芯不应在填料函处截断，而应该保留与已接线最长线芯的长度，端部做好绝缘密封。如果有备用端子，应接到备用端子上，标明"备用"字样。

③接线端子应选用冷压型，同时根据导线的截面尺寸，选用合理尺寸和型式的端子。

④压接后，导线和端子应形成一个牢固均匀的整体，以保证良好的导电特性和机械强度。

⑤控制电缆两端的接线端子应根据接线端子图进行各自的标识，并用电缆标识固定在电缆绝缘层上，电缆标识应为非开口型。

⑥任何一个接线端子上不能接超过 2 个导体（1 进 1 出）。如果 2 个以上导体必须接到同一点上，则必须增加端子的数量，端子间用短接片内部连接，短接片应该与导体分开。

⑦如有特殊要求，敷设在室外的电缆终端应使用内壁挂胶的热缩套管。

⑧连接到设备的每根电缆应用校准过的兆欧表进行绝缘测量，1kV 以下电缆采用 1kV 兆欧表，绝缘值不小于 10MΩ，做好记录。

（5）电缆接地：

①控制盘内的电缆铠装末端应连接到控制盘的接地端子上。

②接线箱内的电缆铠装应通过填料函短接到接线箱或控制盘的框架上。

③对于所有非金属材质外壳的设备，电缆应在填料函处可靠接地。

六、仪表管和仪表管托架的安装

根据厂家的说明书或推荐方法安装。

七、仪表的校验与调整

①安装前应进行外观检查、性能校验和调整。

②调校人员应熟悉仪表使用说明书，并准备必要的调校仪器，工具。

③校验用的标准仪器，应具备有效的检定合格证，其基本误差的绝对值不应超过被校仪表基本误差绝对值的 1/3。

④校验合格后，应及时填写校验记录，要求数据真实，字迹清晰。校验人应签名并注明校验日期。

八、机械完工

根据机械完工检查表进行机械完工检查，记录尾项，并进行尾项整改。

九、调试

机械完工完成后根据调试表格进行预调试和调试，记录尾项，并进行尾项整改。

第四节　常见专业技术问题及处理方法、预防措施

（1）桥架碰撞问题

海洋平台一般以 PDMS 软件进行建模来减少碰撞，建模的基础是平面布置图。因此，在建立仪表电缆桥架模型时，要以仪表电缆桥架的平面布置图为基础，如果平面布置图中桥架尺寸不准确，桥架支撑架定位也会不准确，导致建模失去原有的意义。到了建造现场，碰撞也就是不可避免的了。碰撞主要由于平面图中桥架弯通比例与实际比例不符。加设人员应根据弯通桥架的实际尺寸先将弯通桥架按照实际比例绘制，再和详细设计所出的图纸进行校核，随后，以结构图为底图，将电缆桥架布置在结构图中，检查是否和结构梁有碰撞，最后再和其他相关专业图纸进行校核，如管线、风道的走向和标高。

（2）到货仪表接口 1 不对

检验仪表接线箱、电缆填料函、仪表阀或带有螺纹接口的仪表等设备时，需注意公制与英制的问题，提前检查出公制英制不符的情况，采办变径接头，为后续工程的顺利进行提供保障。

（3）仪表附件不全

很多现场仪表都需要安装附件，如仪表电缆填料函、磁翻板液位计上的排气/排污球阀、压力表上的仪表阀等等。这些附件与仪表是配套使用的，如果缺少，现场用其他材料代替是很困难的。这些附件有时会体现在数据表中有时会单独出具在采办料单中。验货时需要格外注意。

第五章 通信专业加工设计

第一节 概述

通信系统的建立是为了保证海上石油、天然气开发生产过程中的安全、生产和生活信息的采集和传输，是海上平台不可缺少的重要设施。

模块钻机的通信系统主要包括：电话系统、局域网系统、广播报警系统、CCTV 系统和内部对讲系统等。

第二节 加工设计工作内容

一、工作内容

本专业包含的主要工作内容有详细设计文件审核，加工设计图纸、采办料单设计，建造技术支持、采办技术支持、建立 PDMS 模型及核查碰撞工作。

主要设计内容如表 5－2－1 所示。

表 5－2－1

MAL（采办料单）		
1	SD-MAL-XXX（MDR)-CO-0001	通信钢材采办料单
2	SD-MAL-XXX（MDR)-CO-0002	通信杂散料采办料单
3	SD-MAL-XXX（MDR)-CO-0003	通信电缆采办料单
4	SD-MAL-XXX（MDR)-CO-0004	通信电缆滚筒清册
DWG（图纸）		
1	SD-DWG-XXX（MDR)-CO-0001	通信设备底座加工图
CMT（调试表格）		
1	SD-CMT-XXX（MDR)-CO-001	CCTV 系统调试表格
2	SD-CMT-XXX（MDR)-CO-002	内部对讲系统调试表格

二、设计界面划分

（一）通信专业加工设计是对详细设计的延伸，更便于现场施工。加工设计参考详设料单，并直接用于采办。图加工设计图纸更多的是底座加工和布置图，电缆清册更加详细，并出接线端子图。另外加设参考详设调试大纲出用于记录的调试表格。

（二）专业界面划分

①仪表专业：火灾报警信号通过广播系统报警；

②电话系统：模块钻机与组块平台，模块钻机、邻近的井口平台有接口电缆；

③广播报警系统：模块钻机与组块平台，模块钻机、邻近的井口平台有接口电缆；

④局域网系统：模块钻机与组块平台，模块钻机、邻近的井口平台有接口电缆。

三、加工设计

接到设计委托书和详设 0 版图纸后开始加工设计。

（一）设计流程（图 5 - 2 - 1）

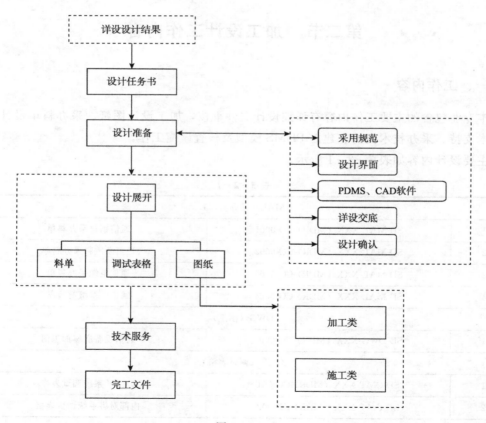

图 5 - 2 - 1

（二）采用的标准、详设规格书/文件

（1）国内标准

①中国船级社（CCS）标准；《海船无线电设备规范》；

②中华人民共和国国家经济贸易委员会：《海上固定平台安全规则》。

（2）国际标准

①美国石油协会《海上生产平台电子系统设计安装、推荐经验》；

②国际工程师协会61097文件《海事导航设备、无线通信设备整体系统的测试方法与测试结果》；

③国际工程师协会61097文件GMDSS第5，9，10，12部分，对无线设备和无线应急设备测试方法及测试结果；

④国际电信联盟有限电委员会；

⑤国际电信联盟无线电委员会。

（3）详设规格书、文件

①广播及报警系统、设备清单、系统方框图、设备布置图、布线图；

②自动电话、设备清单、系统方框图、设备布置图、布线图；

③局域网、设备清单、系统方框图、设备布置图、布线图；

④CCTV系统规格书、设备清单、系统方框图、设备布置图、布线图；

⑤内部对讲系统规格书、设备清单、系统方框图、设备布置图、布线图。

（4）通信加工设计与相关专业的详细设计文件

①电气供电系统图、布线图；

②安全规格书、消防通道布置图、危险区划分图；

③模块钻机总图、结构图、房间内设备布置、舾装图。

（三）设计准备

通信专业加工设计准备目的是明确所承担设计工作的范围，熟悉通信技术要求，澄清各种技术问题，熟悉和理解专业设计思路和方案，熟悉详细设计资料，包括规格书、数据表以及相关图纸等技术资料，掌握项目技术要求以及整体概况，其中审查详细设计图纸包括如下内容：

①通信单线图设计的合理性；

②通信设备布置图与单线图的一致性；

③检查电缆布线图是否合理；

④检查设备材料料单与设备布置图是否一致，材料的规格和属性与规格书是否一致；

⑤检查电缆清册和单线图是否一致。

参加业主组织的详细设计交底，针对详细设计图纸、规格书和材料等技术问题进行技术澄清。加工设计工作内容确定后，根据工期要求，编制加工设计计划。加工设计计划要求有详细的加工设计图纸、施工程序和方案设计内容的起始时间，要指定设计、校对、审核人员。加工设计计划制定后，开始进行加工设计工作。

（四）碰撞检查

碰撞检查采用 PDMS 建模的方法，将全部模型建立完成后，先进行本专业的碰撞检查，检查本专业碰撞问题，再与其他专业进行碰撞检查，检查是否与结构、仪表、配管、机械等专业存在碰撞问题。具体内容参考第十二章 PDMS 模型设计中三维模型碰撞检查部分。

（五）加设图纸设计

加设图纸主要分为料单设计和图纸设计，在做加工设计和现场设备安装之前，应该仔细核查详细设计的相关文件和图纸，包括安装程序等相关资料，对于各个通信系统都应该做到熟悉，清楚，同时需要对各个通信系统和厂家资料和安装步骤进行整理和熟悉，特别是对于有特殊要求的现场通信系统要特别注意，在制作支架，设计安装程序时仔细处理，同时在进行所有通信系统设备安装的时候，需要和相关及时协商、确认。

1. 通信专业加工设计料单

通信专业加工设计料单包括：通信钢材料单、通信杂散料料单、通信电缆采办料单。

（1）通信钢材料单的规定（表 5-2-2）：

对所有通信专业需要的钢材进行统计，主要包括各类通信设备的支架、底座以及各种支撑和固定件；

①敷设电缆时所用的马脚，主要使用扁铁进行加工；

②钢板主要用于加工方形电缆护管、设备支架、接地片等；

③钢管主要用于圆形护管、设备支架；

④槽钢及角钢主要用于各类底座和支架。

表 5-2-2 通信专业常用钢材料单

备注	序号	SAP物资编码	货物名称	单位	数量		规格型号	重量/t	技术要求
					曹妃甸 11-1CEPJ 模块钻机　通讯钢材采办料单			SD-MAL-CEPJ (MDR)-CO-0002		
								REV0	
1	82226245	钢板	m²	6	钢板 \ PL6 \ Q235A \ GB/T 709—2006		0.283		
2	82018430	角钢	m	24	角钢 \ 50×50×5 \ Q235A \ GB/T 706—2008		0.091		
3	82232746	槽钢	m	36	槽钢 \ ［100×48×5.3×8.5 \ Q235A \ GB/T 706—2008		0.360		
4	82257495	钢管	m	24	焊接钢管 \ φ60×3.5 \ Q235A \ GB/T 30063—2013		0.117		
5	82226444	钢管	m	12	焊接钢管 \ φ48×3.5 \ Q235A \ GB/T 3091—2001		0.046		
6	82306911	钢管	m	6	无缝钢管 \ φ27×3 \ Q235B \ GB/T 8162—2008		0.011		

（2）杂散料采办料单的编制（表5-2-3）：

①通信专业的杂散料主要包括接线端子、螺栓/螺母、电气绝缘胶带、密封电缆穿舱件的堵料以及电缆密封终端等。

②其中量大、便宜、易损耗件可以适量加大裕量，贵重材料则应注意是否需要或者少打裕量。

表5-2-3 通信专业常用钢材料单

曹妃甸11-1 CEPJ模块钻机通讯杂散料采办料单						SD-MAL-CEPJ（MDR）-CO-0004
						REV0
序号	物资编码	货物名称	单位	数量	规格型号	技术要求
1	82235794	电气绝缘胶带	EA	20	电气绝缘胶带 \ 19mm × 20000mm \ 0.6kV \ 黑	
2	82251446	电缆记号笔	EA	20	电缆记号笔 \ 粗杆/白色	
3	82251434	电缆记号笔	EA	20	电缆记号笔 \ 粗杆/黑色	
4	82359241	防腐锌	瓶	10	防腐锌喷剂 \ WS80 \ 银白色 \ 400mL	含锌量＞99％，挥发性强
5	82238239	低压热缩直管	M	35	低压热缩管 \ φ30mm \ 3：1	收缩前直径＝30mm，收缩比＝3:1，每段长度＝200mm 阻燃，两端挂胶
6	82238178	低压热缩直管	M	4	低压热缩管 \ φ50mm \ 3：1	收缩前直径＝50mm，收缩比＝3:1，每段长度＝200mm 阻燃，两端挂胶
7	82239709	电缆标记牌	EA	100	电缆标记牌 \ 120mm×15mm× 1.5mm \ 聚乙烯	
8	82239738	不锈钢标记牌	EA	200	不锈钢标记牌 \ 109mm×15mm× 1.5mm	
9	82233561	不锈钢扎带	EA	2000	不锈钢绑扎带 \ 4.5mm × 250mm \ 不锈钢表面涂塑	
10	82233280	黑色绑线	EA	2	黑色绑线 \ 2.5mm \ 外表面缠绕黑色棉线	100m
11	82168580	十字槽盘头自攻螺钉	百件	2	十字槽盘头自攻螺钉 \ M4×50 \ 316	不锈钢 M4X50 200个
12	82321069	十字槽盘头自攻螺钉	百件	2	十字槽盘头自攻螺钉 \ M6×50 \ Q235A \ 镀锌	不锈钢 M6X50 200个
13	82239875	接线端子	EA	400	接线端子 \ DT－95/1.0mm2 \ 针形 \ 紫铜镀银	
14	82239003	接线端子	EA	400	接线端子 \ DT－95/1.0mm2 \ 叉型 \ 紫铜镀银	
15	82187888	接线端子	EA	200	接线端子 \ 1.5mm2/叉型/螺栓孔直径4.3mm/开口 \ 紫铜镀锡	
16	82240177	接线端子	EA	200	接线端子 \ 1.5mm2 \ 针形 \ 紫铜镀锡	
17	82240068	接线端子	EA	100	接线端子 \ 2.5mm2 \ 针形 \ 紫铜镀锡	

续表

序号	物资编码	货物名称	单位	数量	规格型号	技术要求
					曹妃甸 11—1 CEPJ 模块钻机通讯杂散料采办料单	SD-MAL-CEPJ（MDR)-CO-0004
						REV0
18	82236664	接线端子	EA	300	接线端子 \ DT－95/6mm2 \ 圆形 \ 紫铜镀锡	
19	82200919	不锈钢螺栓/母	EA	300	六角头螺栓 \ M6×35 \ 316 \ 不经处理 \ GB/T 5783－2000	全螺纹，螺栓螺母，每套带1弹垫、2平垫
20	82200890	不锈钢螺栓/母	EA	200	六角头螺栓 \ M8×35 \ 316 \ 不经处理 \ GB/T 5783－2000	
21	82201142	不锈钢螺栓/母	EA	200	六角头螺栓 \ M10×45 \ 316 \ 不经处理 \ GB/T 5783－2000	

（3）通信电缆采办料单的编制（表5-2-4）：

①根据详细设计的电缆材料清单，核对通信设备布置图、单线图、电缆清册，核算需要采办的通信电缆的种类和数量。

②在核算电缆长度的过程中需要考虑电缆与设备连接部分的施工难度以及部分电缆在陆地调试结束后需要在海上二次连接，计算长度时要特别注意这部分留有足够的裕量。

③当加工设计核算的电缆总量与详细设计数量有较大偏差值时，应及时与详细设计、建造项目组以及业主进行沟通与说明，避免出现采办不足或过剩的情况发生。

表5-2-4 通信专业常用钢材料单

序号	SAP物资编码	货物名称	规格型号	单位	数量	描述	备注
			曹妃甸 11—1 CEPJ 模块钻机 通讯钢材采办料单			SD-MAL-CEPJ（MDR)-CO-0001	
						REV0	
1	82049769	通讯电缆	控制电缆 \ 150/250V \ 1×2×1.5mm²	m	1600	FS，OS，IS，SWA，BOS	1P×1.5mm²
2	82634306	通讯电缆	通讯电缆 \ 2×10×1.0mm2 \ SWA \ FS \ 250V	m	150	FS，OS，IS，SWA，BOS	10P×1.0mm²
3	81550276	通信电缆		m	150	FS，OS，SWA，BOS	2P×1.0mm²
4	83266329	控制电缆	交联聚乙烯、乙丙橡胶防火铠装总屏控制电缆 \ 150/250V \ 2×1×1.0mm²	m	1500	FS，OS，SWA，BOS	1PR×1.0mm²
5	82220071	通讯电缆	船用电力电缆 \ XLPE/FS/铠装 \ 0.6/1kV \ 3×2.5mm²	m	200	FS，OS，SWA，BOS	
6	82240241	船用电力电缆	通讯电缆 \ STP CAT5E \ 4×2×0.5mm² \ FS \ 250V	m	800	FS，SWA，BOS	STP-CAT 5e

备注：FS：防火，符合 IEC60331 要求，低烟

HOFR：阻燃

OS：带总屏蔽层

IS：带分屏蔽层

SWA：镀锌钢丝编制带

BOS：外护套为黑色

2. 通信专业加工设计图纸

（1）广播系统壁装防水扬声器的支架

绘图步骤：

①参考详细设计的扬声器布置图纸，根据布置图的扬声器位置确定需要壁装防水扬声器的数量和安装位置。

②参考扬声器厂家资料，确定扬声器支架的外形尺寸和具体安装形式。

③选取制作底座所用的钢材（如用［100×48.5.3 的槽钢制作成支架等）。

④在扬声器底座图纸中分别列出正视图、侧视图、细节图，并标注底座尺寸、数量、安装位置和设备位号。

⑤列出扬声器底座加工的技术要求（如打磨处理、热浸锌处理等）。

⑥统计并填写加工底座所需的材料表。

⑦核对图纸其他细节，校对、审核无误后即可出版，如图 5-2-2 所示。

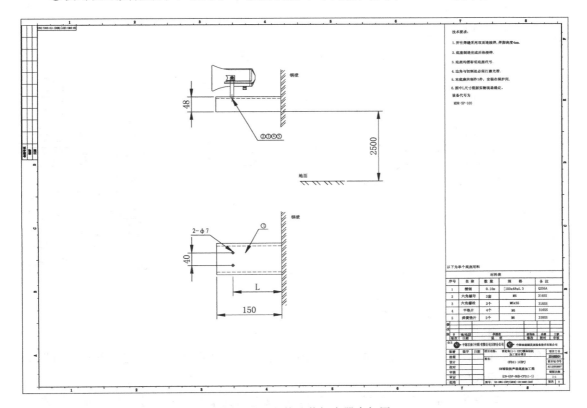

图 5-2-2　室外壁装扬声器支架图

（2）广播系统柱装防水扬声器的支架

绘图步骤：

①参考详细设计的扬声器布置图纸，根据布置图的扬声器位置确定需要柱装防水扬声器的数量和安装位置。

②参考扬声器厂家资料，确定扬声器支架的外形尺寸和具体安装形式。

③选取制作底座所用的钢材：89×4 的钢管 L50×5 的角钢，$t=6mm$ 的钢板制作成支架在扬声器底座图纸中分别列出正视图、侧视图、细节图，并标注底座尺寸、数量、安装位置和设备位号。

④列出扬声器底座加工的技术要求（如打磨处理、热浸锌处理等）。

⑤统计并填写加工底座所需的材料表。

⑥核对图纸其他细节，校对、审核无误后即可出版，如图 5-2-3 所示。

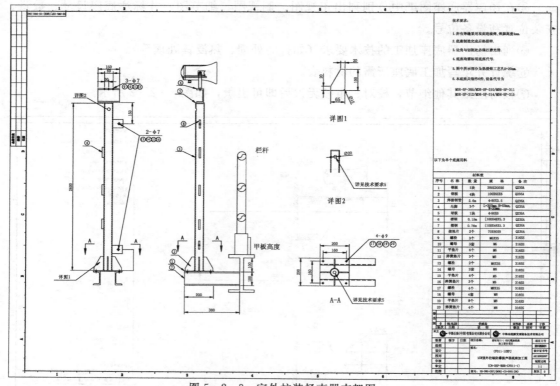

图 5-2-3　室外柱装扬声器支架图

（3）室外防爆电话壁装支架

绘图步骤：

①参考详细设计的壁装防爆电话布置图纸，根据布置图电话位置确定需要壁装防爆电话的数量和安装位置。

②参考壁装防爆电话厂家资料，确定壁装防爆电话支架的外形尺寸和具体安装形式。

③选取制作底座所用的钢材：用 89×4.5 的钢管 L50×5 的角钢，$t=6mm$ 的钢板制作成支架，并标注底座尺寸、数量、安装位置和设备位号。

④列出壁装防爆电话底座加工的技术要求（如打磨处理、热浸锌处理等）。

⑤统计并填写加工底座所需的材料表。

⑥核对图纸其他细节，校对、审核无误后即可出版，如图 5-2-4 所示。

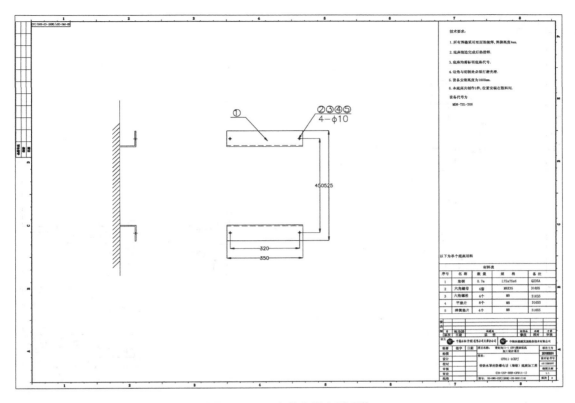

图 5-2-4 室外防爆电话壁装

（4）室外防爆电话柱装支架

绘图步骤：

①参考详细设计的柱装防爆电话布置图纸，根据布置图的电话位置确定需要柱装防爆电话的数量和安装位置。

②参考柱装防爆电话厂家资料，确定柱装防爆电话支架的外形尺寸和具体安装形式。

③选取制作底座所用的钢材：用 89×4.5 的钢管 L50×5 的角钢，$t=6$ 的钢板制作成支架，并标注底座尺寸、数量、安装位置和设备位号。

④列出柱装防爆电话底座加工的技术要求（如打磨处理、热浸锌处理等）

⑤统计并填写加工底座所需的材料表。

⑥核对图纸其他细节，校对、审核无误后即可出版，如图 5-2-5 所示。

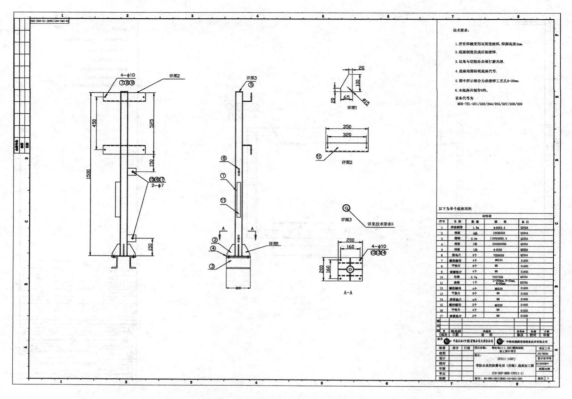

图 5-2-5　室外防爆电话支架

（5）视频监控系统加工设计工艺要求

防爆摄像头云台底座设计工艺要求：

绘图步骤：

①参考详细设计的 CCTV 布置图纸，根据布置图的 CCTV 位置确定需要柱装的数量和安装位置。

②参考 CCTV 厂家资料，确定 CCTV 支架的外形尺寸和具体安装形式。

③用 L50×5 的角钢和 $t=6mm$ 钢板制作成支架如下图，并标注底座尺寸、数量、安装位置和设备位号。

④列出 CCTV 底座加工的技术要求（如打磨处理、热浸锌处理等）。

⑤统计并填写加工底座所需的材料表。

⑥核对图纸其他细节，校对、审核无误后即可出版，如图 5-2-6 所示。

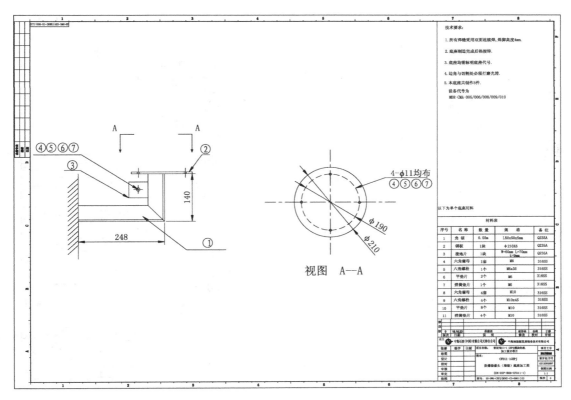

图 5-2-6 防爆摄像头云台底座

（6）内部对讲系统加工设计工艺要求

绘图步骤：

①参考详细设计的内部对讲布置图纸，根据布置图的内部对讲位置确定需要柱装的数量和安装位置。

②参考内部对讲厂家资料，确定内部对讲支架的外形尺寸和具体安装形式。

③用 L100×48 的槽钢和 $t=6$mm 钢板制作成支架如下图，并标注底座尺寸、数量、安装位置和设备位号。

④列出内部对讲底座加工的技术要求（如打磨处理、热浸锌处理等）。

⑤统计并填写加工底座所需的材料表。

⑥核对图纸其他细节，校对、审核无误后即可出版，如图 5-2-7 所示。

⑦可根据现场具体要求改为壁装形式，具体参考壁装电话加工设计图纸。

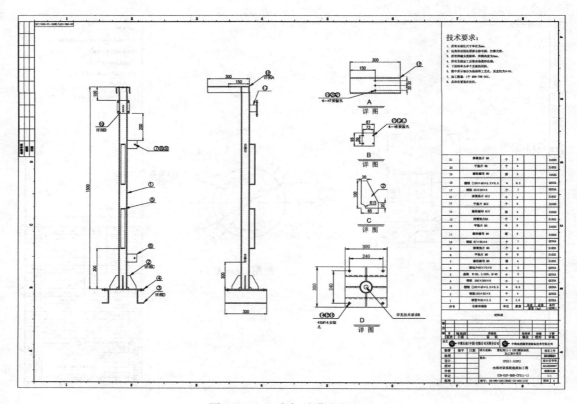

图 5-2-7　内部对讲系统底座

（7）电缆滚筒清册

绘图步骤：

①参考详细设计的电缆清册、电缆布线图、总体布置图，并与详细设计澄清有争议电缆的走向，补充遗漏电缆，确保所有电缆准确、完整。

②在详细设计电缆清册的基础上增加电缆外径尺寸、护管编号、滚筒编号、填料函规格等项目。

③根据电缆厂家资料、护管布置图、电缆厂家发货滚筒清单、填料函选型表，将以上的增加项目分别进行相关数据的填写，其中滚筒编号的填写要在合理计算后进行，例如，$1P \times 1.0 mm^2$ 的电缆总长共 500m，分为三个滚筒，分别为 1♯220m，2♯110m，3♯170m。当该规格的电缆分为如下长度：20m，50m，80m，15m，40m，60m，100m，55m，30m，50m。我们可以算出：50m＋50m＋40m＋60m＋20m＝220m，则可以将上述长度的电缆归为 1♯滚筒；80m＋30m＝110m 可以将上述长度的电缆归为 2♯滚筒；剩余电缆则归为 3♯电缆滚筒。

④核对图纸其他细节，校对、审核无误后即可出版，如表 5-2-5 所示。

表 5-2-5 通信专业常用钢材料单

序号	电缆序号	电缆的规格参数						电缆预估长度	路径		管代号	备注
		电压等级/V	类型		芯数	电缆芯截面积/mm²	电缆外径		开始（设备号）	结束（设备号）		
PABX SYSTEM												
1	C-MDR-SP-101	150/250	FS, SWA,	OS, BOS	1P	1.5	15.3	45	应急配电间 MDR-MDF-001	机修间 MDR-SP-101	MCT-CO-TX HG-IW3405 HG-IW3402 HG-IW3409	
2	C-MDR-SP-102	150/250	FS, SWA,	OS, BOS	1P	1.5	15.3	15	机修间 MDR-SP-101	变压器房 MDR-SP-102	HG-IW3409 HG-IW3402 HG-IW3403	
3	C-MDR-SP-103	150/250	FS, SWA,	OS, BOS	1P	1.5	15.3	40	变压器房 MDR-SP-102	变压器房 MDR-SP-103		
4	C-MDR-SP-104	150/250	FS, SWA,	OS, BOS	1P	1.5	15.3	35	变压器房 MDR-SP-103	发电机房 MDR-SP-104	HG-IW3404	
5	C-MDR-SP-105	150/250	FS, SWA,	OS, BOS	1P	1.5	15.3	40	DSM 下层甲板西南楼梯 MDR-SP-111	材料房 MDR-SP-105	HG-IW3408	
6	C-MDR-SP-106	150/250	FS, SWA,	OS, BOS	1P	1.5	15.3	30	材料房 MDR-SP-105	泥浆泵房 MDR-SP-106	HG-IW3408 HG-IW3407	
7	C-MDR-SP-107	150/250	FS, SWA,	OS, BOS	1P	1.5	15.3	60	泥浆泵房 MDR-SP-106	泥浆泵房 MDR-SP-107		
8	C-MDR-SP-108	150/250	FS, SWA,	OS, BOS	1P	1.5	15.3	30	泥浆泵房 MDR-SP-107	DSM 下层甲板北侧楼梯 MDR-SP-108	HG-IW3402	
9	C-MDR-SP-109	150/250	FS, SWA,	OS, BOS	1P	1.5	15.3	115	DSM 下层甲板北侧楼梯 MDR-SP-108	录井工作间 MDR-SP-109		
10	C-MDR-SP-110	150/250	FS, SWA,	OS, BOS	1P	1.5	15.3	25	录井工作间 MDR-SP-109	定向井间 MDR-SP-110		
11	C-MDR-SP-111	150/250	FS, SWA,	OS, BOS	1P	1.5	15.3	45	发电机房 MDR-SP-104	DSM 下层甲板西南楼梯 MDR-SP-111	HG-IW3410	
12	C-MDR-MDF-101-01	150/250	FS, SWA,	OS, BOS	10PR	1.5	40.5	40	组块与生活楼电缆接口处	应急配电间 MDR-MDF-001	HG-ID3401 HG-IW3405 MCT-CO-TX	来自组块
13	C-MDR-SP-201	150/250	FS, SWA,	OS, BOS	1P	1.5	15.3	45	应急配电间 MDR-MDF-001	DSM 中层甲板北侧楼梯 MDR-SP-201	MCT-CO-TX HG-IW3405 HG-IW3402	

序号	电缆序号	电缆的规格参数					电缆预估长度	路径		管代号	备注
		电压等级/V	类型	芯数	电缆芯截面积/mm²	电缆外径		开始（设备号）	结束（设备号）		
PABX SYSTEM											
14	C-MDR-SP-202	150/250	FS, OS, SWA, BOS	1P	1.5	15.3	30	DSM中层甲板北侧楼梯MDR-SP-201	主开关间MDR-SP-202	HG-IW3906	
15	C-MDR-SP-203	150/250	FS, OS, SWA, BOS	1P	1.5	15.3	20	主开关间MDR-SP-202	主开关间MDR-SP-203		
16	C-MDR-SP-204	150/250	FS, OS, SWA, BOS	1P	1.5	15.3	25	主开关间MDR-SP-203	应急配电间MDR-SP-204	HG-IW3901	
17	C-MDR-SP-205	150/250	FS, OS, SWA, BOS	1P	1.5	15.3	15	应急配电间MDR-SP-204	电池间MDR-SP-205	HG-IW3902	
18	C-MDR-SP-206	150/250	FS, OS, SWA, BOS	1P	1.5	15.3	20	备件间MDR-SP-213	电气工作间MDR-SP-206	HG-IW3903	
19	C-MDR-SP-207	150/250	FS, OS, SWA, BOS	1P	1.5	15.3	30	电气工作间MDR-SP-206	DSM中层甲板南侧楼梯口MDR-SP-207	HG-IW3916	
20	C-MDR-SP-208	150/250	FS, OS, SWA, BOS	1P	1.5	15.3	40	DSM中层甲板南侧楼梯口MDR-SP-207	空压机间MDR-SP-208	HG-IW3913	
21	C-MDR-SP-209	150/250	FS, OS, SWA, BOS	1P	1.5	15.3	25	空压机间MDR-SP-208	散料间MDR-SP-209	HG-IW3917	
22	C-MDR-SP-210	150/250	FS, OS, SWA, BOS	1P	1.5	15.3	40	散料间MDR-SP-209	泥浆罐区域MDR-SP-210	HG-IW3918	
23	C-MDR-SP-211	150/250	FS, OS, SWA, BOS	1P	1.5	15.3	35	泥浆罐区域MDR-SP-210	泥浆罐区域MDR-SP-211		
24	C-MDR-SP-212	150/250	FS, OS, SWA, BOS	1P	1.5	15.3	35	泥浆罐区域MDR-SP-211	泥浆实验室MDR-SP-212	HG-IW3904	
25	C-MDR-SP-213	150/250	FS, OS, SWA, BOS	1P	1.5	15.3	30	电池间MDR-SP-205	备件间MDR-SP-213	HG-IW3919	
26	C-MDR-SP-301	150/250	FS, OS, SWA, BOS	1P	1.5	15.3	50	DSM上层甲板管架甲板北侧MDR-SP-302	测井单元MDR-SP-301		
27	C-MDR-SP-302	150/250	FS, OS, SWA, BOS	1P	1.5	15.3	60	DSM上层甲板管架甲板南侧MDR-SP-304	DSM上层甲板管架甲板北侧MDR-SP-302	HG-IW3911 HG-IW3906	

续表

序号	电缆序号	电缆的规格参数						路径			备注
		电压等级/V	类型	芯数	电缆芯截面积/mm²	电缆外径	电缆预估长度	开始（设备号）	结束（设备号）	管代号	

PABX SYSTEM

序号	电缆序号	电压等级/V	类型	芯数	电缆芯截面积/mm²	电缆外径	电缆预估长度	开始（设备号）	结束（设备号）	管代号	备注
28	C-MDR-SP-304	150/250	FS, OS, SWA, BOS	1P	1.5	15.3	45	泥浆实验室 MDR-SP-212	DSM 上层甲板管架甲板南侧 MDR-SP-304	HG-IW3914	
29	C-MDR-SP-401	150/250	FS, OS, SWA, BOS	1P	1.5	15.3	120	应急配电间 MDR-MDF-001	DES 滑道甲板东南侧楼梯 MDR-SP-401	MCT-CO-TX HG-IW3405 HG-ID3401 HG-ID3801	
30	C-MDR-SP-402	150/250	FS, OS, SWA, BOS	1P	1.5	15.3	65	DES 中层甲板东南侧楼梯 MDR-SP-401	DES 滑道甲板西北侧楼梯 MDR-SP-402		
31	C-MDR-SP-404	150/250	FS, OS, SWA, BOS	1P	1.5	15.3	45	DES 中层甲板西北侧楼梯 MDR-SP-402	振动筛 MDR-SP-404		
32	C-MDR-SP-405	150/250	FS, OS, SWA, BOS	1P	1.5	15.3	70	振动筛 MDR-SP-404	DES 中层甲板西南楼梯 MDR-SP-405		
33	C-MDR-SP-501	150/250	FS, OS, SWA, BOS	1P	1.5	15.3	110	DES 中层甲板西南楼梯 MDR-SP-405	钻台面西南侧 MDR-SP-501	HG-ID4104 HG-ID4701	
34	C-MDR-SP-502	150/250	FS, OS, SWA, BOS	1P	1.5	15.3	40	钻台面西南侧 MDR-SP-501	司钻房 MDR-SP-502	HG-ID4701 HG-ID4709	
35	C-MDR-SP-503	150/250	FS, OS, SWA, BOS	1P	1.5	15.3	50	司钻房 MDR-SP-502	DES 交流变频控制间 MDR-SP-503	HG-ID4709 HG-ID4708	
36	C-MDR-SP-504	150/250	FS, OS, SWA, BOS	1P	1.5	15.3	30	DES 交流变频控制间 MDR-SP-503	顶驱控制房 MDR-SP-504	HG-IW4703	
37	C-MDR-SP-505	150/250	FS, OS, SWA, BOS	1P	1.5	15.3	55	顶驱控制房 MDR-SP-504	钻台面北侧 MDR-SP-505	HG-ID4702	
38	C-MDR-SP-506	150/250	FS, OS, SWA, BOS	1P	1.5	15.3	100	钻台面北侧 MDR-SP-505	二层台 MDR-SP-506	HG-ID4702 HG-ID4703	

3. 通信专业调试表格

常用的调试表格主要有：CCTV 系统调试表格、内部对讲系统调试表格。调试表格的设计主要参考详细设计调试大纲，具体步骤如下：

①参考详细设计大纲，对大纲进行解读；

②如果大纲中存在问题、跟详细设计、建造项目组、业主项目组以及第三方进行沟通，如果可以修改则进行修改；

③列出参加调试人员签字栏，一般包括厂家、调试项目组、检验人员、业主项目组、第三方等，可根据项目要求进行调整；

④对大纲中调试项逐步列表，并加入调试结果，如表5-2-6所示。

表5-2-6 SD-CMT-WHPJ（MDR)-CO-0001 CCTV系统预调试表格

内容	结果	备注
域的要求。		
检查设备内部是否配有原理图及内部电路图纸，且电路图纸应该是清楚、正确和有标识的。		
5.0 安装检查		
检查电缆与配电箱、接线盒的链接是否正确；		
检查每个电路中电缆链接的是否正确；		
检查电缆是否安全接地；		
检查通信设备的电源连接是否正确；		
根据电缆走线图检查电缆走线是否正确；		
检查所有 CCTV 系统的分线盒，接线应牢固，发现松动及时修复。		
6.0 回路检测		
核实每一个设备电缆的连接是否正确。		
在每个电气回路内检查，核实所有电缆的连续性。		
依据相关的要求，检查所有电缆是可靠的连接。		
检查应用于分线盒的电路断路器的安装是否符合要求。		
检查安装在甲板上的电缆紧固件是否有接地片和接地电缆。		
核实每个通讯设备的电源连接是否正确。		

⑤加入调试尾项表格，可以记录调试尾项。

四、技术支持

（一）采办技术支持

加工设计进行通信专业采办技术支持主要有以下几个方面：技术评标、技术澄清、SAP 码申请。

（1）技术评标

对厂家投标的技术参数与设计文件进行比对，填写技术参数比较表。

①将厂家技术标书中的技术参数、数量、证书等与详细设计规格书、数据表、料单等技术图纸进行对比审查，并填入技术参数比较表中。

②技术参数比较表有主要指标、一般指标，如主要指标不能满足招标文件要求，则评议不合格。表 5-2-7 是典型技术参数比较表。

版本号 2013-01

表 5-2-7 技术参数比较表

项目/所属单位名称：   采办申请编号：
项目内容/产品名称：   招标书编号：

	投标人/国别								
	制造商/国别								
	型号								
	数量								
	招标文件要求	技术参数	评议	技术参数	评议	技术参数	评议	技术参数	评议
标准体系及业绩	使用标准满足规格书要求								
	质量体系								
	海上项目两年以内稳定运行证明								
	船检机构工厂认证及产品证书								
低压动力电缆主要技术指标 FS	电缆绝缘等级（0.6/1kV）								
	导体：镀锡软铜导体								
	耐火层：云母带								
	绝缘层：交联聚乙烯（XLPE）或乙丙橡胶（EPR）								
	内护套：低烟无卤交联聚烯烃内护套								
	铠装：镀锌钢丝编织带								
	外护套：低烟无卤交联聚烯烃护套								
	电缆满足 B 类设备要求，并提供产船检证书								
	使用寿命：25 年								
低压动力电缆一般技术指标	业绩在过去 2 年中，投标人应在中国境内至少成功供应了 2 台/套与本次招标货物相当的并在与本次招标货物运行环境相当的条件下稳定运行 2 年以上的货物，并提供用户证明								
	每一滚筒电缆应为连续长度，中间不能有拼接。电缆端头应做防水处理，以防运输或户外贮存期间进水受潮，电缆滚筒应用板条封固								
	技术偏离表								
	质量体系文件								

续表

招标文件要求		技术参数	评议	技术参数	评议	技术参数	评议	技术参数	评议
	导线材料：镀锡软铜导体								
	电压等级：150/250V								
	防火层：云母带								
	绝缘层材料：交联聚乙烯（XLPE）或乙丙橡胶								

③如果一般指标不满足招标文件要求，则需要和厂家进行技术书面澄清，有影响报价项目则重新报价。

其他相关通讯设备技术参数详见附录三。

（2）技术澄清

解答厂家对料单中的疑问，对评标中发生的疑问、争议和不符合项，要求厂家进行技术澄清，并填写采办技术澄清表。表5-2-8为典型的技术澄清表。

表5-2-8 采办技术澄清

序号	澄清内容	厂家回复	是否影响价格
1			
2			
3			
4			
5			
6			
7			
8			
9			
10			

厂家签字盖章：

（3）SAP 码申请

参见附录四《SAP 物料编码申请流程及注意事项》。

（二）现场技术支持

在项目施工过程中需进行现场技术支持，主要工作内容如下：

①进行现场技术交底；

②厂家图纸确认；

③配合项目组完成设备和材料验收；

④现场安装技术指导；

⑤协助解决现场发生的问题；

⑥现场图纸修改记录或升版。

五、加工设计完工图

完工图设计是加工设计结束前最后一项工作。具体内容参考附件二《设计阶段划分及设计内容规定》。

第三节 建造程序及技术要求

通信专业建造主要分为以下几个阶段，通信设备材料验收和储存、通信设备底座和支吊架预制安装、通信设备安装、电缆敷设连接、机械完工、调试。

一、设备材料验收和储存

（1）收到设备和材料后，根据技术协议和材料清单对设备材料进行逐项检查，主要包括外观尺寸，设备材料技术参数、材质，设备质量文件、证书。

（2）如设备材料有损坏应书面通知供应商，及时处理，避免延误工期。

（3）验收完成后将设备材料进行存储，易损坏和贵重的设备或元件要单独保管。

（4）所有设备材料应储存在合适场所，通信设备的储存分为库房储存和室外储存。

（5）库房（防水仓库）储存项目如下：

①通信设备（天线、扬声器、电话、网络开关）；

②通信机柜；

③无线电组合台；

④通信杂散料。

（6）室外储存场地储存项目如下：

①电缆；

②通信钢材散料如钢管、槽钢、角钢等。

二、底座和支吊架预制安装

（1）根据通信加工设计底座以及支吊架加工图进行预制。主要预制件有以下几项：通信机柜底座、通信设备底座。

（2）严格按照图纸上的尺寸进行下料，避免浪费。

（3）图纸上要求热浸锌处理的预制件要进行热浸锌处理。如没有特殊要求应根据涂装规格书进行防腐处理。

（4）根据通信加工设计底座以及支吊架布置图进行安装，严格按照定位图上尺寸进行底座和支吊架安装。

（5）底座和支架安装焊接处，破坏的油漆应根据相应的涂装规格书进行补漆。

三、设备安装

（1）安装要求

①设备应根据图纸安装在指定位置。

②设备在安装过程中防止物理损伤。

③设备安装要安全、牢靠。

④安装完成后，通信内部应进行彻底清洁。

⑤安装完成后，设备应进行防护，防止潮气和灰尘的进入，防止其他施工造成设备磕碰。

⑥所有设备在试验或运行前要检查螺栓或螺丝。

（2）安装说明

①通信设备的具体安装位置应考虑操作、维修和试验的空间。

②所有通信设备应该安装在合适的底座或支吊架上。

③所有设备应根据厂家的说明书或推荐方法由专业通信工作人员指导安装在指定位置。

④室内扬声器、电话、网口安装位置应根据设计和规范规定确定。

⑤通信机柜的安装控制好水平度和垂直度，柜内各部件应完整，安装就位，标志齐全，柜内配线标明编号，字迹清晰，整齐美观。

（3）设备接地

①设备接地应根据设备接地布置图接地。

②通信设备的接地应有效地连接到钢结构上。

四、电缆

（1）电缆敷设

①电缆应按照图纸和电缆清册进行敷设。电缆敷设要平整，不允许有扭曲、交叉或缠绕，确保敷设的电缆整洁有序。

②电缆的类型以及导体的芯数和截面应与电缆清册一致。

③电缆敷设前进行绝缘测量，1kV 以下电缆采用 1kV 兆欧表，绝缘值不小于 $10M\Omega$，做好记录。

④电缆敷设时应确保导体不被拉伸，电缆绝缘层或外护套保护层不被损坏。

⑤所有主要路径上的电缆应敷设在电缆桥架上，分支电缆可以走马脚或 U 型槽钢。每个马脚最多绑轧 3 根电缆；若多于 3 根电缆，应增加马脚或 U 型槽钢。

⑥所有电缆应用外表镀塑的不锈钢扎带或尼龙电缆扎带紧固在电缆桥架和马脚以及 U 型槽钢上。水平方向上电缆扎带的间距不得超过 600mm；垂直方向上电缆扎带的间距不得超过 500mm。

⑦电缆弯曲半径应符合厂家推荐并满足 IEC 规范要求。

⑧所有电缆应用标识牌进行标识。

⑨用于电缆穿舱件或甲板贯通件的密封堵料应符合防火等级要求，同时密封堵料应按照厂家推荐的方法或说明书进行封堵。

⑩敷设在电缆桥架中的电缆不应超过桥架的帮高，单芯电缆应铺成品字型。

⑪敷设在桥架中的电缆应在两侧的槽内，并绑扎在电缆桥架上。当电缆桥架改变高度或由水平转为垂直时，电缆应最多每隔 450mm 用电缆扎带紧固。

⑫电缆穿过贯通件时，每端至少保持 150mm 的直段，以免电缆和贯通件不对中。

⑬电缆敷设时应避免经过高失火危险区域或由于维修操作容易受到机械损伤的处所，电缆应远离热管。

⑭如果电缆与热管的交叉不可避免，电缆应离开热管绝缘外表面至少 150mm。如果分包商在敷设过程中发现这样的距离无法满足，应通知业主。

⑮电缆不能支撑或敷设在管道上，以及管道的绝缘层上。

⑯为防止干扰，通信电缆要与动力电缆分开敷设，在条件允许的情况下 380V 电力电缆与通讯仪表电缆间距不小于 300mm，220V 电力照明电缆与通讯仪表电缆间距不小于 150mm。

⑰电缆绑扎如果在室外应采用不锈钢或防紫外线电缆扎带，在室内可采用塑料扎带。

⑱电缆桥架内部电缆的填充率应符合规范要求。通常不应超过 40%。

（2）电缆贯通件

①电缆贯通室内的水密或防火围壁（舱壁或地板）将采用 MCT 或电缆护管，在 MCT 中要留有 20% 的备用空间以备将来扩充。

②电缆贯通室内外的同一防火等级的甲板将采用带密封堵料的电缆护管。

③电缆敷设完成后安装电缆堵料说明书进行电缆护管封堵。按照 MCT 安装布置图及厂家说明书进行 MCT 封堵。

（3）电缆的截断

①电缆截断后，端部应用防潮气的密封帽或电缆胶带密封。

②做好电缆编号标记。

③电缆应连续没有接头，若有接头应采用接线箱或接线盒。

（4）电缆接线

①电缆接线应根据电缆厂家推荐的方法进行处理。

②电缆的备用线芯不应在填料函处截断，而应该保留与已接线最长线芯的长度，端部做好绝缘密封。如果有备用端子，应接到备用端子上，标明"备用"字样。

③接线端子应选用冷压型，同时根据导线的截面尺寸，选用合理尺寸和型式的端子。

④压接后，导线和端子应形成一个牢固均匀的整体，以保证良好的导电特性和机械强度。

⑤控制电缆两端的接线端子应根据接线端子图进行各自的标识，并用电缆标识固定在电缆绝缘层上，电缆标识应为非开口型。

⑥任何一个接线端子上不能接超过 2 个导体（1 进 1 出）。如果 2 个以上导体必须接到同一点上，则必须增加端子的数量，端子间用短接片内部连接，短接片应该与导体分开。

⑦如有特殊要求，敷设在室外的电缆终端应使用内壁挂胶的热缩套管。

⑧连接到设备的每根电缆应用校准过的兆欧表进行绝缘测量，1kV 以下电缆采用 1kV 兆欧表，绝缘值不小于 10MΩ，做好记录。

（5）电缆接地

①控制盘内的电缆铠装末端应连接到控制盘的接地端子上。

②接线箱内的电缆铠装应通过填料函短接到接线箱或控制盘的框架上。

③对于所有非金属材质外壳的设备，电缆应在填料函处可靠接地。

五、机械完工

根据机械完工检查表进行机械完工检查，记录尾项，并进行尾项整改。

六、调试

机械完工完成后根据调试表格进行预调试和调试，记录尾项，并进行尾项整改。

第四节　常见专业技术问题及处理方法、预防措施

（1）问题：电话与扬声器安装的位置如果在同一垂直线或者距离较近，出现干扰音质，影响正常通信。

解决方法：电话与扬声器两者安装时要尽量保持一定的距离（大于 1.5m），尽量不要安装在同一垂直线上，避免干扰。

（2）问题：电话的安装位置要求。

解决方法：应根据标准及操作者使用要求安装（距离地面 1.5m 以上），如外方项目使用者身高普遍较高，应进行适当调整。

（3）问题：电话，扬声器的安装位置要求。

解决方法：应该避免和管线，设备等碰撞，扬声器安装不能被其他设备、管线遮挡，影响其音响效果。

第六章　机械专业加工设计

第一节　概述

机械专业是为实现某种使用性而对相关机械设备及配套系统的工作原理、结构、运动方式、力和能量的传递方式、控制方式等进行研究、设计、计算、布置、安装、检验、调试、试运行等一系列工作的总称。

针对模块钻机，机械专业加工设计主要是指机械设备安装设计、非标件的制作及安装设计，以及编制设备安装用材料料单等，它是在详细设计设备布置的基础上，进一步细化定位和安装细节，直接用于指导施工。为实现钻井功能，模块钻机上布置有大量的各种不同类型的机械设备、设施，类型如下：

①动力系统设备：　　　　发电机（包括发电机撬体、百叶窗、排烟管等）；

②空气压缩系统设备：　　空压机；

③提升与旋转系统设备：　井架及其附近、气动绞车、主绞车、转盘、倒绳机等；

④井控设备：　　　　　　防喷器组及液压控制单元；

⑤液压系统设备：　　　　综合液压站、滑移液缸及控制箱、液压猫头、盘刹液压站等；

⑥容器类设备：　　　　　柴油罐、水罐、空气罐、缓冲罐等；

⑦泥浆循环与处理设备：

高压泥浆泵、灌注泵、混合泵、计量泵、离心机供液泵、搅拌器、混合漏斗、振动筛、离心机、除砂器、除泥器、除气器、固井管汇、立管管汇、节流压井管汇等；

⑧非标制作件：

井口泥浆返回槽、开排槽、集污槽、分流盒、振动筛及离心机排屑槽、鼠洞、喇叭口、临时漏斗、旋塞阀、工作桌、货架、尾绳桩等。

第二节　加工设计工作内容

机械加工设计是对详细设计的审核与完善，是在详细设计基础上，按照其规定的设计方案、技术要求、规格书、程序文件等对设备安装进行细化的过程，以达到方便指导现场施工的目的。

一、工作内容

加工设计是承接详细设计，直接服务于施工现场的终端设计，根据其设计定位，机械专业加工设计主要工作内容有：施工采办料单编制、设备安装程序文件编制、调试表格编制、设备定位布置、安装及底座图编制、非标准件制作及安装图编制、现场技术服务等。机械专业加工设计主要内容如表 6-2-1 所示。

表 6-2-1

施工程序文件 DOP		
1	SD-DOP-XXXX（MDR)-MA-0101	机械施工程序文件
采办料单 MAL		
1	SD-MAL-XXXX（MDR)-MA-0101	机械散料采办料单（第一批）
2	SD-MAL-XXXX（MDR)-MA-0102	机械散料采办料单（第二批）
3	SD-MAL-XXXX（MDR)-MA-0201	提升系统采办料单
4	SD-MAL-XXXX（MDR)-MA-0301	液压站采办料单
5	SD-MAL-XXXX（MDR)-MA-0401	气动绞车采办料单
6	SD-MAL-XXXX（MDR)-MA-0501	防雨百叶窗采办料单
7	SD-MAL-XXXX（MDR)-MA-0601	低压泥浆系统采办料单
8	SD-MAL-XXXX（MDR)-MA-0701	高压管汇采办料单
9	SD-MAL-XXXX（MDR)-MA-0801	司钻房采办料单
10	SD-MAL-XXXX（MDR)-MA-0901	拖链采办料单
11	SD-MAL-XXXX（MDR)-MA-1001	杂散设备采办料单
12	SD-MAL-XXXX（MDR)-MA-1101	旋塞阀采办料单
13	SD-MAL-XXXX（MDR)-MA-1201	鼠洞装置采办料单
14	SD-MAL-XXXX（MDR)-MA-1301	喇叭口短节采办料单
15	SD-MAL-XXXX（MDR)-MA-…	…采办料单
图纸 DWG		
1	SD-DWG-XXXX（MDR)-MA-0101	高压泥浆泵布置安装图
2	SD-DWG-XXXX（MDR)-MA-0201	灌注泵、混合泵布置安装图
3	SD-DWG-XXXX（MDR)-MA-0301	空压机、干燥器布置安装图
4	SD-DWG-XXXX（MDR)-MA-0401	无热再生式干燥器基座制作及安装图
5	SD-DWG-XXXX（MDR)-MA-0501	南北拖链布置安装图
6	SD-DWG-XXXX（MDR)-MA-0502	东西拖链布置安装图

图纸 DWG

7	SD-DWG-XXXX（MDR）-MA-0601	泥浆、药剂罐搅拌器布置安装图
8	SD-DWG-XXXX（MDR）-MA-0701	空气罐布置安装图
9	SD-DWG-XXXX（MDR）-MA-0801	混合漏斗布置安装图
10	SD-DWG-XXXX（MDR）-MA-0901	缓冲罐布置安装图
11	SD-DWG-XXXX（MDR）-MA-1001	猫道气动绞车布置安装图
12	SD-DWG-XXXX（MDR）-MA-1101	发电机布置安装图
13	SD-DWG-XXXX（MDR）-MA-1102	柴油罐布置安装图
14	SD-DWG-XXXX（MDR）-MA-1103	发电机排烟管布置安装图
15	SD-DWG-XXXX（MDR）-MA-1201	防喷器试压桩布置安装图
16	SD-DWG-XXXX（MDR）-MA-1301	防喷器气动绞车布置安装图
17	SD-DWG-XXXX（MDR）-MA-1401	爬行器安装图
18	SD-DWG-XXXX（MDR）-MA-1501	除泥除沙计量泵布置安装图
19	SD-DWG-XXXX（MDR）-MA-1601	振动筛布置安装图
20	SD-DWG-XXXX（MDR）-MA-1602	分流盒布置安装图
21	SD-DWG-XXXX（MDR）-MA-1603	除砂 & 除泥器布置安装图
22	SD-DWG-XXXX（MDR）-MA-1604	振动筛排液槽 & 岩屑挡板布置安装图
23	SD-DWG-XXXX（MDR）-MA-1701	离心机布置安装图
24	SD-DWG-XXXX（MDR）-MA-1702	离心机供液泵布置安装图
25	SD-DWG-XXXX（MDR）-MA-1703	离心机排屑槽布置安装图
26	SD-DWG-XXXX（MDR）-MA-1801	真空除气器布置安装图
27	SD-DWG-XXXX（MDR）-MA-1901	液压站单元布置安装图
28	SD-DWG-XXXX（MDR）-MA-2001	防喷器控制单元布置安装图
29	SD-DWG-XXXX（MDR）-MA-2101	滑移控制箱布置安装图
30	SD-DWG-XXXX（MDR）-MA-2201	钻井绞车布置安装图
31	SD-DWG-XXXX（MDR）-MA-2301	钻台绞车盘刹液压站单元基座制作及安装图
32	SD-DWG-XXXX（MDR）-MA-2401	转盘布置安装图
33	SD-DWG-XXXX（MDR）-MA-2501	钻台面气动绞车布置安装图
34	SD-DWG-XXXX（MDR）-MA-2502	钻台面载人气动绞车基座制作及安装图
35	SD-DWG-XXXX（MDR）-MA-2601	液压猫头布置安装图
36	SD-DWG-XXXX（MDR）-MA-2701	立管管汇、固井管汇、节流压井管汇布置图

续表

图纸 DWG

37	SD-DWG-XXXX（MDR)-MA-2801	气动倒绳机布置安装图
38	SD-DWG-XXXX（MDR)-MA-2901	死绳锚基座制作及安装图
39	SD-DWG-XXXX（MDR)-MA-3001	司钻房布置安装图
40	SD-DWG-XXXX（MDR)-MA-3101	临时混合漏斗制作安装图
41	SD-DWG-XXXX（MDR)-MA-3201	喇叭口制作安装图
42	SD-DWG-XXXX（MDR)-MA-3301	鼠洞制作及安装图
43	SD-DWG-XXXX（MDR)-MA-3401	井口泥浆回流槽、开排槽制作安装图
44	SD-DWG-XXXX（MDR)-MA-3402	泥浆回流槽布置安装图
45	SD-DWG-XXXX（MDR)-MA-3403	集污槽布置安装图
46	SD-DWG-XXXX（MDR)-MA-3501	机修间设备布置安装图
47	SD-DWG-XXXX（MDR)-MA-3502	机修间工作桌制作图
48	SD-DWG-XXXX（MDR)-MA-3601	尾绳桩制作及安装图
49	SD-DWG-XXXX（MDR)-MA-3701	DSM 旋塞阀总装图
50	SD-DWG-XXXX（MDR)-MA-3702	DES 旋塞阀总装图
51	SD-DWG-XXXX（MDR)-MA-3703	扳手加工图
52	SD-DWG-XXXX（MDR)-MA-3704	丝杠 & 丝母加工图
53	SD-DWG-XXXX（MDR)-MA-3705	槽钢支架制作图
54	SD-DWG-XXXX（MDR)-MA-3706	上下环盖加工图
55	SD-DWG-XXXX（MDR)-MA-3707	固定架加工图
56	SD-DWG-XXXX（MDR)-MA-3708	压杆加工图
57	SD-DWG-XXXX（MDR)-MA-3709	压板加工图
58	SD-DWG-XXXX（MDR)-MA-3710	胶塞加工图
59	SD-DWG-XXXX（MDR)-MA-3711	导向环加工图
60	SD-DWG-XXXX（MDR)-MA-3712	接管加工图
61	SD-DWG-XXXX（MDR)-MA-3801	灰罐布置 & 安装图

调试表格 CMT

1	SD-CMT-XXXX（MDR)-MA-0101	柴油发电机调试表格
2	SD-CMT-XXXX（MDR)-MA-0201	防喷器调试表格
3	SD-CMT-XXXX（MDR)-MA-0301	防喷器移动装置调试表格
4	SD-CMT-XXXX（MDR)-MA-0401	高压泥浆泵调试表格
5	SD-CMT-XXXX（MDR)-MA-0501	离心泵调试表格
6	SD-CMT-XXXX（MDR)-MA-0601	搅拌器调试表格
7	SD-CMT-XXXX（MDR)-MA-0701	气动绞车调试表格

调试表格 CMT

8	SD-CMT-XXXX（MDR)-MA-0801	空压机 & 干燥器调试表格
9	SD-CMT-XXXX（MDR)-MA-0901	离心机调试表格
10	SD-CMT-XXXX（MDR)-MA-1001	转盘调试表格
11	SD-CMT-XXXX（MDR)-MA-1101	井架调试表格
12	SD-CMT-XXXX（MDR)-MA-1201	主绞车调试表格
13	SD-CMT-XXXX（MDR)-MA-1301	滑移系统 & 综合液压站调试表格
14	SD-CMT-XXXX（MDR)-MA-1401	锅炉调试表格
15	SD-CMT-XXXX（MDR)-MA-1501	液压猫头调试表格

注：文件编号中的 XXXX 表示项目代号

二、设计界面划分

（一）详细设计/加工设计界面划分

根据详细设计和加工设计在整个工程环节中所处位置不同，详细设计着重于设备整体分布、定位及单个设备的具体配置、技术参数、技术性能要求的设计，加工设计由于其成果直接服务于现场施工，其设计着重于定位、固定及单件制作等设计，要求细化到可直接用于施工，详设和加设的界面可简单按如下进行划分：

（1）详细设计工作范围：

①设备计算书、数据表、规格书、请购书；

②设备布置图；

③设备清单；

④设备调试大纲。

（2）加工设计工作范围：

①设备安装定位图及底座制作安装图；

②非标准件制作安装图；

③施工材料采办料单；

④设备采办料单；

⑤调试表格。

详细界面划分见附录二《各工程设计阶段设计文件典型目录》。

（二）专业界面划分

1. 设备归属界面

模块钻机上设备以撬块为单位分属不同专业，除下述列明的属于电仪、暖通、安全专业的外，其它设备及其附属等都属于机械专业，明细如下：

（1）风机、风闸、分体空调、中央空调等属于暖通专业；

（2）电气盘柜、控制盘柜、变压器、电气控制箱、启停按钮盒、通讯灯、警报器、探测器等属于电仪专业；

（3）安全救生设备如 FM200、雨淋阀、软管站、洗眼站、灭火器、灭火器箱、消防炮等属于安全专业；

（4）如下非标制作件属于机械专业：井口泥浆返回槽、开排槽、集污槽、分流盒、振动筛及离心机排屑槽、鼠洞、喇叭口、临时漏斗、旋塞阀、工作桌、货架、尾绳桩等。

2. 与配管专业接口界面

（1）所有成橇设备，从橇块外的第一片法兰为界，法兰以里属于机械设备专业，法兰以外配管专业；

（2）所有现场制作设备，从设备进出口的第一片法兰起，法兰以里属于机械设备专业，法兰以外配管专业。

3. 与电仪专业接口界面

以设备撬块接线箱为界，外部至接线箱的设计、连接、安装等都属于电仪专业。

三、加工设计

机械专业加工设计是在详细设计的基础上，以满足施工材料采办、设备安装稳固、安全可操作的需要而专门编制的一套设计文件，包括设备安装程序、机械施工采办料单、设备安装图及底座、非标件制作图纸、调试表格等，要求具有高度可操作和可执行性。安装设计除应满足相关规范、业主和详细设计及设备本身特殊安装要求，设计时还应考虑施工现场的一些特殊要求。

（一）设计流程（图 6-2-1）

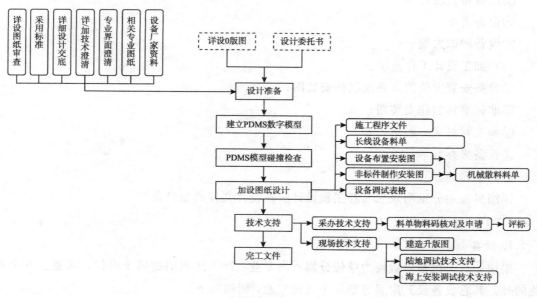

图 6-2-1

（二）设计依据

加工设计文件编制的依据是详细设计图纸、规格书和其所规定采用的国际、国内规范或标准，若规格书与规范、标准相互间矛盾，应优先执行规格书，若规范、标准间相互矛盾，应按规格书规定的优先顺序执行，通常采用的规格书、标准和规范如下：

（1）规格书/文件

①设备规格书 SPC；

②设备清单 EQL；

③设备数据表 DDS；

④设备计算书 CAL；

⑤设备请购书 REQ；

⑥设备布置图 DWG；

⑦结构专业图纸 DWG；

⑧设备调试大纲 CMO；

⑨模块钻机三维模型。

（2）标准和规范（表 6-2-2）

表 6-2-2

序号	标准号	标准名称
1	GB/T 700	碳素结构钢
2	GB/T 702	热轧圆钢和方钢尺寸、外形、重量及允许偏差
3	GB/T 706	热轧型钢
4	GB/T 708	冷轧钢板和钢带的尺寸、外形、重量及允许偏差
5	GB/T 709	热轧钢板和钢带的尺寸、外形、重量及允许偏差
6	GB/T 11263	热轧 H 型钢和剖分 T 型钢
7	GB/T 8162	结构用无缝钢管
8	GB/T 8163	输送流体用无缝钢管
9	SY/T 5768	一般结构用焊接钢管
10	GB/T 4226	不锈钢冷加工钢棒
11	GB/T 3280	不锈钢冷轧钢板和钢带
12	GB/T 5782	六角头螺栓
13	GB/T 6170	1 型六角螺母
14	GB/T 3632	钢结构用扭剪型高强度螺栓连接副
15	GB/T 95	平垫圈 C 级
16	CB/T 3606	机电设备安装质量要求
17	GB 50231	机械设备安装工程施工及验收通用规范
18	GB 50461	石油化工静设备安装工程施工质量验收规范

序号	标准号	标准名称
19	SH/T 3542	石油化工静设备安装工程施工技术规程
20	SH/T 3538	石油化工机器设备安装工程施工及验收通用规范
21	SY 4201.1	石油天然气建设工程施工质量验收规范 设备安装工程 第1部分：机泵类
22	SY 4201.3	石油天然气建设工程施工质量验收规范 设备安装工程 第3部分：容器类
23		海洋石油工程设计指南 第07册 配管、机械、电仪信加工设计及调试
24	HG/T 20519.9	设备安装图
25		海上固定平台及建造入级规范
26		海上平台安全规则

注：所有标准规范以最新有效版本为准

（三）设计准备

（1）编制加工设计成果文件提交计划。

（2）熟悉详细设计相关图纸、设备清单，包括总体图、设备布置图、平台每层甲板的结构图（包括平面图和立面图）、房间结构图、逃生路线布置图、危险区域划分图。

（3）熟悉经详细设计审查批准的设备厂商图纸资料，包括设备总图、重要部件图、设备安装及操作维修要求等。

（4）熟悉三维模型。

（5）了解总包方和业主方的一些特殊要求。

（6）根据业主要求制定项目图纸和料单等提交成果文件的固定模版。

（7）了解图纸、料单、调试表格等成果文件的编号原则。

（四）碰撞检查

机械设备本身由于其大型撬装特性，不同于其它专业，一般碰撞问题相对较少，碰撞检查的重点部位是与其他专业的连接接口。而对于其中的一些非标制作件，如各种排屑槽、维修吊梁等（尤其是维修吊梁），则容易存在与结构梁、柱、配管管线、通风管线、电仪桥架及配管管线、通风管线、电仪桥架的吊架等的碰撞干涉问题，设计时需重点关注，尤其做好三维模型的建立和审查。

具体内容参考第十二章 PDMS 模型设计中三维模型碰撞检查部分。

（五）图纸设计

本专业加工设计图纸主要包括设备定位安装图、设备底座制作图、非标件制作图、采办料单、调试表格。

1. 设备定位安装图

机械专业设备根据其安装形式分为增加底座设备和不增加底座设备（此处所述底座指设备撬体以外增加的底座，不指设备撬体自带的底座）。

（1）需增加底座的设备：

一般为带旋转电机且振动较厉害的设备或者因操作高度、接口高度等原因需要通过增加底座来提升高度的设备。主要包括：高压泥浆泵、灌注泵、混合泵、除砂泵、除泥泵、计量泵、离心机供液泵、振动筛、离心机、载人\载物绞车、混合漏斗。

（2）不需增加底座的设备：

此类设备通常直接在相应甲板或者结构梁上焊接固定，一般为供货时已经成撬供货，并且带有公共底座或单体非振动、旋转类的设备，可以直接将底座四周与甲板连续焊接。主要包括：柴油发电机、柴油罐、空气罐、搅拌器、立管管汇、节流压井管汇、固井管汇、泥气分离器、空压机、无热再生式干燥器、拖链、BOP 控制单元、综合液压站、盘刹液压站、滑移控制箱、倒绳机、防喷器试压桩、FM200、雨淋阀、转盘、主绞车、司钻房、倒绳机、灰罐。

设备定位安装图中描述了设备安装位置、方向、尺寸、固定方式、安装技术要求等。典型的设备定位安装图如图 6-2-2、图 6-2-3 所示。

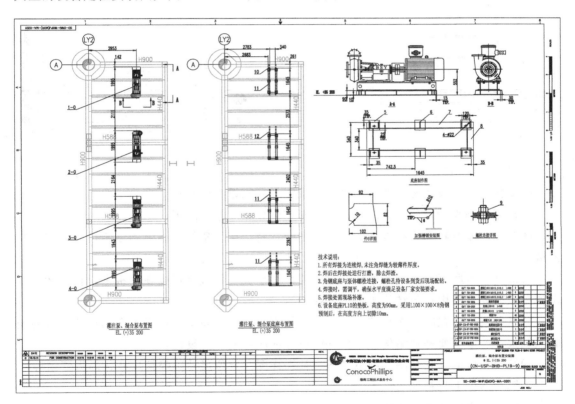

图 6-2-2

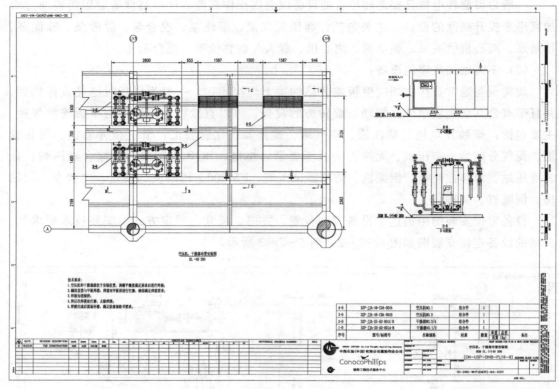

图 6-2-3

（1）绘图步骤：

①查找拟出图设备相关的详细设计布置图和厂家设备资料；

②根据详细设计定位布置图，查找设备定位处相应结构图纸；

③对比厂家资料和详细设计的定位及朝向，将厂家设备的可编辑图纸定位到相应结构图纸上；

④根据设备底座的形式，确认固定方式，小型设备可直接焊接在甲板上，振动较大的设备一般需要去除甲板与结构梁进行焊接；

⑤设备安装位置应有承重结构梁，大型较重设备的安装位置如果不在结构梁上或悬空面积较大，一般需要补强结构。结构补强设计前应咨询详细设计；

⑥编辑相应的其它视图、细节详图、补强详图、定位尺寸、焊接尺寸、焊脚要求等；

⑦填写图框上材料列表；

⑧添加其它安装技术说明；

⑨检查、审核，确认无错误和遗漏；

⑩打印、签字出版。

（2）图纸设计技术要点：

① 一般技术要求：

a. 检查设备布置图中设备操作维修空间是否足够；

b. 设备定位图中需要表面平台的方向图标；

c. 在设备定位图中，一般需给出两个垂直方向的视图，标出设备的形体特征，如人孔、梯子、平台、泵、电机等，以方便施工人员辨别出设备的安装方位。需要特别注意的是，设备的方向及操作面的要求应与业主的技术资料要求的一致。设备的视图中应给出设备的 3 个方向的总体尺寸；

d. 图纸的明细栏需注明设备的名称、编号、位号、重量、数量、供货范围等，底座等在另一张图中体现详细信息的，需要标注清楚对应图纸的编号；

e. 在设备的视图中，一般也要求给出设备与甲板的连接形式及要求。如果设备与甲板焊接，应标明焊接的要求；

f. 为了减少设备震动，保证设备激振力传递到结构梁上，旋转类、震动较大类设备处的结构需补强；

g. 绘制设备定位图时，设备的定位基准要一致；

• 一般以平台定位轴或结构梁轴线定位。

• 如果设备距离轴线较远，施工时测量比较困难时，可以取甲板边缘为定位基准，但边缘一定要清晰可测。不应以前一设备的边缘为基准来给下一个设备定位，以避免产生累计误差。

• 一般带有底座（成撬设备）的设备以底座的边缘来定位，部分设备如泵类设备一般以设备中心来定位。

• 对于不带底座的压力容器设备一般以设备中心线或轴心定位。

• 矩形常压容器一般以底座定位，但要注意厂家资料中定位尺寸的位置，否则容易产生错误。

h. 在图纸中说明主要技术要求，至少应包含以下内容：

• 设备安装时应遵循的设备安装程序。

• 当设备或底座与甲板焊接时，应采用连续焊，焊接符号表示要符合 GB/T 324 的要求。焊脚高度一般取较薄件的厚度。

• 焊后需将毛刺、焊渣等打磨干净，并补漆。

②发电机安装设计要求：

发电机设备安装时，有调平、减振方面的要求，安装设计时应加以考虑。发电机安装设计的主要内容有机组、百叶窗、排烟系统布置与安装设计。

a. 机组的安装要求：

发电机组一般安装在机房内，配有通风系统，一般以底座为基准定位，设计时确保留有足够的维修空间。

b. 百叶窗的安装要求：

• 百叶窗一般镶嵌在机房的墙壁上，由于墙壁钢板较薄，为了减小墙壁的变形，应在百叶窗下安装固定基座。

• 固定百叶窗时为了保证墙壁整体的防火级别，百叶窗外侧与墙壁之间的焊接必须为连续焊。

- 百叶窗一般以平台结构轴线或机房墙壁边缘为基准定位。
- 出风百叶窗一般要求与机组冷却风扇同轴，以便气流阻力最小。

c. 排烟系统安装要求

- 排烟系统一般由出口法兰、膨胀节、弯头、消音器、短管组成，消音器一般布置在室外，需要用支架支持，并需要考虑其热膨胀因素。
- 烟管一般选用碳钢，厚度一般5～8mm，视烟管直径大小而定，为防止腐蚀，预制后需进行耐高温防腐处理，涂高温漆。
- 排烟系统需隔热，防止烫伤，隔热材料应耐500～600℃高温，一般使用50mm厚的防火陶瓷棉外加不锈钢皮形式进行隔热。
- 排烟系统的出口设计应防止雨水的流入，一般设计为将管子出口末端斜切为45°（水平烟管），坡度管或加装防雨帽（垂直烟管）。

2. 设备底座制作安装图

需增加底座的设备在模块钻机上大多为泵类设备，少量是因管卡高度或操作高度需要而增加底座的设备，如气动绞车、混合漏斗等。泵类设备安装时，有调平、减振方面的要求，宜在甲板上设置一个安装底座满足其要求。底座与甲板采用连续焊接，底座与设备本身底座通过螺栓连接，并通过调节螺栓和垫片等来调节设备的水平度。典型设备制作安装图如图6-2-4所示。

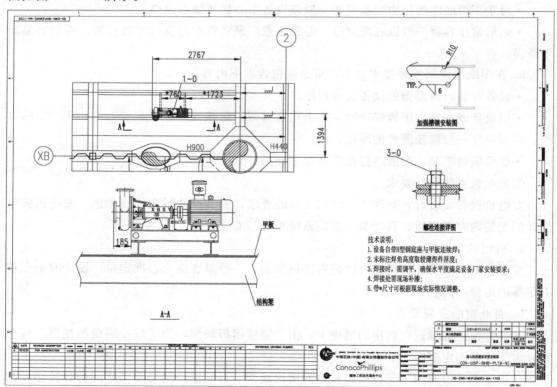

图 6-2-4

（1）绘图步骤：

①根据设备与底座连接面形状，确定底座框架形状；

②根据框架形状，设备与底座连接的螺栓孔布置、设备安装高度等选定底座用材；

③根据选定材料，绘制底座连接详图；

④完善螺栓孔开孔定位和大小；

⑤完善其它视图、细节详图、各向尺寸、焊接尺寸、焊脚要求等；

⑥完善制作技术说明、材料列表；

⑦检查、提交审核，确认无错误和遗漏；

⑧打印、签字出版。

（2）底座材料选择：

底座要求要有足够的刚性，其变形量要小于1/150，一般选用工字钢、槽钢或角钢做底座框架。

（3）底座设计要求：

①焊接后，底座要进行校平，其不平度不大于3mm/1000mm；

②所有焊接均为强度焊，且为满焊；

③顶部和底部焊缝要打磨平整；

④螺栓孔要与所对应的底座现场配钻；

⑤按项目要求进行防腐涂漆。

（4）底座安装要求：

①底座下部甲板结构应具有一定的强度和刚度，一般泵长度方向常位于两个梁格上，如强度和刚度不满足要求，应对甲板结构补强；

②对于多级离心泵，转速比较高，电机功率也比较大，泵体及电机都存在不平衡力，整体振动较大，一般需在厂家泵撬基础上加一个底座，按照厂家要求调节水平度；

③管线安装时，必须用支架支撑。加在泵体进出口商，由接管引起的力、力矩不能超过泵厂家的要求；

④底座四周可直接与结构梁格焊接，也可与甲板直接焊接。

3.非标准件制作安装图

对于模块钻机，非标准件主要指各种排泄\屑槽、分流盒、喇叭口、鼠洞、尾声桩、临时漏斗、旋塞阀、工作桌、货架等。

（1）各种排泄\屑槽、分流盒

①典型图如图6-2-5、图6-2-6所示。

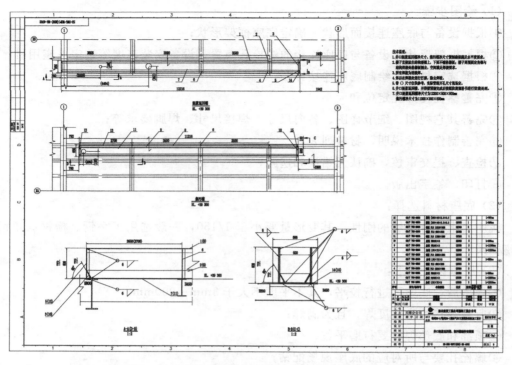

图 6-2-5 井口泥浆返回槽、集污槽制作安装图

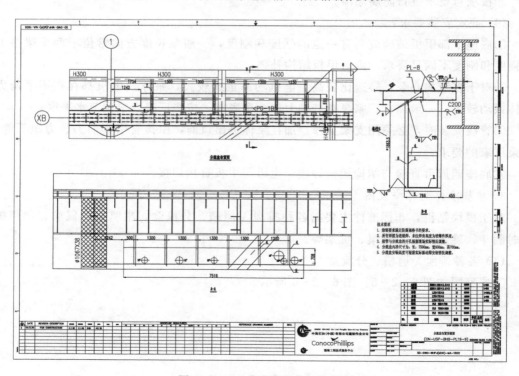

图 6-2-6 分流盒制作安装图

②绘图步骤如下：

a. 找到拟绘图槽子 \ 分流盒的详细设计布置图和对应的三维模型；

b. 找到拟绘图槽子 \ 分流盒布置位置处的结构平面图及立面图；

c. 根据详细设计图纸和三维模型，核对水平、高度定位以及长宽高尺寸是否一致；

d. 选定用材，如项目没有特殊要求，槽子 \ 分流盒围壁主体一般选用 8mm 厚钢板，绘制槽子 \ 分流盒的总体形状图；

e. 将总体图落位于对应结构上；

f. 根据总体图及结构梁分布情况，确定加强筋分布及落位，加强筋根据具体情况可选用 L75 * 75、L100 * 100、L100 * 80 等角钢，也可根据实际情况选用其它型材；

g. 完善各视图、细节详图、尺寸标注、材料列表、图号等；

h. 交审核，确认无错误或遗漏；

i. 打印，签字，出版。

（2）喇叭口

喇叭口是布置在钻机 DES 模块中间，连接钻台和防喷器上部端口的一个上大下小的呈喇叭形状的一个非标准制作件。

① 典型图如图 6-2-7、图 6-2-8 所示。

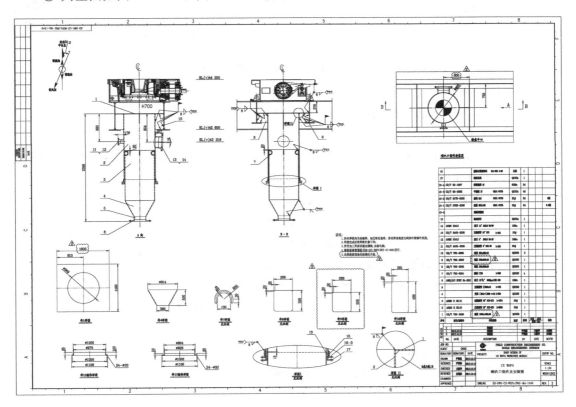

图 6-2-7　喇叭口制作安装图（型式一）

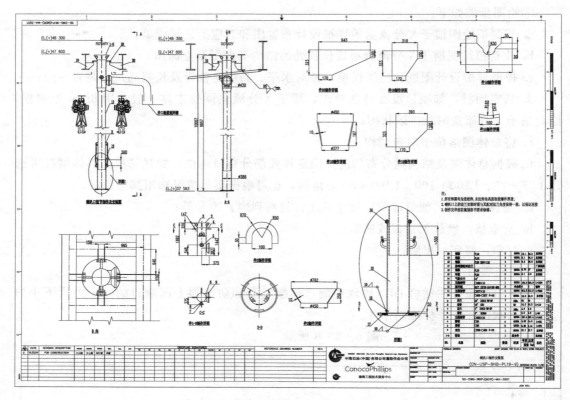

图 6-2-8　喇叭口制作安装图（型式二）

② 绘图步骤如下：

a. 找到拟绘图设备的详细设计布置图和对应的三维模型；

b. 找到拟绘图设备位置处的结构平面图及立面图；

c. 找到厂家 BOP 资料，与详细设计、总包项目组沟通确定喇叭口下端距组块上甲板的高度，从而确定喇叭口的整体尺寸；

d. 参照过往项目资料，确定喇叭口的大体形状尺寸；

e. 根据三维模型确定喇叭口上管线接口的布置和朝向；

f. 根据三维模型，与配管专业沟通核实接口高度；

g. 将确定的喇叭口制图模块整体放置于相应的结构立面图中；

h. 根据立面图确定喇叭口与结构梁的安装固定型式；

i. 完善各向视图、细节详图、尺寸标注、材料列表、图号等；

j. 交审核，确认无错误或遗漏；

k. 打印，签字，出版。

（3）鼠洞、尾声桩、临时混料漏斗、旋塞阀

① 典型图如图 6-2-9、图 6-2-10 所示。

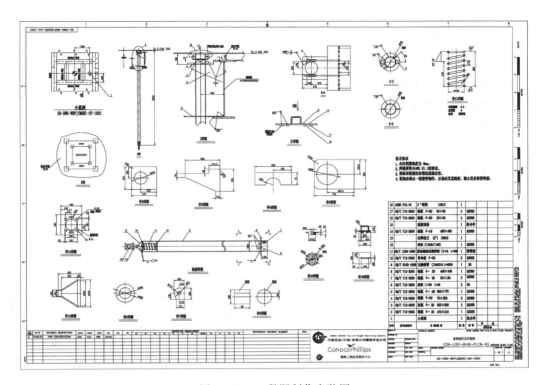

图 6-2-9　鼠洞制作安装图

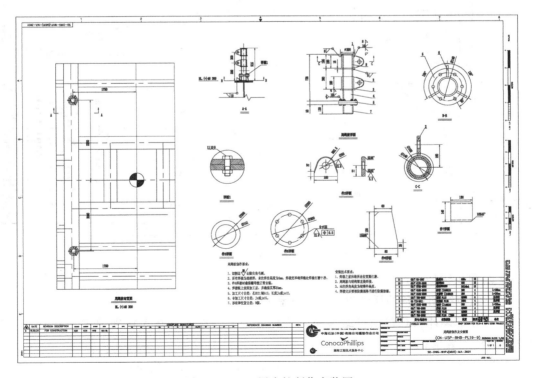

图 6-2-10　尾声桩制作安装图

② 绘图步骤如下：

a. 找到拟绘图设备的详细设计布置图和对应的三维模型；

b. 找到拟绘图设备位置处的结构平面图及立面图；

c. 参照过往项目资料，确定拟绘图设备的大体形状尺寸；

d. 将确定的制图模块整体放置于相应的结构立面图中；

e. 根据立面图确定与结构梁的安装固定型式；

f. 完善各向视图、细节详图、尺寸标注、材料列表、图号等；

g. 交审核，确认无错误或遗漏；

h. 打印，签字，出版。

（4）工作桌、储物柜、货架等

① 典型图如图 6-2-11 所示。

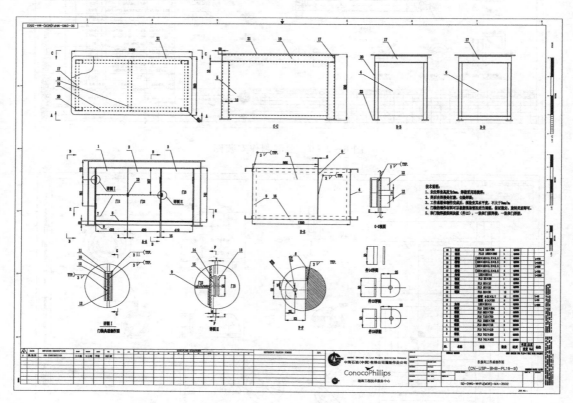

图 6-2-11　工作桌制作安装图

② 绘图步骤如下：

a. 找到拟绘图设备的详细设计布置图和对应的三维模型；

b. 与详细设计和总包项目组沟通，了解业主方、作业方有无特别型式、材质、承重等方面的特殊要求；

c. 参照过往项目资料，确定拟绘图设备的大体形状尺寸和用材；

d. 完善各向视图、细节详图、尺寸标注、材料列表、图号等；

e. 交审核，确认无错误或遗漏；

f. 打印，签字，出版。

4. 采办料单

材料的统计、采办、下发是每个工程的重要环节，它是衡量工程成本的重要指标，直接关系到工程进度和质量，因此材料的选用与统计是加工设计的重要组成部分。

（1）材料的选用原则

材料的选用原则是在符合规范的前提下，采用安全、环保、经济、合理的设计满足使用的要求。机械专业不同于结构专业，对材料的要求不会太高，一般按以下原则选取：

①型材和板材一般选用普通碳钢，如 Q235A \ Q235B；

②板材如有特性要求，按特殊要求选择，如不锈钢板、镀锌钢板；

③管材一般选用焊接钢管和无缝钢管，材质多为 20♯钢；

④对应的管件，如弯头等，按管材原则选取；

⑤螺栓 \ 螺母一般选用 35♯ \ 25♯ 或者 35CrMoA \ 35♯，为防锈蚀，一般螺栓螺母都要求镀锌或者镀镉，当然要求再高的可以直接选择不锈钢的。当然，如所用螺栓、螺母在某些规范规定了相应的材料，则以规范为准；

⑥普通垫圈一般选用 Q235A 镀锌或者镀镉的，如螺栓螺母为不锈钢的，则垫圈也可配套选用不锈钢的；

⑦弹簧垫圈一般选用 16Mn 镀锌或镀镉。

（2）材料统计

材料统计的原则是按设备进行统计，先统计出每个设备安装和制作所需要的材料，最后合并叠加数量。统计时，无论是型材、板材还是管材，最后累加合计的数量与实际使用量是是有差异的，在确定最终的数量时，需要合理考虑到型材、板材、管材切割时的损失，还要考虑材料制造和运输造成的尺寸限制。此外，材料切割到最后，有可能剩余一段小边角料是不能使用的，这些因素都统计材料时都需要合理考虑，设计一定的采办余量。

（3）料单格式和规定

杂散料和设备采办料单格式和规定如表 6-2-3、表 6-2-4 所示。

表 6-2-3

序号	SAP物资编码	货物名称	单位	数量	规格型号	技术要求	备注	
机械散料采办料单（第一批）						SD-MAL-XXXX（MDR）-MA-XXXX		
机械散料采办料单（第一批）						Rev. 0		
1	XXXXXXXX	H型钢	TO	XX	H200×100×5.5×8	Q235B/GB/T 11263-2010	XX m	振动筛、搅拌器
2	XXXXXXXX	H型钢	TO	XX	H200×200×8×12	Q235B/GB/T 11263-2010	XX m	发电机排烟管支架、除砂除泥器
3	XXXXXXXX	H型钢	TO	XX	H300×150×6.5×9	Q235B/GB/T 11263-2010	XX m	发电机排烟管支架、缓冲罐

机械散料采办料单（第一批）						SD-MAL-XXXX（MDR）-MA-XXXX	
						Rev. 0	
序号	SAP 物资编码	货物名称	单位	数量	规格型号	技术要求	备注
4	XXXXXXXX	角钢	TO	XX	L125×80×10	Q235B/GB/T 706-2008	XX m	砂泵、气动绞车
5	XXXXXXXX	角钢	TO	XX	L100×100×8	Q235B/GB/T 706-2008	XX m	CS排泄槽
6	XXXXXXXX	角钢	TO	XX	L75×75×6	Q235B/GB/T 706-2008	XX m	砂泵、SK槽、分流盒、混合漏斗等
7	XXXXXXXX	角钢	TO	XX	L50×50×5	Q235B/GB/T 706-2008	XX m	泥浆回流槽、防火风闸等加强
8	XXXXXXXX	钢板	TO	XX	PL30	Q235B/GB/T 700-2006	XXm²	HP泵、发电机
9	XXXXXXXX	钢板	TO	XX	PL20	Q235B/GB/T 700-2006	XXm²	发电机、HP泵、液压猫头
10	XXXXXXXX	钢板	TO	XX	PL12	Q235B/GB/T 709-2006	XXm²	发电机排烟管管座

表 6 - 2 - 4

低压泥浆系统采办料单					SD-MAL-XXXX（MDR）-MA-XXXX	
					Rev. 0	
序号	SAP 物资编码	货物名称	单位	数量	技术参数	备注
1	XXXXXXXX	泥浆罐搅拌器	EA	XX	电机功率：15kW；叶片转速：60rpm；双叶轮；电机：15kW、380V、3PH、50Hz；一级一区危险区	配套附件、配套调试、一年备件等备品备件及配套陆地、海上安装、调试服务等
2	XXXXXXXX	混合罐搅拌器	EA	XX	电机功率：7.5kW；叶片转速：60rpm；双叶轮；电机：7.5kW、380V、3PH、50Hz；一级一区危险区	配套附件、配套调试、一年备件等备品备件及配套陆地、海上安装、调试服务等
3	XXXXXXXX	泥浆混合漏斗	EA	XX	处理量：180m³/h；形式：文丘里；接口 6″	配套附件、配套调试、一年备件等备品备件及配套陆地、海上安装、调试服务等

①货物名称、规格型号按详细设计文件或标准规范上的要求进行填写，一般遵循详细设计文件进行填写；

②技术要求填写，对于杂散料，主要填写的材料对应的材质、尺寸大小、规范标准、涂层等方面要求；

③设备采办料单有时可能没有明确的型号，而只有技术参数，此时一般将"规格型号"和"技术要求"合并成为一栏，填写设备相应的技术参数；

④备注栏，对于杂散料，通常分成2栏，一栏填写对应的米数或平米数，以便与吨位进行对应，另一栏填写该物料对应的使用处，既方便查漏补缺，也方便施工现场；对应设

备，备注栏一般填写设备对应的位号、设备号、证书、配件或者其它一些供货服务要求等；

⑤SAP物资编码和物资单位，根据物料属性从SAP数据库中进行查询并填写，具体参见附录四《SAP物料编码申请流程及注意事项》；

⑥文件左上角填写料单的名称，右上角分别填写料单编号和料单的版次；

⑦散料采办料单一般不止一批，第一批一般是前期根据项目实际情况和过往项目经验进行预估的，由于每个项目都不同，所以存在一定的不确定性，故而可能需要后续批次。后续批次的料单内容的确定也是根据项目实际情况、现场需求反馈等情况进行编制；

⑧设备采办料单的个数与设备数可能会不一致，是否需要编制，需要根据项目采办策略进行，一般只有由总包方自行采购的设备才需要加工设计编制采办料单，而由业主方自行采办的设备一般就不需要总包方设计出采办料单了。

（4）料单设计方法及步骤

①根据设备情况和过往项目经验进行材料统计；

②核对详设设备清单、数据表、布置图、请购书、规格书等对相关设备的说明是否一致；如不一致，及时反馈详细设计和总包项目组进行确认；

③在统一格式的采办料单表格中对应填写设备名称、数量、单位、规格型号、技术要求等信息；

④根据需要填写备注信息；

⑤根据设备规格型号和技术参数信息，从SAP数据库中查找对应物料编码，并填写只对应的单元格中；

⑥根据出图计划，填写料单编号；

⑦完善页面、页脚、封面等对应处的信息；

⑧提交审核，确认无误；

⑨打印、签字、盖章出版。

5．调试表格

调试表格也是加工设计主要内容之一，主要依据是详细设计的调试大纲。由于调试表格是一种记录表格，所以加工设计编制调试表格主要工作就是根据一定的模版和详细设计的调试大纲调试步骤，完整列出应记录的内容，内容主要包括：

①调试时的温度、湿度等；

②调试工具、资源等；

③启动前检查项；

④调试结果、过程；

⑤参与各方签字；

⑥调试日期记录。

调试表格编制步骤：

①获得并详读详细设计的调试大纲。

②比对调试大纲与规格书、数据表、请购书中对设备相应参数要求是否一致，比对工艺文件，以确认调试大纲是否存在问题，如有疑问，尽快反馈详细设计、总包项目组进行沟通确认。

③根据上述结果，参考过往项目的模块，根据调试大纲规定的调试内容和记录要求，编制调试记录表格。

④编制完成后，交审核，确认无误或遗漏。

⑤打印、签字、盖章出版。

四、技术支持

（一）采办技术支持

采办技术支持主要有以下几个方面：技术评标、技术澄清、图纸审核等。

（1）技术评标

对厂家的投标文件中技术参数与设计文件进行比对，填写技术参数比较表（表6-2-5）。

评标内容主要包括：供货范围、设备材料主要技术指标、一般指标、船检取证要求、质保期要求、厂家同类产品供货经验经历、交货时间等。

版本号：2013-01

表 6-2-5 油田建设工程分公司
拖链技术参数比较表

项目/所属单位名称：　　　　　　　　　　　　　　　　　　　　　　采办申请编号：

项目内容/产品名称：拖链　　　　　　　　　　　　　　　　　　　　招标书编号：

投标人						
招标文件要求	技术参数	评议	技术参数	评议	技术参数	评议
投标文件的完整性						
供货计划及保障：提供计划及保障文件						
拖链材质：拖链的材料要求选用不锈钢，链板、销轴、支撑板、压板、联结器要求为316L						
链板厚度：不低于5mm						
WHPC模块东西拖链：长度：10300mm　行程：9000mm　弯曲半径（中心线）：1250mm　截面尺寸（宽×高）：1200mm×500mm						
WHPC模块南北拖链：长度：13600mm　行程：17200mm　弯曲半径（中心线）：1000mm　截面尺寸（宽×高）：1200mm×500mm						

（表中最左侧纵向合并单元格标注：主要指标）

招标文件要求		技术参数	评议	技术参数	评议	技术参数	评议
主要指标	WHPD 模块东西拖链： 长度：10300mm 行程：9000mm 弯曲半径（中心线）：1250mm 截面尺寸（宽×高）：1200mm × 500mm						
	WHPD 模块南北拖链： 长度：13600mm 行程：17200mm 弯曲半径（中心线）：1000mm 截面尺寸（宽×高）：1200mm×500mm						
	WHPE 模块东西拖链： 长度：9500mm 行程：9000mm 弯曲半径（中心线）：1000mm 截面尺寸（宽×高）：1200mm×500mm						
	WHPE 模块南北拖链： 长度：13600mm 行程：17200mm 弯曲半径（中心线）：1000mm 截面尺寸（宽×高）：1200mm×500mm						
一般指标	水平旋转支撑棒要求采用 PVC 外套 拖链头尾配安装固定板及安装固定螺栓						
	拖链上所有连接螺栓材质要求与拖链本体相同						
	拖链分区内需在布满设计的软管和电缆后留有 10％－15％的空间，方便以后管线增加						
供货范围	WHPC 模块 1 套东西拖链和 1 套南北拖链 WHPD 模块 1 套东西拖链和 1 套南北拖链 WHPE 模块 1 套东西拖链和 1 套南北拖链						
结论							

1. "评议"栏中填写"接受"或"不接受"。

2. "结论"栏中填写"合格"或"不合格"。

3. 备注：工程和服务项目，本表可在根据招标文件调整后使用。

技术评标人员签字：

评标小组技术负责人：

其他相关机械设备技术参数详见附录三。

（2）技术澄清

开标后，对标书中未响应招标文件中的部分（非关键技术参数），与厂家进行技术澄清；

与中标厂家详细澄清设备材料的技术要求，编写技术协议，双方签字。

典型的技术澄清表如表6-2-6所示。

表6-2-6 采办技术澄清

序号	澄清内容	厂家回复	是否影响价格
1			
2			
3			
4			
5			
6			
7			
8			
9			
10			

厂家签字盖章：

（3）图纸审核

厂家中标后，采办方会根据项目进度，要求厂家收到中标通知书一周内提交第一版厂家送审资料图纸，送审资料一般要求5套且带电子版文档。设备送审资料内容一般包括：工艺方案、设备外形尺寸及接口、与电仪配管等专业相关接口、试验大纲、安装说明书及操作维修手册等。审核的内容含以下几项：

①审核送审图纸中设备的参数是否满足详细设计及技术协议要求。

②图纸安装尺寸是否齐全。

③与电仪配管等专业接口是否无误，满足工艺要求。

（二）现场技术支持

（1）技术交底

技术交底内容一般包含：项目概况、设备分布情况、重要设备参数介绍、设备底座形式、详细设计规格书中规定的内容，以及设备施工技术要求。

（2）协助建造项目组人员进行设备及材料验货

①对现场到货材料进行检查，与设计标准规格核对；

②对到货设备进行核对，检查设备与最终认可图纸是否一致。

（3）现场安装技术指导

解决现场施工中出现的技术问题，通过现场检查、各专业图纸核对查明原因，并根据现场的实际情况修改或完善设计图纸和文件。

图纸更新升版，当施工现场反馈图纸与现场实际不符时，加工设计现场驻场人员需要根据现场实际情况进行修改；当业主或总包项目组专业工程师对设备布置和定位提出合理修改建议时，现场驻场人员与详细设计方确认修改方案符合设计规范后，进行图纸更新和升版工作。

（4）调试技术支持

①将调试表格与调试大纲一一对应说明；

②根据现场调试条件的变动作出相应的技术调整。

五、完工图设计

在完工后将变动的部分同原图进行修正得出的最终图纸即为完工图。完工图的根本目的是使存档的图纸和资料与现场的实际情况一致。

第三节 建造程序及技术要求

机械设备安装施工程序一般按照设备/材料到货验收、设备底座预制安装、设备安装、最终检验等三个阶段进行。

一、设备材料到货验收

设备/材料到货验收通常按照下述程序进行：

（1）提前安排存放场地，存放场地需考虑空间大小及安装前倒运方便性。

（2）准备垫木及防护用具，如三防帆布、尼龙绳等。

（3）设备/材料卸车。

（4）设备/材料检验。

①检查外观有无损坏、磕碰、变形。

②检查设备/材料数量与采办料单是否一致。

③检查设备/材料规格型号与采办料单是否一致。

④检查设备尺寸、接口等是否与批准图纸一致。

⑤检查材料尺寸是否在相应标准规范控制的偏差范围内。

⑥检查设备附件是否齐全（附件种类、数量根据采办合同确定）。

⑦检查设备附件的规格型号、尺寸等是否满足要求。

⑧检查材料相关文件是否提供（一般包括合格证、材质证、第三方证书等），是否满足要求。

⑨检查设备相关文件是否提供（一般包括合格证、重要部件材质证、第三方证书、防爆证书、使用说明书、操作维修手册、性能曲线、出厂试验报告等），是否满足要求。

（5）设备/材料防护。

（6）验收完毕，各方签署验收意见。

二、设备底座预制安装

（1）设备底座预制及安装按下述程序进行：

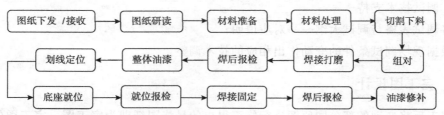

（2）设备底座预制安装主要程序步骤如下：

①接收底座图纸，有时图纸有升版更新，一定要确保预制前拿到手的最新版图纸。

②图纸研读，查看图纸上是否清楚表述所有信息，否则将影响底座的预制。

③材料准备，根据图纸统计底座预制所需全部材料，包括种类、数量、规格型号等。

④材料处理，预制前所有材料一般需要预处理，清除表面锈迹，将所有准备好的材料送砂房打砂并喷涂防锈车间底漆。

⑤切割下料，材料处理完毕后，根据图纸上的尺寸规格进行切割。

⑥组对，按照图纸对已经切割完毕的材料进行拼装，打磨切口，点焊固定成型。

⑦焊接打磨，组对完毕，安排有资质焊工按照图纸要求进行焊接，所有组对口应该都采取连续焊接，不允许间断焊，焊接完毕所有焊缝应该打磨光滑，去除毛刺、焊渣、飞溅，同时与设备接触面的焊缝应该磨平，以确保设备安装后的水平度。

⑧焊后报检，底座焊接完毕后，需要交付检验，检验除检查尺寸、外形、外观后，还需要检查焊缝质量和外观。

⑨整体油漆，底座报检合格后，安装前需要整体进行涂装，涂装至面漆。

⑩划线定位，底座预制涂装完毕，安装前，需要根据图纸在安装区域进行实测划线进行定位，划线定位需确保精度。

⑪底座就位，划线定位完毕，将底座吊装至待安全区域，根据划线定位尺寸进行对正找齐，并点焊固定。

⑫就位报检，底座就位后正式焊接固定前，需要进行报检，确保定位准确，定位精度要求图纸要求。

⑬焊接固定，底座定位报检通过后，进行整体焊接固定，焊接完毕，需将焊缝打磨光滑，去除焊渣、飞溅等。

⑭焊后报检，底座与甲板焊接完毕处理完毕后，需要进行对焊接质量和外观进行报检。

⑮油漆修补，报检通过后，对焊接部位破坏的油漆进行修补。

三、设备安装

（一）安装前检查

设备安装前应进行必要的检查，内容如下：

①检查设备的完好性，确保所有主要部件和辅助部件安装时能满足图纸和程序要求。

②检查安装区域甲板的水平度。

③检查锁紧装置的完整性及设备的对中情况。

④检查泵的水平校中。

⑤检查设备是否有变形及损坏的部件并做好记录。

⑥检查设备的驱动机、连接轴、联轴器对中状况。

⑦检查设备是否锈蚀、清洁，安装前对设备进行必要的清洁。

⑧检查安装螺栓是否匹配。

⑨应该检查设备的正确标识、装配的刚度、物理缺陷、组装和安装的完整性。

⑩检查设备内部盖板、门、折页、门闩和垫片等有无变形。

⑪检查设备自带的仪表、盘、阀门、接线、护套等有无损坏。

⑫检查保护罩、箍、栏等是否固定到位，以防吊装和安装过程中造成安全事故。

（二）安装

①检查最终图纸文件，底座图，螺栓，垫片等。

②检查和确认设备安装区域没有其它管线、仪表、电气、结构物等。

③准备安装所需工机具。

④在安装设备之前，确保设备底面清洁，并检查安装面的油漆是否完成。尤其要注意接触面已经涂漆，如设备鞍座的上部。

⑤如果设备支撑或底座直接焊接在甲板上，焊前和焊后应该检查位置，方向和水平度。确保所有工作面为焊接做好恰当的准备。

⑥根据安装图纸进行画线，设备安装一般最少需画纵横 2 条基准线。

⑦设备吊装至安装区域。

⑧设备安装定位线进行找正对齐。

⑨设备焊接固定。

⑩安装自检。

⑪最终报检。

（三）安装过程中的注意事项

安装过程中的注意事项至少包括下述内容：

①提前准备好需要的安装位置图、设备安装图。

②设备安装前应做好必要的防护工作，如法兰口盲死等。

③设备安装时注意事项、如人意站位、设备防损坏措施，不能用管子或管件作为吊点、撬杠等。

④在设备与甲板焊接前，应向检验部门提交焊接程序和检验程序。

⑤按照要求用水平尺、塞尺等测量水平度和设备安装间隙。

⑥用于设备调平的垫片要求，如不小于 1mm 可选用 Q235A，小于 1mm 材料需选用不锈钢。

四、最终检验

检验是设备安装的最后一个程序，主要内容包括如下：

①检查设备定位是否准确。

②检查设备朝向是否正确。

③检查设备固定方式是否与图纸一致。

④检查焊道是否有夹渣、裂缝，是否打磨光滑。

⑤检查设备安装是否完整，所有附件是否安装完毕。

⑥检查安装是否稳固，确认运行过程中不会出现掉落情况。

⑦检查所有螺栓是否紧固，确认调试过程中不会出现跑漏情况。

⑧容器设备需要进行内部清洁处理。

⑨检查设备安装水平度，如设备本身没有特殊要求，水平度不超过 ±3mm/M，如果设备厂家提供了安装水平度要求，按照厂家要求执行。

⑩检查所有设备及附件在安装过程终没有意外损坏，如有，对损坏处进行修复。

⑪所有损坏的油漆修补完毕。

⑫暴露在外面的螺纹及螺栓和机械面应该用涂上油脂以免生锈。

⑬任何独立保存的仪表安装完之后用防水罩覆盖在设备上面起保护作用。

第四节　常见专业技术问题及处理方法、预防措施

（1）问题 1：详细设计设备规格书、请购书、数据表、料单等描述不一致。

处理办法：通过总包项目组或者直接联系详细设计，进行核实确认。

预防措施：仔细研读相关文件，提前发现问题。

（2）问题 2：详细设计图纸中设备图形模块与最终设备资料不一致，导致无法按照详细图纸设计的定位和朝向进行布置。

处理办法：通过总包项目组或者直接联系详细设计，进行核实确认。

预防措施：仔细审核厂家报审资料，提前发现问题。

（3）问题 3：加设图纸定位尺寸标注基准点或轴完全照抄详细设计，导致定位尺寸过大过远，甚至跨越房间或设备，导致施工现场无法按图纸进行画线定位或者容易出现较大误差。

处理方法：根据详细设计定位尺寸，就近选择定位基准轴，可以是结构梁中心或者结构边缘，以方便现场操作为准。

预防措施：制图时多加注意，考虑施工现场操作情况。

（4）问题4：SAP物料码与物资不对应或者采办过程中SAP物料码造清理删除。

处理办法：编制料单中，查询物料编码一定仔细认真核对；如采办过程中造清理删除，及时查找是否有新匹配物料码，如没有，及时申请新物料码。

预防措施：查找时仔细认真核对。

（5）问题5：编制设备料单时，设备无对应物料码，申请新物料码时又缺少必要信息而无法申请。

处理办法：及时告知总包项目组，按照公司最新采办管理规定和流程执行，先出料单，待相应信息明确后，及时重新申请物料码。

预防措施：根据详细设备清单提供的技术参数，提前查找物料码，发现没有物料码的设备，提前着手进行申请新的物料码。

（6）问题6：同一项目存在2个或3个模块，模块布置高度类似（如对称布置），但设备形状是一样的或者设备撬体对应也存在对称管线，设计审图或者出图时忽略相关关系，导致设备安装后不符合要求。

处理办法：根据实际情况，与详细设计沟通确认修改。

预防措施：设计审图和出图时一定要仔细审核，对应模块，对应模型，不能弄混，尤其有些大型设备如高压泥浆泵、钻井绞车、井架、管汇撬等，如果搞错逻辑关系，有可能导致无法安装，或会产生较大修改。

（7）问题7：震动较大设备安装时底部未落在结构梁上，又未设置补强结构。

处理办法：根据实际情况，增加补强结构。

预防措施：参考过往项目经验，加强积累。

（8）问题8：发电机、锅炉等烟道布置困难，路径空间不足。

处理办法：根据现场实际情况处理。

预防措施：加强模型审查，加强设计图纸审查；现场技术服务人员提前检查核对。

第七章 暖通专业加工设计

第一节 概述

　　海上平台模块通风及空调系统，分为采暖、通风、空调三部分，即 Heating，Ventilation and Air-conditioning，英文缩写为 HVAC，中文简称暖通。采暖，即加热平台上某一个确定的房间或者工作区域的空气。通风，即在某一个确定的房间或者区域换气以控制空气量和内部压力，并排除余热。空调，即控制某一个特定空间的温度、湿度和压力，以满足工艺要求和人体舒适要求。其中通风又分为自然通风和机械通风，前者是利用房间内外空气密度差引起的热压或者风力造成的风压促使空气流动而进行通风换气，后者是通过风机或压缩机来实现强制通风。

　　一般的，模块钻机暖通系统设备包括：①分体空调，用于值班室/电控间等房间的空气调节；②轴流风机，用于泥浆泵房/变压器间等大型设备房间通风换气；③离心风机，用于机修间/电池间等小房间通风换气；④暖风机，用于渤海海域钻机钻台面/泥浆泵房等工作区域采暖。

第二节 加工设计工作内容

一、工作内容

　　通风及空调系统（HVAC）加工设计的目的是将详细设计中有关安装的内容具体化，同时对系统的安装位置进行检查，避免 HVAC 系统与其它系统和结构发生碰撞。加工设计应完成所有暖通设备、管道和附件的安装细节，确保 HVAC 系统正确可靠地安装。

　　通风空调系统加工设计的主要工作内容文件目录如表 7-2-1 所示。

表 7-2-1

MAL（采办料单）		
1	SD-MAL-XXX（MDR)-HV-0001	分体空调采办清单
2	SD-MAL-XXX（MDR)-HV-0002	通风设备采办清单
3	SD-MAL-XXX（MDR)-HV-0003	HVAC 散料采办清单

DWG（图纸）

1	SD-DWG-XXX（MDR)-HV-0101	发电机房通风布置安装图
2	SD-DWG-XXX（MDR)-HV-0201	锅炉房通风布置安装图
3	SD-DWG-XXX（MDR)-HV-0301	泥浆泵房通风系统布置图
4	SD-DWG-XXX（MDR)-HV-0401	备件库通风布置安装图
5	SD-DWG-XXX（MDR)-HV-0501	应急配电间通风布置安装图
6	SD-DWG-XXX（MDR)-HV-0601	散料间通风布置安装图
7	SD-DWG-XXX（MDR)-HV-0701	电池间通风布置安装图
8	SD-DWG-XXX（MDR)-HV-0801	变压器间通风布置安装图
9	SD-DWG-XXX（MDR)-HV-0901	主配电间通风布置安装图
10	SD-DWG-XXX（MDR)-HV-1001	电气维修间通风布置安装图
11	SD-DWG-XXX（MDR)-HV-1101	泥浆实验室通风布置安装图
12	SD-DWG-XXX（MDR)-HV-1201	机修间通风布置安装图
13	SD-DWG-XXX（MDR)-HV-1301	钻台电控间通风布置安装图
14	SD-DWG-XXX（MDR)-HV-1401	转盘通风布置安装图
15	SD-DWG-XXX（MDR)-HV-1501	绞车通风布置安装图
16	SD-DWG-XXX（MDR)-HV-1601	空压机通风布置安装图
17	SD-DWG-XXX（MDR)-HV-1701	HVAC 系统总体说明
18	SD-DWG-XXX（MDR)-HV-1801	HVAC 风管附件安装典型图
19	SD-DWG-XXX（MDR)-HV-1901	风机底座制作安装图（套图）
20	SD-DWG-XXX（MDR)-HV-2001	各房间分体空调布置安装图
21	SD-DWG-XXX（MDR)-HV-2101	各区域暖风机布置安装图
22	SD-DWG-XXX（MDR)-HV-2201	风管单件图（套图）

二、设计界面划分

（一）详设/加设界面划分

模块钻机暖通专业的详细设计工作主要包括防火风闸 P&ID 图，各层房间分体空调布置图，各层房间通风系统布置图，HVAC 系统设备材料清单及设备调试大纲等。加工设计主要包括各层房间通风系统布置图细化设计，零部件图制作，分体空调安装定位图，HVAC 系统散料统计及设备调试表格编制等。具体界面详见附录二《各工程设计阶段设计文件典型目录》。

（二）专业界面划分

通常暖通专业与其他专业界面如下：

①与电气专业界面划分：电气专业负责从配电盘到暖通设备接线箱电缆敷设连接。

②与仪表专业界面划分：防火风闸与手拉阀之间，以及进手拉阀仪表气管和附件由仪表专业提供并连接。

③与配管专业界面划分：分体空调/蒸汽暖风机提供管道与设备连接的配对法兰、垫片、螺栓。

三、加工设计

（一）设计流程（图 7-2-1）

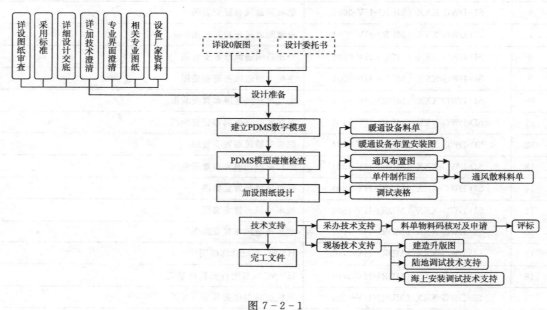

图 7-2-1

（二）设计依据

加工设计文件编制的依据是详细设计图纸、规格书和其所规定采用的国际、国内规范或标准，若规格书与规范、标准相互间矛盾，应优先执行规格书，若规范、标准间相互矛盾，应按规格书规定的优先顺序执行，通常采用的规格书、规范和标准如下：

（1）规格书/文件

①暖通系统规格书；

②暖通设备规格书；

③模块钻机总图；

④防火风闸 P&ID 图；

⑤各层房间通风系统布置图；

⑥各层房间分体空调布置图；

⑦逃生路线图、防火区和安全区划分图；

⑧各层房间结构图纸、主结构图和结构小梁布置图；

⑨各层房间舾装图纸；

⑩配管布置图；

⑪电气、仪表电缆托架图；

⑫暖通设备厂家终版送审资料，包括设备总图、重要部件图、设备安装技术要求、操作维修要求以及与电仪配管专业接口等；

⑬高压泥浆泵、空气压缩机、钻井绞车以及转盘终版厂家送审资料，明确风口尺寸及定位。

（2）标准和规范（表7-2-2）

表7-2-2

序号	标准号	标准名称
1	Q/HS 3008	海上平台暖通空调系统设计方法
2	CB/T 64	船用焊接通风法兰
3	CB/T 4244	船用通风管路通舱管件
4	CB/T 210	风管吊架
5	CB/T 462	通风栅
6	CB/T 3557	船用防火风闸
7	GB/T 11865	船用离心通风机
8	GBT 11799	船用防爆离心通风机
9	GB/T 11864	船用轴流通风机
10	GB/T 11800	船用防爆轴流通风机
11	CB/T 3626	舱室风管及附件安装质量要求
12	CB/T 3726	风管调风门
13	GB/T 3029	船用通风附件技术条件
14	GB 50738	通风与空调工程施工规范

（三）设计准备

由于详细设计深度因业主要求有所不同，所以加工设计开始前应对详细设计文件进行审查。主要审查详细设计的深度，保证加工设计能够顺利进行，模块钻机审查内容如下：

①风管尺寸和风口尺寸是否标注；

②设备参数是否齐全；

③设备和风管定位是否齐全且合理；

④设备和风管位置是否与结构、安全通道、电气仪表电缆托架、工艺设备和工艺管道冲突；

⑤防火风闸和穿舱件设置是否满足规范要求；

⑥空气压缩机、高压泥浆泵、钻井绞车及转盘通风设计是否达到深度要求；

⑦分体空调维修操作空间是否满足要求；

⑧详细设计对风管材质和保温材料的要求。

（四）碰撞检查

碰撞检查采用 PDMS 建模的方法，将全部模型建立完成后，先进行本专业的碰撞检查，检查通风风管之间的碰撞问题，再与其他专业进行碰撞检查，检查是否与结构、电仪讯、配管等专业存在碰撞问题。具体内容参考第十二章 PDMS 模型设计中三维模型碰撞检查部分。

（五）典型加工设计图纸编制方法

模块钻机暖通专业的加工设计文件主要包括各层房间通风系统布置安装图，泥浆泵通风布置安装图，空气压缩机通风布置安装图，钻井绞车通风布置安装图，转盘通风布置安装图，风机布置安装图，分体空调布置安装图，暖风机布置安装图，风管零件图等。

1. 房间通风系统布置安装图

（1）房间通风系统布置安装图绘制步骤

①审阅详细设计房间通风系统布置图，理解详细设计意图，核对是否最新底图，结构外墙及舱室墙壁轮廓齐全，主要轴线号及轴线尺寸齐全并正确，舾装墙壁厚度门窗位置是否齐全并正确，风管平面定位尺寸是否齐全等。

②核对房间风管标高，是否与电仪桥架、管线及管线支架、舾装天花板干涉。

③当出现干涉的情况，首先与各专业商讨解决方案，然后通过 TQ 向详细设计方沟通确认。

④对详细设计的布置图进行细化，风管和设备根据实际尺寸按 1∶1 比例绘制。

⑤图中风管需标明风管截面尺寸，一般地表示方法为，横向尺寸×纵向尺寸。

⑥风管应按照 CB/T 4244《船用通风管路通舱管件》规定，采用标准风管，以便与设备及穿舱件连接。风管应以管道中心（圆形分管或矩形风管）或管道底部（矩形风管）定位。

⑦风管剖面图的细节，需要在图中表示出设备和风管在高度方向上的定位尺寸。

⑧为避免风机振动影响通风管道的结构，风机应通过一段软连与金属风管衔接。一般的，离心风机用三防帆布，长度为 100～200mm。轴流风机用不锈钢膨胀节，长度为 200～400mm。

⑨风机风闸按钮盒（手拉阀）的安装位置及安装形式：风闸的现场操作一般采用按钮盒、手拉阀进行开关操作，应安装在风闸服务的房间附近，便于操作人员接近和操作，比如门边或主逃生通道旁的墙壁上。安装高度一般为 1.2～1.5m。

⑩防火风闸应能从被保护处所的外面进行操作，并应设计单独的支吊架进行安装固定。

⑪对图中设备、风管及附件进行编号：一般包括如下内容，风机、软连、防火风闸、容积风闸、穿舱件、风管、通风格珊、法兰、支吊架、弯头、变径、三通等。送、回风口处应用箭头标明进出风口空气的流动方向。

⑫制作设备附件材料表：表中应列出图中所有 HVAC 设备、风管、支架以及相关的所有安装附件。表中的项目编号应与图纸中设备、风管及附件的编号相对应。表中主要内容包括：设备和设备支架、数量及参数；设备安装和附件制作所需参考的图纸编号；风管材料和安装附件采用的标准号、参数、材料及数量。

⑬技术说明：根据实际情况在图纸上增加技术说明，对图纸中无法反映的问题进行说

明，如材料选用、和法兰焊接要求等问题。

（2）典型模块钻机房间通风系统布置安装图（图7-2-2）

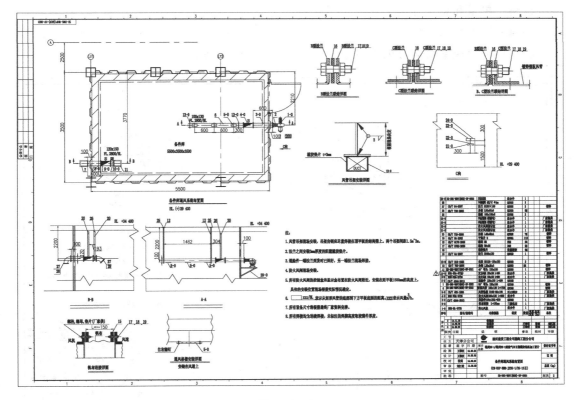

图7-2-2

2. 离心风机布置安装图

（1）离心风机布置安装图绘制步骤

①项目组文控流程下发最终版厂家送审图纸，图纸包含离心风机总图、进出口风口法兰尺寸、减震器尺寸、安装技术要求、操作维修要求以及与电仪专业接口等。

②根据通风系统布置图中，精确定位风机中心线高度、风机距墙尺寸；再根据风机厂家图纸，定位支架的尺寸。

③为避免风机振动影响通风管道的结构，风机应通过一段软连与金属风管衔接。一般的离心风机用三防帆布，长度为100～200mm；故在计算风机距墙尺寸时，需考虑软连长度。

④离心风机支架一般采用角钢L63×63×5或L75×75×5制作，成三角型支架。部分风机为了躲避干涉可以采用吊架型式。

⑤风机支架图应将安装风机所需的螺栓孔精确定位，小型离心风机支架可以直接焊接在舱壁上，但与支架连接处舱壁应当用槽钢或者垫板加强。同时要注意风机减震器的安装，减震器高度及螺栓孔距等尺寸要在图纸中标明。一般地，风机减震器可以旋转角度，在减震器布置安装时需注意。大型离心风机支架应直接焊接在结构梁上。

⑥减震器定位图可用剖面图表示，并按比例放大，标明材料、型号和数量，以及连接附件。

⑦对图纸上所附材料标号，做明细表，表中应包括设备位号、型钢规格、尺寸、标准、材料、单重和总重等信息。

⑧填写技术要求，如焊接防腐要求等。

（2）典型模块钻机离心风机布置安装图如图7-2-3所示。

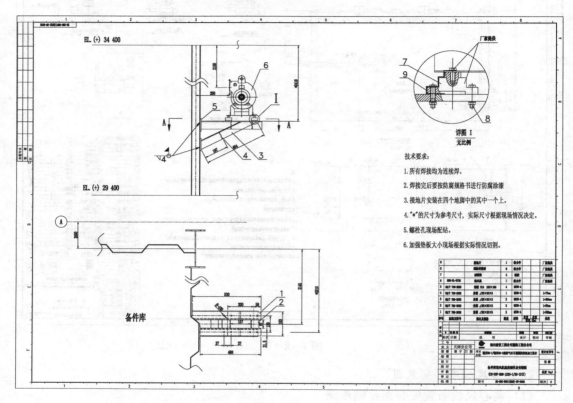

图 7-2-3

3. 分体空调布置安装图

（1）分体空调布置安装图绘制步骤

①项目组文控流程下发最终版厂家送审图纸，图纸包含分体空调总体尺寸、底座螺栓孔尺寸、安装技术要求、操作维修要求以及与电仪配管专业接口等。

②参照详细设计分体空调布置图，结合结构底图，以机组底座边缘定位分体空调，图中标明机组长宽高、纵横向定位尺寸。

③再根据机组尺寸，精确定位自制底座的尺寸，并根据机组底座图绘出自制底座图，自制底座应设计流水孔，防止底座内部积水积污。

④机组底座一般采用槽钢 [12 或 [14 制作。

⑤底座图应将安装机组所需的螺栓孔精确定位，同时要注意机组减震器的安装，减震器高度及螺栓孔距等尺寸要在图纸中标明。

⑥对图纸上所附材料标号，做明细表，表中应包括设备位号、型钢规格、尺寸、标准、材料、单重和总重等信息。

⑦填写技术要求，如焊接防腐要求等。

（2）典型模块钻机分体空调布置安装图（图7-2-4）

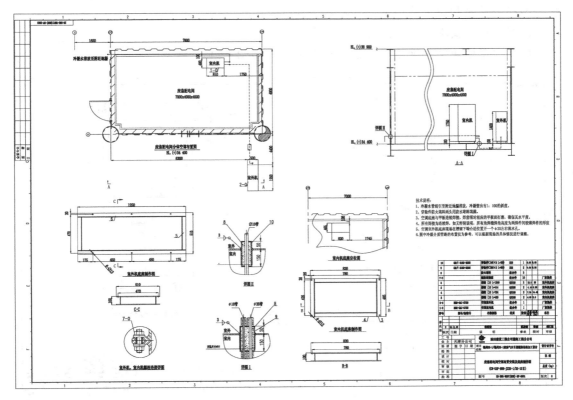

图7-2-4

4．轴流风机布置安装图

（1）轴流风机布置安装图绘制步骤

①项目组文控流程下发最终版厂家送审图纸，图纸包含轴流风机总体尺寸、进出口风口法兰尺寸、减震器尺寸、安装技术要求、操作维修要求以及与电仪专业接口等。

②根据通风系统布置图中，精确定位风机中心线高度、风机距墙尺寸；再根据风机厂家图纸，定位支架的尺寸。

③为避免风机振动影响通风管道的结构，风机应通过一段挠性软连与金属风管衔接。一般的轴流风机用不锈钢膨胀节，长度为200~400mm；故在计算风机距墙尺寸时，需考虑软连长度。

④轴流风机支架一般采用槽钢［10或［12制作，成门字型支架。

⑤风机支架图应将安装风机所需的螺栓孔精确定位，轴流风机支架必须直接焊接在结构梁上，同时要注意风机减震器的安装，减震器高度及螺栓孔距等尺寸要在图纸中标明。

一般地，风机减震器可以旋转角度，在减震器布置安装时需注意。

⑥减震器定位图可用剖面图表示，并按比例放大，标明材料、型号和数量，以及连接附件。

⑦对图纸上所附材料标号，做明细表，表中应包括设备位号、型钢规格、尺寸、标准、材料、单重和总重等信息。

⑧填写技术要求，如焊接防腐要求等。

（2）典型模块钻机轴流风机布置安装图（图7-2-5）

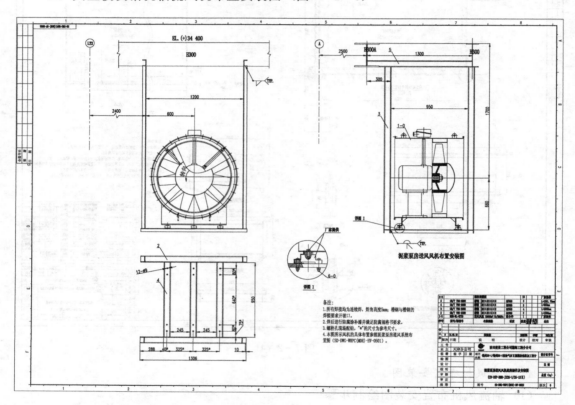

图7-2-5

5. 暖风机布置安装图

（1）暖风机布置安装图绘制步骤

①项目组文控流程下发最终版厂家送审图纸，图纸包含暖风风机总体尺寸、螺栓孔安装尺寸、安装技术要求、操作维修要求以及与电仪配管专业接口等。

②根据详细设计暖风机布置图，精确定位暖风机高度、距墙尺寸；再根据风机厂家图纸，定位支架的尺寸。一般地，壁挂暖风机底面距甲板高度1200mm。

③暖风风机支架一般采用槽钢[8和角钢 L63×63×5 组合制作，成壁挂型支架。部分暖风机为落地式安装，支架制作方式基本一致。

④暖风机支架图应将安装风机所需的螺栓孔精确定位，与墙壁焊接连接的，需要加钢

板 PL8 做钢壁加强。

⑤对图纸上所附材料标号，做明细表，表中应包括设备位号、型钢规格、尺寸、标准、材料、单重和总重等信息。

⑥填写技术要求，如焊接防腐要求等。

（2）典型模块钻机暖风机布置安装图（图 7 - 2 - 6）

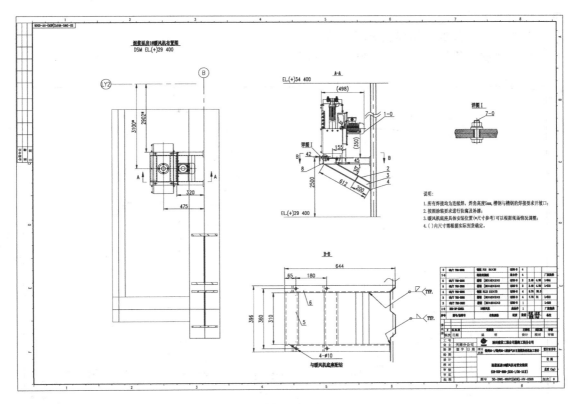

图 7 - 2 - 6

6. 风管零件图

生活模块空调通风系统常见需要制作的零件图包括：标准 3mm 钢板制作弯头，非标 0.75mm 镀锌铁皮 & 3mm 钢板制作弯头，非标角钢扁钢法兰，3mm 风管，三通，变径等。

（1）风管零件图绘制步骤

①根据已经绘制完成的空调通风管系布置图，从图纸及材料明细表中找出需要制作的零件，一般地，需要单独制作图的零件，在明细表中的已指定特别图号。

②从按 1∶1 比例绘制完成的空调通风布置图中，量取零件规格尺寸。一般地，变径长度为 300mm；标准弯头直边留 50mm，弯曲半径为 1～1.5 倍风管直径；主送回风道主支路三通需要采用分风板工艺，以保证风量均匀分配。

③当风管采用小于 1.2mm 镀锌钢板制作时，风管、三通、弯头等采用咬口工艺。当风管采用 1.2mm 及以上厚度钢板制作时，采用焊接工艺。

④标准风管附件尺寸按照 CB/T 4244《船用通风管路通舱管件》选用，选用非标风管附件时，也可参考此标准进行设计。

⑤如需在同一张零件图中，制作多张管系布置图中的零件，在左上角列明细表，规格尺寸数量等参数分别给出。

⑥对图纸中材料标号，做明细栏，明细栏中应包括图中所用材料的规格、数量、标准、材质等信息。

⑦填写技术要求，如焊接防腐要求等。

（2）典型模块钻机风管零件制作图（图 7-2-7）

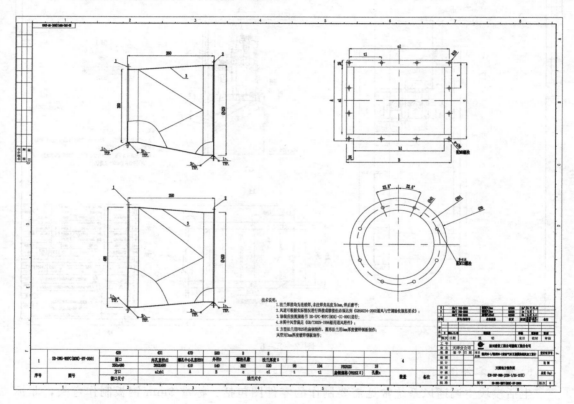

图 7-2-7

（六）采办料单编制

模块钻机暖通专业在加工设计阶段编制的采办料单主要有：分体空调采办料单，通风设备采办料单，通风散料采办料单。

1. 空调采办料单

①根据详细设计的暖通系统设备清单，核对各层房间分体空调布置图、暖通设备规格书中设备数量参数是否一致。

②当出现详设文件不一致，应通过 TQ 向详细设计方沟通确认。

③确定需要采办的空调的数量和技术参数，包括设备位号、风量、制冷制热功率及防

爆等级等。

　　④采购说明中应明确厂家提供船检证书，并需要技术澄清。

　　⑤查询 SAP 编码，如无需申请。

　　典型模块钻机空调采办料单见表 7-2-3 所示。

表 7-2-3　HVAC 分体空调采办清单

HVAC 分体空调采办清单							SD-MAL-WHPC（MDR）-HV-0101	
							Rev. 0	
序号	SAP 物资编码	货物名称		单位	数量	规格型号	技术要求	备注（m）
1	81661367	船用风冷分体空调	MDR-SAC-5725	台	1	风量 600m³/h 制冷/制热功率：4kW/5kW	参照 DD-EQL-WHPC（MDR）-HV-1001	备件库 1000×400×400 900×460×900
2	81654431	分体空调	MDR-SAC-5730	台	1	风量 2600m³/h 制冷/制热功率：14kW/6kW	参照 DD-EQL-WHPC（MDR）-HV-1001	船用风冷、应急配电间 1000×500×1785 1400×460×1350
3	81921991	船用风冷分体空调	MDR-SAC-5750 A/B/C/D	台	4	风量 6000m³/h 制冷/制热功率：31kW/5kW	参照 DD-EQL-WHPC（MDR）-HV-1001	主配电间 1300×650×2300 1650×500×1600
4	81661367	船用风冷分体空调	MDR-SAC-5755	台	1	风量 600m³/h 制冷/制热功率：4kW/3kW	参照 DD-EQL-WHPC（MDR）-HV-1001	电气维修间 1000×400×400 900×460×900
5	81921988	船用风冷分体空调	MDR-SAC-5760	台	1	风量 800m³/h 制冷/制热功率：5kW/3.5kW	参照 DD-EQL-WHPC（MDR）-HV-1001	泥浆实验室 1100×450×500 1050×460×950
6	81654430	分体空调	MDR-SAC-5765	台	1	风量 800m³/h 制冷/制热功率：5kW/4kW	参照 DD-EQL-WHPC（MDR）-HV-1001	船用风冷、机修间 1100×450×500 1050×460×950
7	81921990	船用风冷分体空调	MDR-SAC-5770 A/B/C/D	台	4	风量 5000m³/h 制冷/制热功率：27kW/4kW	参照 DD-EQL-WHPC（MDR）-HV-1001	钻台电控间 1300×600×1900 1600×500×1600

说明：

1. 设计寿命为 25 年

2. 冷凝器冷凝温度为 45℃，蒸发温度为 5℃。

3. 防护等级：室内机为 IP23，室外机为 IP56。

4. 室外机外壳材质为 SS316。

5. 泥浆实验室空调室内机要求防爆，防爆等级为 ExdⅡBT4。

6. 所有的连接法兰、螺栓螺母、垫片等由厂家提供。

7. 备件库、机修间、泥浆实验室和机修间的空调为壁挂式分体空调。

　　2. 通风设备采办料单

　　①根据详细设计的暖通系统设备清单，核对各层房间分体空调布置图、暖通设备规格

书中设备数量参数是否一致。

②当出现详设文件不一致，应通过 TQ 向详细设计方沟通确认。

③确定需要采办的各种类型风机的数量和技术参数，包括设备位号、风量、静压、功率、防爆等级、旋向及防护等级等。

④确定需要采办的各种类型风闸的数量和技术参数，包括设备位号、规格型号、防火级别、防爆等级、风闸长度等。

⑤部分风机需要提供 45°或者 90°弯头及防鸟网、连接附件等需要备注说明。

⑥风机启停按钮盒状态显示盒与电仪专业沟通是否暖通专业采购。

⑦风闸状态显示盒与电仪专业沟通是否暖通专业采购。

⑧防火风闸控制方式为气动、手动及自动控制三种。

⑨采购说明中应明确厂家提供风机、防火风闸船检证书，一般地，容积风闸、止回风闸及重力风闸无需船检证书，并需要技术澄清。

⑩查询 SAP 编码，如无需申请。

典型模块钻机通风设备采办料单见表 7－2－4 所示。

表 7－2－4　HV 通风设备采办清单

HV 通风设备采办清单						SD-MAL-WHPGC (MDR)-HV-0201	
						Rev. 1	
序号	SAP 物资编码	货物名称		单位	数量	规格型号	技术要求	备注
一、风机								
1	81922015	离心风机	MDR-BL-5710	EA	1	2500m³/h \ 0.29KPaG \ 无防爆要求 \ 1.1KW	R108°	送风风机、发电机间
2	80080671	轴流风机	MDR-BL-5715	EA	1	1500m³/h \ 0.29KPaG \ 3KW	带膨胀节 L＝250mm	送风风机/锅炉房
二、暖风机								
1		暖风机	MDR-HF-5710	EA	1	20KW	悬挂式；IP44	发电机间 电加热
3		暖风机	MDR-HF-5205A	EA	1	21KW	IP56	泥浆泵区蒸汽加热
三、防火风闸								
1	80797016	防火风闸	MDR-FDA-5710	EA	1	290×360 \ A0 \ 无防爆要求	L＝300；A0	机械送风
四、重力风闸								
1	882921997	重力风闸	MDR-GDA-5711	EA	1	350×480 \ 无防爆要求	L＝150	自然
五、止回风闸								
1	81922363	止回风闸	MDR-CD-5740A/B	EA	2	190×280 \ ExdⅡCT4	L＝100	机械排风 ExdⅡCT4

3. 通风散料采办料单

①通风散料材料的选用基本原则是安全、环保、经济、合理并满足设计和使用要求。

②通读各层房间通风系统布置图、通风系统规格书，核对通风系统规格书中对材料的要求是否与通风布置图材料表中规格材质一致。

③当出现详设文件要求不一致，应通过 TQ 向详细设计方沟通确认。

④仔细审阅详细设计通风系统布置图，确定需要采办的各种类型材料的种类，包括通风格栅、通舱件、制作矩形风管用 0.75mm 镀锌铁皮 & 3mm 钢板、制作法兰用扁钢 & 角钢、风管连接附件等。

⑤从图纸中，确定需要采办的各种类型材料的规格尺寸、材质及技术参数。

⑥从图纸中，确定需要采办的各种类型材料的数量。

⑦风管吊架数量，按照 1.5~2m 风管一套吊架统计，空压机通风管道支架采用角钢制作。

⑧散料中，拉铆钉用于铆接法兰，硅胶用于铆接法兰与矩形风管间密封。

⑨散料中，自攻螺钉、锡箔胶带与透明胶带用于螺旋风管连接处密封。

⑩散料中，橡胶垫用于连接法兰间管道密封。

⑪散料中，各种规格角钢槽钢，用于制作法兰、吊架支架、风机支架、防火风闸吊架、风机背面加强、分体空调暖风机底座等，详见附图中备注。

⑫在编制采办料单时，应以图纸统计的净料为基础进行材料统计，然后根据各种材料特点，结合板尺和下料等各种因素，酌情考虑一点的采办加工余量。例如，型材和管材一般长度在 6m，板材一般长 6m，宽 2m；材料切割到最后有可能剩余一段小边角料无法使用；通风格栅和法兰在施工时可能有损坏的情况等等。

⑬编制完成后，查询 SAP 编码，如无需申请。

HVAC 散料采办料单是 HVAC 专业料单编制的重点，也是难点。故在统计过程中，需借助 excel 等小软件，分门别类，提高了统计准确度，也提高了工作效率。

典型模块钻机通风散料采办料单如表 7-2-5 所示。

表 7-2-5　HV 通风散料采办料单

通风散料采办料单						SD-MAL-WHPA (MDR)-HV-0301	
						Rev. 0	
序号	SAP 物资编码	货物名称	单位	数量	规格型号	技术要求	备注
1	申请中	通风栅	EA	3	E175-120×210	0Cr18Ni9 \ CB/T 462-1996 组合件	带自攻螺钉
2	申请中	扁钢	TO	0.031	FB25×4	Q235B \ GB/T 702-2008	40 \ 法兰、吊架卡箍
3	申请中	扁钢	TO	0.041	FB40×4	Q235B \ GB/T 702-2008	33m \ 吊架卡箍
4	申请中	扁钢	TO	0.015	FB25×4	Q235B \ 镀锌 \ GB/T 702-2008	20m \ 风管法兰
5	申请中	扁钢	TO	0.034	FB25×5	Q235B \ GB/T 702-2008	35m \ 通舱件法兰

续表

| | | 通风散料采办料单 | | | | SD-MAL-WHPA（MDR)-HV-0301 | |
| | | | | | | Rev. 0 | |
序号	SAP物资编码	货物名称	单位	数量	规格型号	技术要求	备注
6	申请中	扁钢	TO	0.039	FB25×5	Q235B \ 镀锌 \ GB/T 702-2008	40m \ 风管法兰
7	申请中	扁钢	TO	0.029	FB50×5	Q235B \ GB/T 702-2008	15m \ 吊架卡箍
8	申请中	钢板	TO	0.71	PL6	Q235B \ GB/T 700-2006 \ 1500×6000	15m² \ 法兰
9	申请中	钢板	TO	0.71	PL6	Q235B \ 镀锌 \ GB/T 700-2006 \ 1500×6000	15m² \ 法兰
10	申请中	扁钢	TO	0.11	FB25×5	316L \ GB/T 4237-2007	110m \ 风管法兰
11	申请中	扁钢	TO	0.059	FB25×6	316L \ GB/T 4237-2007	50m \ 风管法兰
12	申请中	钢板	TO	0.57	PL6	316L \ GB/T 4237-2007	12m² \ 宽1200 \ 法兰
13	申请中	钢板	TO	0.71	PL5	Q235B \ GB/T 700-2006 1500×6000	18m² \ 通舱件
14	申请中	钢板	TO	0.31	PL3	Q235B \ GB/T 700-2006 1500×6000	13m² \ 通舱件
15	申请中	钢板	TO	1.41	PL3	Q235B \ 镀锌 \ GB/T 700-2006	60m² \ 风管
16	申请中	钢板	TO	0.088	t=0.75	Q235B \ 镀锌 \ GB/T 700-2006	15m² \ 风管
17	申请中	钢板	TO	1.46	PL2	316L \ GB/T 4237-2007	93m² \ 风管
18	申请中	角钢	TO	0.045	L25×3	镀锌 \ GB/T 706-2008	40m \ 法兰
19	82033004	角钢	TO	0.036	L25×3	GB/T 706-2008	32m \ 吊架支架
20	82033006	角钢	TO	0.12	L40×4	GB/T 706-2008	50m \ 吊架支架
21	申请中	角钢	TO	0.025	L50×5	GB/T 706-2008	65m \ 防火风闸、风管支架
22	82168289	密封橡胶垫	M	500	25×3	NBR70 \ 阻燃	法兰连接密封
23	申请中	3L合成橡胶	TO	0.08	t=3	阻燃 \ 耐油	板尺最小宽度1.5m
24	申请中	不锈钢丝网	M2	30	5目×1	316L \ 5目/寸/φ1mm	最小宽度1.5m
25	申请中	防雨百叶窗	SET	1	240×300	316L	自带安装用螺栓或铆钉
26	申请中	拉铆钉	EA	500	M4×16	GB12615-90 \ AL	法兰
30	申请中	六角头螺栓	EA	2000	M8×35	GB/T 5782-2000 \ 316	法兰连接
31	申请中	六角螺母	EA	2000	M8	GB/T 6170-2000 \ 316	法兰连接
32	申请中	垫圈	EA	4000	8	GB/T 95-2002 \ 316	法兰连接
33	申请中	焊接钢管	TO	0.032	Φ48×5	GB/T 8162-2008 20#	分体空调穿舱管6m
34	申请中	焊接钢管	TO	0.033	Φ60×4	GB/T 8162-2008 20#	分体空调穿舱管6m

说明：

材料采办要求见订货说明。

所有钢材到货要求以备注中数量为准。

四、技术支持

（一）采办技术支持

加工设计阶段暖通专业采办技术支持主要有以下几个方面：技术评标、技术澄清、图纸审核等。

（1）技术评标

对厂家的投标文件中技术参数与设计文件进行比对，填写技术参数比较表（表7-2-6）。

评标内容主要包括：供货范围、设备材料主要技术指标、一般指标、船检取证要求、质保期要求、厂家同类产品供货经验经历、交货时间等。

表 7 - 2 - 6　技术评标表

项目名称：番禺 4-2&5-1 钻机模块 EPC 总包项目　　　　　采办申请编号：
项目内容：通风系统采办　　　　　　　　　　　　　　　　招标书编号：

				技术参数	评议	技术参数	评议	技术参数	评议
投标人/国别									
制造商/国别									
型　号									
数　量									
招标文件要求				技术参数	评议	技术参数	评议	技术参数	评议
质量管理体系及质量保证措施：提供相应的质量保证体系及质量保证措施文件									
技术支持服务工作计划及执行方案：提供相应的技术支持服务工作计划及执行方案文件									
安全、健康环保管理体系及方案：提供安全、健康环保管理体系文件及方案文件									
供货计划及保障：提供计划及保障文件									
主要指标	风机	MDR-BL-5701 离心风机：							
		送风类型：送风							
		安装形式：水平							
		数量：2							
		风机类型：离心							
		风机风量：600m³/h							
		风机静压：450Pa（G）							
		电机电压：400V							
		电机 PH：3PH							
		电机频率：50Hz							
		电机功率：0.5KW							
		旋向：180°							
		弯头：90°							
		连接形式：软帘连接							
		防护等级：IP56							
		风机出口连接形式：法兰连接							
		执行标准：GB/T1 1865—2008							

其他相关暖通设备技术参数详见附录三。

（2）技术澄清

①开标后，对标书中未响应招标文件中的部分（非关键技术参数），与厂家进行技术澄清；

②与中标厂家详细澄清设备材料的技术要求，编写技术协议，双方签字。

典型的技术澄清表如表7-2-7所示。

表7-2-7　采办技术澄清

序号	澄清内容	厂家回复	是否影响价格
1			
2			
3			
4			
5			
6			
7			
8			
9			
10			

厂家签字盖章：

（3）图纸审核

厂家中标后，采办方会根据项目进度，要求厂家收到中标通知书一周内提交第一版厂家送审资料图纸，送审资料一般要求5套且带电子版文档。暖通设备送审资料内容一般包括：工艺方案、设备外形尺寸及接口、与电仪配管等专业相关接口、试验大纲、安装说明书及操作维修手册等。审核的内容含以下几项：

①审核送审图纸中设备的参数是否满足详细设计及技术协议要求。

②图纸安装尺寸是否齐全。

③与电仪配管等专业接口是否无误，满足工艺要求。

（二）现场技术支持

（1）技术交底

技术交底内容一般包含：项目概况、各房间通风管系分布情况、暖风机蒸汽制热或者电制热、绞车转盘等设备通风布置情况，风机分布情况及安装要求，详细设计规格书中规定的内容，以及暖通设备及风管施工技术要求。

（2）协助建造项目组人员进行设备及材料验货

①对现场到货暖通材料进行检查，与设计标准规格核对。

②对到货设备进行核对，检查设备与最终认可图纸是否一致。

（3）现场安装技术指导

解决现场施工中出现的技术问题，通过现场检查、各专业图纸核对查明原因，并根据现场的实际情况修改或完善设计图纸和文件。

图纸更新升版，当施工现场反馈图纸与现场实际不符时，加工设计现场驻场人员需要根据现场实际情况进行修改；当业主或总包项目组专业工程师对设备布置和定位提出合理修改建议时，现场驻场人员与详细设计方确认修改方案符合设计规范后，进行图纸更新和升版工作。

（4）调试技术支持

①将调试表格与调试大纲一一对应说明；

②根据现场调试条件的变动作出相应的技术调整。

五、加工设计完工图

由于在施工和调试过程中可能对系统的布置和设备的安装进行调整，所以再工程结束后应向业主方提交完工文件。HVAC专业完工文件主要包括HVAC系统布置图和设备布置安装图。完工文件应完整反映现场的实际情况，以便使用者在正常生产和将来进行改造时参考。

第三节　建造安装技术要求

暖通专业建造一般包含设备材料到货验收、风管及吊架预制和安装，暖通设备安装、严密性试验四个阶段。

一、设备材料到货验收

暖通专业设备材料包括：分体空调、离心风机、轴流风机、风闸、通舱件、镀锌钢板等，到货验收一般包括以下内容：

①检查外观有无损坏、磕碰、变形；

②检查设备/材料数量与采办料单是否一致；

③检查设备/材料规格型号与采办料单是否一致；

④检查设备尺寸、接口等是否与批准图纸一致；

⑤检查材料尺寸是否在相应标准规范控制的偏差范围内；

⑥检查设备附件是否齐全（附件种类、数量根据采办合同确定）；

⑦检查设备附件的规格型号、尺寸等是否满足要求；

⑧检查材料相关文件是否提供（一般包括合格证、材质证、第三方证书等），是否满足要求；

⑨检查设备相关文件是否提供（一般包括合格证、重要部件材质证、第三方证书、防

爆证书、使用说明书、操作维修手册、性能曲线、出厂试验报告等），是否满足要求。

二、风管及吊架预制和安装

（一）一般要求

模块钻机风管分为 0.75mm 镀锌钢板制作风管、1.2mm 不锈钢钢板制作风管、3mm 钢板制作风管。风管制作需满足以下要求：

①0.75mm 厚的风管与角钢法兰连接时，应采用翻边铆接；

②1.2mm 及 3mm 的风管与角钢法兰连接时，应采用间断焊或连续焊；

③风管表面应平整，无明显扭曲及翘角，凹凸不应大于 10mm；

④风管边长（直径）小于或等于 300mm 时，边长（直径）的允许偏差为 ±2mm；风管边长（直径）大于 300mm 时，边长（直径）的允许偏差为 ±3mm；

⑤管口应平整，其平面度的允许偏差为 2mm；

⑥矩形风管两条对角线长度之差不应大于 3mm；圆形风管管口任意正交两直径之差不应大于 2mm；

⑦法兰及连接螺栓为碳素钢时，其表面应采用镀锌防腐措施；

⑧风管预制流程见图 7-3-1。

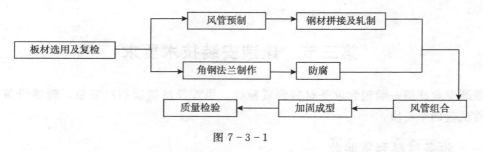

图 7-3-1

（二）板材、吊架角钢的画线与下料

①手工画线、剪切或机械化制作前，应对使用的材料（板材、卷材）进行线位校核；

②应根据施工图的形状和规格，分别进行画线；

③板材轧制咬口前，应采用切角机或剪刀进行切角；

④采用自动或半自动风管生产线加工时，应按照相应的加工设备技术文件执行；

⑤采用角钢法兰铆接连接的风管管端应预留 6～9mm 的翻边量；

⑥吊架角钢应根据施工图给出的长度下料。

（三）风管与法兰组合成型

①风管板材拼接的咬口缝应错开，不应形成十字形交叉缝；

②风管板材拼接采用铆接连接时，应根据风管板材的材质选择铆钉；

③焊接前，应采用点焊的方式将需要焊接的风管板材进行成型固定；

④圆风管与扁钢法兰连接时，应采用直接翻边，且不应影响螺栓紧固；

⑤风管的翻边应紧贴法兰，翻边量均匀、宽度应一致。铆接应牢固，铆钉间距宜为

100～120mm，且不宜少于 4 个；

⑥3mm 厚的风管管壁与角钢法兰内侧应紧贴，风管端面不应凸出法兰接口平面，间断焊的焊缝长度宜为 30～50mm。点焊时，法兰与管壁外表面贴合；满焊时，法兰应伸出风管管口 4～5mm；

⑦焊材应与母材相匹配，焊缝满焊、均匀；焊接完成后，应对焊缝除渣、防腐，板材校平。

（四）风管及附件安装

风管及附件安装技术要求如下：

（1）风管

①风管走向不得随意更改，如发现管线与结构电仪配管等专业干涉，应与加工设计现场技术服务人员沟通协商提出修改方案；

②风管走向中心线偏差为：长度不大于 2m 时，允许偏差不大于 10mm；长度大于 2m 时，允许偏差不大于 15mm；

③所有进风和出风口应装有防鸟网。

（2）风管法兰

①法兰连接处应放置橡胶垫或其他密封材料，法兰处风管钢板厚度小于 1mm 时，应折边，连接处应无漏风现象；

②法兰紧固件应选用规格相同的螺栓，螺栓长度以拧紧后超出螺母 1.5～2.5 倍螺距为宜。

（3）吊架

①吊架安装应与风管垂直，且不得直接焊接在甲板上，如确实无法调整定位，需增加一块垫板，吊架卡箍与风管接触处应紧贴衬垫，不允许松动；

②风管平直部分，两吊架之间的距离一般不超过 2m；

③风管端部应设置吊架；

④对风管弯头部分，在距离弯曲部位一般不超过 100mm 处应设置吊架；

⑤风管法兰附近，一般距其不超过 100mm 处应设置吊架。

（4）通舱件

①通舱件应垂直于舱壁或甲板安装；

②通舱件穿过舱壁或甲板应采用双面连续焊。

三、暖通设备安装

（一）设备底座预制

①底座焊接后要进行校平，其不平度不大于正负 3mm/1000mm；

②所有设备底座焊接均为强度焊，且为满焊；

③顶部和底部焊缝要打磨平整；

④设备底座焊接完毕，在每侧各开一个 R20 的过水孔，底座上的螺栓孔开孔需现场

配钻；

⑤暖通设备底座安装与机械设备底座安装要求基本相同，详细要求参见《机械专业加工设计》第7章第三节。

（二）空调设备安装

①空调室内机、室外机与墙壁间距，通常按照厂家要求进行布置，如厂家未提供此要求，一般可根据舾装墙壁距离结构墙厚度确定，通常室内机距离钢壁300mm，保证室内机距离舾装版50～100mm以上。室外机距离墙壁200～250mm；

②分体空调室外机进风侧应与舱壁或其他障碍物保持最小200mm距离；

③分体空调室外机可以吊装也可以直接安装在甲板上。当室外机吊装时，吊架或支架应直接焊接在结构梁上；

④空调冷凝水管线引至附近地漏排放，冷凝管应有1：100的坡度；

⑤空调制冷剂及冷凝水管要采用绝缘材料保温。管道应用卡箍进行固定；

⑥空调室内机室外机连接管线用通舱件应填防火填料及堵料。

（三）防火风闸调风门

①防火风闸应能从舱壁的一侧手动关闭，其操作位置应易于到达，且关闭装置安全可靠；

②安装时，风闸四周应留有一定的空间，以便于检修和更换零部件；

③防火风闸分左式、右式，施工时应按图纸要求安装；

④调风门开关和旋转部分的操作应灵活可靠，螺纹部分应涂上润滑油脂；

⑤风门开关部位应有明显的操作标识。

四、严密性试验

风管系统安装完成后，应对安装后的主、支风管分段进行严密性试验，包括漏光检测和漏风量检测。对低压系统风管（$P \leqslant 500Pa$），宜采用漏光法检测，漏光检测不合格时，应对漏光点进行密封处理；对中压系统风管（$500Pa < P \leqslant 1500Pa$），应在漏光检测合格后，对系统漏风量进行测试。

风管严密性试验具体做法，按照GB/T 50738执行。

第四节　常见专业技术问题及处理方法、预防措施

（1）问题：转盘通风系统详设阶段深度不够，没有提前布置，造成后期布置空间不够，难度较大。

解决办法：在详细设计阶段，在拿到转盘总体布置图及相关风道接口尺寸后，在模型中布置走向，核对与结构等其它专业的干涉问题，避免后期加工设计阶段布置时空间不够，难度较大。

（2）问题：钻井绞车、泥浆泵通风系统布置中，详细设计深度不够，未根据绞车及泥

浆泵接口风道尺寸进行布置设计。

解决办法：要求在详细设计阶段，根据钻井绞车、泥浆泵总体布置图及相关风道接口尺寸，在模型中布置走向，避免后期加工设计阶段布置时空间不够，难度较大。

（3）问题：散料间离心风机三角型壁装底座与带轨道防火门干涉。

解决办法：采用风机吊架安装方式，避开防火门滑移轨迹区域。

第八章　舾装专业加工设计

第一节　概述

舾装是对模块钻机房间辅助设施的装配以及工作和生活区域的装修和装饰。

舾装分为木舾和铁舾两部分，木舾是指非金属部分的舾装，如地板、舾装板、门窗、家具和其他装饰材料，铁舾是指金属部分的舾装，如梯子、栏杆、扶手。

舾装施工一般包括防火及保温绝缘的安装；舾装板、吸音板以及镀锌铁皮的安装；门窗的安装；预埋件的安装；敷设甲板敷料、橡胶地板、陶瓷砖和梯子、栏杆、扶手等的安装；家具安装。

第二节　加工设计工作内容

一、工作内容

舾装专业加工设计主要工作内容有图纸设计、采办料单设计、建造技术支持、采办技术支持等。

主要工作如表 8-2-1 所示。

表 8-2-1

DOP（施工程序）		
1	SD-DOP-XXX（MDR）-OU-0101	舾装施工程序
MAL（采办料单）		
1	SD-MAL-XXX（MDR）-OU-0101	保温绝缘采办料单
2	SD-MAL-XXX（MDR）-OU-0201	舾装板采办清单
3	SD-MAL-XXX（MDR）-OU-0301	门窗采办清单
4	SD-MAL-XXX（MDR）-OU-0401	铁舾装采办清单
5	SD-MAL-XXX（MDR）-OU-0501	甲板敷料采办清单
6	SD-MAL-XXX（MDR）-OU-0601	家具采办清单

DWG（图纸）		
1	SD-DWG-WHPA（MDR)-OU-0101	防火绝缘布置图图例
2	SD-DWG-WHPA（MDR)-OU-0102	防火绝缘布置图
3	SD-DWG-WHPA（MDR)-OU-0103	防火绝缘布置图（详图）
4	SD-DWG-WHPA（MDR)-OU-0201	门窗布置图
5	SD-DWG-WHPA（MDR)-OU-0202	门楣窗楣制作图
6	SD-DWG-WHPA（MDR)-OU-0301	甲板敷料布置图
7	SD-DWG-WHPA（MDR)-OU-0302	甲板敷料节点图
8	SD-DWG-WHPA（MDR)-OU-0401	梯子＆栏杆布置图
9	SD-DWG-WHPA（MDR)-OU-0501	梯子典型图
10	SD-DWG-WHPA（MDR)-OU-0502	栏杆典型图

二、设计界面划分

（一）详设/加设界面划分

详细设计主要完成区域划分、舾装材料的总体布置、估算用料等工作。加工设计是在详细设计的基础上，将布置细化并合理化，将家具、设备等进行具体定位，优化设计方案，细致核算采办用料，与其他专业核实碰撞及解决现场实际存在的操作问题。

具体界面划分详见附录二。

（二）专业界面划分

安全专业：梯子和栏杆的布置需考虑安全设备的布置及安全通道的设计，需保证逃生路线尽可能简短且通畅。

三、加工设计

（一）设计流程图（8-2-1）

（二）加工设计依据

（1）规格书/文件

①舾装规格书；

②涂装规格书；

③舾装采办料单；

④门窗采办料单；

⑤家具采办料单；

⑥平台总体布置图；

⑦门窗布置图；

⑧防火绝缘布置图；

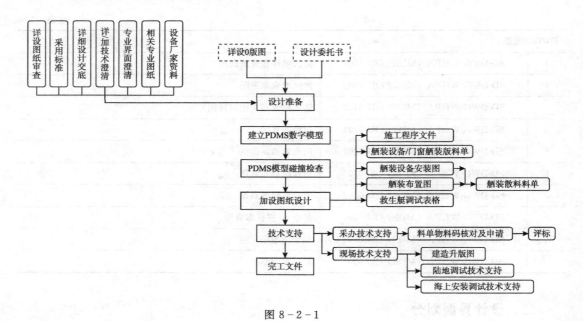

图 8-2-1

⑨甲板敷料布置图；

⑩梯子栏杆布置图 & 典型图。

（2）标准和规范（表8-2-2）

表 8-2-2

序号	标准号	标准名称
国内标准		
1	GB/T 23913.1	复合岩棉板耐火舱室 第1部分：衬板、隔板和转角板
2	GB/T 23913.2	复合岩棉板耐火舱室 第2部分：天花板
3	GB/T 23913.3	复合岩棉板耐火舱室 第3部分：防火门
4	GB/T 23913.4	复合岩棉板耐火舱室 第4部分：构架件
5	GB/T 23913.5	复合岩棉板耐火舱室 第5部分：塑料装饰件
6	GB/T 23913.6	复合岩棉板耐火舱室 第6部分：安装节点
7	CB/T 3233	船用厨房不锈钢家具技术条件
8	CB/T 3483	船用舱室家具技术条件
9	CB/T 3723	船用卫生单元
10	CB/T 3234	船用防火门
11	CB/T 3854	船用眼环
12	GB/T 3477	船用风雨密单扇钢质门
13	GB/T 5746	船用普通矩形窗
14	GB/T 17434	船用耐火窗技术条件

序号	标准号	标准名称
国内标准		
15	CB/T 81	船用钢质斜梯
16	CB/T 73	船用钢质直梯
17	CB/T 663	船用栏杆
18	YB/T 4001.1	钢格栅板及配套件 第1部分：钢格栅板
19	CB/T 3361	甲板敷料
20	CB/T 3951	船用阻燃橡胶地板
21		海上固定平台安全规则
国际标准		
1	SOLAS	海上生命安全国际公约

注：各标准规范以最新有效版本为准。

（三）设计准备

（1）熟悉详细设计相关文件

在熟悉了详设提供的大部分文件和图纸后需要与详设进行技术澄清并做出技术澄清纪要后开始做加工设计工作。

（2）编制加工设计计划

加工设计工作内容确定后，根据工期要求、详细设计计划、建造计划等，编制加工设计计划。加工设计计划要求有详细的加工设计图纸、施工程序和方案设计内容的起始时间，要指定设计、校对、审核人员。

（四）碰撞检查

通过 PDMS 模型检查舾装专业与其他专业有无碰撞，具体内容参考第十二章 PDMS 模型设计中三维模型碰撞检查部分。

（五）加设图纸设计

1. 加工设计图纸

（1）防火绝缘布置图

绘图步骤：

①参考详细设计规格书、防火绝缘布置图。

②审查图纸是否存在错误，如果存在，及时联系详设进行更改。

③更换项目规定统一使用的图框。

④对图纸进行核算和优化设计。

⑤核对图纸其他细节，校对、审核无误后即可出版。

典型的模块钻机防火绝缘布置图如图 8-2-2 所示。

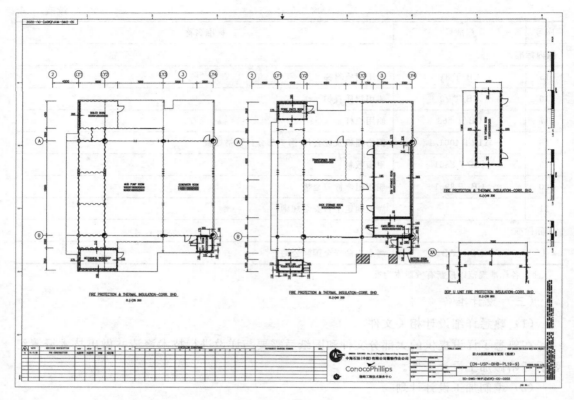

图 8-2-2

（2）甲板敷料布置图

绘图步骤：

①考详细设计规格书、甲板敷料布置图。

②审查图纸是否存在错误，如果存在，及时联系详设进行更改。

③更换项目规定统一使用的图框。

④对图纸进行核算和优化设计。

⑤核对图纸其他细节，校对、审核无误后即可出版。

典型的模块钻机甲板敷料布置图如图 8-2-3 所示。

（3）门窗布置图

绘图步骤：

①参考详细设计规格书、门窗布置图。

②审查图纸是否存在错误，如果存在，及时联系详设进行更改。

③更换项目规定统一使用的图框。

④对图纸进行核算和优化设计。

⑤核对图纸其他细节，校对、审核无误后即可出版。

典型的模块钻机门窗布置图如图 8-2-4 所示。

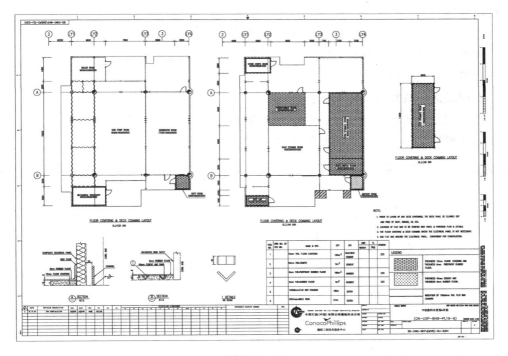

图 8-2-3

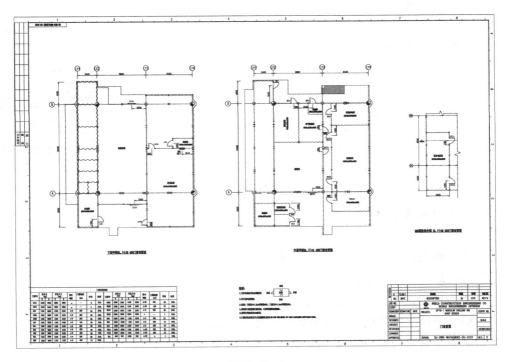

图 8-2-4

（4）梯子＆栏杆布置图

绘图步骤：

①参考详细设计规格书、梯子＆栏杆布置图。

②审查图纸是否存在错误，如果存在，及时联系详设进行更改。

③更换项目规定统一使用的图框。

④对图纸进行核算和优化设计。

⑤核对图纸其他细节，校对、审核无误后即可出版。

典型的模块钻机外梯布置图如图8-2-5所示。

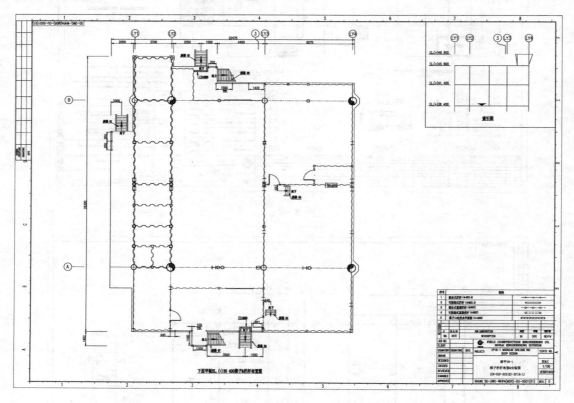

图8-2-5

（5）门楣窗楣制作图

绘图步骤：

①参考详细设计规格书、门窗布置图。

②审查图纸是否存在错误，如果存在，及时联系详设进行更改。

③更换项目规定统一使用的图框。

④门楣窗楣用于室外门、可开外窗。一般用角钢焊接。

典型的模块钻机门楣窗楣制作图如图8-2-6所示。

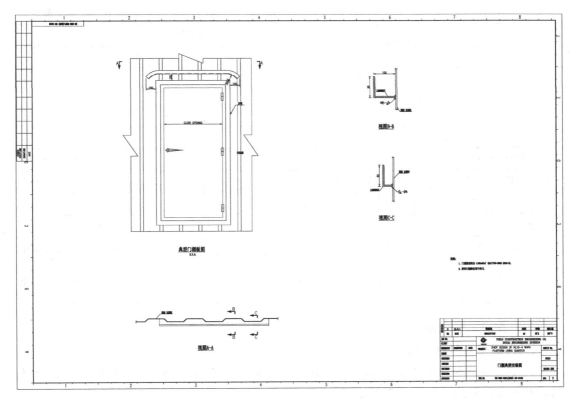

图 8-2-6

2. 加工设计料单

（1）门窗采办料单

①根据详细设计的门窗布置图和门窗清单，统计门和窗的数量。

②核对门窗的规格尺寸、位置、材质、开向等，出具加设门窗采办清单。

③完善物料编码。

典型的模块钻机门窗采办料单如表 8-2-3 所示。

表 8-2-3

门窗清单											SD-MAL-WHPJ（MDR）-OU-0301				
											Rev. 0				
ITEM	SAP 码	门牌号	防火等级	门框形式	开向	净尺寸/mm		开口尺寸/mm		门框深/mm	门槛高/mm	表面材质	配件	备注
						W	H	W	H					
1	82390984	L01	A-O	C	右外	1000	2000	1100	2100			316L	a.c	风雨密，CCS证书
2	82390989	L02A	·	C	右外	2400	2400	2500	2500			316L	C	风雨密
3	82390904	L02B	A-0	C	右外	1000	2000	1100	2100			316L	a.c	风雨密，CCS证书
4	82390904	L03A	A-0	C	左外	1000	2000	1100	2100			316L	a.c	风雨密，CCS证书

续表

门窗清单													SD-MAL-WHPJ（MDR）-OU-0301		
													Rev. 0		
ITEM	SAP 码	门牌号	防火等级	门框形式	开向	净尺寸/mm		开口尺寸/mm		门框深/mm	门槛高/mm	表面材质	配件	备注
						W	H	W	H					
5	82390984	L03B	A-0	C	左外	1000	2000	1100	2100			316L	a，c	风雨密，CCS 证书
6	82342228	L04	A-0	B	左外	1000	2000	1100	2100	140		316L	a，c	风雨密，CCS 证书
7	82342228	L05	A-0	B	右外	1000	2000	1100	2100	140		316L	a，c	风雨密，CCS 证书
8	82342228	M01	A-0	B	右外	1000	2000	1100	2100	140		316L	a，c	风雨密，CCS 证书
9	82390984	M02	A-0	B	右外	1000	2000	1100	2100			316L	a，c	风雨密，CCS 证书
10	82390984	M03	A-0	C	左外	1000	2000	1100	2100			316L	a.c	风雨密，CCS 证书
11	刘济泽9.23 申请	M04A	A-60	B	右外	1000	2000	1100	2100	225		316L	a，c	风雨密，CCS 证书

（2）保温绝缘采办料单

① 保温绝缘材料、玻璃丝布及镀锌铁皮：

a. 根据详设防火绝缘布置图，熟悉保温绝缘材料的布置及图例。不同的项目图例不同，具体参考详细设计提供的图纸资料。

b. 在保温绝缘布置图上有房间尺寸的标注，根据房间尺寸对敷设保温绝缘的墙面和天花板进行面积计算，从而得出保温绝缘材料的使用面积。

c. 一般在施工过程中存在损耗现象，所以在实际算得的用量上，根据实际情况，乘以1.3～1.5 倍的系数作为余量。

d. 完善物料编码。

② 轻钢龙骨、角钢支撑和抽芯铆钉：

a. 三种物料配合使用，用于固定裸露甲板下镀锌铁皮。

b. 一般每根轻钢龙骨间距为 500mm，每 2 根轻钢龙骨处垂直设置一根角钢，间距大约 1000mm/根，长度可以由详设确定，也可以根据现场实际施工情况由加设方确定（要将底部电缆等包覆在内）。抽芯铆钉将镀锌铁皮固定在轻钢龙骨上，大约每 1m 的轻钢龙骨上固定 4 颗。

c. 根据详细设计防火绝缘布置图确定保温绝缘材料敷设的房间面积尺寸后，相应的计算出所需轻钢龙骨和角钢支撑的长度。

d. 完善物料编码。

③ 碰钉、保温钉压盖：

a. 两种物料配合使用，用于固定室内保温绝缘材料。

b. 将碰钉垂直焊接在钢围壁上，保温材料穿透在钉子上后，再将压盖穿在钉子上，最后将钉子弯曲固定压盖即可。

c. 完善物料编码。

d. 碰钉间距 250mm，平均每平米碰钉数量大约 20 个（应保证最少不得少于 16 个/m²）。根据保温棉敷设的平米数可计算出相应需要碰钉的数量。因碰钉属于易耗品，所以采办余量可按实际用料的 1.3～1.5 倍计算。

e. 压盖数量和碰钉相等。

④ 玻璃丝布和白乳胶：

a. 玻璃丝布需配合白乳胶使用，主要用于岩棉和岩棉接口和破损岩棉的包覆。

b. 常用每块岩棉的规格为 1000mm×600mm，根据实际使用面积算得所需块数后，在每两块的拼接处黏贴玻璃丝布，算得相应的米数。

c. 玻璃丝布与白乳胶的使用比例约为每桶白乳胶可刷 400m 左右玻璃丝布（根据实际经验推算），但因施工损耗问题，有时亦存在需要增补的情况。

d. 完善物料编码。

典型的模块钻机保温绝缘采办料单如表 8-2-4 所示。

表 8-2-4

保温绝缘热采办料单							SD-MAL-WHPJ（MDR)-OU-0201		
							Rev. 0		
序号	SAP 编码	货物名称	规格型号	技术要求	数量	单位	单重	总重	备注
1	2015.10.20 ××	岩棉毡	30mm	岩棉	755	m²	140kg/m³		由玻璃丝布包覆并提供 CCS 证书
2	2015.10.20 ××	岩棉毡	50mm	岩棉	1350	m²	140kg/m³		由玻璃丝布包覆并提供 CCS 证书
3	82437542	硅酸铝铜棉毡	δ20mm	防火岩棉	1325	m²	170kg/m³		A60 陶瓷棉由玻璃丝布包覆并提供 CCS 证书
4	2015，10.20 ××	镀锌铁皮	t＝1mm		3.8	t	7.850		484M2
5	2015.10.20 ××	不锈钢扳	t＝0.75mm		0.85	t	5.890		144M2
6	2015.10.20 ××	角钢支撑	L40×40×4	GB/T 706-2008 Q235A	0.97	t			400m
7	2015.10.20 ××	轻钢龙骨	U20×50×2	Q235-A	3360	m			镀锌
8	82361436	碰钉	φ3×135	0235-A	36000	SET			镀铜
9	82424904	碰钉	φ3×85	Q235-A	2500	SET			镀铜
10	82424678	保温钉压盖	32mm×1mm	Q235-A	38500	SET			
11	2015.10.20 刘玥	抽芯铆钉	φ3×10	AL	10000	EA			

（3）舾装板采办料单

①熟悉详细设计的防火绝缘布置图；

②由图中可得知每个房间所需舾装板的材料；

③根据房间的尺寸计算舾装板所需的平米数；

④完善物料编码。

典型的模块钻机舾装板采办料单如表 8-2-5 所示。

表 8-2-5

舾装板采办料单							SD-MAL-WHPJ (MDR)-OU-0501
							Rev. 0
序号	SAP 码	货物名称	单位	数量	规格型号/mm	技术要求	备注
1	××8 月 28 日申请	复合岩棉壁板	m²	380	δ=30	岩棉，可视面彩色 PVC	CCS 证书
2	××8 月 28 日申请	复合岩棉天花板	m²	175	δ=30	岩棉，可视面彩色 PVC	CCS 证书
3	××8 月 28 日申请	检修门	EA	11	δ=30	30×400×400 岩棉 可视面 PVC	CCS 证书

说明：

1. 厂家确定附件（垫块、踢脚板、上下槽、吊挂件、角钢等）带全

2. 厂家提供的舾装板需满足详设 DD-SPC-WHPJ（MDR）-OU-0001 舾装规格书的要求。

（4）铁舾装采办料单

铁舾装主要包括梯子和栏杆。

①梯子：

a. 熟悉详细设计的内、外梯布置图，首先确定梯子的数量。

b. 根据梯子详图熟悉梯子的结构形式和材料，核算梯子所需用料。

c. 完善物料编码。

②栏杆：

a. 熟悉详细设计的栏杆布置图确定栏杆的形式和长度。

b. 根据栏杆详图核算栏杆的用料。

c. 完善物料编码。

典型的模块钻机铁舾装采办料单如表 8-2-6 所示。

表 8-2-6

铁舾装采办料单						SD-MAL-WHPJ（MDR）-OU-0401	
						Rev. 0	
序号	SAP 物资编码	货物名称	单位	数量	规格型号	技术要求	备注
1	82030384	扁钢	TO	3.34	FB100×5	GB/T 702-2008　C235A	踢脚扳 850m
2	82030385	扁钢	TO	0.059	FB50×5	GB/T 702-2008　Q235A	30m

铁舾装采办料单						SD-MAL-WHPJ（MDR）-OU-0401	
						Rev. 0	
序号	SAP 物资编码	货物名称	单位	数量	规格型号	技术要求	备注
3	2015.9.29××	圆钢	TO	0.62	Φ20	GB/T 702-2008　Q235A	250m
4	82414511	焊接钢管	TO	0.83	Φ140×5	SY/T 5768-2006　Q235A	半圆钢管 50m
5	82226341	焊接钢管	TO	16.32	Φ48×3.5	SY/T 5768-2006　Q235A	4250m
6	82414506	焊接钢管	TO	6.37	Φ89×7	SY/T 5768-2006　Q235A	450m
7	82414501	焊接钢管	TO	0.17	Φ60×4	SY/T 5768-2006　Q235A	30m
8	82414498	焊接钢管	TO	0.51	Φ114×10	SY/T 5768-2006　Q235A	20m
9	82232390	槽钢	T0	7.52	⌷250×80×9×12	GB/T 706-2008　Q235A	⌷25b 240m
10	82231628	方钢	TO	0.063	Φ20×20	GB/T 702-2008　C235A	20m
11	2015.9.29××	钢板	TO	2.83	PL3	GB 709-2006　Q235A	120m²

（5）甲板敷料采办料单

①熟悉详细设计的甲板敷料和挡水扁铁布置图。

②根据图纸上房间尺寸，计算出所需材料的使用面积。

③完善物料编码。

典型的模块钻机甲板敷料采办料单如表 8－2－7 所示。

表 8－2－7

甲板敷料采办料单						SD-MAL-WHPJ（MDR）-OU-0101	
						Rev. 0	
序号	SAP 码	货物名称	单位	数量	规格型号/mm	技术要求	备注
1	82089729	不燃轻质甲板敷料	M2	190	t=15mm		带 CCS 证书
2	82425047	普通胶板	KG	1490	t=6mm	丁腈橡胶	190M2 阻燃橡胶地板 带安装胶水 CCS 证书
3	82214952	预拌砂浆	TO	1.2	t=40mm		9M2 带 CCS 证书
4	82425049	黑橡胶	KG	70.2	t=6mm		9M2 带 CCS 证书
5	82230188	扁钢	TO	0.85	FB100×6	Q235A	180M 挡水扁铁
6	82232092	角钢	T0	0.005	L25×25×4	L=50 Q235A	3.2M

说明：实际数量以备注为准。

（6）家具采办料单

①熟悉详细设计的总体布置图及房间布置图

②参照详细设计的家具采办清单，核对家具使用数量及规格，编制加工设计采办料单。

③完善物料编码。

典型的模块钻机家具采办料单如表8-2-8所示。

表8-2-8

| | 家具采办清单 | | | | | | SD-MAL-WHPJ（MDR)-OU-0601 |
| | | | | | | | Rev. 0 |
序号	SAP码	货物名称	单位	数量	规格型号/mm	技术要求	备注
1	82424892	饮水机	EA	1	300×270×880		配齐安装附件
2	82424890	文件柜	EA	1	1000×600×1800	STEEL	配齐安装附件
3	82424888	办公桌	EA	1	1000×600×780	STEEL	配齐安装附件
4	81699599	储物架	EA	7	1000×600×2100	STEEL	配齐安装附件
5	确定规格后申请	办公椅	EA	1			配齐安装附件
6	82130328	工作台	EA	1	1200×600×850	304	配齐安装附件
7	82015500	洗桌	EA	1	1200×600×850	304	配齐安装附件 龙头

说明：更多家具信息参见详见"DD-SPC-WHPJ（MDR)-00-0001舾装规格书"。

四、技术支持

（一）采办技术支持

加工设计进行舾装专业采办技术支持主要有四个方面：技术评标、技术澄清、厂家资料审查和SAP码申请。

（1）技术评标

①将厂家技术标书中的技术参数、数量、证书等与详细设计规格书、数据表、料单等技术图纸进行对比审查，并填入技术参数比较表中。

②如果厂家设备技术参数与技术文件要求一致或优于且不影响使用则评议合格，如果有出入项则需要和厂家进行技术书面澄清，是否满足设计要求，是否影响报价。

③铁舾装技术评标，主要评标项有钢材数量、尺寸、材质、标准和表面处理。

④甲板敷料技术评标，主要评标项有钢材数量、尺寸、材质；橡胶地板阻燃性、船检证书、相应配件是否齐全；陶瓷砖厚度、规格、颜色、船检证书、相应配件是否齐全；甲板敷料数量、自流平、提供船检证书；红砖数量、规格；水泥砂浆数量、配比；

⑤家具技术评标，主要评标项有各项家具的数量、规格、品牌、配件是否齐全；

⑥门窗技术评标，主要评标项有尺寸、防火等级、开向、材质、配件是否齐全和船检证书；

⑦舾装板技术评标，主要评标项有厚度、材质、尺寸、数量、配件是否齐全和船检证书。

下图为典型的技术评标表如表8-2-9所示。

版本号：2013-01

表 8-2-9 装备技术公司技术参数比较表

项目名称：蓬莱19-3WHPV 和 WHPG 钻机模块 EPC 项目 采办申请编号：

项目内容：铁舾装材料

供应商名称		天津市渤源达石油技术服务有限公司		天津开发区渤博工贸有限公司		天津冠诚工贸有限公司	
技术文件要求		技术参数	评议	技术参数	评议	技术参数	评议
1. 扁钢	主要指标	FB100×6/1.318 吨	接受	FB100×6/1.318 吨	接受	FB100×6/1.318 吨	接受
	一般指标	GB/T 702—2008 Q235A	接受	GB/T 702—2008 Q235A	接受	GB/T 702—2008 Q235A	接受
2. 扁钢	主要指标	FB100×5/6.672 吨	接受	FB100×5/6.672 吨	接受	FB100×5/6.672 吨	接受
	一般指标	GB/T 702—2008 Q235A	接受	GB/T 702—2008 Q235A	接受	GB/T 702—2008 Q235A	接受
3. 扁钢	主要指标	FB50×5/0.118 吨	接受	FB50×5/0.118 吨	接受	FB50×5/0.118 吨	接受
	一般指标	GB/T 702—2008 Q235A	接受	GB/T 702—2008 Q235A	接受	GB/T 702—2008 Q235A	接受
4. 圆钢	主要指标	$\phi20$/1.086 吨	接受	$\phi20$/1.086 吨	接受	$\phi20$/1.086 吨	接受
	一般指标	GB/T 702—2008 Q235A	接受	GB/T 702—2008 Q235A	接受	GB/T 702—2008 Q235A	接受
5. 焊接钢管	主要指标	$\phi120×6$/0.068 吨	接受	$\phi120×6$/0.068 吨	接受	$\phi120×6$/0.068 吨	接受
	一般指标	GB/T 3091—2008 Q235A	接受	SY/T 5768—2006 Q235A	接受	GB/T 8162—2008 20#	接受
6. 焊接钢管	主要指标	$\phi140×5$/0.532 吨	接受	$\phi140×5$/0.532 吨	接受	$\phi140×5$/0.532 吨	接受
	一般指标	SY/T 5768—2006 Q235A	接受	SY/T 5768—2006 Q235A	接受	GB/T 8162—2008 20#	接受
7. 焊接钢管	主要指标	$\phi48×3.5$/27.886 吨	接受	$\phi48×3.5$/27.886 吨	接受	$\phi48×3.5$/27.886 吨	接受
	一般指标	SY/T 5768—2006 Q235A	接受	SY/T 5768—2006 Q235A	接受	GB/T 8162—2008 20#	接受
8. 焊接钢管	主要指标	$\phi89×7$/5.946 吨	接受	$\phi89×8$/5.946 吨	接受	$\phi89×7$/5.946 吨	接受
	一般指标	SY/T 5768—2006Q235A	接受	GB/T 8162—2008 20#	接受	GB/T 8162—2008 20#	接受
9. 焊接钢管	主要指标	$\phi60×4$/0.332 吨	接受	$\phi60×4$/0.332 吨	接受	$\phi60×4$/0.332 吨	接受
	一般指标	SY/T 5768—2006 Q235A	接受	SY/T 5768—2006 Q235A	接受	GB/T 8162—2008 20#	接受

注：第5项"一般指标"天津市渤源达石油技术服务有限公司技术参数为 GB/T 8163—2008 20#；第6、7、8、9项"一般指标"天津市渤源达石油技术服务有限公司技术参数均为 GB/T 8163—2008 20#（含第7项为 GB/T 3091—2008 Q235B）。

续表

供应商名称		天津市渤源达石油技术服务有限公司		天津开发区渤博工贸有限公司		天津冠诚工贸有限公司	
技术文件要求		技术参数	评议	技术参数	评议	技术参数	评议
10. 焊接钢管	主要指标	$\phi 114 \times 10/0.052$ 吨	接受	$\phi 114 \times 10/0.052$ 吨	接受	$\phi 114 \times 10/0.052$ 吨	接受
	一般指标	SY/T 5768—2006 Q235A	接受	GB/T 8163—2008 20#	接受	GB/T 8162—2008 20#	接受
11. 槽钢	主要指标	$[250 \times 80 \times 9 \times 12/13.16$ 吨	接受	$[250 \times 80 \times 9 \times 12/13.16$ 吨	接受	$[250 \times 80 \times 9 \times 12/13.16$ 吨	接受
	一般指标	GB/T 706—2008 Q235A	接受	GB/T 706—2008 Q235A	接受	GB/T 706—2008 Q235A	接受
结论							

1. "评议"栏中填写"接受"或"不接受"。　　技术人员签字：　　　日期：
2. "结论"栏中填写"合格"或"不合格"。

其他相关舾装材料技术参数详见附录三。

（2）技术澄清

解答厂家对料单中的疑问，对评标中发生的疑问、争议和不符合项，要求厂家进行技术澄清，并填写采办技术澄清表。表 8-2-10 为典型的技术澄清表。

表 8-2-10　采办技术澄清

序号	澄清内容	厂家回复	是否影响价格
1			
2			
3			
4			
5			
6			
7			
8			
9			
10			

厂家签字盖章：

（3）厂家资料审查

对厂家提供的图纸及文件进行审查。

（4）SAP 码申请

参见附录四。

（二）现场技术支持

（1）技术交底

技术交底内容一般包含：项目概况、房间布置、防火等级划分、保温绝缘布置、门窗布置，详细设计规格书中规定的内容，以及舾装施工技术要求。

（2）协助建造项目组人员进行设备及材料验货

对现场到货材料尺寸进行检查，与设计标准规格核对，对现场到货与供货图纸进行核对，检查设备与最终认可图纸是否一致。

（3）现场安装技术指导

解决现场施工中出现的技术问题，通过现场检查、各专业图纸核对查明原因，并根据现场的实际情况修改或完善设计图纸和文件。

五、加工设计完工图

在完工后将变动的部分同原图进行修正得出的最终图纸即为完工图。完工图的根本目的是使存档的图纸和资料与现场的实际情况一致。

第三节　建造程序及技术要求

舾装专业建造一般包含设备材料到货验收、墙面安装、地面施工、铁舾装安装、设备安装、门窗安装、家具摆放。

一、设备材料到货验收

①岩棉检查数量、外观是否有破损、证书；

②舾装板注意外观检查、是否划痕、色卡比对、规格、数量、证书；

③门窗核对防火等级、开向、尺寸、外观检查、配件是否齐全、证书；

④家具核对数量，规格，品牌（业主要求）；

二、墙面安装

（一）墙面安装流程（图8-3-1）

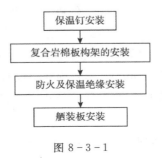

图8-3-1

（二）碰钉安装

①保温钉焊接前，必须将焊接部位的油漆打磨干净，直到露出金属光泽为止；保温钉焊好后，要用钢刷清除表面烧焦的油漆，对破坏的油漆按照《防腐涂装程序》进行补漆工作，要确保补漆处表面平整光滑，最后要对作业现场进行适当的清理。

②根据图纸要求焊接保温钉。每平方米岩棉被和陶瓷纤维棉被至少应有 16 个钉，过渡绝缘棉应该有 6 个钉。

（三）复合岩棉板构架的安装

复合岩棉板系统构架件包括底槽、顶槽及天花板吊挂件等，安装顺序分以下几个步骤：

（1）底槽的安装

以钢围壁为基线，根据排版图对壁厚的要求拉线定位。底槽的安装是复合岩棉板安装过程中最关键的一道工序，尤其应注意壁厚、壁板和衬板在拐角对接的形式及在门口开口的安装尺寸。

（2）顶槽支架、"H"型材的支撑件及天花板吊挂件的安装

在安装顶槽及天花板吊挂件尤其要注意：严格按照图纸对舱室净高的要求施工，并保证顶槽、"H"型材与底槽在同一垂直平面内，同时要注意吊挂件的间距及与甲板下的电缆、管道等的协调。顶槽、"H"型材在拐角和交叉处的安装要严格按工艺标准安装。

（3）清理工作

安装底槽、顶槽、"H"型材及吊挂件后，要对焊接部位进行清理，清除药皮，并补漆。同时要对施工现场进行清洁工作。

（四）防火及保温绝缘安装

防火及保温绝缘的安装顺序分以下几个步骤：

①首先要熟悉图纸，准备材料。并详细了解防火材料及保温绝缘材料的安装位置，然后按图纸施工。

②在敷设防火及保温绝缘前，像管路、电缆、风管和穿舱件等与之有关的安装工作应结束。

③敷设防火和保温绝缘。在敷设绝缘过程中，要注意避免双层绝缘接口相互重合，且两块绝缘的最小接口距离应保持在 100mm 左右。要保持绝缘接口严密平整，并用玻璃丝布对接口处进行缝接。顶部绝缘层应与底部的绝缘层重叠。在防火绝缘和保温绝缘连接处，绝缘过渡应先作防火绝缘。围壁上绝缘材料敷设，下缘距甲板 100mm。

④舱壁或甲板的分界面 A-60 级防火及保温绝缘的延长带按不小于 450mm 施工，A-0 级防火及保温绝缘的延长不小于 380mm，陶瓷棉在敷设时，其重叠的部分至少 150mm。

⑤通风管穿舱件、防火风闸和各类钢管的防火等级应该与它们穿过舱壁的防火等级相同。

⑥保温棉安装后扣紧压盖，对伸出压盖以外的保温钉应折弯以防伤人。

（五）舾装板安装（图 8-3-2、图 8-3-3）

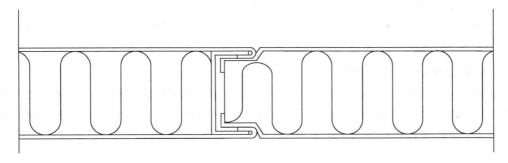

图 8-3-2　A 型板安装示意图

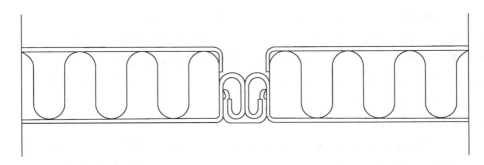

图 8-3-3　C 型板安装示意图

（1）复合岩棉板壁板的安装

①根据排版图检查核对壁板规格、数量。

②清扫底型材内垃圾，保证挡水扁铁内流水孔畅通。

③按排版图和板材对号入座，按顺序将壁板安装于顶、底型材内。

④壁板安装从门的一边起，止于门的另一边，A 型板应雌口接门框。

⑤C 型板两块板的接缝应均匀，并在第二块板安装时，在背面需预埋 L 型嵌条。A 型板两块板的接缝应紧密。

⑥围壁遇有门、窗开孔时，用曲线锯开孔，电缆孔等用电钻开孔模具开孔。

⑦在复合岩棉板上开孔，矩形孔的线长度大于 200mm 时，圆孔直径≥150mm 时，或曲线形孔周长≥470mm 时，应用加强材予以加强。开孔处若有岩棉松散或外落现象，则通过加强材来进行堵塞。

⑧C 型板在安装嵌条时，严禁用榔头直接敲击，必须用平直木条垫在嵌条处，将嵌条嵌入两板之间。

⑨A 型板在安装拼接前，C 型板在安装嵌条前，壁板边缘的保护膜预先剥开，避免完工后撕去保护膜时划伤板面。

⑩走道内如有安装防浪扶手处，板的背面应预装加强材，安装高度为图纸所示尺寸或加强材中心距甲板 900mm。

⑪壁板上所安装设备重量大于 10kg 时，应在背面预装加强材。

⑫壁板安装结束后及时调整板缝及平直度。

⑬交工前撕去保护膜，用中性清洗剂或酒精清洗污物，如板轻微划伤，可用丙烯油漆修补。

（2）复合岩棉天花板的安装

与壁板安装相同，要按照排版图中的排版方向和安装节点进行施工，同时注意天花板上的灯具、布风器、通风栅、喷淋头、喇叭、探头、检查门、排烟管、排气管等也应该现场开孔并保证开孔位置的准确性。

安装顺序：

①按排版图的顺序，将顶板搁置在吊顶型材上。

②有端头板的舱室，应先装端头板。A 型板雌口朝向窗。

③顶板若有开孔，则四周应加装加强材。开孔加强的要求和围壁相同。

④顶棚安装结束后用圆头自攻螺钉固定，圆帽涂与顶板同色油漆。

⑤完工后撕去保护膜，用中性清洗剂清洗污渍，轻微划伤可用丙烯涂料修补。

⑥顶板安装后，安装各类装饰件和线条。

（3）复合岩棉板装饰件的安装

复合岩棉板装饰件的安装主要指踢脚板、装饰件的安装。对围壁板、天花板较大的开孔（如排烟管、进排气管、灯具等）四周，应以装饰嵌条或边槽加以修饰加强。

（六）不锈钢铁皮安装

模块钻机底层甲板外部设置了保温层及不锈钢铁皮，不锈钢铁皮的安装顺序分以下几个步骤：

（1）支撑件及吊挂件的安装

焊接支撑件及吊挂件要注意焊接牢固，横平竖直。框架的间距、壁厚、及天花板的高度要符合图纸的规定。

（2）主衬档的焊接

焊接主衬档时，主衬档之间的间距要符合图纸要求。焊后要清理焊道，并在焊缝处涂上一层防锈漆。

（3）不锈钢铁皮的安装

安装时要注意，表面不平整的不锈钢铁皮不能使用。安装后的不锈钢铁皮要保持平整，连接牢固。搭接处搭接量约为 20mm，两个的铆钉间距约为 250mm，可根据现场情况酌情处理。

三、地面施工

（一）地面施工流程（图8-3-4）

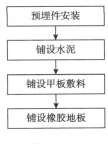

图8-3-4

（二）预埋件安装

舾装所指的预埋件，主要包括：

（1）挡水扁铁

①挡水扁铁的焊接，首先要按照图纸的要求在施工现场定位，然后进行双面连续焊接，并要确保焊缝水密。

②挡水扁铁焊接完成后，弯曲变形不得超过±5mm/m。

（2）按图焊接吊挂件、支撑件。

（3）按图焊接门口缘材。

（三）铺设水泥

①检查甲板敷料平整度是否达到要求，并根据产品说明进行对色、拼花。

②水泥铺设前应根据设计要求确定水泥砂浆厚度，拉十字线控制其厚度和表面平整度。

（四）铺设甲板敷料

①施工前，甲板必须调平，并严格地进行清洁工作，使甲板达到无锈、无油、无杂物，从而保证敷料与甲板的结合强度。对于必须焊接铁丝网或钢爪的区域，同样要进行上述的清洁工作。

②敷设前，与之有关的工程，如管路、电缆、风管和穿舱件的安装等工作应结束。

③应严格按照甲板敷料的厂家产品使用说明书的要求进行施工。

④配制好的敷料应立即进行施工，不可放置过久，更不可再与新料混合使用，以保证敷料的质量。

⑤施工温度一般为5~30℃，施工后自然养护48h左右。

⑥敷料施工后要检查表面是否光洁平整，并且敷料表面不能有裂缝，夹层等缺陷。

（五）铺设橡胶地板

①在橡胶地板敷设前，要先检查一下甲板敷料的平整度是否合格，同时检查橡胶地板的规格、颜色、边沿等是否符合设计要求，注意将每箱中颜色一致的胶皮黏贴在一个

房间。

②首先敷设一层流平剂（1～3mm 厚），按产品说明完成涂敷工程。并在其干固后采用砂纸打光、打平，满足地面平面度每平米小于 1.5mm。同时检查地板的规格、颜色、边缘是否符合设计要求，注意将每箱中颜色一致的黏贴在一个房间。

③严格按选定的地板胶的性能和施工工艺进行施工，黏贴后及时清理地板表面的胶痕并及时排除板下气泡，确保平整黏接均匀。

④地板革黏贴时应严格按要求开接缝坡口和间隙并确保黏贴牢固，无裂痕、不平、空洞等现象。

四、铁舾装安装

模块钻机的铁舾装是指梯子栏杆，梯子栏杆的预制要求与结构专业相同，参见第一章《结构专业加工设计》。梯子栏杆安装要求如下：

（1）室内梯子的安装

①每级踏步的水平度每米不大于 3mm。

②扶手抛光处理，扶手转弯处要求圆滑过渡。

③踏步上敷设低阻燃防滑橡胶层。

（2）室外舾装的施工

室外舾装主要有梯子、栏杆、扶手等的施工，施工时需注意：

①斜梯的倾斜角度要正确，栏杆横平竖直。

②防腐层均匀，无漏涂，附着良好。

③根据图纸要求焊接，要牢固可靠。

④梯子栏杆及扶手制作完毕整体热浸锌。

⑤室外挡水扁铁，其施工要求参照预埋件安装中挡水扁铁。

五、门窗安装

房间门的安装顺序分以下几个步骤：

①门开口的调正。根据图纸的要求，对结构开孔进行调正。

②门框及预埋件的安装。

③门套框的安装。

④门板及五金件的安装。为现场施工方便，门板的安装可在舾装施工的后期进行；对需要保护的设备及房间，门板应提前安装就位。五金件指闭门器、止门器、门钩等，按照产品说明书安装。

⑤窗户的安装应该参考舱室门的安装程序。

⑥具体的安装程序应严格按照生产厂家的说明书操作。

六、家具摆放

室内家具摆放按照房间布置图要求施工。

第四节 常见专业技术问题及处理方法、预防措施

（1）部分地区栏杆的布置存在遗漏或间距过大的情况（栏杆和斜立柱交界处、甲板栏杆和外梯扶手等）。

解决方法：细致核对详细设计图纸，对图纸进行细化，并参考模型后出具加工设计图纸。

（2）详细设计对挡水扁铁、踢脚板说明不清。

解决方法：根据模型和详细设计图纸，并结合作业环境、配管专业地漏布置情况，将每个部分的挡水扁铁和踢脚板情况进行说明。

（3）较小房间天花板上各专业设备布置拥挤。

解决方法：将厂家的舾装板排版图落实到各个专业并加强各专业之间的沟通，选择最优方案后再施工。

（4）房间墙壁壁板与结构斜筋碰撞问题。

解决方法：在设计阶段首先要仔细核对详细设计图纸，核对图纸上数据，并将厂家排版图与实际情况结合后完成排版。若现场施工时发现问题，可将舾装板及天地槽向房间内移动。

（5）钻台配电间下部，电缆桥架布置复杂，空间较小，施工特别困难，铁皮开孔存在割伤电缆问题。

解决方法：将割开的铁皮边缘做封边处理，或将边缘铁皮向内弯出弧度保证边缘光滑。

（6）钻台下部滑移梯子下端与门柱连接问题及梯子高度问题

解决方法：加工设计时需将详细设计图纸进行细致核算，包括高度宽度及梯子与门柱的焊接问题。需要参考模型。

第九章　安全专业加工设计

第一节　概述

安全专业是为了预防火灾和减少火灾危害，保护平台人身、设施设备的安全，维护公共海洋安全，保障生产作业的顺利进行。

模块钻机安全专业主要包括的内容有：

（1）FM200 灭火系统

一般用于发电机房、配电间、变压器间以及 DES VFD&MCC 房间的灭火，一般放在 DSM 模块上。

（2）雨淋阀灭火系统

一般用于管汇撬的灭火，一般放在 DES 模块中层。

（3）灭火器

①每一锅炉间内应设置 135L 泡沫灭火装置一具，灭火装置应备有绕在卷筒上的软管，其长度足以使泡沫喷至锅炉间的任何部位。锅炉间的每一生火处所还应配置一个手提式灭火器。

②其它机器处所应配置每只容量至少为 45L 的泡沫灭火器（或等效设备）和手提式灭火器，其数量和布置应符合所用规范、标准的规定。

③各层生产甲板应根据具体情况配置手提式灭火器，其布置应使从甲板任何一点到达灭火器的步行距离不大于 10m，这种灭火器的数量至少为两具。

（4）消防软管站

每层甲板应在较为安全的地点至少设置两个消防软管站，每一消防软管站应配备一条直径为 38mm（1½″）或 50mm（2″）、长度一般不宜大于 20m 的消防软管。

第二节　加工设计工作内容

安全加工设计是对详细设计的审核与完善，是在详细设计基础上，按照其规定的设计方案、技术要求、规格书、程序文件等对安全进行细化的过程，以达到方便指导现场施工的目的。

一、工作内容

安全专业包含的主要工作内容主要有：

①详细设计文件审核；

②各专业间模型碰撞审核；

③现场建造图纸及料单；

④技术评标及采办技术支持；

⑤现场技术支持；

⑥设计完工图。

常规生活模块项目加工设计文件目录如表 9-2-1 所示。

表 9-2-1

DOP（程序）		
1	SD-DOP-XXX（MDR）-MA&SA-0001	安全施工程序（合并于机械专业）
EQL（清单）		
1	SD-EQL-XXX（MDR）-SA-0001	安全设备采办清单
MAL（料单）		
1	SD-MAL-XXX（MDR）- SA-0001	标识牌采办料单
DWG（图纸）		
1	SD-DWG-XXX（MDR）- SA-XXXX	洗眼站布置安装图
2	SD-DWG-XXX（MDR）- SA-XXXX	FM200 布置安装图
2	SD-DWG-XXX（MDR）- SA-XXXX	雨淋阀布置安装图
CMT（调试表格）		
1	SD-CMT-XXX（MDR）- SA -0001	FM200 灭火系统调试表格
2	SD-CMT-XXX（MDR）- SA -0002	雨淋阀灭火系统调试表格

二、设计界面划分

（一）详细设计/加工设计界面划分

加工设计料单参考详细设计料单，填写 SAP 编码直接用于采办；加工设计图纸根据详细设计总体布置图、厂家资料及现场实际情况进行绘制；调试表格依照详细设计调试大纲进行编制。

具体界面划分详见附录二。

（二）专业界面划分

安全专业与其他专业界面划分主要是指消防设备与电气、仪表和管线接口 的界面划分。由安全专业提供设备接口，其他相关专业负责连接。

三、加工设计

（一）设计流程（图 9-2-1）

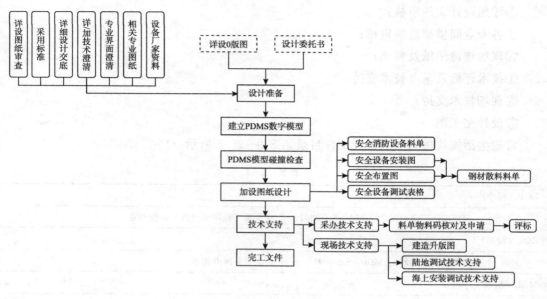

图 9-2-1

（二）设计依据

加工设计文件编制的依据是详细设计图纸、规格书和其所规定采用的国际、国内规范或标准，若规格书与规范、标准相互间矛盾，应优先执行规格书，若规范、标准间相互矛盾，应按规格书规定的优先顺序执行，通常采用的规格书、规范和标准如下：

（1）规格书/文件：

①FM200 灭火系统规格书；

②雨淋阀灭火系统规格书；

③防火区域划分图；

④逃生通道布置图；

⑤安全设备布置图；

⑥安全标识布置图。

（2）标准和规范（表 9-2-2）

表 9-2-2

序号	标准号	标准名称
国内标准		
1		海上固定平台安全规则
2	GB 4351	手提式灭火器

序号	标准号	标准名称
国内标准		
3	GB 6246	消防栓箱
4	GB 8109	推车式灭火器
5	GB 8181	消防水枪
6	GB 14561	消防水龙带
7	GB/T 29549	海上石油固定平台模块钻机
8	SY/T 10034	敞开式海上生产平台防火与消防的推荐作法
国际标准		
1		海上人命安全公约
2	NFPA 10	手提式灭火器标准
3	NFPA 1961	消防水带标准
4	NFPA 1963	消防水带接口标准
5	NFPA 1964	喷淋头标准
6	NFPA 1971	防护服的结构防火和近距离防火
7	NFPA 1972	头盔的结构防火
8	NFPA 1973	手套的结构防火
9	NFPA 1981	应急用的开路自给式呼吸器
10	ANSI Z 358.1	应急洗眼及淋浴站设备

注：各标准规范以最新有效版本为准。

（三）设计准备

在熟悉了详细设计提供的大部分文件和图纸后需要与详细设计进行技术澄清并做出技术澄清纪要，之后开始做加工设计工作。

（四）碰撞检查

主要是固定消防设备的连接管线与平台其他管线之间的碰撞，一般在配管专业统一进行检查。具体内容参考第十二章 PDMS 模型设计中三维模型碰撞检查部分。

（五）加工设计图纸设计

1. 加工设计图纸

本专业加工设计图纸主要分为洗眼站布置安装图、FM200 布置安装图、雨淋阀布置安装图、采办料单等。

（1）洗眼站布置安装图

绘图步骤：

①参考详细设计的安全设备布置图，了解布置图中洗眼站的位置；

②参考洗眼站厂家图纸，根据洗眼站的具体外形尺寸确定洗眼站底座尺寸（主要根据

洗眼站的出水高度确定底座的高度）；

③制作底座所用的钢材（如钢管114或140，以及8mm厚底板）；

④根据洗眼站厂家资料，标注出洗眼站与底座连接的地脚螺栓数量和尺寸；

⑤标注底部R10流水孔的设计；

⑥列出底座布置图的技术要求（如打磨处理、焊口满焊等）；

⑦统计并填写加工底座所需的材料表；

⑧核对图纸其他细节，校对、审核无误后即可出版。

典型的洗眼站布置安装图如图9-2-2所示。

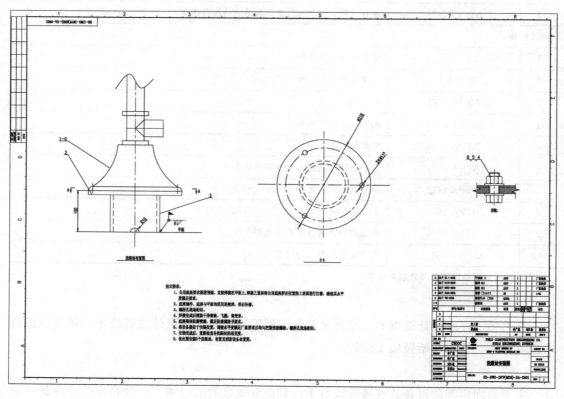

图9-2-2

（2）FM200布置安装图

绘图步骤：

①参考详细设计的安全设备布置图，了解布置图中FM200的位置；

②核对厂家FM200的外形尺寸和管口方位，确认与PDMS中的模型参数是否一致；

③将安全设备布置图中的FM200布置、FM200所在位置的结构图、厂家FM200的外形尺寸图在AutoCAD中进行精确布置；

④核对FM200是否布置在结构梁上，如不在结构梁上，则需与详细设计方进行沟通并调整FM200位置；

⑤确认 FM200 位置准确后，将 FM200 与结构的相对位置进行尺寸标注，并标出管口的方位；

⑥列出底座布置图的技术要求（如打磨处理、焊口满焊等）；

⑦核对图纸其他细节，校对、审核无误后即可出图。

典型的 FM200 布置安装图如图 9-2-3 所示。

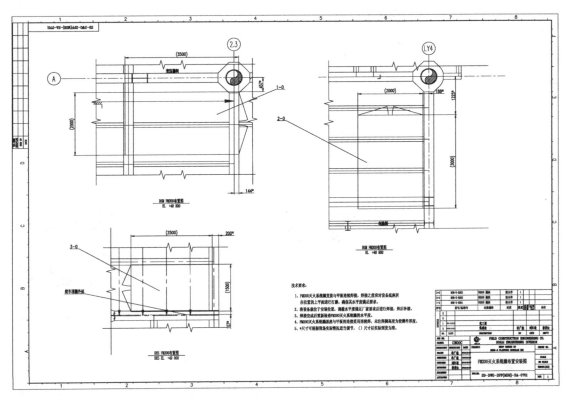

图 9-2-3

（3）雨淋阀布置安装图

绘图步骤：

①参考详细设计的安全设备布置图，了解布置图中雨淋阀的位置；

②核对厂家雨淋阀的外形尺寸和管口方位，确认与 PDMS 中的模型参数是否一致；

③将安全设备布置图中的雨淋阀布置、雨淋阀所在位置的结构图、厂家雨淋阀的外形尺寸图在 AutoCAD 中进行精确布置；

④核对雨淋阀是否布置在结构梁上，如不在结构梁上，则需与详细设计方进行沟通并调整雨淋阀位置；

⑤确认雨淋阀位置准确后，将雨淋阀与结构的相对位置进行尺寸标注，并标出管口的方位；

⑥列出底座布置图的技术要求（如打磨处理、焊口满焊等）；

⑦核对图纸其他细节，校对、审核无误后即可出图。

典型的雨淋阀布置安装图如图9-2-4所示。

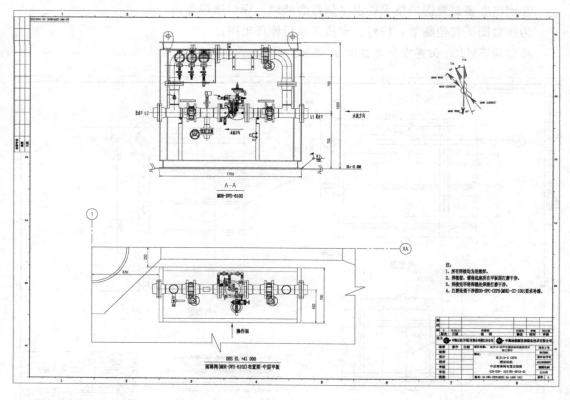

图9-2-4

2. 采办料单

安全专业加工设计阶段需要设计的采办料单主要有安全设备、安全标示牌以及一些钢材散料。

（1）安全设备采办料单的编制

①根据详细设计的安全设备清单，核对安全设备布置图、安全系统 P&ID 图、安全设备请购单；

②确定安全设备的数量以及相关参数，查找相应的物料编码（如无物料编码需要进行申请，申请编码详见 SAP 部分），进行采办料单的编制；

③如在核对过程中出现安全设备布置图、安全系统 P&ID 图、安全设备请购单中的设备参数或数量不一致的情况，应及时联系详细设计进行沟通，确认需要采办设备的准确数据。

典型的安全设备采办料单见表9-2-3。

表 9-2-3

	安全设备采办料单					SD-MAL-WHPJ（MDR）-SA-0101	
						Rev.（0）	
序号	SAP 物资编码	货物名称	单位	数量	规格型号	技术要求	备注
1	确定厂家后申请	手提式干粉灭火器	EA	83	8kg \ 4A；144B；C/144B；C \ 储压式 \ 碳钢储瓶	CCS 或相当	配：灭火器箱 30 个，材质为 2mm 厚 316 不锈钢，每个能够容纳两个手提式干粉灭火器；灭火器支架 20 个，材质为 2mm 厚碳钢，其中有 10 个每个能够容纳 2 个手提式干粉灭火器，9 个每个能容纳 2 个手提式二氧化碳灭火器，1 个能容纳 3 个手提式干粉灭火器。
2	确定厂家后申请	手提式二氧化碳灭火器	EA	18	5kg \ 最小 34-B；C \ 铬钼合金钢储瓶	CCS 或相当	
3	确定厂家后申请	推车式干粉灭火器	EA	3	50kg \ 10A；297B；C/297B；C \ 储压式 \ 碳钢储瓶	CCS 或相当	
4	确定厂家后申请	推车式泡沫灭火器	EA	1	45L \ 最小 6A；30B \ 碳钢储瓶	CCS 或相当	
5	确定厂家后申请	泡沫消防水软管站	SET	5	1½″ \ 25m³/h	FM，UL	包括不锈钢泡沫储存箱，20m 橡胶软管，19mm 铜质喷枪（直射式和喷雾式），125L 泡沫。
6	确定厂家后申请	消防水软管站	SET	7	1½″ \ 25m³/h	FM，UL	包括 20m 橡胶软管，19mm 铜质喷枪（直射式和喷雾式）。
7	确定厂家后申请	喷淋阀撬	SET	1	3″ \ 镍-铝-青铜（喷淋阀）	FM，UL	每个喷淋阀撬至少包括一个喷淋阀、两个隔离阀、一个旁通阀、一个排放阀、仪表气管线及附件、压力表、压力变送器等；带消防水喷头 15 个，3″，检验级别 FM，UL，材质黄铜，NPTM 连接，详细情况见厂家资料。

（2）安全标识牌采办料单的编制

①根据详细设计的安全标识牌清单，核对安全标识牌布置图；

②确定安全标识牌的数量以及安装方式，查找相应的物料编码（如无物料编码需要进行申请，申请编码详见 SAP 部分），进行采办料单的编制；

③如在核对过程中出现安全标识牌布置图、安全标识牌清单中的安全标识牌安装方式或数量不一致的情况，应及时联系详细设计进行沟通，确认需要采办设备的准确数据；

④安全标识牌需要按照 3% 的余量进行采办。

典型的安全标识牌采办料单见表 9-2-4 所示。

表 9-2-4

安全标识牌采办料单						SD-MAL-WHPJ（MDR）-SA-0201	
						Rev.（0）	
序号	SAP 物资编码	货物名称	单位	数量	规格型号	技术要求	备注
1	2015.09.25 ×××	标识牌	EA	4	350mm×250mm	符号：1-3 \ 内容：No Matches 禁止带火种	U 型卡固定式 3EA 备用 1EA
2	2015.09.25 ×××	标识牌	EA	4	350mm×250mm	符号：1-26 \ 内容：禁止使用无线电设备	U 型卡固定式 3EA 备用 1EA
3	2015.09.25 ×××	标识牌	EA	16	350mm×250mm	符号：2-1 \ 内容：Caution Danger 注意安全	U 型卡固定式 15EA 备用 1 EA
4	2015.09.25 ×××	标识牌	EA	12	350mm×250mm	符号：2-7 \ 内容：Danger Electric Shock 当心触电	粘贴式 11EA 备用 1 EA
5	2015.09.25 ×××	标识牌	EA	2	350mm×250mm	符号：2-12 \ 内容：Caution Hanging 当心吊物	U 型卡固定式 1EA 备用 1EA
6	2015.09.25 ×××	标识牌	EA	17	350mm×250mm	符号：2-24 \ 内容：Caution Slip 当心滑跌	U 型卡固定式 16EA 备用 1EA
7	2015.09.25 ×××	标识牌	EA	2	350mm×250mm	符号：2-32 \ 内容：Caution Hook 大当心吊钩	U 型卡固定式 1EA 备用 1EA

（3）钢材散料采办料单的编制

①对所有安全专业需要的钢材（主要用于消防设备的支撑和固定件等）进行统计；

②安全设备一般成橇供应，有时消防栓需要制作底座，此时只需统计消防栓底座所用钢材即可；

③因使用散料较少，一般放在机械散料中进行购买，通常与机械散料合并后，查找相应的物料编码（如无物料编码需要进行申请，申请编码详见 SAP 部分），进行采办料单的编制。

典型的散料采办料单见表 9-2-5 所示。

表 9 - 2 - 5

序号	SAP 物资编码	货物名称	单位	数量	规格型号	技术要求	备注
设备底座散料采办料单						SD-MAL-WHPB（MDR)-MA-0003	
						Rev.（0）	
1	80006591	槽钢	t	0.31	⌷160×63×6.5×10	GB/T 700-2006 Q235B	
2	80014065	钢板	t	0.63	PL8	GB/T 700-2006 Q235B	
3	80010216	角钢	t	0.6	L100×100×10	GB/T 700-2006 Q235B	
4	80008730	槽钢	t	0.17	⌷63×40×4.8×75	GB/T 700-2006 Q235B	
5	80682580	槽钢	t	0.2	⌷120×53×5.5	GB/T 700-1988 Q235A	
6	80006584	槽钢	t	0.53	⌷140×58×6×9.5 \ 6000	GB/T 700-2006 Q235B	
7	80456061	槽钢	t	0.06	⌷80×43×5×8	GB/T 700-2006 Q235B	

3. 安全专业调试表格

常用的调试表格主要有：FM200 灭火系统调试表格和水喷淋灭火系统调试表格。调试表格的设计主要参考详细设计调试大纲，具体步骤如下：

①调试一般是对设备性能进行考查，保证设备能够正常运转；

②参考详细设计大纲，对大纲进行解读；

③调试表格编制前审核详细设计调试大纲，并与详细设计、建造项目组、业主项目组以及第三方进行沟通，汇总各方意见调整调试内容；

④参加调试人员一般包括厂家、调试项目组、检验人员、业主项目组、第三方等，调试结束后各方签字；

⑤调试过程一般包括前期检查和功能试验，表 9 - 2 - 6 为 FM200 灭火系统功能试验表格。

表 9 - 2 - 6 选择阀和瓶头阀试验记录

控制方式：＿＿＿自动＿＿＿

试验区域	主瓶	结果	备瓶	结果
DSM VFD&MCC 间	43SV6201A 43SV6205A		43SV6201A 43SV6208A	
发电机房	43SV6202A 43SV6204A		43SV6202A 43SV6207A	
变压器间	43SV6203A 43SV6206A		43SV6203A 43SV6209A	
应急配电间	43SV6212A 43SV6213A		43SV6212A 43SV76214A	

说明：1. 自动启动后 30s 应能够检测到信号。

2. 检查系统是否启动联动保护，关闭保护区联动设备（停电，停止通风，关闭空调等）

检验员：

备注：

控制方式： 盘上手动

试验区域	主瓶	结果	备瓶	结果
DSM VFD&MCC 间	43SV6201A 43SV6205A		43SV6201A 43SV6208A	
发电机房	43SV6202A 43SV6204A		43SV6202A 43SV6207A	
变压器间	43SV6203A 43SV6206A		43SV6203A 43SV6209A	
应急配电间	43SV6212A 43SV6213A		43SV6212A 43SV6214A	

说明：1. 盘上手动启动后 30s 应能够检测到信号。
2. 检查系统是否启动联动保护，关闭保护区联动设备（停电，停止通风，关闭空调等）
检验员：
备注：

四、技术支持

（一）采办技术支持

采办技术支持主要有以下几个方面：技术澄清、技术评标、图纸审核。

（1）技术澄清：对料单中的技术参数、技术要求、参考标准进行解读，解答厂家对料单中的疑问。

①钢材散料技术澄清，很少有澄清项，主要是参考标准确认即可；

②消防设备的主要澄清项有：设备外形尺寸、规格参数、与电气 & 配管专业的外部接口、以及安装形式。

（2）技术评标：对厂家投标的技术参数与设计文件进行比对

技术评标如表 9-2-7 所示。

版本号：2013-01

表 9-2-7 技术参数比较表

项目/所属单位名称： 采办申请编号：
项目内容/产品名称： 招标书编号：

投标人/国别								
制造商/国别								
型号								
数量								
招标文件要求	技术参数	评议	技术参数	评议	技术参数	评议	技术参数	评议
主要指标								
一般指标								

续表

招标文件要求		技术参数	评议	技术参数	评议	技术参数	评议	技术参数	评议
	主要指标								
	一般指标								
供货范围									
结论									

1. "评论"栏中填写"接受"或"不接受"。

2. "结论"栏中填写"合格"或"不合格"。

3. 备注：工程和服务项目，本表可在根据招标文件调整后使用。

技术评标人员签字

其他相关安全设备技术参数详见附录三。

①根据厂家技术标书技术参数、数量、证书等和详细设计规格书、数据表、料单等技术图纸进行核对，并列入图中表里。

②如果厂家设备技术参数与技术文件要求一致或优于且不影响使用则评议合格，如果有出入项则需要和厂家进行技术书面澄清，是否满足设计要求，是否影响报价。

③主要评议指标参考第一项里面料单澄清内容，这些内容大部分设计要求，部分是厂家容易出问题的地方（表9-2-8）。

表9-2-8 采办技术澄清

序号	澄清内容	厂家回复	是否影响价格
1			
2			
3			
4			
5			
6			
7			
8			
9			
10			

厂家签字盖章：

（3）图纸审核：

①厂家图纸加工设计要对厂家图纸进行审核，审核的主要查看设备参数，审核设备参数是否满足详细设计要求。

②图纸资料是否齐全是否可以进行加工设计。例如设备图纸是否标注管口高度。

（4）SAP 码申请：

参考附录四。

（二）现场技术支持

（1）技术交底：

技术交底内容一般包含：项目概况、遵循的规范标准、项目特点，详细设计规格书中规定的内容，以及安全专业施工技术要求。

（2）协助建造项目组人员进行设备及材料验货：

对现场到货的材料规格尺寸进行检查，与设计标准规格核对，对到货设备设计参数进行核对，保证到货设备与最终认可图纸一致。

（3）现场安装技术指导：

解决现场施工中出现的技术问题，通过现场检查、各专业图纸核对查明原因，并根据现场的实际情况修改或完善设计图纸和文件。

（4）调试技术支持：

①将调试表格与调试大纲一一对应说明；

②根据现场调试条件的变动作出相应的技术调整。

五、设计完工图

在完工后将变动的部分同原图进行修正得出的最终图纸即为完工图。完工图的根本目的是使存档的图纸和资料与现场的实际情况一致。

第三节　建造程序及技术要求

安全专业的施工主要是安全设备设施的安装，包括设备材料到货验收、设备底座预制安装、设备安装、灭火器安装、安全标识安装。

一、设备材料到货验收

设备材料到货验收一般根据设计、制造规格书和图纸的要求，对以下内容进行检查：

①检查设备外表有无损坏、变形；

②检查设备内部部件有无缺损；

③检查设备所有配件、备件数量型号无误并记录。

二、设备底座预制安装

安全设备底座安装与机械设备底座安装要求基本相同，详细要求参见第七章《机械专业加工设计》的风管及吊架的预制和安装。

三、设备安装

消防设备安装与常规机械设备安装基本一致，详细的内容见第七章《机械专业加工设计》的建造程序及技术要求。

四、灭火器安装

室外灭火器一般放在灭火器箱内，箱体与甲板进行固定焊接；室内灭火器一般放在灭火器支架内，支架与舾装板或壁板固定。

五、安全标识安装

标识牌安装方式分：U 型卡固定型和黏贴型。

U 型卡固定型，将标识牌固定到栏杆上；黏贴型，将标识牌黏贴到室内墙、灭火器箱和消防员装备箱上。

第四节 常见专业技术问题及处理方法、预防措施

（1）模块钻机机械、配管、舾装等其他专业在布置专业设施时，占用逃生通道。

解决办法：调整专业设施布置避开逃生通道，或者加安全标识进行提示。

预防措施：加强各专业人员对安全通道的重视。

（2）雨淋阀撬安装后，管线接口与配管连接存在一定偏离。

解决办法：雨淋阀撬在安装时先进行点焊，待配管接口核对无误后再进行连续焊接。

第十章 焊接专业加工设计

第一节 概述

焊接也称作熔接、镕接，是一种以加热、高温或者高压的方式接合金属或其他热塑性材料如塑料的制造工艺及技术。海洋石油工程的焊接一般采用熔焊，即加热欲接合之工件使之局部熔化形成熔池，熔池冷却凝固后便接合，必要时可加入熔填物辅助，它是适合各种金属和合金的焊接加工，不需压力。

海洋工程焊接是根据项目的具体要求，同时依据所执行的焊接标准进行焊接工艺评定，制定焊接工艺规程，并为现场施工提供技术支持。模块钻机焊接主要包括钢结构焊接和工艺管道焊接。

在工程前期，应根据结构和配管专业的详细设计内容，并依据焊接规格书及规范的技术要求判断是否需要进行焊接工艺评定试验。

工艺评定经第三方验收合格后，据此制定焊接工艺规程，即通常所说的焊接程序。焊接工艺规程的制定同样需要执行相应标准并同时满足工程的特别要求。

第二节 加工设计工作内容

一、工作内容

焊接专业的主要工作内容一般包含焊接工艺规程（WPS）的编制、焊接材料的技术要求的编制、焊接工艺评定（PQR）的选取、与第三方沟通焊接工艺规程（WPS）相关问题、施工现场出现的焊接方面的问题的技术支持、设备物资采办技术支持等。

常规模块钻机项目加工设计文件目录如表 10-2-1 所示。

表 10-2-1

DOP（程序文件）		
1	SD-DOP-XXX（MDR）-WE-1001	焊接工艺规程（结构）
2	SD-DOP-XXX（MDR）-WE-2001	焊接工艺规程（管线）

二、加工设计

（一）设计流程

（1）焊接工艺评定的基本流程（图10-2-1）

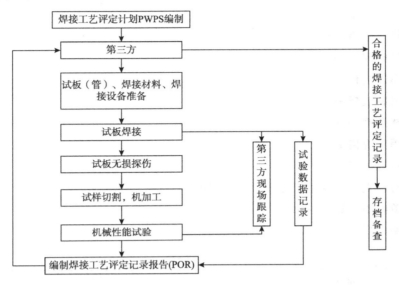

图10-2-1

（2）焊接工艺规程（WPS）编制流程（图10-2-2）

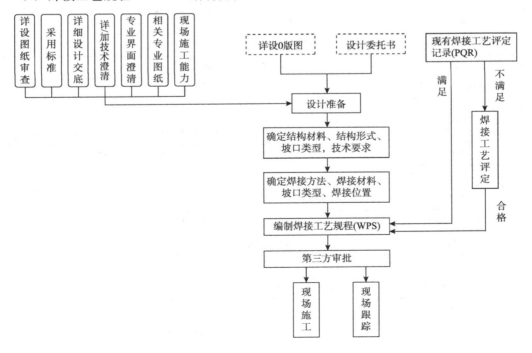

图10-2-2

（二）设计依据

（1）规格书/文件：

①结构总体规格书；

②结构材料规格书；

③结构建造规格书；

④结构焊接规格书；

⑤结构检验规格书；

⑥管道总体规格书；

⑦管道材料规格书；

⑧管道建造规格书；

⑨管道焊接规格书；

⑩管道检验规格书；

⑪结构材料表、结构施工方案、结构图纸；

⑫管线单线图、管线料单。

（2）标准和规范（表 10-2-2）

表 10-2-2

序号	标准号	标准名称
国外标准		
1	AWS A2.4—2012	焊接、钎焊和无损检测用符号
2	AWS D1.1/D1.1M—2015	钢结构焊接规范
3	API Spec. 5L—2012	管线钢管规范
4	API Spec. 2H—2006	海上平台管节点用碳锰钢板规范
5	API Spec. 2B—2001（R2012）	结构钢管制造规范
6	API Spec. 2Y—2006	海上结构调质钢板规范
7	API RP. 2X—2004（R2015）	海上结构建造的超声波检验推荐做法和超声波检验师资格考核指南
8	ASTM A6/A6M—2014	轧制结构钢棒材、中厚板、型材和打板桩的一般要求规格
9	ASTM A370—2015	钢产品机械试验标准试验方法和说明
10	ASTM A673—2007（2012）	结构用钢冲击试验取样程序标准
11	ASTM A770—2003（2012）	特殊用途钢板厚度方向试验标准
12	JIS G3106—2008	焊接结构用轧制钢材（SM）
13	JIS G3101—2010	一般结构用轧制钢材（SS）
14	ASME IX—2015	焊接和钎焊评定
15	ASME B31.3—2014	工艺管道
16	ASTM B151	铜镍锌合金（镍银）及铜镍条和棒材
17	ASTM B466	无缝铜—镍合金公称管和管子

序号	标准号	标准名称
国外标准		
18	ASTM A182	高温用锻制或轧制合金钢和不锈钢法兰、锻制管件、阀门和部件
19	ASTM A234	中、高温锻造碳钢和合金钢管道配件标准技术条件
20	ASTM A106	高温用无缝碳钢管标准规范
21	ASTM A105	管道部件用碳钢锻件的标准规范
22	ASTM A312	无缝和焊接奥氏体不锈钢公称管
23	API 1104—2013	管道及相关设施焊接标准
24	DNV—OS—C401	离岸结构物组装和试验标准
25	DNV—OS—F101	海底管线系统
行业标准		
1	CCS	海上移动平台入级规范
2	CCS	材料和焊接规范
3		海上固定平台安全规则
4	YB 3301—2005	焊接 H 型钢
国家强制标准		
1	GB 712—2011	船舶及海洋工程用结构钢
2	GB 713—2014	锅炉和压力容器用钢板
国家推荐标准		
1	GB/T 5313—2010	厚度方向性能钢板
2	GB/T 699—1999	优质碳素结构钢
3	GB/T 700—2006	碳素结构钢
4	GB/T 1591—2008	低合金高强度结构钢
5	GB/T 8162—2008	结构用无缝钢管
6	GB/T 8163—2008	输送流体用无缝钢管
7	GB/T 706—2008	热轧型钢
8	GB/T 29549.1—2013	海上石油固定平台模块钻机 第 1 部分：设计
9	GB/T 29549.2—2013	海上石油固定平台模块钻机 第 2 部分：建造
10	GB/T 29549.3—2013	海上石油固定平台模块钻机 第 3 部分：海上安装、调试与验收
11	GB/T 11263—2010	热轧 H 型钢和剖分 T 型钢
12	GB/T 3670—1995	铜及铜合金焊条
13	GB/T 983—2012	不锈钢焊条
14	GB/T 5117—2012	非合金钢及细晶粒钢焊条
15	GB/T 5118—2012	热强钢焊条

序号	标准号	标准名称
国家推荐标准		
16	GB/T 5293—1999	埋弧焊用碳钢焊丝和焊剂
17	GB/T 8110—2008	气体保护电弧焊用碳钢、低合金钢焊丝
18	GB/T 17493—2008	低合金钢药芯焊丝
19	GB/T 12470—2003	埋弧焊用低合金钢焊丝和焊剂
20	GB/T 324—2008	焊缝符号表示法
21	GB/T 3375—1994	焊接术语
22	GB/T 985.1—2008	气焊、焊条电弧焊、气体保护焊和高能束焊的推荐坡口
23	GB/T 985.1—2008	埋弧焊的推荐坡口
24	GB/T985.1—2008	复合钢的推荐坡口
25	GB/T 14976—2012	流体输送用不锈钢无缝管
26	NB/T 47010—2010	承压设备用不锈钢和耐热钢锻件

注：各标准规范以最新有效版本为准。

（三）焊接工艺规程设计

焊接工艺规程（WPS），是为制造符合规范的焊缝而提供的指导性焊接工艺文件。

根据焊接工艺评定报告（PQR），并结合实践经验而制定的直接用于焊接生产的技术细则文件，它包括焊接接头、母材、焊接材料、焊接位置、预热、电特性、操作技术等内容进行详细的规定，一保证焊接质量的再现性。

为适合生产需要，可以变更WPS中的一些非重要变素，而无需重新评定，只要这种变更与焊接方法中的重要变素、非重要变素和当需要时的附加重要变素一样都附有文件。文件可以是WPS的修正页，或代之以新的WPS。

模块钻机的焊接工艺规程一般包含结构焊接和配管焊接，其中结构焊接工艺规程执行AWS D1.1规范，配管焊接工艺规程执行ASME IX和ASME B31.3规范。通常焊接工艺规程包含以下内容：

①焊接工艺规程（WPS）；

②焊接工艺评定（PQR）；

③焊接材料技术要求。

1. 焊接工艺规程（结构）设计

海上钢结构，是由各种形状的钢板、钢管、型钢通过不同的连接形式组成的桁架和框架结构，焊接节点多，工作量大，应力复杂集中程度高，工作环境条件苛刻，在外载荷作用下特别易于产生脆性断裂和疲劳破坏。因此编制结构焊接工艺规程严格控制现场施工，保证焊接质量尤为重要。编制具体步骤如下：

（1）将模块钻机结构施工内容范围依据项目施工方案、焊接方法、焊接位置、坡口形式等进行分类。如：组合梁的焊接、卷管的焊接、TKY 节点的焊接、甲板的焊接、挡风墙的焊接、结构加强筋等的角焊缝焊接、吊耳的焊接、滑轨的焊接、滑道梁的焊接、现场管环缝的焊接、型钢及梁的对接或角接、焊接返修等。

（2）依据结构材料规格书、焊接规格书、结构图纸和料单确定焊接结构施工范围中每一类结构形式的母材的材质、管径、壁厚范围及焊缝性能要求。

（3）依据 AWSD1.1 规范和公司已有的 PQR 进行焊接工艺规程（WPS）结构的编制。

①确定焊接工艺规程的适用范围：

根据结构图纸料单，公司已有的 PQR 目录，将模块钻机结构施工内容分为组合梁的焊接、卷管纵缝的焊接、卷管环缝的焊接、立柱 TKY 节点的焊接、甲板的焊接、挡风墙的焊接、结构加强筋等的角焊缝焊接、吊耳的焊接、滑轨的焊接、滑道梁的焊接、现场管环缝的焊接、型钢及梁的对接或角接、焊接返修等。

目前，公司结构专业 PQR 目录如表 10-2-3 所示。

表 10-2-3

序号	评定编号	焊接方法	材质	板厚/直径（mm）	评定标准
1	PL-01	SMAW	D36＋316L	6mm	AWS D1.6-1999
2	PL-02	SMAW	D36＋316L	6mm	AWS D1.6-1999
3	PL-03	GTAW	Q345D	方管 100＊100＊6	AWS D1.1/1.1M-2004
4	PL-04	SMAW	Q345B	16mm	AWS D1.1/1.1M-2004
5	PL-05	SMAW	CCSD36	32mm	AWS D1.1/1.1M-2004
6	PL-06	GTAW＋SMAW	316L	8mm/Φ219mm	AWS D1.6-1999
7	PL-07	SMAW	Q345B	16mm	AWS D1.1/1.1M-2004
8	PL-09	FCAW	Q345B	16mm	AWS D1.1/1.1M-2004
9	PL-11	SMAW	Q345B＋D36	16mm	AWS D1.1/1.1M-2004
10	PL-12	SMAW	Q345B＋D36	16mm	AWS D1.1/1.1M-2004
11	PL-13	FCAW	Q345B＋D36	16mm	AWS D1.1/1.1M-2004
12	PL-14	SMAW	Q235B＋API-2H-Gr.50	20mm	AWS D1.1/1.1M-2006
13	PL-15	SMAW	20＃＋API-5L-X52	Φ273＊9＋Φ273＊18	AWS D1.1/1.1M-2006
14	PL-16	FCAW	API-2W-Gr50T	25mm	AWS D1.1/1.1M-2006
15	PL-17	FCAW	API-2W-Gr50T	25mm	AWS D1.1/1.1M-2006
16	PL-18	FCAW	API-2W-Gr50T	25mm	AWS D1.1/1.1M-2006
17	PL-19	FCAW	API-2W-Gr50T	25mm	AWS D1.1/1.1M-2006
18	PL-20	FCAW	API-2W-Gr50T	25mm	AWS D1.1/1.1M-2006
19	PL-21	FCAW	API-2W-Gr50T	25mm	AWS D1.1/1.1M-2006
20	PL-22	SMAW	API-2W-Gr50T	25mm	AWS D1.1/1.1M-2006

序号	评定编号	焊接方法	材质	板厚/直径（mm）	评定标准
21	PL-23	SMAW	API-2W-Gr50T	25mm	AWS D1.1/1.1M-2006
22	PL-24	SMAW	API-2W-Gr50T	25mm	AWS D1.1/1.1M-2006
23	PL-25	SMAW	API-2W-Gr50T	25mm	AWS D1.1/1.1M-2006
24	PL-26	SMAW	API-2W-Gr50T	25mm	AWS D1.1/1.1M-2006
25	PL-27	SMAW	API-2W-Gr50T	25mm	AWS D1.1/1.1M-2006
26	PL-28	SMAW	API-2W-Gr50T	25mm	AWS D1.1/1.1M-2006
27	PL-29	SMAW	API-2W-Gr50T	25mm	AWS D1.1/1.1M-2006
28	PL-30	SMAW	API-2W-Gr50T	25mm	AWS D1.1/1.1M-2006
29	PL-31	SMAW	Q235B+API-2W-Gr.50T	20mm	AWS D1.1/1.1M-2006
30	PL-32	SMAW	Q235B+API-2W-Gr.50T	20mm	AWS D1.1/1.1M-2006
31	PL-33	FCAW	DH36	25mm	AWS D1.1/1.1M-2006
32	PL-34	SMAW+SAW	API-2W-Gr50T	25mm	AWS D1.1/1.1M-2006
33	PL-35	SMAW+SAW	API-2W-Gr50T	25mm	AWS D1.1/1.1M-2006
34	PQR300	SMAW	DH36	32mm	AWS D1.1-2004
35	PQR301	SMAW	DH36	32mm	AWS D1.1-2004
36	PQR302	FCAW	DH36	32mm	AWS D1.1-2004
37	PQR303	FCAW	DH36	32mm	AWS D1.1-2004
38	PQR304	FCAW+SAW	DH36	32mm	AWS D1.1-2004
39	PQR305	SMAW+FCAW+SAW	DH36	32mm	AWS D1.1-2004
40	PQR306	SMAW+FCAW	DH36	32mm	AWS D1.1-2004
41	PQR307	SMAW（repaired）	DH36	32mm	AWS D1.1-2004
42	PQR308	SMAW（repaired）	DH36	32mm	AWS D1.1-2004
43	PQR309	SMAW+FCAW	X52	Φ219*20+ Φ219*13	AWS D1.1-2004
44	PQR310	FCAW	E36-Z35	50mm	AWS D1.1-2004
45	009SF-BV	SAW	A633 Gr.C	25.4mm	AWS D1.1
46	018F	SAW	DH36	38mm	
47	024SF-GV	SMAW+SAW	EH36	Φ406*19mm	AWS D1.1-2002
48	025WG-BV	SMAW	API X56	∮219*13mm	AWS D1.1-2002
49	035WS-GV	SMAW+SAW	D36	Φ508*25mm	AWS D1.1-2004
50	057WH-BV	SMAW	D36	6mm	AWS D1.1-2004
51	058WV-BV	SMAW	D36	6mm	AWS D1.1-2004
52	059WO-BV	SMAW	D36	6mm	AWS D1.1-2004

序号	评定编号	焊接方法	材质	板厚/直径（mm）	评定标准
53	060SF-BI	SAW	D36	8mm	AWS D1.1-2004
54	061FCH-BI	FCAW	D36	5mm	AWS D1.1-2004
55	062FCV-BI	FCAW	D36	5mm	AWS D1.1-2004
56	063FCH-BV	FCAW	D36	8mm	AWS D1.1-2004
57	064FCV-BV	FCAW	D36	8mm	AWS D1.1-2004
58	065FCO-BV	FCAW	D36	8mm	AWS D1.1-2004
59	066FCH-BV	FCAW	D36	25mm	AWS D1.1-2004
60	067FCV-BV	FCAW	D36	25mm	AWS D1.1-2004
61	069SF-BV	SAW	ABS DH36	Φ406＊13mm	AWS D1.1-2004
62	070WS-BV	SMAW＋SAW	ABS DH36	Φ406＊13mm	AWS D1.1-2004
63	PQ-71-2	SMAW	API 5L X56	8inch＊12.7mm	AWS D1.1
64	071WFR-GB	SMAW＋FCAW	EH36	Φ406＊15＋Φ406＊20	AWS D1.1-2004
65	072DSF-BX	SAW	EH36	38	AWS D1.1-2004
66	073SF-BX	SAW	EH36	38	AWS D1.1-2004
67	074GFS-GV	GMAW＋FCAW	EH36	Φ400×20	AWS D1.1-2004
68	075WFG-GV	SMAW＋FCAW	EH36	Φ406×20	AWS D1.1-2004
69	076WG-GV	SMAW	EH36	Φ400×20	AWS D1.1-2004
70	077RWG-GV	SMAW（repair）	EH36	Φ400×20	AWS D1.1-2004
71	078DSF-BX2	SAW	EH36	38	AWS D1.1-2004
72	087MV-BX＊	SMAW	DH36	25	AWS D1.1-2008
73	088FV-BX＊	FCAW	DH36	25	AWS D1.1-2008
74	089MV-BV＊	SMAW	DH36	8	AWS D1.1-2008
75	090MFV-BV＊	SMAW＋FCAW	DH36	8	AWS D1.1-2008
76	091SF-BV＊	SAW	DH36	25	AWS D1.1-2008
77	092SM（F＋V)-BV＊	SAW＋SMAW（返修）	DH36	25	AWS D1.1-2008
78	093MS（V＋F)-BV＊	SMAW＋SAW	DH36	25	AWS D1.1-2008
79	094SF-BT	SAW	D36，DH36	50＊38	AWS D1.1-2008
80	094FSF-BT（熔深浅）	FCAW＋SAW	D36，DH36	50＊38	AWS D1.1-2008
81	095SF-BT	SAW	D36，DH36	50＊25	AWS D1.1-2008
82	096SF-BT	SAW	D36，DH36	50＊25	AWS D1.1-2008

序号	评定编号	焊接方法	材质	板厚/直径（mm）	评定标准
83	097SF-BT	SAW	D36，DH36	50＊38	AWS D1.1-2008
84	098FSF-BT（深）	FCAW＋SAW	D36，DH36	50＊38	AWS D1.1-2008
85	100WFR-GV	SMAW＋FCAW	EH36	25＊20	AWS D1.1-2010
86	101WFOH-BY	SMAW＋FCAW	EH36	25＊20	AWS D1.1-2010
87	102WFF-BY	SMAW＋FCAW	EH36	25＊20	AWS D1.1-2010
88	103WFOH-BY	SMAW＋FCAW	EH36	25＊20	AWS D1.1-2010
89	104WFF-BY	SMAW＋FCAW	EH36	25＊20	AWS D1.1-2010
90	105WFV-BY	SMAW＋FCAW	EH36	25＊20	AWS D1.1-2010

②确定焊缝的焊接位置：

根据结构图纸、结构建造方案、场地设施情况确定焊接结构需要的焊接位置有哪些，结合公司 PQR 及 AWS D1.1 表 3.7 及表 4.1、表 4.6、表 4.10 相关内容要求确定焊缝的焊接位置。由公司 PQR 评定覆盖的产品焊接位置必须符合 AWS D1.1 表 4.1 的要求。

③确定焊缝母材材质等级范围：

a. 根据结构图纸、料单确定焊接结构的材质范围，结合公司结构专业 PQR 目录及 AWS D1.1 表 4.8 相关内容要求确定焊接工艺规程母材材质等级范围。

b. 公司 PQR 评定覆盖的焊接工艺规程的母材的组别必须符合 AWS D1.1 表 4.8 的相关要求。母材组别的分类参考 AWS D1.1 第三章表 3.1 的相关内容。

④确定焊缝母材壁厚覆盖范围：

根据结构图纸、料单确定焊接结构的壁厚范围，结合公司 PQR 及 AWS D1.1 第四章表 4.5、表 4.6 相关内容要求确定焊接工艺规程母材壁厚覆盖范围。

⑤确定焊缝母材管直径范围：

根据结构图纸、料单确定焊接结构的管直径范围，结合公司 PQR 及 AWS D1.1 表 4.2 相关内容要求确定焊接工艺规程母材管直径覆盖范围。

⑥确定是否需要焊后热处理，及热处理参数的确定。包括热处理的名称、热处理温度范围、保温时间范围、升温速度、降温速度等。

热处理温度范围、保温时间范围、升温速度、降温速度等参数要求符合 AWD D1.1 第 5.8 相关章节的要求。

⑦焊接方法的选择：

焊接方法的选择应遵循以下原则：

a. 保证质量；

b. 具有较高的生产效率；

c. 满足公司 PQR 储备量及焊接施工设备需求；

d. STT 表面张立过渡焊接方法，广泛应用在制管作业的封底焊接中，可提高封底焊效率 3～4 倍；

e. 单丝单电源埋弧自动焊（SAW），主要用于中等厚度（小于 25mm）管材卷制焊接；

f. 双丝丝单电源埋弧自动焊，要用于厚度较大（大于 32mm，小于 50mm）管材卷制焊接；

g. 手工电弧焊（SMAW），主要用于结构立柱 T、K、Y 节点的全位置焊接。封底焊道采用专用的封底焊道焊条 LB-52U；填充焊道采用国产的焊接材料能满足性能要求；

h. 药皮焊条电弧焊（SMAW），埋弧焊（SAW），气体保护熔化极电弧焊（GMAW）（短路过渡 GMAW—S 除外），和药芯焊丝电弧焊（FCAW）的焊接工艺规程，只要符合 AWSD1.1 第 3 章所有条款的要求，必须视为免除评定，无需进行该焊接方法的 WPS 评定试验而认可使用；

i. AWS D1.1 3.2.1 和 3.2.2 章节未包括的其他焊接方法，如果按 AWSD1.1 第 4 章规定采取适用的试验进行 WPS 的评定合格，则可以应用。

⑧确定预热温度：

预热温度要足够防止裂纹。对于列入 AWS D1.1 的钢材，必须利用表 3.2 以确定最低预热温度。对于组合母材，必须将最低预热温度中的最高值作为最低预热温度。预热范围是在焊接点周围所有方向上不得小于焊件的最大厚度值，但不得小于 3 in.［75mm］。

⑨确定公司哪些 PQR 能覆盖该项焊接工艺规程的施工范围：

结合项目施工方案，公司 PQR 综合考虑。目前，钻机组合梁包给装备、卷管包给容器制作，常采用单丝直径 4.0 的 JW-1 焊丝 SAW 方法焊接组合梁，卷管纵缝采用单丝直径 4.0 的 JW-1 焊丝 SAW 背面气刨的焊接工艺，卷管环缝缝采用 SMAW LB-52U 打底，单丝直径 4.0 的 JW-1 焊丝 SAW 填充盖面的焊接工艺。若以后公司施工方案发生变化，对应的焊接工艺要依据施工厂家焊接设备、场地综合考虑。

⑩焊接材料型号、牌号、直径的选择：

确定焊接材料的一般步骤：

a. 审查设计文件对焊接材料有无规定；

b. 若设计文件无明确规定，查阅设计文件规定的相关焊接标准中对焊接材料的选择是如何规定的。若有明确规定，则按该规定执行；

c. 若相关焊接标准中未明确规定具体的焊接材料，则施工单位技术人员根据设计使用条件和工作经验自选焊材。

★特别注意：施工单位自选的焊材最终仍应报请设计同意。

d. 自选的焊接材料经焊接工艺评定验证后方可正式使用。

★特别提醒：焊条选择是否合理，不完全由焊接工艺评定所决定。

焊接工艺评定之前进行的母材焊接性（试验）研究包括焊接方法和焊接材料相匹配的合理性。焊接工艺评定之前焊条必须确定。焊接工艺评定可验证焊条的基本使用性能（如工艺性能、力学性能、晶间腐蚀性能等）。但工艺评定不能全面地考虑设计工况条件，如设计温度、介质和使用环境下的高温使用性能、疲劳强度、抗应力腐蚀等。

⑪焊接接头形式的设计：

熔焊焊缝主要有对接焊缝和角焊缝，以这两种焊缝为主体构成的焊接接头有：对接接头、角接接头、T形（十字）接头、搭接接头和塞焊接头等。

熔焊坡口形式根据其形状可分为三类：I形、V形和单V形、U形和单U形、X型。

对接接头的校直：

偏离值严禁超过连接的较薄件厚度10%，或1/8 in.[3mm]，取两者中之较小值。

圆周焊缝对齐（管材）——相邻两环缝的距离严禁小于一个管子的直径或3 ft[1m]，取两者中之小值。相邻两管的纵向焊缝必须至少错开90°，小于90°要得到用户和制造商的同意。

坡口尺寸的纠正——根部间隙不大于较薄件厚度的2倍或3/4in.[20mm]（取两者中小值），可在部件焊接连接之前用焊接的方法予以纠正，以达到合适的尺寸。超过上述容许范围的根部间隙，只有得到工程师认可，才可用焊接方法修正。

⑫焊接电源的选择、极性的接法：

焊接可以选用交流焊机，也可以选用直流焊机。焊接电流有交流、直流和脉冲三种基本类型，相应的弧焊电源有交流弧焊电源、直流弧焊电源和脉冲弧焊电源三种类型。使用直流焊机时，有正接和反接之分。选择焊条电弧焊电源应主要考虑以下因素：

a. 焊接电流的种类；

b. 弧焊电源的功率和电流范围；

c. 工作条件和经济性等。

对于普通结构钢焊条、酸性焊条可以交、直流两用，当用直流焊机焊接薄板时以直流反接为好。厚板焊接一般可使用直流正接，获得较大熔深，但是对于有坡口的厚板打底焊仍以直流反接为好。碱性焊条一般使用直流反接，这样可以减少气孔和飞溅。

⑬焊接工艺参数的选择（焊接电压、焊接电流、焊接速度、最大热输入）

安培（送丝速度）、电压、焊接速度、保护气体流量的变化超过书面WPS的规定，必须视为实质性的改变，必须编制新的或修订免除评定的WPS。免除评定的WPS必须符合表3.7的所有要求。焊接工艺参数的调节范围必须满足表4.5的要求。

⑭焊丝/焊条最大摆动宽度的确定：

焊丝/焊条的摆动宽度要求符合AWS D1.1表3.7的相关要求。

⑮焊缝最大层间温度的确定：

依据AWS D1.1表3.7相关预热要求及焊接工艺评定（PQR）试验记录数据确定最大层间温度。

⑯确定需要新增WPS评定试验数量及范围：

如果公司已有PQR数量不能满足项目焊接施工需求，需要重新增加WPS评定试验。此时，需要结合项目具体采用的材料和AWS D1.1确定新增PWPS的方案。待评定合格后，再用于编制满足项目施工生产需要的 WPS。

2. 管线焊接工艺规程

工艺管线焊接常用的焊接工艺有手工钨极氩弧焊、手工电弧焊、气体保护电弧焊。车间预制可采用自动化程度较高的自动钨极氩弧焊等高效焊接工艺。工艺管线的焊接包括管-管、管-法兰、管-弯头之间的焊接。现场工艺管线焊接位置较为复杂，由于现场条件的限制，焊接对机械化焊接方法的适应性较差，大部分采用手工焊接。编制具体步骤如下：

（1）依据配管材料规格书、焊接规格书、配管图纸和料单确定需要对焊管线的材质、壁厚、直径范围；需要承插焊管线的材质、壁厚、直径范围；确定需要焊后热处理管线的材质、壁厚、直径范围。

（2）依据 ASME IX 规范和公司已有的 PQR 进行焊接工艺规程（WPS）管线的编制。焊接工艺规程的编制需要从以下几个方面考虑：

➤ 建造规范；

➤ 详细的焊缝图；

➤ 材质；

➤ 厚度；

➤ 装配关系；

➤ 焊接方法；

➤ 合同/用户/规范/三方检验；

➤ 预热/后热/焊后热处理要求；

➤ 焊工技能；

➤ 易于机器操作；

➤ 应用场合。

目前，公司配管专业 PQR 目录如表 10-2-4 所示。

表 10-2-4

序号	评定编号	焊接方法	材质	板厚/直径	评定标准
1	ME-01	TIG＋SMAW	20#	Φ219*12.7mm	ASMEⅨ
2	ME-02	GTAW	00Cr17Ni14Mo2（316L）	Φ168*7mm	ASMEⅨ
3	ME-03	GTAW	00Cr17Ni14Mo2（316L）	Φ60*5mm	ASMEⅨ
4	ME-04	GTAW	20#	Φ60*7mm	ASMEⅨ
5	ME-05	GTAW	A106B	Φ60*5mm	ASME Ⅸ
6	ME-06	TIG＋SMAW	A106B	Φ219*12.7mm	ASMEⅨ
7	ME-07	GTAW	20#＋A106B	Φ60*5mm	ASMEⅨ
8	ME-08	TIG＋SMAW	20#＋A106B	Φ219*12.7mm	ASMEⅨ
9	ME-09	GTAW	C20＋A106B	Φ60*4mm	ASMEⅨ

序号	评定编号	焊接方法	材质	板厚/直径	评定标准
10	ME-10	TIG+SMAW	C20+A106B	Φ219*8mm	ASMEⅨ
11	ME-11	GTAW	16Mn+A106B	Φ60*5mm	ASMEⅨ
12	ME-12	TIG+SMAW	16Mn+A106B	Φ219*12.7mm	ASMEⅨ
13	ME-13	GTAW	16Mn	Φ60*5mm	ASMEⅨ
14	ME-14	TIG+SMAW	16Mn	Φ219*12.7mm	ASMEⅨ
15	ME-15	GTAW	16Mn+20#	Φ60*5mm	ASMEⅨ
16	ME-16	TIG+SMAW	16Mn+20#	Φ219*12.7mm	ASMEⅨ
17	ME-17	GTAW	C20	Φ60*4mm	ASMEⅨ
18	ME-18	TIG+SMAW	C20	Φ219*8mm	ASMEⅨ
19	ME-19	GTAW	C20+20#	Φ60*4mm	ASMEⅨ
20	ME-20	TIG+SMAW	C20+20#	Φ219*8mm	ASMEⅨ
21	ME-21	GTAW	C20+16Mn	Φ60*4mm	ASMEⅨ
22	ME-22	TIG+SMAW	C20+16Mn	Φ219*8mm	ASMEⅨ
23	ME-023	TB（Brazing）	TP_2，GB/T1527	Φ30*3mm	ASMEⅨ
24	BOEC-01	SMAW	SA516Gr-70+16MnR	10mm	ASMEⅨ
25	PL-08	GTAW+SMAW	12Cr1MoV	14mm/Φ168mm	ASMEⅨ
26	PL-10	GTAW+SMAW	12Cr1MoV+A106Gr.C	14mm/Φ168mm	ASMEⅨ
27	BG-201	GTAW	ASTM B466 90Cu-10Ni	Φ60*4mm	ASMEⅨ

①确定焊接工艺规程的适用范围：

根据配管图纸、料单，公司已有的 PQR 目录，将模块钻机管线施工内容分为 4″以上碳钢管对焊、2″～4″碳钢管对焊、2″以下碳钢管承插焊、4″以上不锈钢管对焊、2″～4″不锈钢管对焊、2″以下碳钢管承插焊。

②确定焊缝的焊接位置：

参考依据编制焊接工艺规程使用的 PQR 及 ASME Ⅸ QW—203、QW—303、QW—461.9 的相关要求确定。

③确定焊缝母材材质等级范围：

a. 根据管线料单、图纸、确定工艺管线焊接的材质等级范围，结合公司配管专业 PQR 目录及 ASME IX QW—424 的相关内容要求确定管线施工焊接工艺规程母材材质等级范围。

b. 公司 PQR 评定覆盖的焊接工艺规程的母材的组别必须符合 ASME IX QW—424 的相关要求。母材组别的分类参考 ASME IX QW—420 及表 QW/QB—420 的相关内容。

c. 焊接工艺评定应当采用与实际焊接生产所用母材具有相同的型号、等级、或相同组号的另一种母材（见 QW/QB—422）。如接头是由两种不同组号的母材组合而成的，则即使两者分别各自做过工艺评定，亦必须按这种组合来进行工艺评定。

④确定焊缝母材壁厚覆盖范围：

根据配管图纸、料单确定各材质焊接管线的壁厚范围，结合公司 PQR 及 ASME IX QW-451 的相关内容要求确定管线焊接工艺规程母材壁厚覆盖范围。

评定的母材最小厚度为试件厚度 T 或 16mm，取两者中较小值。但如试件厚度小于 6mm，则评定的最小厚度为 $1/2\ T$。

⑤确定焊缝母材管直径范围：

参考 ASME IX QW—452.3 和 QW—452.4 的相关要求确定。

⑥确定是否需要焊后热处理，及热处理参数的确定。包括热处理的名称、热处理温度范围、保温时间范围、升温速度、降温速度等。是否需要焊后热处理的续参考 ASME B31.3 表 331.1.1 的相关要求，热处理温度范围、保温时间范围、升温速度、降温速度等参数依据公司 PQR 试验数据及 ASME B31.3 331 章节的相关要求确定。

⑦最大焊缝熔敷金属厚度：

评定的焊缝金属厚度覆盖范围依据焊接工艺规程使用的 PQR 的试验数据及 ASME IX QW—452.1 的相关内容要求确定。

⑧焊接方法的选择：

根据工艺管线材质、直径、设计规格书要求等施工方法。一般情况下 4 寸以上的管线对接焊缝采用 GTAW＋SMAW 的焊接方法；2 寸至 4 寸的管线对接焊缝预制对焊采用 GTAW 的焊接方法；2 寸以下的管线承插焊采用 GTAW 的焊接方法。

⑨确定预热温度：

根据需要焊接母材的材质、公称壁厚、规定的母材最小抗拉强度，参考公司 PQR、ASME B31.3 表 330.1.1、ASME IX QW—406 的相关要求确定预热温度。

⑩确定公司哪些 PQR 能覆盖该项焊接工艺规程：

结合项目施工方案，公司 PQR 综合考虑。目前，钻机管线施工寸以上的管线对接焊缝采用 GTAW＋SMAW 的焊接方法；2 寸至 4 寸的管线对接焊缝预制对焊采用 GTAW 的焊接方法；2 寸以下的管线承插焊采用 GTAW 的焊接方法。若以后公司施工方案发生变化，对应的焊接工艺要依据施工厂家焊接设备、场地综合考虑。

⑪焊接材料型号、牌号、直径的选择：

填充金属公称尺寸、型号的改变参考 ASME IX 404 章节的相关要求。

同一 SFA 标准中填充金属类别号的改变或改变到 SFA 标准不包括的填充金属或改变到 SFA 标准中带有后缀"G"的填充金属或填充金属商品名称的改变。当填充金属符合某一 SFA 标准（但有后缀"G"的除外），则在下述范围内的改变不要求重评（本免除不适用于表面加硬层和耐蚀层堆焊）。

a. 从一个标明为防潮的填充金属变为另一个不标明防潮的填充金属，反之亦然（如从 E7018R 到 E7018）。

b. 从一个扩散氢等级变到另一个扩散氢等级（如从 E7018-H8 到 E7018-H16）。

c. 对于有相同的最小抗拉强度和相同的公称化学成分的碳钢、低合金钢或不锈钢填充金属，从一种低氢型涂料改变为另一种低氢型涂料（如在 Exx15、16、18 或 Exxx15、16、17 之间变化）。

d. 对于药芯焊丝，从一种指定的适用位置变到另一种（如从 E70T-1 到 E71T-1，或反之）。

e. 与从前在工艺评定期间使用过的焊条相比较，从一种要求冲击试验的类别号改变为另一种相同类别号，有尾缀表明冲击试验在更低的温度或在要求的温度有更高的韧性或两者兼而有之（如从 E7018 变为 E7018-1）。

f. 当其他卷免除焊缝金属的冲击试验时，在同一 SFA 标准中，评定的填充金属类别号改变为另一类别号时。

焊接直径与伸出长度的影响主要表现在下面两个方面：

g. 当其他焊接参数不变而焊丝直径增加时，弧柱直径随之增加，即电流密度减小，会造成焊缝宽度增加，熔深减小。反之，则熔深增加及焊缝宽度减小。

h. 当其他焊接参数不变而焊丝长度增加时，电阻也随之增大，伸出部分焊丝所受到的预热作用增加，焊丝熔化速度加快，结果使熔深变浅，焊缝余高增加，因此须控制焊丝伸出长度，不宜过长。

⑫焊接接头形式的设计：

ASME 第 IX 卷中有 3 类接头，U 型、J 型、V 型。坡口型式的改变，如增加衬垫、改变组对间隙等需参考 ASME 第 IX QW-402 相关要求。

a. 除了管对管的评定可用于管对其它的型钢的连接以及实心圆截面对实心圆截面的评定可用于实心圆截面对其它的型钢的连接外，焊接工艺评定试件的接头形状应与产品所限定的一致。

b. 坡口焊缝单斜边的角度减少 5°以上，需要重新评定。

⑬焊接电源的选择、极性的选择：

DCEP：熔敷速度稍低，熔深较大。焊接时一般情况下都采用直流反接。

DCEN：熔敷速度比反接高 30%～50%，但熔深较浅，熔合比小。特别适合于堆焊。母材的热裂纹倾向较大时，为了防止热裂，也可采用直流正接。

AC：采用交流进行焊接时，熔深处于直流正接与直流反接之间。

⑭焊接工艺参数的选择（焊接电压、焊接电流、焊接速度、最大热输入）：

安培（送丝速度）、电压、焊接速度、保护气体流量的变化超过 ASME IX QW-252 的变化范围且属于重要变素的参数，必须重新评定参数再编制 WPS，属于附加重要变素和非重要变素的参数只需要重新修改 WPS 参数即可。

a. 焊接电流：

焊接电流是决定熔深的主要因素，焊接电流与熔深间成正比关系。焊接电流过大 HAZ 宽度大，易产生过热组织，接头韧性降低；电流过大还易导致咬边、焊瘤或烧穿等缺陷。焊接电流过小易产生未熔合、未焊透、夹渣等缺陷，生产率低。

b. 电弧电压：

电弧电压主要影响熔宽，对熔深的影响很小。为保证电弧的稳定燃烧及合适的焊缝成形系数，电弧电压应与焊接电流保持适当的关系。焊接电流增大时，应适应提高电弧电压。电弧电压还影响熔敷金属的化学成分。电弧电压增大，焊剂的熔化量增加，过渡到熔敷金属中的合金元素会增加。

c. 焊接速度：

其他焊接参数不变而焊接速度增加时，焊接热输入量相应减小，从而使焊缝的熔深也减小。焊接速度过大，熔宽（B）显著减小，会产生余高（h）小、咬边、气孔等缺陷；焊接速度过慢，熔池满溢，会产生余高（h）过大、成形粗糙、未熔合、夹渣等缺陷。焊接速度较大时，熔深（H）随焊接速度的增加而减小；而当焊接速度较小时，随着焊接速度的增加，熔深（H）反而增加。为保证焊接质量必须保证一定的焊接热输入量，即为了提高生产率而提高焊接速度的同时，应相应提高焊接电流和电弧电压。

⑮焊缝最大层间温度的确定：

依据 ASME IX QW-406 相关层间温度要求及焊接工艺评定（PQR）试验记录数据确定最大层间温度。

⑯确定需要新增 WPS 评定试验数量及范围：

如果公司已有 PQR 数量不能满足项目焊接施工需求，需要重新增加 WPS 评定试验。此时，需要结合项目具体采用的材料和 ASME IX QW-250 焊接变素及 QW-320 复试和重新评定的相关要求确定新增 PWPS 的方案。待评定合格后，再用于编制满足项目施工生产需要的 WPS。

（四）焊接工艺评定

焊接工艺评定（PQR）是试件焊接时所用焊接数据的记录。PQR 是焊接试件时记载焊接变速的记录，它同时包含实验结果。记载下来的变素一般应在实际产品焊接所用变素的窄小范围之内。

一份完整的 PQR，对每一种焊接方法，应记载下用于试件焊接时的全部重要变素和当需要时的附加重要变素。当焊接一个试件时，可以使用一个或多个焊接方法、填充金属和其它变素的组合。

一件 PQR 用于多件 WPS 或多件 PQR 用于一件 WPS，从一件 PQR 上的数据是可以编制出几件 WPS。例如：从一件 1G 试板的 PQR 可用于支持板或管在 F、V、H 和 O 位置的 WPS，只要所有其它重要变素没有超出规定。一件 WPS 也可以覆盖几种重要变素的变化，只要存在着对每一种重要变素和当需要时附加重要变素都具有支持它的 PQR。

焊接工艺评定的目的是：①评定施焊单位是否有能力焊出符合相关国家或行业标准、技术规范所要求的焊接接头；②验证施焊单位所拟订的焊接工艺规程（WPS 或 pWPS）是否正确；③为制定正式的焊接工艺规程（WPS）或焊接工艺卡提供可靠的技术依据。

1. 预焊接工艺规程编制

预焊接工艺规程是指待评定的焊接工艺规程，是根据产品结构、材料、技术要求、相关的焊接工艺评定标准规范、施工能力拟定预焊接工艺规程，并报第三方工程师审批。同时根据拟定的焊接工艺规程及相关规范标准准备图纸及记录表。

预焊接工艺规程如图 10 - 2 - 3 所示（以典型 AWS D1.1 的焊接工艺评定为例）。

Bohai Engineering Service Center(BESC)
PRELIMINARY WELDING PROCEDURE SPECIFICAYION(PWPS) 预焊接工艺规程

WPS NO.焊接程序号：	PWPS-1	Revision NO.修改号：＜0＞ Date日期：2012.03.12	
Welding Process(es)焊接方法：	SMAW	Type类型： Manual	
Supporting PQR NO.评定报告号：	087MV-BX*		
Applacation应用范围：Butt joint for plate板对接			

JOINT DESIGN接头的设计形式		POSITION位置	
Joint Type节点形式	X(CJP)	Position Of Groove 坡口位置	V
Backing 衬垫	N/A	Position Of Fillet填角位置	N/A
Backing Material 衬垫材料	N/A	Vertical Progression立焊过程	Uphill立向上
Back Gouging 根部气刨	YES是	PREHEAT预热	
BASE METAL 母材金属		Preheat Temp.Min最小预热温度	T<38mm 20℃
Material Specification材料说明		Interpass Temp.Max最大层间温度	Max 250℃
	DH36		
Code Classification级别代码	AWS Group II	Heating Method加热方式	Bumer with gas
Thickness厚度	25mm	POSTWELDHEAT TREATMENT焊后热处理	
Diameter管径	N/A	Holding Temperature保温温度	N/A
FILLER METAL填充金属		Holding Time保温时间	N/A
AWS Specification金属说明	AWS A5.5	Other其他	N/A
AWS Classification 填充金属级别	E7018-1	TECHNIQUE 技术	
Brand Name商品名称	CHE58-1	String Or Weave直线/摇动	weave摇动
SHIEL DING 保护		Single Or Multipass单道或多道	Multipass多道
Flux焊剂	N/A	Interpass Cleaning层间清理	Grinding打磨
Gas气体	N/A	Max Width Of Weave摇动最大宽度	3D(D焊条直径)
Flow Rate流量	N/A		

WELDING PARAMETERS 焊接参数

Weld Layer	Welding Process	Filler Metal填充金属		Current电流		Volts	Travel Speed	MAX Heat Input
		Diam	Brand Name	Type&Polarity	Amps			
道1号		直径(mm)	牌号	极性	电流(A)	电压(V)	速度(mm/min)	最大热输入(KJ/mm)
Root	SMAW	3.2	CHE58-1	DC(+)	80-100	20-24	60-90	2.4
Fill	SMAW	3.2	CHE58-1	DC(+)	100-130	20-24	70-100	2.7
Fill (or)	SMAW	4.0	CHE58-1	DC(+)	150-220	20-24	90-130	3.5
Cap	SMAW	3.2	CHE58-1	DC(+)	80-100	20-24	60-90	2.4

JOINT DESIGN节点设计

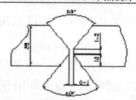

NOTE: When the base metal temperature is below 0℃, the base metal shall be preheated.
母材温度低于0℃时，应预热。预热范围为焊缝周围至少75mm。
This procedure may vary due to fabrication sequence fit-up pass size etc within the limitation of variables given in section
4, part B of AWS D1.1/D1.1M-2008 STRUCTURAL WELDING CODE-STEEL and Owner's specification.

图 10 - 2 - 3

2. 试验准备

在预焊接工艺规程批准后，进行焊前的准备工作。首先选用技术过硬的焊工做试件的焊接工作。

（1）钢材、焊材的准备；

（2）焊接设备及辅助机具的准备；

（3）焊接材料的烘干、保温；

（4）根据设计文件加工试件坡口，清理试件、组对焊口；

试件下料、试样坡口加工如图 10-2-4、图 10-2-5 所示。

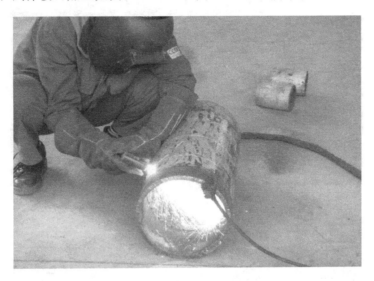

图 10-2-4

图 10-2-5

3. 试件施焊

焊前准备工作完毕，通知第三方工程师到场进行焊接过程验证，由施焊人员按照预焊接工艺规程所规定的参数进行施焊，同时技术人员负责对施焊过程进行记录。

图 10 - 2 - 6、图 10 - 2 - 7 为焊前预热及试件施焊。

图 10 - 2 - 6

图 10 - 2 - 7

4. 试件检验

试件检验包括外观检验、无损检验、力学性能检验、金相、硬度检验、冲击试验检验等内容。

（1）外观检验：外观检验目的是查看试件表面是否存在不符合技术要求的缺陷，包括焊瘤、表面气孔、表面裂纹、夹渣、未熔合、弧坑等。试件焊接完以后，进行焊件的外观检验，并填写"焊缝表面质量检查报告"，外检合格，进入下一道工序，若外检不合格，则重新进行焊接过程。

（2）无损检验：无损检测一般要求达到 RT I 级焊缝标准，目的是除了检测技术要求不允许的各种内部缺陷外，还需要排除一切会影响试验结果的内部缺陷。焊件外观检验合格后，由检测人员根据焊接工艺设计方案相关要求进行焊件的无损检测，并编制无损检测报告。无损检测合格，进入下一道工序，若无损检测不合格，则返回分析原因并重新焊接。

（3）试件加工：无损检测合格后，根据试验前期准备的图纸进行试样画线、切割，进行试件的加工。试件取样位置和试件加工尺寸如图10-2-8所示。

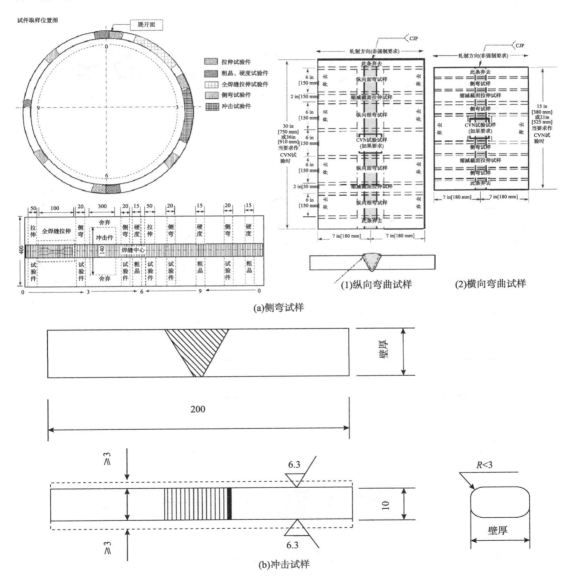

试件粗加工：

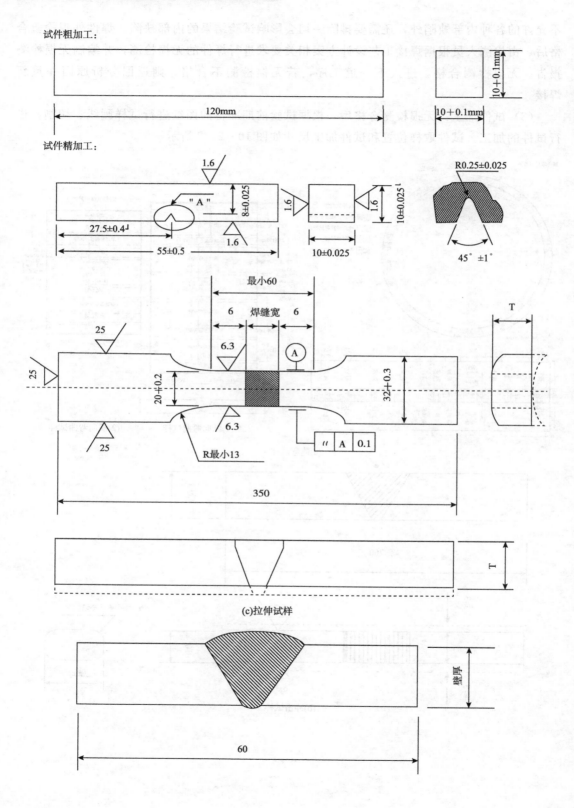

(c)拉伸试样

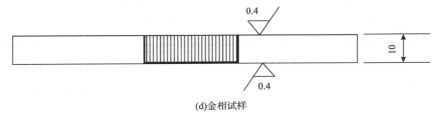

(d)金相试样

图 10 - 2 - 8

（4）焊接接头性能检验：根据焊接工艺评定相关标准以及设计文件规定的试验项目，由有资质的检测单位的检测人员对焊缝的力学性能（拉伸、弯曲）、金相组织、硬度、化学成分、冲击试验等进行检测，并编制相关的检测报告。届时第三方工程师现场验证检测过程。

5. 编制焊接工艺评定报告

所有检验、试验完成后，如果所要求的各项性能均符合要求，则该项工艺评定合格。根据焊接原始记录和检验、试验结果，由工艺负责人进行焊接工艺评定报告的编制，并报送第三方工程师审批。如有不合格，需要根据相关规范和试验标准重新试验，重新试验仍不合格的需要工艺负责人分析原因并修订或重新拟定焊接工艺规程，重新进行新的焊接工艺评定。

焊接工艺评定记录报告中需要这样一些文件或记录（根据具体要求可能更多），其中包括：预焊接工艺规程、焊接记录、外观检验记录、X 射线探伤报告、热处理记录、拉伸试验报告、弯曲试验报告、冲击试验报告、化学成分分析试验报告、金相试验报告、硬度试验报告、宏观检验报告、钢板及焊材（钢管）的质量证明书等。

三、技术支持

（一）采办技术支持

加工设计进行焊接专业采办技术支持主要有三个方面：编制与焊材、焊接设备采购相关招标文件技术部分。根据采办招标文件及设计技术要求负责焊接材料供应商、焊接设备采办的技术评标工作，严格把控技术参数，必要时与厂家做出书面技术澄清及 SAP 码申请。

（1）技术评标：

①将厂家技术标书中的技术参数、数量、证书等与焊材技术要求、料单等进行对比审查，并填入技术参数比较表中。

②如果厂家技术参数与技术文件要求一致或优于且不影响使用则评议合格，如果有出入项则需要和厂家进行技术书面澄清，是否满足技术要求，是否影响报价。

③焊材技术评标，主要评标项有型号、直径、耐低温冲击温度、加工制作标准及数量。

表 10 - 2 - 5 为典型的技术评标表。

表 10-2-5 油田建设渤海工程分公司技术评标表

项目名称：焊接材料年度采购协议　　　　　　　采办申请编号：

项目内容：焊接材料采办　　　　　　　　　　　招标书编号：

投标人/国别									
制造商/国别									
型　号									
数　量									
招标文件要求			技术参数	评议	技术参数	评议	技术参数	评议
CHE58-1	主要指标	冲击温度：－40℃						
		尺寸规格：φ2.5, φ3.2, φ4.0, φ5.0						
		技术是否有偏离						
LB-520	主要指标	冲击温度：－40℃						
		尺寸规格：φ3.2						
		技术是否有偏离						
J422	主要指标	冲击温度：0℃						
		尺寸规格：φ2.5, φ3.2, φ4.0						
		技术是否有偏离						
J506	主要指标	冲击温度：－30℃						
		尺寸规格：φ2.5, φ3.2, φ4.0, φ5.0						
		技术是否有偏离						
J507	主要指标	冲击温度：－30℃						
		尺寸规格：φ4.0						
		技术是否有偏离						
A042	主要指标	冲击温度：						
		尺寸规格：φ3.2						
		技术是否有偏离						
A132	主要指标	冲击温度：						
		尺寸规格：φ3.2						
		技术是否有偏离						
A137	主要指标	冲击温度：						
		尺寸规格：φ3.2						
		技术是否有偏离						

（2）技术澄清：

解答厂家对料单中的疑问，对评标中发生的疑问、争议和不符合项，要求厂家进行技术澄清，并填写采办技术澄清表。表 10-2-6 为典型的技术澄清表。

表 10 - 2 - 6　采办技术澄清

序号	澄清内容	厂家回复	是否影响价格
1			
2			
3			
4			
5			
6			
7			
8			
9			
10			

厂家签字盖章：

（3）SAP 码申请：

参见附录四。

（二）现场技术支持

①技术交底：技术交底内容一般包含：项目概况、结构及管道焊接工艺情况、每个焊接工艺规程的适用范围，以及焊接施工技术要求；

②配合建造项目组和采办人员与供货厂家或者制造厂家进行技术澄清；与制造厂家核实材质标准及材料制造标准；核对焊接材料的使用是否符合相关标准规范的要求；

③协助建造项目组人员进行设备及材料验货；

④负责解决施工现场出现的焊接方面的问题，如装配误差、焊接方法等超出标准规范要求，需要增补焊接工艺规程等；

⑤根据现场的实际情况修改或完善焊接工艺规程；

⑥负责沟通、解决第三方审核焊接工艺规程出现的问题。

第三节　常见专业技术问题及处理方法、预防措施

（1）材料覆盖范围不能满足规范要求。

公司目前项目常用钢材有以下几种：Q235B（GB/T 700）、Q345D（GB/T 1591）、SM490YB（JIS G3106）、DH36（GB/T 712）、EH36（GB/T 712）等，以上材料分属多个标准，且为不同国家；

而公司目前所承揽海上装备制造项目基本上都是要求按照美国焊接协会规范 AWS D1.1 进行加工制作，按照 AWS D1.1 规范中表 4.8 的要求，任何未列入 AWS D1.1 表 3.1 的钢，覆盖材质仅为 PQR 所列钢材的特定组合；按照 AWS D1.1 规范中表 4.8 的要

求，任何未列入 AWS D1.1 表 3.1 的钢，覆盖材质仅为 PQR 所列钢材的特定组合；

上述所列项目常用钢材均不在 AWS D1.1 表 3.1 中，因而都应该进行不同的组合评定；

公司目前没有针对以上所有的钢材进行单独组合及不同组合的焊接工艺评定，而是用现有的焊评覆盖 Q235B、Q345D、SM490YB，但是现有的焊评所用钢材很多都是采用 DH36（GB/T 712）、EH36（GB/T 712）钢材，制造标准都是国标，非美标；同时，目前没有相关的标准能够将国标的钢材分类与美标的钢材分类进行有效的对应。

工艺管线 ASME IX 的焊评也存在同样的问题。

2012 年外审人员就此问题对我公司提出一个整改项，要求在项目的前期进行澄清，需要得到业主和第三方的同意才能使用。我们也进行了澄清，但是无法得到业主和第三方的签字认可，因无据可依；

近几年的项目第三方都对我公司这种操作方法提出了异议，渤中 28-2 南模块钻机、垦利 10-1 项目、恩平 18-1 项目、蓬莱 19-9 项目等；

随着第三方管理提升和业务精进，不排除以后的项目都会被提出更严格的要求，如果严格按照 AWS D1.1 规范中表 4.8 的要求，目前所拥有的焊评不能满足施工要求，需要公司重新或补做焊评。

（2）原有 PQR 中个别焊接位置不能覆盖现场施工。

公司模块建造皆采用正造法，因此甲板的焊接需要平焊位和仰焊位焊接，以前的焊评缺少仰焊位焊评，需要补充 PQR。

（3）原有 PQR 部分厚度覆盖范围不能更好地满足业务要求。

随着公司施工项目增加，钢板厚度范围也不断扩大，不同的板厚结构，需要更多的焊评来覆盖各种不同结构的板厚范围，比如原来的焊接 EH36 等级材质 T、Y、K 节点的焊评只能覆盖到 30mm 厚的板，JZ25-1S 隔水套管加固项目管厚已经出现 45mm 厚板，无法覆盖，需要公司重新或补做焊评。

（4）近来设计规格书及第三方提出的对厚板（板厚大于 50mm）焊接 CTOD 试验的要求，覆盖现场厚板（板厚大于 50mm）焊后热处理的问题，需要公司重新或补做焊评。

（5）不锈钢门窗与碳钢结构的焊接问题。

目前公司所承揽模块的门窗大多都是不锈钢材料，其与墙体的连接就出现异种钢焊接问题，墙体材料多为 Q235B。公司暂无此种焊评，需要公司重新或补做焊评。

（6）现场施工装配误差超出设计规范规定公差，需要增加焊接工艺满足现场施工需要；

（7）现场第三方监理，为了便于控制施工，常提出高于规范的要求。

现场工程师应根据相关规范与公司施工能力，与监理协商，尽可能使焊接施工的参数在焊接工艺规程范围内。

（8）设计焊接规格书要求 PQR 的覆盖范围高于规范要求，但公司 PQR 数据是按相应规范进行试验的，大部分 PQR 数据低于设计规格书。需要与设计、业主沟通，申请设计变更。

第十一章　防腐专业加工设计

第一节　概述

海洋是一个严酷的腐蚀环境，在油气田的开发生产中，以钢铁为主要结构的海上钻井平台、采油平台等各种工艺设备随时都面临着腐蚀的危害。在对钢结构进行防腐蚀保护时，应该了解材料所处的腐蚀环境及造成腐蚀的主要因素，以便采取相应的保护措施。本篇主要介绍新建钻采平台模块钻机防腐专业加工设计。

模块钻机是海上钻采平台重要功能模块，位置在组块上部，腐蚀环境属于飞溅区以上海洋大气环境。模块钻机的主要功能为完成新建平台钻完井及修井工作，包括整套泥浆处理系统，工作状态接触泥浆及药剂较多，腐蚀环境复杂。通常根据工作条件、接触介质、是否保温或绝缘、表面材质等因素将整个模块钻机分成多个区域制定不同的涂装系统来进行腐蚀防护。

主要涂装系统有：无保温钢结构、甲板、交通甲板、保温管线、不保温管线、有绝缘墙壁、无绝缘墙壁、镀锌构件、泥浆池、柴油罐、水罐等。

常用涂料有：硅酸锌车间底漆、环氧富锌底漆、无机富锌底漆、云母氧化铁环氧漆、聚氨酯面漆、酚醛环氧漆、环氧内衬涂料、玻璃鳞片涂料、有机硅耐热涂料等。

第二节　加工设计工作内容

一、工作内容

防腐加工设计是在详细设计的基础上，根据建造场地的设备情况、施工环境和施工人员的技术水平，在不违背详细设计原则的前提下进行设计。本专业包含的主要工作内容有：设计防腐涂装程序、分批次编制涂料采办料、处理建造现场涂装施工检验问题、涂料采办评标、涂料物料编码申请等。

主要设计内容如表 11-2-1 所示。

表 11 - 2 - 1

DOP		
1	SD-DOP-XXXX (MDR)-CC-0001	防腐涂装程序
MAL		
1	SD-MAL-XXXX (MDR)-CC-0001	车间底漆采办料单
2	SD-MAL-XXXX (MDR)-CC-0002	结构涂料采办料单
3	SD-MAL-XXXX (MDR)-CC-0003	管线涂料采办料单
4	SD-MAL-XXXX (MDR)-CC-0004	铁舾装及附属结构涂料采办料单

二、设计界面划分

详细设计规定涂装系统划分标准、选择涂层系统涂料种类、表面处理要求、施工检验标准。加工设计根据详设标准集体划分涂装系统、根据详设涂料种类及现场施工环境选择具体涂料型号、根据详设规格书及涂料施工说明设计涂装程序及施工工艺。

加工设计各专业详细设计规格或图纸中对构件表面有镀锌或热浸锌要求的，由各专业自行采办镀锌材料或在图纸中注明"预制完成后整体热浸锌"。各专业图纸及规格书中对镀锌层破坏后要求使用自喷锌修复的，由各专业自行采办自喷锌所用材料，无相关要求的由防腐专业对被破坏镀锌层进行涂层修补。

详细界面划分见附录二。

三、加工设计

（一）设计流程（图 11 - 2 - 1）

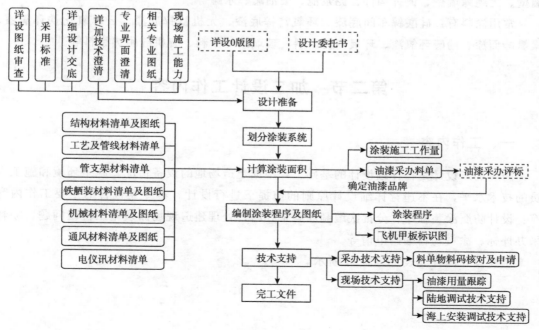

图 11 - 2 - 1

（二）加工设计依据

加工设计文件编制的依据是详细设计规格书和其所规定采用的国际、国内规范或标准，以及涂料制造商的涂料说明书和施工指导书。若规格书与规范、标准相互间矛盾，应优先执行规格书，若规范、标准间相互矛盾，应按规格书规定的优先顺序执行。通常采用的设计依据如下：

（1）规格书

详细设计防腐规格书。

（2）标准和规范（表 11-2-2）

表 11-2-2

序号	标准号	名称
国内标准		
1	CCS	海上固定平台入级与建造规范
2	CCS	海上固定平台移动平台入级与建造规范补充规定
3		中华人民共和国海上固定平台安全规则第四章，防腐蚀
挪威石油工业技术法规（NORSOK）		
1	M-501	表面处理和防护涂层
美国材料与检测协会（ASTM）		
1	A123	钢铁制品镀锌层（热浸镀锌）标准规范。
2	A153	钢铁构件镀锌层（热浸镀）标准规范
3	D4752	用溶剂擦试法测定硅酸乙酯（无机）富锌底漆耐甲乙酮的试验方法
美国腐蚀工程师协会（NACE）		
1	RP0287	采用复制胶带进行经磨料喷射清理钢表面粗糙度现场测试
2	RP0178	关于罐体和容器衬里制作的设计方法、表面处理要求及施工细节的推荐做法
3	RP0184	衬里系统的修补
4	RP0188	保护用涂料的不连续性（漏涂）标准测试规程
5	RP0288	碳钢和混凝土衬里的检测
6	SP0108	使用防护涂层对海上平台结构进行腐蚀控制
钢结构涂装协会（SSPC）		
1	PA-1	车间、工地、和涂装维护
2	PA-2	用磁性膜厚仪测量涂层干膜厚度
3	SP-1	溶剂清理
4	SP-2	手动工具清理
5	SP-3	动力工具清理
6	SP-7	清扫级喷砂清理
7	SP-10	出白级喷砂清理
8	SP-11	裸露金属表面的机械清理

序号	标准号	名称
国际标准化组织（ISO）		
1	ISO 8501-1	涂装油漆和有关产品涂装前钢材预处理-表面清洁度的目视评定
2	ISO 8502	涂装油漆和有关产品前钢材预处理-表面清洁度的试验评定
3	IS 8503	涂装油漆和有关产品前钢材预处理—喷射清理钢材的表面粗糙度特性
4	ISO 4628	油漆和清漆-油漆涂层的退化评估
5	ISO 12944-4	色漆和清漆钢结构防腐涂层保护体系

（3）厂家标准

涂料制造商的数据表，产品使用说明和安全防范措施。

（三）设计准备

通过详细设计规格书熟悉项目业主在防腐蚀方面所采用的国内外标准和规范。了解工程中采用的防腐蚀方法。审查详细设计规格书，有不能满足防腐要求的涂装系统或无法操作的施工要求，及时和业主沟通以便到业主的理解。

在了解相关专业基础知识的基础上，与结构、工艺配管、机械、舾装、安全、电仪讯等专业进行沟通，掌握其它专业在项目中的特点和要求。与项目组沟通，掌握施工工期、现场施工设备及施工人员技术水平等情况。涂料供应商确定后，与涂料技术人员沟通，掌握涂料施工数据如表面处理要求，施工环境温度等，以便编制合理的涂装程序。

（四）加工设计涂料采办料单设计

防腐专业主要加设文件成果为防腐涂装程序和涂料采办料单。采办料单中应包含涂料用量、颜色及配套使用信息等。如果编制采办料单是并未确定涂料制造商，那么料单中应包含涂层干膜厚度、待涂装面积及施工损耗系数。

已确定涂料供应商的采办料单如表 11-2-3 所示。

表 11-2-3

车间底漆采办料单				SD-MAL-WHPB（MDR）-CC-0001		
				REV.0		
序号	物料编码	油漆牌号	DFT/μm	颜色	数量/L	备注
1	申请中	Interdur 8812	25	灰色	8280	车间底漆
2	申请中	GTA 136			1656	稀释剂

说明：

1. 本料单中的用量已包含消耗系数。

3. 涂装配套信息详见防腐规格书。

3. 涂料的生产商须提供油漆的参数、使用说明及相关证书。

未确定涂料供应商的采办料单如表 11-2-4 所示。

表 11-2-4

主结构油漆采办料单						SD-MAL-WHPJ（MDR）-CC-0001
						采办阶段 REV.0
序号	物料编码	油漆名称	DFT/μm	颜色	面积/m²	备注
1	待厂家确定后申请	无机硅酸锌车间底漆	25	浅灰色	30658	主结构
2	待厂家确定后申请	环氧富锌底漆	75	灰色	38542	主结构
3	待厂家确定后申请	环氧云铁漆	200	浅灰色	20828	主结构
4	待厂家确定后申请	丙烯酸聚氨酯面漆	60	RAL1023	23936	主结构
5	待厂家确定后申请	无机硅酸锌车间底漆	25	浅灰色	6664	甲板
6	待厂家确定后申请	环氧富锌底漆	75	灰色	8377	甲板
7	待厂家确定后申请	环氧耐磨漆	200	浅灰色	9520	甲板
8	待厂家确定后申请	环氧耐磨漆	200	RAL6024	9520	甲板
9	待厂家确定后申请	无机硅酸锌车间底漆	25	浅灰色	7717	内墙壁
10	待厂家确定后申请	环氧富锌底漆	75	灰色	9702	内墙壁
11	待厂家确定后申请	环氧云铁漆	200	浅灰色	7387	内墙壁
12	待厂家确定后申请	无机硅酸锌车间底漆	25	浅灰色	14597	外墙壁
13	待厂家确定后申请	环氧富锌底漆	75	灰色	18351	外墙壁
14	待厂家确定后申请	环氧云铁漆	200	浅灰色	13972	外墙壁
15	待厂家确定后申请	丙烯酸聚氨酯面漆	60	RAL9010	16057	外墙壁

说明：

1. 本料单中的面积已包含施工消耗系数。

2. 涂装配套信息详见防腐规格书。

3. 涂料的生产商须提供油漆的参数、使用说明及相关证书。

4. 供应商需按油漆用量的 20％配比所需稀释剂。

涂料用量的计算公式如下：

$$涂料用量 = \frac{涂层干膜厚度 \times 待涂装表面面积}{10 \times 涂料体积固体分（\%）} \times 施工损耗系数$$

其中：

涂层干膜厚度在详细设计防腐规格书中规定；

待涂装表面面积需要通过其它专业提供的钢材料单和图纸计算得到；

涂料体积固体分需要查询涂料制造商提供的涂料使用说明书；

施工损耗系数根据施工设备和环境条件、施工人员技术水平及以往项目经验估算。

由于涂料在开封后不能长时间保存，在设计涂料采办料单时对用量较少的涂料种类应增加 2～3 套用于施工现场修补及海上安装修补。

涂料采办料单一般分批次制定，通常可分为车间底漆采办料单、结构涂料采办料单、管线涂料采办料单和铁舾装及附属结构采办料单。

（1）车间底漆采办料单设计

车间底漆在钢材进行预处理时使用，需要与钢材同期到货，所以车间底漆采办料单是最早提交的采办料单之一。需要预处理的钢材包括：结构专业所有钢材、碳钢管支架材料、碳钢设备底座材料、碳钢槽体材料、碳钢通风管道材料等。采办料单设计需要结构、工艺配管、机械通风、电仪讯专业提供相关钢材料单。

车间底漆通常在预处理流水线上进行，干膜厚度为 $25\mu m$ 左右，直接喷涂于存在较大表面粗糙度的裸钢表面，以上特点使车间底漆施工时有较大的施工损耗。设计车间底漆采办料单时施工损耗系数通常选取 2.5～3。

（2）结构涂料采办料单设计

钢结构涂料包括：主体钢结构涂料、墙壁涂料、甲板涂料、管支架涂料及设备底座涂料，采办料单设计需要结合结构专业材料料单和图纸、管支架料单和图纸。

主体钢结构及墙壁涂层系统通常分为底漆、中间漆和面漆三个涂层。底漆和面漆干膜厚度较薄，通常为 $60～75\mu m$，且在建造过程中易被损坏，故计算涂料用量时施工损耗系数通常选取 1.8～2.2。中间漆干磨厚度较厚，通常为 $200\mu m$，施工损耗系数通常选取1.6～1.8。

甲板涂层系统也包含底漆、中间漆、面漆三个涂层。由于甲板涂料为平面施工，损耗较小，施工损耗系数通常选取 1.6～1.8。根据逃生通道面积计算防滑砂用量。

管支架及设备底座结构较小且复杂，涂装施工时会存在较大损耗，故施工损耗系数通常选取 2.2～2.5。

（3）管线涂料采办料单设计

不同工作环境条件下的管线需要不同的涂层系统进行腐蚀防护。根据工作环境条件及是否镀锌，管线分为五个涂层系统：不保温且不镀锌管线系统、不保温且镀锌管线系统、保温且不镀锌管线系统、保温且镀锌管线系统、设计温度超过 $120℃$ 的高温管线系统。设计管线涂料采办料单时需要配管专业提供详细管线材料料单，并标明工作温度、保温与镀锌情况。

管线由于其圆形截面在喷涂涂料时会造成较大损耗，特别是管径较小的材料。故在设计管线涂料采办料单时，施工损耗系数通常选取 2～2.5。

（4）铁舾装及附属结构采办料单设计

铁舾装包括梯子、栏杆等部件，通常在预制完成后进行整体镀锌处理。栏杆、梯子扶手、踏步等结构都较小且复杂，喷涂施工会造成较大损耗，设计涂料采办料单时施工损耗系数通常选取 2.2～2.5。

所有在上述料单中未包含的小构件涂装涂料、标识涂料等模块必须涂料均应包含在此采办料单中。

四、技术支持

（一）采办技术支持

要根据详细设计防腐规格书及各专业钢材料单进行材料统计，编制采办料单，并协助采办人员进行评标工作。评标时应审查供应商提供的涂层配套是否满足规格书要求（包括涂料类别、适用环境、膜厚范围、颜色、涂层兼容性等），根据涂料参数计算涂料用量是否和料单需求一致。

确定涂料供应商厂家后根据油漆牌号，查询及申请物料编码。

（二）现场技术支持

现场技术支持主要包括，涂装程序的澄清，协助项目工程师跟踪涂料用量，以及与涂料厂家技术服务人员沟通解决现场可能出现的涂层缺陷。

第三节　涂装程序及技术要求

涂装程序以详细设计防腐规格书、涂料厂家产品说明和施工指导为依据编写，详细规定了防腐涂装工作范围、表面处理技术要求、涂装施工与检验技术要求、热浸锌技术要求、涂层系统、模块颜色方案、涂料的储存和搬运技术要求与安全规范等。

涂装施工过程包含：钢材入厂预处理、涂装前二次打砂、涂装施工、检验和修补。根据总体建造方案规划合理的涂装施工顺序。

一、防腐总体要求

（一）不喷砂、喷漆的表面

①热浸锌钢（除非特别要求），铝铜及铜合金；

②已完成保温表面（服务标志除外）；

③机加工表面和垫圈接触表面；

④所有生产商已涂底漆和面漆的设备（泵，马达和其它仪器）；

⑤设备铭牌或者特殊的附件；

⑥管道内表面（除非特别要求）；

⑦在 ESD 系统里的管道和和易熔的塞子；

⑧玻璃纤维，塑料，涂塑材料不易受紫外线降解的材料；

⑨不锈钢仪表设备和工艺控制盘；

⑩铭牌，机加工表面，仪表玻璃，法兰面，控制阀等类似的工件和设施表面；

⑪不锈钢工艺管和阀门；

⑫电仪管，通风装置。

（二）厂家条款

法兰、弯管、阀门和仪表都应依照这个规范进行涂装，如果厂商的油漆系统不符合这个规范，业主/承包商应当按照这个程序对其进行喷砂喷漆，除非有业主书面正式批准。

（三）接触表面

由撬底座、设备的装配表面、管支架等组成的接触面应当喷漆，接触面在组装之前涂一层底漆（除非业主另外提出说明）。

（四）环境标准

①喷砂应当在干燥的气候条件下进行；

②干法喷砂操作不能直接暴露在雨、雪、雾或任何潮湿条件下进行；

③在有雨、风、雪、雾、沙尘都不允许喷漆；

④表面温度至少比露点高 3℃，空气相对湿度低于 85％；

⑤如果刚喷完漆的表面被雨水淋到，该表面应重新喷漆；

⑥其它任意条件都要符合油漆商的要求。

（五）室外施工时间要求

喷砂清理后的表面必须在 4h 内或者表面未有可见生锈时涂上底漆。

二、表面处理

（一）总体要求

①在表面处理之前，全部预制和装配件尽可能合理地组装好；

②对于焊接区和附属件应特别注意清除缝隙中的焊接溶剂。在喷砂过程中应清除或整修暴露出的焊接溅出物，焊渣和底层的氧化皮。喷砂前螺栓孔应钻好磨平；

③没涂底漆的、被雨水、潮气弄湿的钢表面如果有锈迹出现，需再次喷砂；

④为了防止灰尘和砂子的沾污，喷砂应尽量远离喷漆操作处和新涂层的表面；

⑤磨料采用人造磨料，尺寸大小应能获得涂层系统或涂料厂家规定的锚纹高度；

⑥如果承包商能够保证可以产生锚纹高度在 30～80μm 之间，允许利用离心轮推动磨料来代替燧石或钢丸作为磨料或者机械喷砂。含有杂质或夹杂物的喷砂材料在任何情况下也不得使用；

⑦喷砂之后，在金属表面上不得使用酸洗及其它溶液或溶剂洗涤。这里包括不得使用防止生锈的缓蚀性洗涤剂。

（二）喷砂前准备工作

（1）钢铁表面

①尖角、圆角、拐角和焊缝都将被磨圆或打磨平滑（最小半径 $R=2\text{mm}$）。

②喷砂清理应远离涂装作业区域和新涂装的表面，应使用经过业主或承包商认可的设备。

③如果卖方或承包商能证明可以产生规定的表面粗糙度，离心机或抛丸机喷砂是可以使用的。

④焊缝内的焊剂要清除。

⑤构件表面处理之前，所有可能对防护漆系统不利的表面缺点都必须移除，所有选片结构、毛边、焊渣、氧化皮、凹坑和尖角都必须移除。大范围生锈的表面需要重新喷砂除锈以满足涂装的要求。

⑥螺栓孔应在喷砂清理之前进行钻孔和绞孔。

（2）电子仪器

已经安装好的设备、仪表、铭牌、控制阀、控制器、钢印标记等在喷砂喷漆时都要进行保护以免破坏。这些喷砂区域的电缆都应在喷砂之后安装。

（3）机械方面的管道、装置等

用法兰连接的阀门和其他相关类零件在组装后不能有效的喷砂涂底漆的都应在组装前分别喷砂涂底漆，封闭的设备底座等封闭结构除非特殊要求，否则内部喷砂只涂底漆，在喷砂时配合表面和螺纹要进行有效的保护。

带螺纹的表面在喷砂时应当进行保护避免损坏。

（4）清洗

①在抛丸除锈开始前，油或油脂等污物都应按照 SSPC-SP1 标准进行清洗。

②抛丸除锈后的金属表面不能再用酸或其它溶液和溶剂清洗，包括任何防锈剂的使用。

③杂质、剥落物或其他表面异物在抛丸开始前都应先行除去。

（三）磨料

喷砂清理使用的磨料颗粒尺寸大小和表面轮廓高度应符合涂层系统的适用要求。

除非业主预先特别规定，否则将用矿渣和钢丸的混合物磨料。

磨料最大尺寸不能超过第 16 号网筛。

非金属磨料应满足 ISO 11126 第 1～8 部分，检验和使用应按照 ISO 11127 第 1～7 部分。

金属磨料应该满足 ISO 11124 第 1～4 部分，检验和使用应按照 ISO 11125 第 1～7 部分。

磨料推荐使用有棱角的铁砂，具体要求如下：

①含有少于 1% 的二氧化硅。

②无有毒有害金属。

③含有少于 125ppm 的水溶性氯化物。

④含有少于 200ppm 的水溶性硫酸盐。

⑤无黏土、石灰岩、贝壳、尺寸过大或过小的颗粒、有机物和其他有害异物。

喷砂清理使用的磨料应该无污垢，例如无氯化物和其他可溶性盐，不含金属铜，氯化铜重量不超过 2%。磨料不能重复使用，沙子不能用于喷砂清理。

喷砂完表面残留下的磨料应彻底清除为以后的喷漆做好准备。清理应采用动力工具，参照标准 SSPC-SP3。

（四）喷砂操作

钢铁表面将按照 SSPC- SP 10 在制造现场清理达到"近白级金属表面"。

在表面处理开始前，加工和组装等操作都应尽可能的完成。

只允许干法喷砂，用于喷砂的压缩空气应无油、无水。

当金属表面温度比露点温度高 3℃ 以上，并且相对空气湿度低于 85% 时，才允许进行喷砂作业。

使用离心式抛丸机械喷砂除锈，表面粗糙度应在 $50 \sim 85 \mu m$ 之间，或满足油漆说明书的要求。

喷砂后待涂装表面不能潮湿。

喷砂作业操作应当远离喷漆施工区，使涂装表面保持清洁。

喷砂/抛丸除锈应使用业主认可的设备，且应满足：

①为使喷砂表面达到规定的粗糙度，空气压缩机应能连续提供满足要求的压缩空气。

②压缩后的空气要通过干燥器和油雾分离器使空气保持干燥、无油。

喷砂处理表面要求：

③喷砂除锈的表面应符合 SSPC-SP 10 标准，粗糙度应使用专用仪器进行测量。表面粗糙度在 $50 \sim 85 \mu m$ 之间，或满足油漆说明书的要求。

④在底漆涂装前，抛丸除锈后的表面应用压缩空气或真空吸尘器除去灰尘。

⑤如果不存在毗邻涂层表面时，至少应在喷砂区域边缘周围留出 150mm 距离不要涂底漆，如果有毗邻层表面时，喷砂应延至毗邻涂层 30mm 以上区域。

（五）不能喷砂除锈的表面

①不能喷砂除锈的表面应该符合 SSPC-SP 3 标准，在表面处理操作前应采用适当的方法进行清洗。

②在除锈操作中，要注意金属表面不能被磨光滑。

③边棱应当打磨圆滑。

三、涂装施工

（一）概要

①应严格按照执行标准（涂料生产厂说明书）进行涂装。承包商制定涂装施工程序并报批准后方可实施。涂装时应预留焊接影响区，其大小范围根据不同的涂料和涂层结构决定。

②所采用的全部涂料都要用生产厂原有的、有清楚标识而且尚未开盖的容器来提供。涂料应在规定的温度下保存。不得使用超过储存期的涂料。

③全部涂料应均匀混合，不断搅拌或机械震动。如果必要时，应稀释或过滤。一切涂料均应符合生产厂的推荐。禁止加入超过生产厂规定数量的稀释剂。

④在潮湿的表面上不得进行涂装。被涂表面至少应高于露点以上 3℃，温度低于 5℃或相对湿度大于 85% 时，一般不得进行外部表面涂装。涂料温度与被涂表面温度应大致相同。

⑤一般多采用常规喷涂；在拐角、缝隙或小面积修补可用刷涂。

⑥为了保持液压和涂料流速稳定，在喷涂作业时，料罐应当维持与喷枪在同一水平。

⑦在涂敷任何涂料之前，对于先前破坏的全部涂层应该进行修补。

⑧不能超过油漆规定的混合使用寿命。所有涂层干燥时间及敷涂时间应按照涂料厂家的要求进行。

⑨内防腐涂层全部涂装完成后，一般需自然干燥 15 昼夜或涂料厂家推荐的时间后以

上方可投入使用。

（二）油漆准备

（1）混合

①在使用前，每桶油漆都应使用动力搅拌器搅拌，混合至少 5min，使涂料均匀、流畅。人工搅拌是不允许的。对于双组分涂料，固化剂加入到涂料中后，还应当充分搅拌。

②只有所有的组分全部都加入到涂料桶后才可以使用，但这并不意味着部分的涂料不能进行混合搅拌。

③没有混合使用寿命限制或性质稳定的油漆，可以在使用前随时混合，喷漆机罐中或涂料桶内的涂料不能保存过夜，但可以回收聚集在密封的容器内，在下次需要时重新搅拌使用。

（2）稀释

①除非施工需要，一般不需加入稀料。

②添加稀释剂用量不能超过油漆说明书规定的范围。

③应使用油漆产品说明书指定的稀释剂。

④当允许使用稀释剂时，应当在混合期间加入，在涂料已经稀释到一定浓度后，油漆工不应再加入稀料稀释。

⑤稀释剂应该在技术指导监督下按照规定的比例和型号加入。

（三）施工技术概要

①在喷涂下一层漆时，上一层损坏的油漆都应进行修补。

②准备焊接的区域边缘 100mm 范围内不能进行喷漆。

③未喷砂与喷砂毗邻区，距未喷砂区边缘要留 100mm 已喷砂区不喷漆。

④潮湿的表面不能进行油漆喷涂，钢铁表面温度至少要高于露点 3℃以上。

⑤每个涂层应该均匀喷涂，保证连续均匀的漆膜，避免产生针孔、漏涂、流挂等漆病。在做面漆前，所有边缘、角落、焊缝和其他不易喷涂的区域都应先刷涂，然后再进行喷涂。

⑥油漆工应该配有湿膜卡，并在喷涂施工中应随时进行湿膜厚度的检查。

（四）无气喷涂设备

①为了喷涂施工的顺利进行，喷涂设备应预先调试完毕，并处于最佳状态。

②喷枪接触到的表面不能有油和水。

③喷涂设备应该保证清洁干净，避免与干漆颗粒或其他外来杂质接触喷到漆膜中。

④在使用前，喷涂设备应该用与即将喷涂的涂料相对应的稀释剂进行清洗。

（五）刷涂

①由于任何原因引起的不适合喷涂的区域都可以使用刷涂。

②刷涂要尽可能的达到相同厚度、均匀、平滑的外表。

③油漆应覆盖所有的角落和缝隙。

④流挂应该刷掉。

⑤为了保证油漆涂层连续应该使用十字交叉法刷涂。

四、检验

（一）表面处理

①所有经过表面处理的钢材都要进行外观检验，达到规定的清洁度和表面粗糙度，钢材表面应该清洁、干燥。避免产生氧化皮、铁锈、沾染污垢、剥落物、油、和其他污物。

②所有不合格的表面处理都应该进行重喷砂。

③检验应当在表面处理后 4h 内进行。

（二）涂装

涂料施工结束后，还要对完工的涂膜进行最后的质量检查，其内容包括：干膜厚度、固化/干燥情况、涂膜外观。

（1）外观检验

①在涂装作业完成后漆膜半固化后进行检验，所有的涂装表面都要进行外观缺陷检验，涂装表面不能有杂质、流挂、起泡等其它漆病。

②需测量每层的漆膜厚度。在有底漆涂层和二层或更多层相同涂层材料的情况下，可以通过检查总的膜厚代替每层漆膜的检验。

③涂敷面漆之后，如果测量的平均值或最小值或全部测量值没有满足要求时，均需对涂层补修，然后再进行检验。

（2）干膜厚度检验

①检验应在固化良好的漆膜处进行。按照 SSPC PA2 进行涂层的干膜厚度测量。

②每层涂膜厚度都应使用相应量程的测量仪器进行检测，涂层厚度应满足涂层系统要求的涂膜厚度。用于检测的仪器、设备应具有有效证书。

③所有的检验工作都要有一个完整的记录。记录包括检验部件、位置、使用的检验设备、检验时间、检验员和存在的问题。

④在每层膜厚测量过程中，测出的平均膜厚都应达到标准干膜厚度的 90％以上。

⑤涂层系统涂膜总厚度的最小值不能低于标准干膜厚度的 80％。

⑥如果膜厚平均值、最小值或所有的测量值都没达到要求，在重喷面漆后要对膜厚进行重检。

五、损坏涂层的修补

（一）修补程序

由于搬运损坏的车间底漆或疏松脱落的漆都应除去，表面直接进行喷砂清理，损坏区域应按照 SSPC SP-10 要求进行点喷砂，临近涂层应打毛活化。喷砂达不到之处，可以根据 SSPC SP-3 要求，应用动力工具清理。

损坏部分的边缘要用砂纸或其它金刚砂编织物进行拉毛处理，并喷涂指定的底漆和面漆。

损坏的面漆表面应该用砂纸打磨处理，并喷涂原系统面漆。

所有的焊缝应该按照 SSPC SP-10，SP-3，SP-2 要求进行表面处理。

一般使用常规喷涂，喷涂达不到之处，可以采用刷涂。

（二）涂装系统的修补

①损坏的部分应该按照原有的涂装系统进行修补。

②承包商要整修全部漆膜，以提供完整的涂层。

③所有的现场连接处，暴露钢柱表面，焊接区域等均应涂漆。

六、内衬

（一）概述

防腐内衬的设计、涂装及检测依据 NACE RP0178 和 RP0892 的要求进行。衬里施工应在焊接、热处理、无损检测和压力测试完成后进行。

现场建造的罐体，衬里施工应在焊接、热处理、无损检测和压力测试完成后进行。衬里施工完成后，所有衬里覆盖的焊缝应重新进行 100％的压力测试或密闭检测。使用的测试方法应事先得到业主批准。

内防腐保护衬里应使用低温固化的热固性树脂涂层系统，并且能够适应极端的操作工况，满足保护需求。选择的涂层系统使用前应得到业主批准。

衬里施工前，承包商应提供事先得到业主批准的、涂层厚度能够满足防腐保护需求的证明。这个证明可以由最近的使用案例和实验室测试结果构成。

为方便施工时区分，衬里涂层应涂装成不同的颜色。施工期间，中间涂层的颜色不应发生变化。

衬里施工前，应先准备 2 块 300mm×300mm 的金属板。按实际涂装要求在金属板上进行表面处理和涂漆（每个系统 2 块金属板）。一旦获得认可，这些金属板将作为样板，在施工过程中为总包和业主提供施工参考和验收准则。

厂家的技术代表应熟悉油漆材料或施工问题，并且应向承包商提供每次检查的书面报告，确保衬里施工是按厂家说明书要求进行的。这些报告需要被批准。

（二）施工要求

需要做内衬的设备或管线开始制造前，应先查阅详细设计图纸文件并确保按照此图纸文件要求的方法进行施工。

设备和管线的设计应考虑设置表面处理和衬里施工的通道，以及足够的机械排风。在完全密闭的设备容器上应至少设置一个能够满足实际使用需求的人孔。承包商额外提出的衬里施工要求应被包含在设备和管线的详细设计文件中。

需要做内衬的表面必须是平滑的、连续的、无裂缝和锐角。所有变化的轮廓线都应进行处理至半径小于 4mm（NACE RP0178）。

焊接剖面应按照 NACE Standard RP0178 的要求进行处理。

所有焊接作业应在衬里施工前完成，无焊接作业设备或管线可直接进行衬里施工。

所有做内衬的焊接表面必须是连续的带平滑过渡的、清洁的、无裂纹的金属基材。但也不应局限于此，以下缺陷也应被消除：

①切口和裂缝；

②微孔和杂质；

③过强或熔透；

④凹陷；

⑤未焊透。

对于金属材料，所有不规则表面、污渍和焊接缺陷包括但不限于上面所提到的内容，都应采取焊接或磨平措施补救。严禁使用填缝材料填充。

任何外来的热设备/设施，包括微热的如事先没得到批准，不能用于衬里设备或管线。

容器内衬里系统安装期间和安装完成后，应防止个人防护用具（工作服、手套、鞋帽）的碰触。

（三）表面处理

表面处理前，应冲洗移除设备和管线内的沉积物，例如灰尘和松散的氧化皮。脱脂和喷砂清理前，水压测试期间由于加入抑制剂而形成的结皮应除去。

涂装的表面应按照本程序中施工要求的要求全部进行检查以确保无缺陷。

所有表面应按照 SSPC-SP1 的规定用蒸馏水、去垢剂或低压水进行脱脂清理。

脱脂后，所有做内衬的金属表面应喷砂清理至 SSPC-SP10。表面粗糙度应选择涂料厂家推荐的范围。

对于设备，例如容器或罐体，喷砂清理应从顶部开始，从上到下进行。

表面处理完成后，所有灰尘、用过的磨料和碎屑等应使用真空吸尘器全部清除。应再次检查表面确保清洁至指定标准以及表面不存在裂纹。

（四）衬里工艺

当表面清洁至指定标准时，涂装工作必须在喷砂清理开始的 4h 内开始。为防止水汽凝结，现场可以使用除湿机。当基材温度低于露点 3℃ 时，除湿机与加热设备可以联合使用确保涂装环境满足规范要求，但事先应得到业主批准。

应保证碳钢表面温度高于露点 3℃。涂装期间的最大相对湿度和最低周围环境温度不应超出涂料厂家给定的极值。

面漆的涂装延迟时间（如果有的话）必须严格遵守涂料厂家的技术推荐说明书。

金属表面应使用无气喷涂。不易达到的地方使用刷涂。严禁滚涂。

应按照涂料厂家的技术说明书要求加入固化剂，并且使用机械彻底搅拌均匀。

单个涂层在焊接、死角和边缘处都应额外进行刷涂以确保膜厚能达到指定的厚度。

所有漆膜厚度都需要测量，90％测量点的膜厚值不应低于额定干膜厚度，余下的10％测量点的膜厚值不应低于额定干膜厚度的90％。

涂层系统的总膜厚不应小于或大于涂料厂家技术说明书上规定的膜厚。

衬里施工期间及施工完成后，涂装的表面应保持涂料厂家推荐的温度和相对湿度直至涂层完全固化。

（五）衬里检查

层系统和单个涂层的膜厚测量应依据 SSPC-PA2 规定的程序进行。

承包商应检查包括但不限于以下内容：

①油漆材料的存放；

②表面处理前基材表面的清洁；

③喷砂清理、涂装之前及在这期间的露点和表面温度；

④喷砂清理及喷涂过程中，空气中不应存在油和冷凝水；

⑤表面清理期间磨料的类型、尺寸、棱角、干燥程度、清洁程度和喷嘴压力；

⑥表面处理后存留的金属瑕疵、灰尘和碎屑；

⑦表面处理标准和表面粗糙度；

⑧涂装前油漆的正确处理；

⑨涂层的膜厚和固化；

⑩如果需要，应检查和测试漏点；

⑪涂层的均匀性和外观颜色；

⑫涂层缺陷和正确的修补；

⑬检查仪器的正确校正。

下面列出的工作每一项完成后，都应暂停工作进行检查：

①初步清理；

②焊缝、边缘和缺陷处理；

③表面处理；

④单个涂层的涂装；

⑤涂层干燥；

⑥涂层间的清洁。

以下列出的环境参数应每天至少测试四次。包括每天早晨或晚上的一次固定测量，以确保本项目规格书的要求得到实现：

①干、湿球温度；

②露点；

③相对湿度；

④表面温度。

（六）表面处理的检查

使用目视比较仪检查表面清洁度。

根据 NACE 标准 RP0287 的规定采用复制胶带法检查喷砂表面的粗糙度，每天至少检查四次，每个级别都应检查。

可以使用透明胶带检测表面的灰尘。灰尘除掉后表面应再次进行检测，并且透明胶带应作为检测记录的一部分被保留。

（七）涂层厚度测量和漏点检测

应使用经认可的测厚仪测量干膜厚度。单个涂层干膜厚度依据 SSPC-PA 2 的规定进行测量。

膜厚测量过程中，如果涂层不能抵抗测试仪探针的压力，作为一种选择，可以采用一块已知厚度的木板放于探针与涂层之间。待测量完成后扣除木板厚度即可。

涂于已涂装表面的涂层厚度应使用湿膜测试仪测量，测量的湿膜厚度和相应干膜厚度的数值应记录。

记录的涂层厚度测量数值必须是真实的。严禁记录不准确的、敷衍的膜厚测量值。

涂层彻底硬化后，应对其总干膜厚度进行测量。每平方米至少测量 4 次。对不方便测量的部位要特别注意。

内部衬里的全部表面都应使用业主认可的绝缘检漏仪检测漏点。环氧和玻璃鳞片衬里应做电火花测试（每 $25\mu m100V$）；当膜厚大于 $300\mu m$ 时，检测所用的绝缘检漏仪阻抗设置应由涂料厂家根据相应的干膜厚度决定。检测不合格的部位应喷砂至金属裸露，重新涂装相同的油漆系统并重新检测漏点。发现的漏点、修补工作和最终检测结果都应进行记录。重新涂装的部位需要拍照并保留照片存档。

一旦发生争议，业主有权利要求对涂层进行额外的相关测试。

（八）衬里修补

不满足本规格书要求的涂层应根据 NACE 标准 RP0184 的规定按下列要求进行修补：

①维修过程中的表面处理必须保证涂层与原涂层之间具有足够的附着力。

②维修涂层的类型和厂家必须与原涂层一致。

③有缺陷的或损坏的涂层应移除。重新处理的表面涂装前应获得认可。

④损坏的底漆或损坏暴露的基材，应依据本程序中表面处理的要求现场重新喷砂清理。

⑤损坏或有缺陷处涂层修补时，表面处理和涂装应从交界处向完好涂层内延伸 50mm。

⑥所有光滑或打蜡的表面以及超过最长涂装间隔的表面，重新涂装前应彻底除去油脂或蜡并且使用砂纸或轻质砂盘打磨粗糙。

⑦所有修补的区域都应根据本程序 3.6.5 的要求进行检查。

（九）文件要求

承包商提供的报告应是详细的、覆盖了所有的内容。作为一个最低要求，每份报告应单独编号并且包括但不限于以下内容：

①涂料厂家，包括每个批次的材料证书；

②涂敷设备（如果承包商不同）；

③施工期间的天气状况；

④表面处理方法，包括指定的和现行的表面处理标准和表面粗糙度；

⑤磨料厂商和磨料的类型、等级；

⑥涂装施工方法；

⑦每个涂层的干膜和湿膜厚度；

⑧固化时间和条件。

七、热浸锌

（一）规范

格栅、梯子、扶手、踏步和其它部件都应按照 ASTM A123 标准进行浸锌。热浸锌的最小质量要求为 $763g/m^2$。

（二）程序

①要求镀锌的产品在制造成成品后再进行镀锌。

②支撑杆件等应提前安装，在面漆喷涂前，镀锌件应已经被焊接组装到钢结构上。

③热影响区应按照 SSPC-SP3 标准和涂装系统的规定进行清理，并依照规定的涂装系统进行修补。

（三）修补

①要求焊接、切割、钻孔或其他处理的镀锌表面和损坏的镀锌表面应该按照业主批准的涂装系统进行修补（富锌底漆最小含锌重量百分比要求达到 90％）。

②表面的锈和杂质应该按照 SSPC-SP3 标准清理，必要时使用溶剂清洗。

③在表面处理完成后应尽快喷漆。

八、搬运

在吊装和搬运过程中，涂装过的表面要进行保护以免遭到破坏。在运输和贮放过程中，涂层材料应按非耐磨物质进行保护。在吊装和搬运过程中应保护涂层表面免遭损坏。

九、涂料

厂家提供的涂料储存容器上应有涂料描述的标识。标识上应标明涂料的规格编号、颜色代码、涂装方法、批数、生产日期和涂料厂家名称、缩写或认可商标等等，不同类型或品牌的涂料不能混合。

涂料厂家应提供每个类型涂料的数据表，包括推荐的最低和最高膜厚以及本规格书中说明的干膜厚度。

保护涂层系统应来自同一涂料厂家并且明确兼容性除非事先得到业主批准。

①涂料不能存放在有失火危险的区域。

②涂料储存必须符合当地的安全法规，应施加防火措施并配备足够的消防设备。

③涂料交货前，应将储存区域内多余的和空置的容器全部清除，清除方法必须符合国家法律规定。

④涂料、稀释剂和相关材料必须完全密封存放，存放区域的通风、温度和时间等应满足厂家产品存放说明书的要求。

十、涂层系统

详细设计规格书根据工作条件、接触介质、是否保温或绝缘、表面材质等因素将整个模块钻机分成多个区域制定不同的涂装系统来进行腐蚀防护。主要涂装系统有：无保温钢结构、甲板、交通甲板、保温管线、不保温管线、有绝缘墙壁、无绝缘墙壁、镀锌构件、泥浆池、柴油罐、水罐等。加工设计根据涂料厂家技术参数和施工指南将涂料型号、干膜厚度、混合使用期、最小重涂间隔及配套稀释剂的资料编制成涂层系统表格，用于指导涂装施工。以下选取其中的不保温钢结构涂层系统为例涂层系统内容和要求（表 11-3-1）。

飞溅区以上钢结构涂层系统：结构支撑；甲板下表面；容器、阀组、管线、泵及其它工艺设备撬座和结构的外表面（无绝缘，操作温度≤120℃）。

表 11-3-1

程序	涂料型号	干膜厚度/μm	硬干时间		混合使用期（25℃）	最小重涂间隔（25℃）	稀料	颜色
			5℃	25℃				
车间底漆	Interdur8812	25	—	5min	6h	24h	GTA136	灰色
底漆	Interdur8809	60	—	7h	6h	7h	GTA110	红色
中间漆	Interdur8840	200	—	5h	2h	5h	GTA007	浅灰色
面漆	Interdur8860	60	—	6h	2h	6h	GTA733	—
总漆膜厚		345						

说明：

（1）所有的表面都要进行清理，应保持干燥、清洁无污染、油污及油脂应按照 SSPC-SP1 的规定进行溶剂清理。

（2）喷砂等级为 SSPC-SP10。喷砂处理后的表面涂装前如出现返锈，应按照表面处理的要求进行二次除锈。

（3）所有表面粗糙度应依照涂料厂商的推荐。如涂料厂商未推荐，则需要打磨到 50～85μm。后续的涂层在涂装之前必须保证底漆的干净与清洁，避免锌盐存在。

（4）车间底漆是可以选择的，如果不涂，总的干膜厚度应达到 320μm。

（5）车间底漆适用温度 <60℃，当设备温度≥60℃时，不应使用车间底漆。

（6）富锌底漆的定义及性能要求应满足 SSPC Paint 20 的规定。其锌粉含量的质量比重应达到固体含量的 80％及以上。锌粉纯度应满足 ASTM D 520（TYPE Ⅱ）要求。

十一、模块颜色方案

详细设计规格书中规定了整个模块的涂装颜色方案，不同项目涂装颜色可能不同（表 11-3-2）。

表 11-3-2

项目	颜色	RAL 色卡号
各种结构支撑、甲板下、设备撬座	交通黄	RAL1023
房间支撑和墙壁内外表面（无绝缘），包括挡风墙	纯白色	RAL9010
房间支撑和墙壁内外表面（有绝缘）	银灰色	RAL7001
甲板、走道、梯子踏步	叶绿色	RAL6002
逃生通道标识线	交通黄	RAL1023
梯子、栏杆扶手	交通黄	RAL1023
罐体、容器外表面	纯白色	RAL9010
罐体、容器内表面	灰色	RAL7000
井架	红白相间	RAL9010/RAL3000
井架底座	纯白色	RAL9010
机械设备、泵类	银灰色	RAL7001
管线（消防管线除外）	银灰色	RAL7001
消防管线（全管路涂装、包括阀门）	火焰红	RAL3000

其他未明确的颜色可遵循《钻井井场照明、设备颜色、联络信号安全规范》SY 6309—1997。所有颜色仅供参考，最终的颜色需得到业主认可。

第四节　常见专业技术问题及处理方法、预防措施

（1）防腐涂料往往在详细设计不完善，没有其它专业钢材料单的情况下就开始采办，如何尽量减少涂料采办误差？如何避免项目施工过程中涂料不足或项目结束后剩余涂料过多？

为减少涂料采办的偏差，涂料采办料单根据项目建造施工顺序分为了车间底漆、主结构涂料、管线涂料、铁舾装及附属结构涂料四个采办料单。车间底漆采办料单在资料不全的情况下可参考以往同类项目经验估算用量，估算是取下限，不足部分可在后续料单中补齐。配合项目工程师跟踪项目涂料余量，制定涂料分批供货等方式也可以避免项目涂料剩余过多的问题。

（2）按详细设计规格书要求主结构立柱应为黄色面漆，与其毗邻的围壁应该是白色面漆，但实际涂装效果较杂乱，且不宜喷涂。模块涂装面漆颜色如何确定？

模块涂装面漆颜色主要依据详细设计规格书内颜色方案选择，不明确的颜色可查询标准 SY 6309—1997《钻井井场照明、设备颜色、联络信号安全规范》。但是如果实际涂装效果不好，可与业主沟通，经业主同意后变更部分面漆颜色。如与围壁毗邻的主结构立柱面漆可以选用围壁的白色，使整面墙壁颜色统一。

（3）项目施工时间跨度较长，可能面临冬季施工，应该如何编制采办料单？

　　根据施工温度涂料生产厂家同种涂料一般分为常温型和低温型。如可能存在冬季施工的情况，在编制采办料单是应注明：涂料供应商应根据项目需要提供低温型涂料。在项目施工过程中与项目工程师配合跟踪涂料用量，根据施工计划制定涂料分批供货方案，保证低温型涂料供给。

　　（4）其它专业可能存在变更或增补钢材采办，如何避免涂料不足或涂料采办料单批次过多？

　　因业主或详细设计原因产生较大设计变更的，可编制提交涂料增补采办料单。

　　因为项目涂料实际用量受施工时环境和人员技术水平等因素影响较大，在涂料采办时一般会和涂料供应商约定可以将项目剩余涂料部分退货。在制定采办料单是可适当增加涂料采办数量，以应对可能存在的变更和材料增补，但涂料增加不应超过总量的10％。

第十二章　PDMS 模型设计

第一节　PDMS 概述

AVEVA PDMS 为一体化多专业集成布置设计数据库平台，在以解决工厂设计最难点—管道详细设计为核心的同时，解决设备、结构、暖通、电缆桥架、支吊架各专业详细设计，各专业间充分关联联动。AVEVA PDMS 三维模型可直接生成自动标注之分专业或多专业布置图、单管图、配管图（下料图）、结构详图、支吊架安装图等，并抽取材料等报表。AVEVA PDMS 以数据库平台为核心进行多专业任意组合，可满足用户在设计各阶段按工程需要投入不同专业人员的要求。

与传统设计手段相比，AVEVA PDMS 可提高设计效率 50% 以上，并使无差错设计和无碰撞施工成为可能实现的事实。

主要功能特点：

（1）全比例三维实体建模，而且以所见即所得方式建模；

（2）通过网络实现多专业实时协同设计、真实的现场环境，多个专业组可以协同设计以建立一个详细的 3D 数字工厂模型，每个设计者在设计过程中都可以随时查看其它设计者正在干什么；

（3）交互设计过程中，实时三维碰撞检查，PDMS 能自动地在元件和各专业设计之间进行碰撞检查，在整体上保证设计结果的准确性；

（4）拥有独立的数据库结构，元件和设备信息全部可以存储在参数化的元件库和设备库中，不依赖第三方数据库；

（5）开放的开发环境，利用 ProgrammableMacroLanguage 可编程宏语言，可与通用数据库连接，其包含的 AutoDraft 程序将 PDMS 与 AutoCAD 接口连接，可方便地将二者的图纸互相转换，PDMS 输出的图形符合传统的工业标准。

第二节　PDMS 设计内容

一、工作内容

PDMS 模型设计的主要工作内容包括创建及完善 PDMS 元件库、结构建模、设备建模、管道建模、管支架建模、电仪桥架建模、桥架支架建模、出图、材料统计（图 12-2-1）。

二、设计界面划分

由于详细设计阶段的 PDMS 模型无法直接用于加工设计，因此加工设计阶段结构模型需要重新经过第三方软件 STRU-CAD 建模，然后通过接口软件导入 PDMS 软件中，管道支架设计及建模、桥架支架设计及建模、出图定制（包括 draft、ISO、支架出图）。

三、PDMS 模型设计

（一）PDMS 模型设计流程（图 12-2-2）。

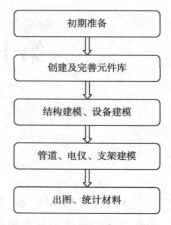

图 12-2-1

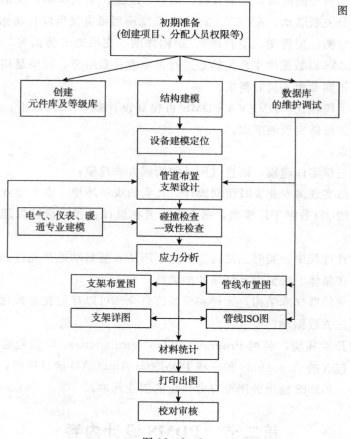

图 12-2-2

（二）初期准备

①详细设计 PDMS 模型数据库升级为加工设计相同版本；

②配置 MDS 基础数据库；

③配置桥架 PDMS 数据库；

④使用 STRUCAD 软件建立结构模型，然后通过接口软件 OPENSTEEL 导入 PDMS 软件中。

（三）创建元件库及等级库

根据详细设计数据表查找必要的元件库和等级库，缺少元件时，增加元件和等级库，确保项目三维模型准确性和完整性。

（四）结构专业 PDMS 设计

在结构专业 PDMS 加工设计主要是通过结构建模软件建立三维模型，通过 PDMS 软件第三方软件 opensteel 软件导入 PDMS 软件中，通过型钢库匹配，结构模型就会在 PDMS 模型显示，然后检查模型准确完整即可。

（五）管道专业 PDMS 设计

（1）MDS 配置

进入 PDMS 模型的 MDS 系统，进入对应项目模型（图 12-2-3）。

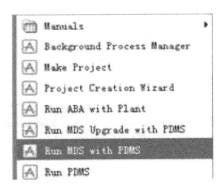

图 12-2-3

创建相应的支吊架 SITE，按项目要求设置名称（图 12-2-4）。

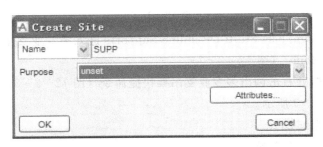

图 12-2-4

通过菜单栏 Modify 下的 Attributes 修改该 Site 的 Purpose 的属性值为 SUPP（图 12-2-5）。

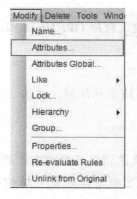
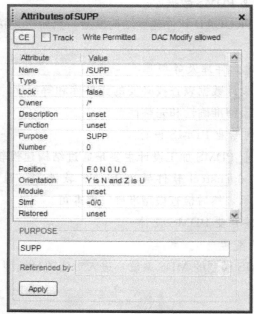

图 12-2-5

创建相应的 ZONE，按项目要求设置名称（图 12-2-6）。

图 12-2-6

通过菜单栏 Design 下的 Multi Discipline Supports 进入多专业支吊架模块，同时选择支吊架模型所属的 Zone。（图 12-2-7）。

通过菜单栏空白处右击调出多专业支吊架快捷命令（图 12-2-8）。

显示如图 12-2-9 所示。

（2）管线支吊架建模

选择多专业支吊架命令按钮（图 12-2-10）。

对支吊架进行命名、选型（常用 L 型、T 型、门型、一字型）及方向形式（图 12-2-11）。

支架命名选型完毕后确认进入，通过 Create datum support atta 命令选择需要创建支架的目标，选中后会加载出模型库内对应的紧固件，选择所需形式的管卡，确认后会在该管线上出现对应管卡，并且 Create datum support atta 命令按钮变为不可选中（图 12-2-12）（Datum 为基准点）。

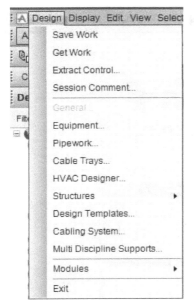
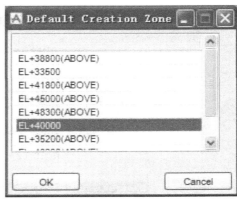

图 12 - 2 - 7

图 12 - 2 - 8

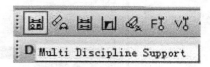

图 12 - 2 - 9

图 12 - 2 - 10

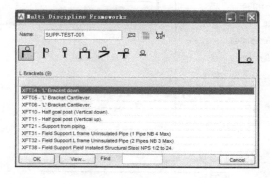

图 12 - 2 - 11

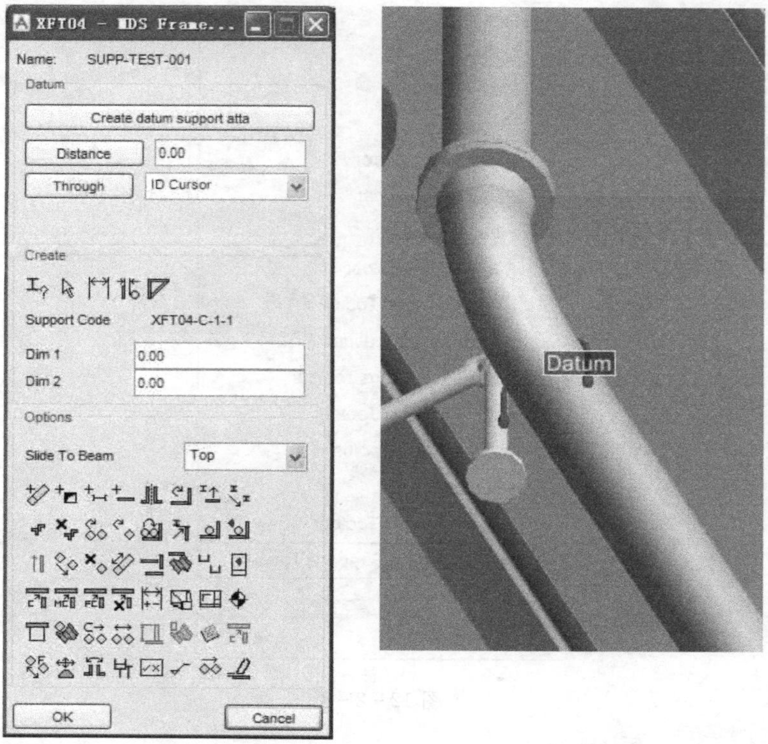

图 12 - 2 - 12

通过 Distance 输入距离调整基准点在管线上的位置，还可通过 Through 命令调整基准点在另一个参考元件的正方向上。

使用 Choose Steelwork Template 命令选择支架所用型材的规格尺寸（图 12 - 2 - 13）。

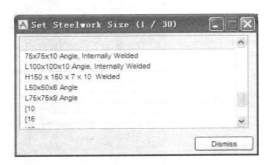

图 12 - 2 - 13

使用 Clearance 命令选择支架生根的结构，就会自动出现支架模型，如图 12 - 2 - 14（Datum 为基准点）。

图 12 - 2 - 14

通过 Show/Hide Framework Dimensions 命令显示支架各部位长度信息，通过修改 Create 栏下方的 Dim 属性值，使用 Dimensions 命令按钮即可修改支架尺寸属性（图 12 - 2 - 15）。

最终还必须将支架所焊接的生根结构加入标记，以便在支架三视图中显示生根结构。（图 12 - 2 - 16）。

最终完成特殊支吊架的建模（图 12 - 2 - 17）。

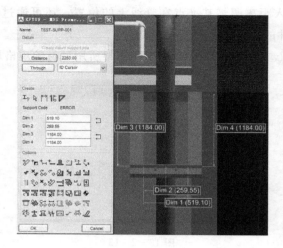

图 12 - 2 - 15

图 12 - 2 - 16

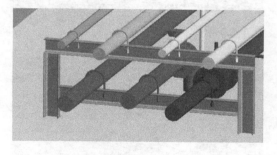

图 12 - 2 - 17

(3) 管线支架建模步骤完成，进入 Draft 抽图步骤

新建 Department 和 Registry，按设计要求进行命名（图 12 - 2 - 18）。

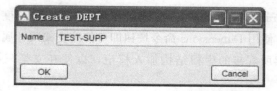

图 12 - 2 - 18

切换至 Auto Drawing Production 模块，进行抽图（图 12 - 2 - 19）。

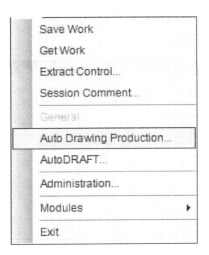

图 12 - 2 - 19

使用 MDS Drawings 把所需要的支架的三维模型抽成三视图显示在 Draft Explorer 对应的 Department 和 Registry（图 12 - 2 - 20）。

Copy	▶
Department...	
Registry...	
Library...	
Sheet Library...	
Backing Sheet...	
Overlay Sheet...	
View	▶
Layer...	
Note...	
General ADP	▶
Pipe Sketches...	
HVAC Sketches...	
Hanger & Support Drawings...	
Steelwork Detailing...	
Area ADP Drawings...	
MDS Drawings...	
MDS User View	
MDS Over View	

图 12 - 2 - 20

打开 Design Explorer，进入菜单栏 Create 下的 MDS Drawing，加载所需要抽取详图的支架，选择对应的 Registry 以及项目图框，点击 Apply 命令进行抽取，抽取进程会同时显示在 PDMS Console 中（图 12 - 2 - 21）。

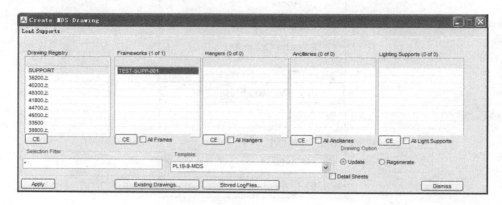

图 12 - 2 - 21

抽取完成后会显示在 Draft Explorer 下对应的 Department 和 Registry 下（图 12 - 2 - 22）。

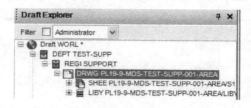

图 12 - 2 - 22

然后将支架详图导出至电脑硬盘，通过 Utilities 菜单下的 Standard DXF CE 命令进行导出，Directory 填写导出路径，Filename 为保存的文件名（图 12 - 2 - 23）。

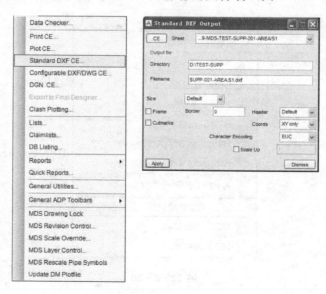

图 12 - 2 - 23

执行 Apply 命令，完成后即可在对应路径下找到所导出的文件（图 12 - 2 - 24）。

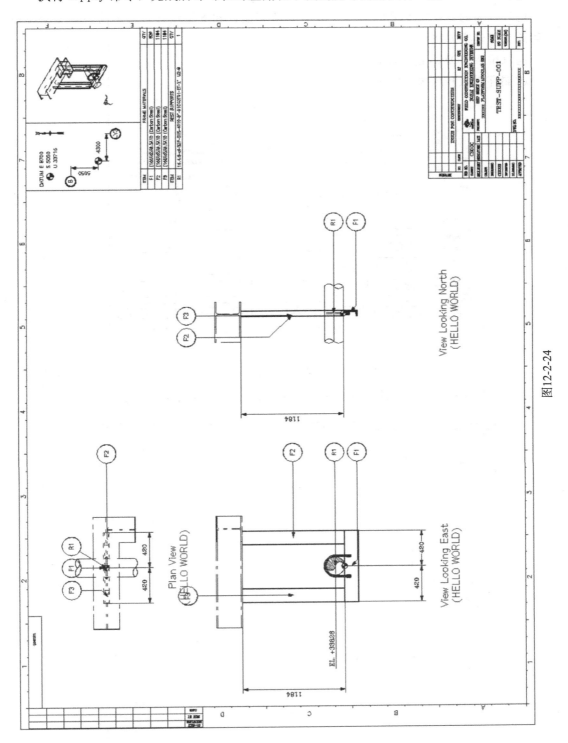

图12-2-24

（六）电气仪表专业 PDMS 设计

电气仪表的专业的 PDMS 设计主要就是桥架设计和支架设计，其中的桥架支架建模与管道支架建模方法相同。

电仪桥架 PDMS 建模步骤如下：

①储存层次和层次的创建（图 12-2-25）。

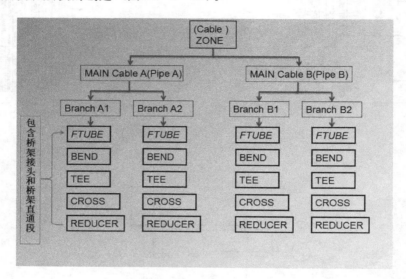

图 12-2-25

②进入桥架模型设计模块：Design->Cable Trays（图 12-2-26）。

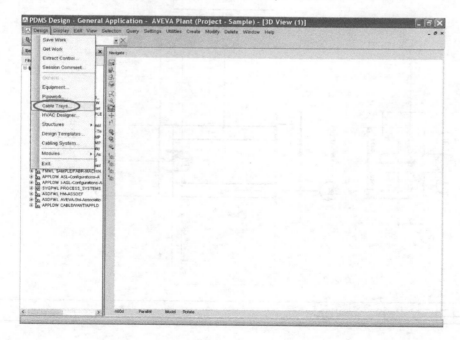

图 12-2-26

③创建层次 Create->Zone，如图 12 - 2 - 27 所示。

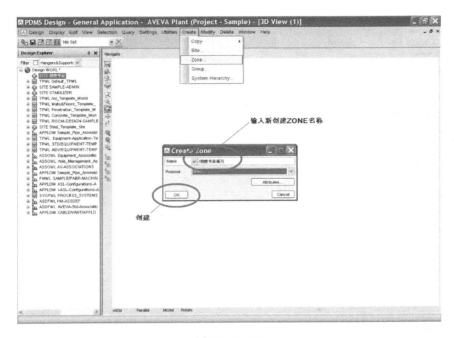

图 12 - 2 - 27

④创建桥架 Create->Main，如图 12 - 2 - 28 所示。

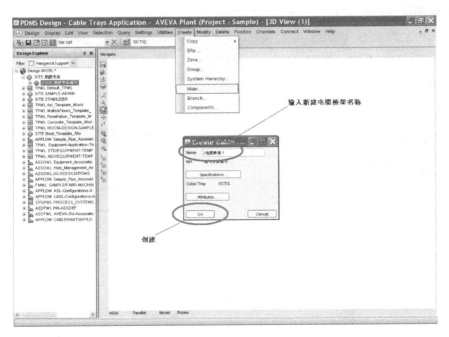

图 12 - 2 - 28

⑤创建桥架分支 Create->Branch…，如图 12 - 2 - 29 所示。

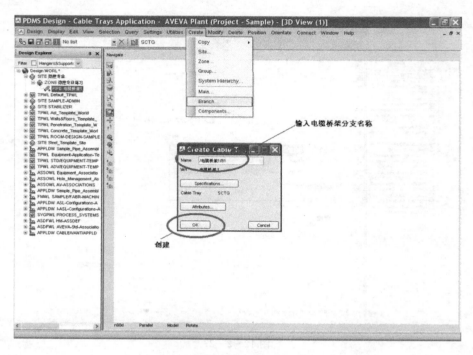

图 12 - 2 - 29

⑥创建元件 TEE，如图 12 - 2 - 30 所示。

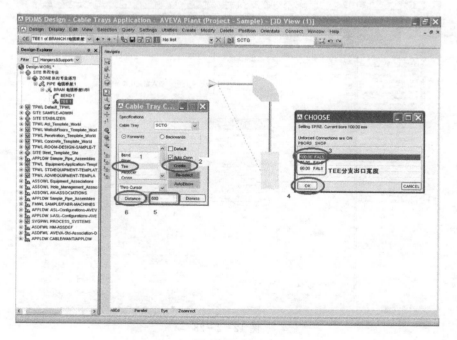

图 12 - 2 - 30

⑦用同样的方法，继续建立一个 Raiser 和 Bend，如图 12 - 2 - 31 所示。

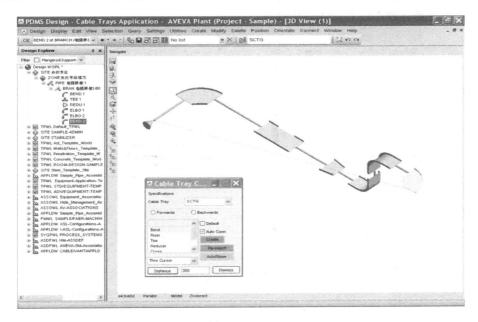

图 12 - 2 - 31

⑧填充后最终效果，如图 12 - 2 - 32 所示。

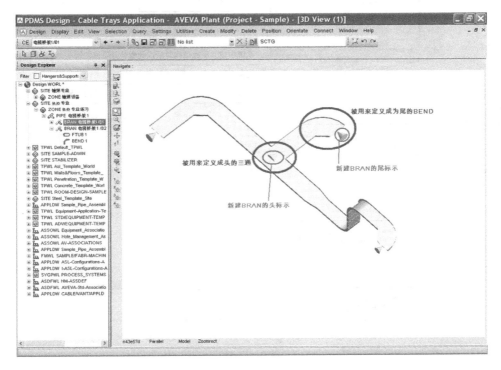

图 12 - 2 - 32

（七）出图定制（包括 draft、ISO、支架出图）

1. 基础出图（图 12-2-33～图 12-2-36）

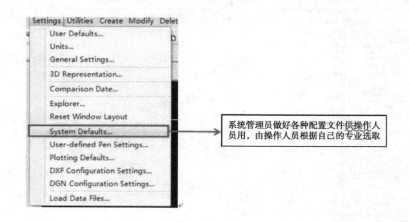

系统管理员做好各种配置文件供操作人员用，由操作人员根据自己的专业选取

图 12-2-33

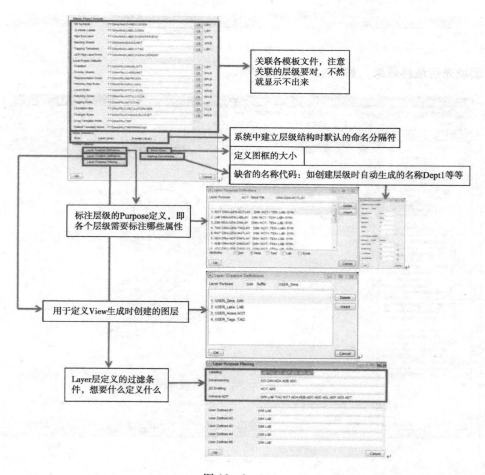

关联各模板文件，注意关联的层级要对，不然就显示不出来

系统中建立层级结构时默认的命名分隔符

定义图框的大小

缺省的名称代码：如创建层级时自动生成的名称Dept1等等

标注层级的Purpose定义，即各个层级需要标注哪些属性

用于定义View生成时创建的图层

Layer层定义的过滤条件，想要什么定义什么

图 12-2-34

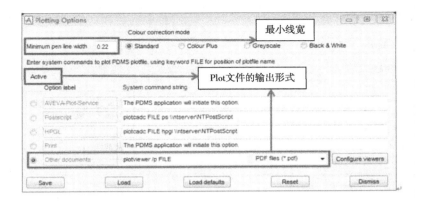

图 12 - 2 - 35

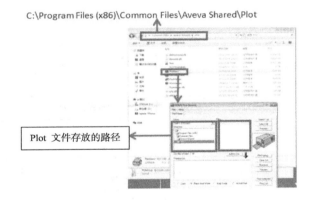

图 12 - 2 - 36

打印 Plot 文件：Utilities-Plot CE（要点中 Sheet 层）（图纸大小要与原 Sheet 大小相同），如图 12 - 2 - 37 所示。

2. 图框的定制

（1）定义顶层模板—即 Department（模板定义的总层次）：

切换到 General Admin 模块，Create-Department

（注意修改 Department 的 Pens 里面 Fonts 类型）。

（2）切换 Sheet Libraries 模块：Draft-Sheet Libraries。

（3）在自己的 Depart 下面创建 Libranries 层次-创建背景图框（图 12 - 2 - 38）。

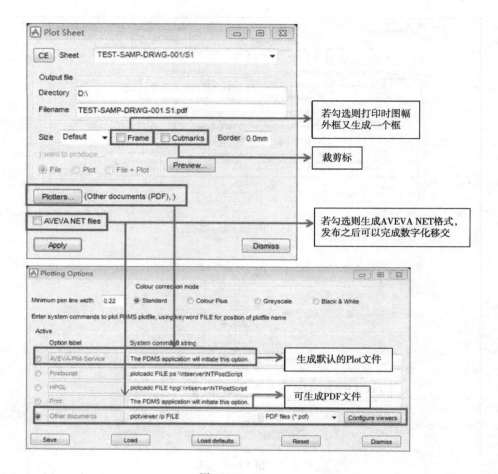

图 12 - 2 - 37

图 12 - 2 - 38

（4）创建 Sheet Libraries（图 12 - 2 - 39）。

图 12 - 2 - 39

（5）设置 sheet libraries 的属性（图 12 - 2 - 40）。

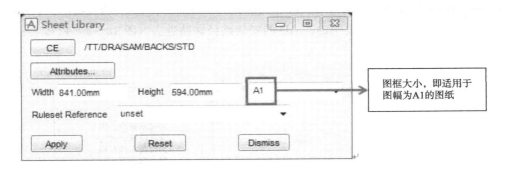

图框大小，即适用于
图幅为A1的图纸

图 12 - 2 - 40

3. 用 CAD 导入图框

（1）（以 DRAFT 里面原有的一个图框为例：首先选中 sheet，然后 Utilities-Standard DXF output 将图框导成 DXF 格式）。

（2）Auto CAD 的配置：

打开 Auto CAD——输入命令 OP 进行修改 Option 文件：

点击 Add——增加 PDMS 安装文件里面的 CAD 配置文件（图 12 - 2 - 41）。

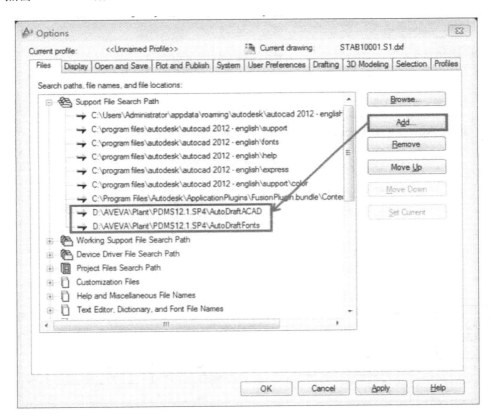

图 12 - 2 - 41

（3）在 PDMS 安装目录下找到 pdms. bat 文件（C：\ AVEVA \ Plant \ PDMS12.0. SP5），右键-编辑-将 AutoCAD 的安装路径黏贴进去（图 12 - 2 - 42）。

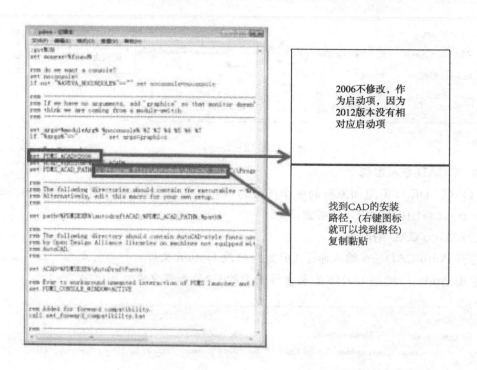

图 12 - 2 - 42

（4）进入 Auto Draft 模板：Edit-Sheet Frame（图 12 - 2 - 43）。

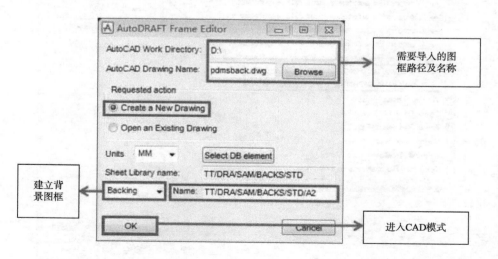

图 12 - 2 - 43

（注：若通过此图框没有跳转到 CAD 模式，那么就用后面的另一种方法进行编译）

（5）CAD 编译方法一：

①移动图框至原点（0，0）；

②打散图框：在 CAD 命令行里输入 X 命令，回车（只有直线，圆弧可以导入 Draft）；

③命令行输入 Limits，选择对角点（0，0）和另外一个对角点。三次回车即可将范围锁定；

④编译 CAD：CAD 工具栏里面 PDMS Frame—White Sheet 进行编译。

（若编译出来的数据个数和查找、读取的数据个数相同，则没有问题，若不相同，则说明有没有打散的内容，则导入 Draft 时会有无法显示的内容）。

注：若打开的 CAD 不是 PDMS 模式下的 CAD，则可以在左上角的下拉菜单中选择"Show PDMS Menu（图 12 - 2 - 44）（显示菜单栏）"。

图 12 - 2 - 44

（6）CAD 编译方法二：（若通过步骤 4 没有显示 CAD 模式，则可以通过此方法进行CAD 编译）。

①添加环境变量：

右键我的电脑——高级系统设置——高级——环境变量——新增环境变量（图 12 - 2 - 45）；

图 12 - 2 - 45

②打开 CAD，输入命令 MENU，关联 pdmsbackR2006. cui 文件，打开 CAD 的工作

栏（图 12 - 2 - 46）；

图 12 - 2 - 46

③加载 pdms 的应用程序：Tools——Load Application…，如图 12 - 2 - 47 所示。

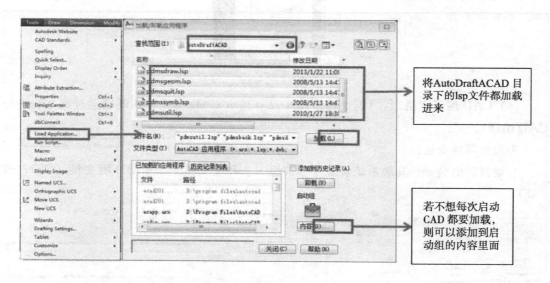

图 12 - 2 - 47

④导入图框：

回到 PDMS—Auto Draft 模块下—Import—Sheet Frame（注意要点中放置的 SHLB 层级下）（图 12 - 2 - 48）。

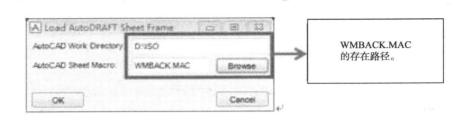

图 12 - 2 - 48

批处理修改字体：添加 List-Add-Selection（图 12 - 2 - 49，图 12 - 2 - 50）。

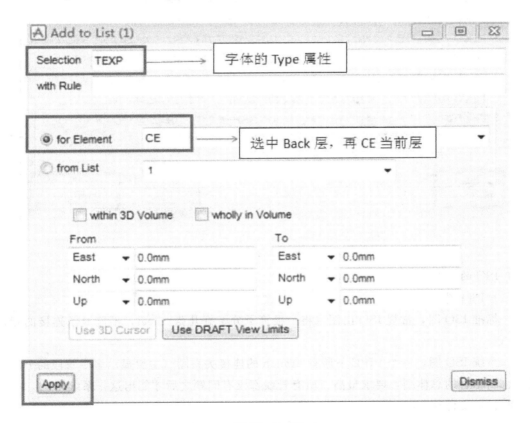

图 12 - 2 - 49

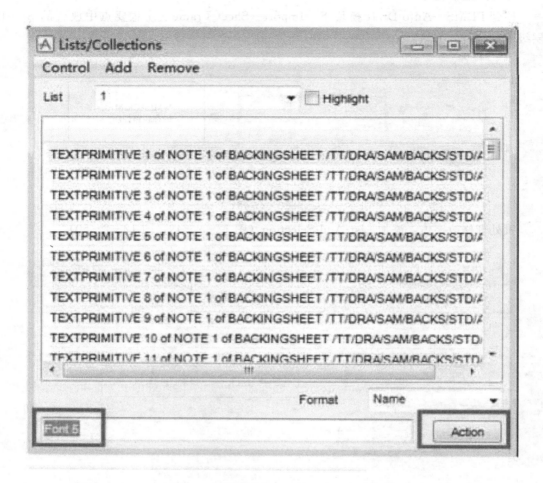

图 12 - 2 - 50

4. ISO 的定制

（1）ISO 图的分类

—标准 ISO 图，常规 ISO 出图（将一根管子分了好几张 Sheet，不能显示连接的相对关系）；

—系统 ISO 图，一个 PIPE 下所有 branch 的连接关系图（主要显示多个管段的分支情况，也叫单管的总体图，要求最高，所有管线都没有问题之后才能出这张系统图）。

项目级文件存放路径：

ISO 相关联的文件是安装在 PDMS 安装目录下：（安装在 Project 目录下）

D：\ AVEVA \ Plant \ Projects12. 1. SP4 \ Sample \ samiso.

（2）ISO 出图步骤

①进入 ISODRAFT 模块：

在 TEAM 下，必须是 ISOADMIN 这个组的成员，才有 ISODRAFT 管理员的权限；

（同理，TEAM 下必须有 DRAFTADMIN 这个组的成员，才能有 DRAFT 管理员的权限。）

点中管子，Isometric—Standard—CE（图 12 - 2 - 51，图 12 - 2 - 52）。

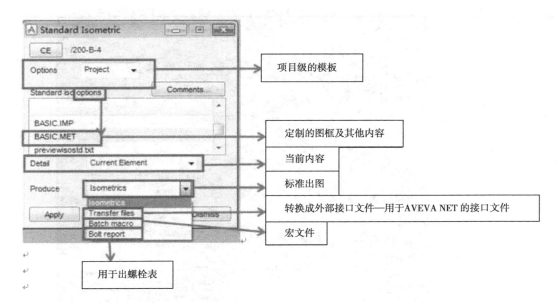

图 12 - 2 - 51

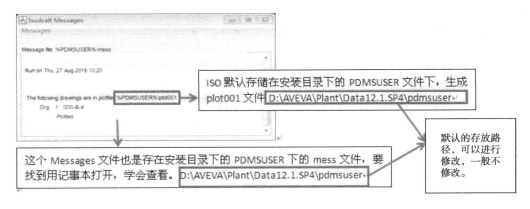

图 12 - 2 - 52

图面上的东西都要定制：即 option，如图 12 - 2 - 53 所示。

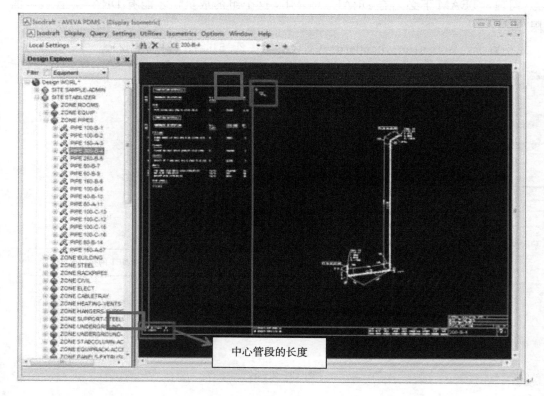

图 12 - 2 - 53

②出系统图：Isometrics—System/trim，如图 12 - 2 - 54 所示。

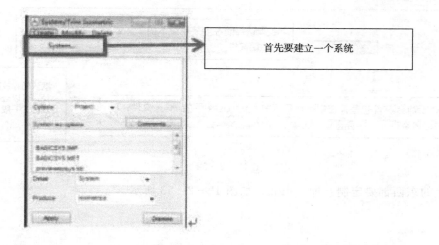

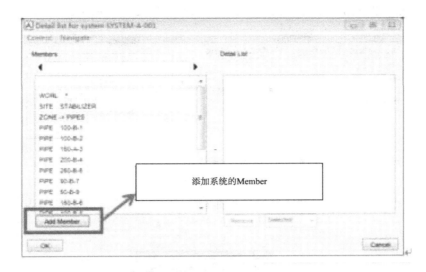

图 12 - 2 - 54

③如何查找管线是不是一个系统：（变相的检查一个 PIPE 有没有连接关系）

进入 Design，切换到 Pipework 模块，点中一根管子，在 Utilities-Show pipe system 即可高亮相关联的管线，如图 12 - 2 - 55 所示。

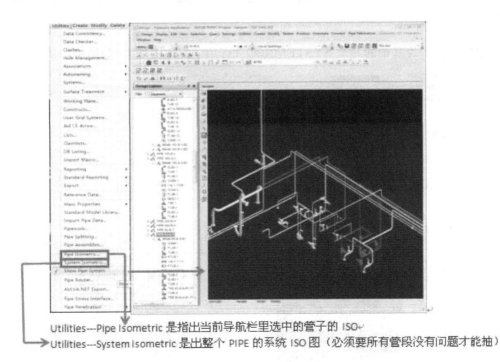

Utilities---Pipe Isometric 是指出当前导航栏里选中的管子的 ISO

Utilities---System Isometric 是出整个 PIPE 的系统 ISO 图（必须要所有管段没有问题才能抽）

图 12 - 2 - 55

④出系统 ISO 图：

Isometrics—System/Trim 增加一个系统，如图 12-2-56 所示。

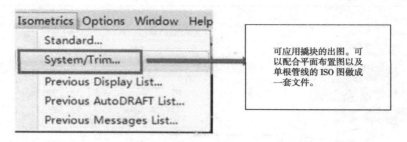

图 12-2-56

⑤创建一个管系的 SYSTEM ISO，如图 12-2-57 所示。

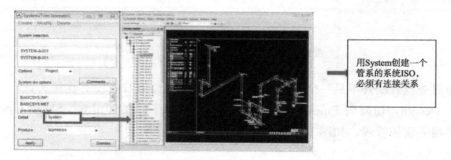

图 12-2-57

⑥创建以设备为基础的一个 SYSTEM ISO（可用于撬块图纸），如图 12-2-58 所示。

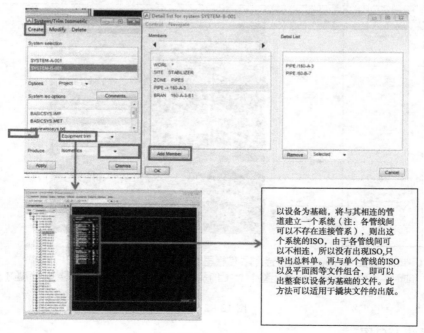

图 12-2-58

（3）ISO 的配置

①Option 的配置：Options—Create，如图 12-2-59～图 12-2-62 所示。

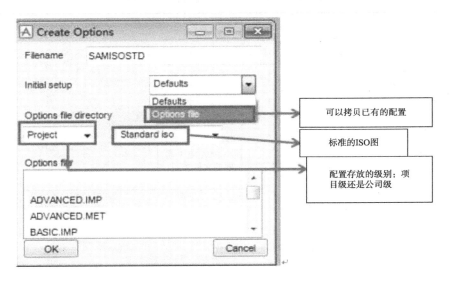

图 12-2-59

图 12-2-60

默认安装目录，更改路径可以自己设置，放在根目录下英文名称

标题头—告诉别人这个配置文件的用处

AVEVA NET 需要的文件类型

若勾选则选用这个字体

Message的路径要与ISO图存放路径相同。

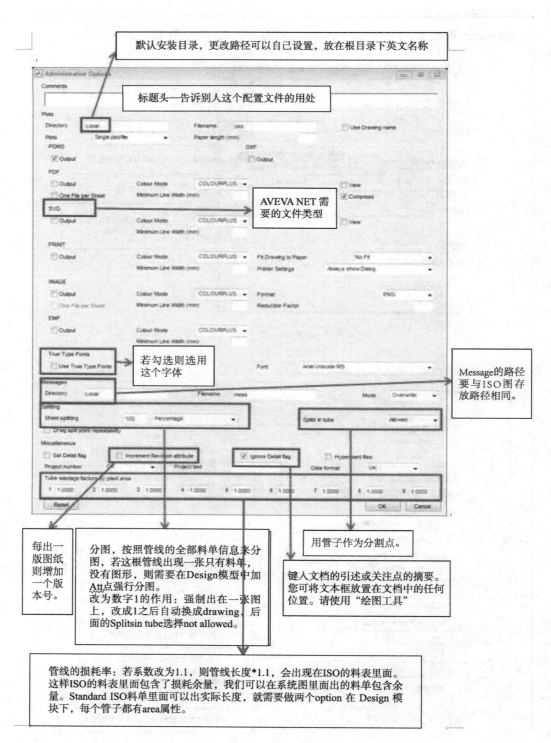

每出一版图纸则增加一个版本号。

分图，按照管线的全部料单信息来分图，若这根管线出现一张只有料单，没有图形，则需要在Design模型中加Att点强行分图。
改为数字1的作用：强制出在一张图上，改成1之后自动换成drawing，后面的Splitsin tube选择not allowed。

用管子作为分割点。

键入文档的引述或关注点的摘要。您可将文本框放置在文档中的任何位置。请使用"绘图工具"

管线的损耗率：若系数改为1.1，则管线长度*1.1，会出现在ISO的料表里面。这样ISO的料表里面包含了损耗余量，我们可以在系统图里面出的料单包含余量。Standard ISO料单里面可以出实际长度，就需要做两个option 在 Design 模块下，每个管子都有area属性。

图 12-2-61

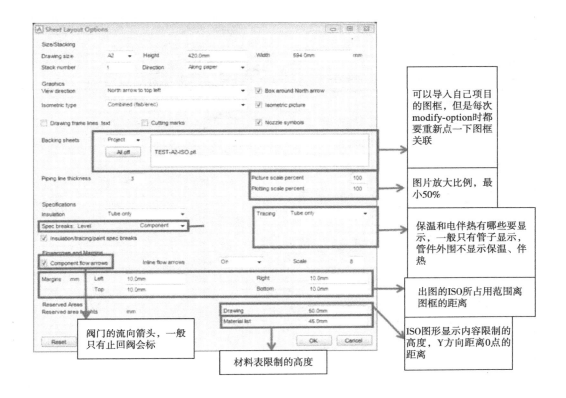

图 12-2-62

可以很好的控制料单，比如相同介质的管道在不同的区域设置不同的系数，那么 ISO 图上的料单就不一样，采购人员和领料人员就可以根据 ISO 的料单去领料，进行材料控制。（如：同一根天然气的管道在管廊上面和在其他装置区内，管廊上可以预留量比较小，选取小的系数，装置区内损耗率大一点，预留量大一些，则系数可以取大一些。）

②sheet Layout 的定制（注意左下角为（0，0）原点，向右为 X 正方向，向上为 Y 正方向），如图 12-2-63、图 12-2-64 所示。

进入 Design 模块下，添加参考点的属性：

管件：Dmtype 和 Dmfarray，Branch：Hdmtype、Hdfarray、Tmtype 和 Tmfarray（两个 Branch 都以相同的柱子参考，大大减少了施工误差），如图 12-2-65～图 12-2-70 所示。

Attribute Frame Texts——标题头中管线文字的属性定制，如图 12-2-71 所示。

Standard Frame Texts——图框信息的定制，如图 12-2-72 所示。

Component Tags——图形中管件的标注，如图 12-2-73 所示。

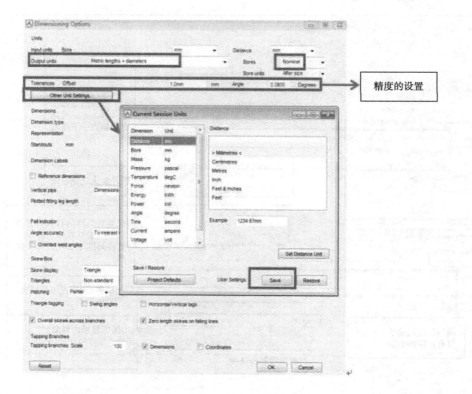

图 12 - 2 - 63

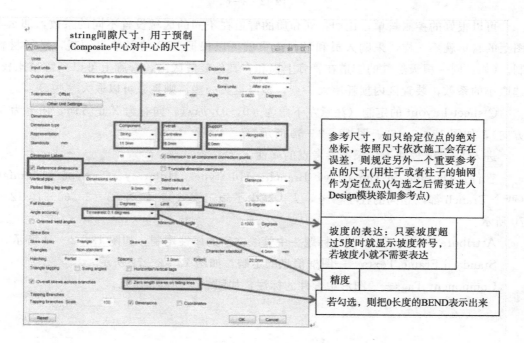

图 12 - 2 - 64

图 12 - 2 - 65

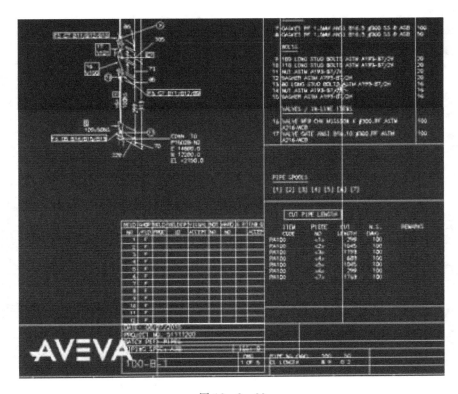

图 12 - 2 - 66

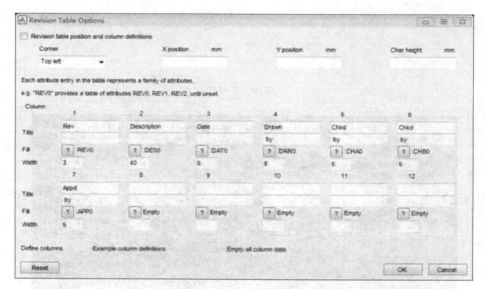

图 12 - 2 - 67

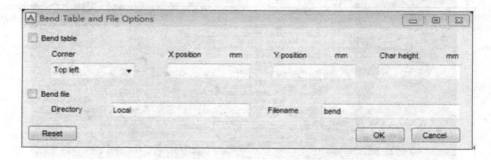

图 12 - 2 - 68

图 12 - 2 - 69

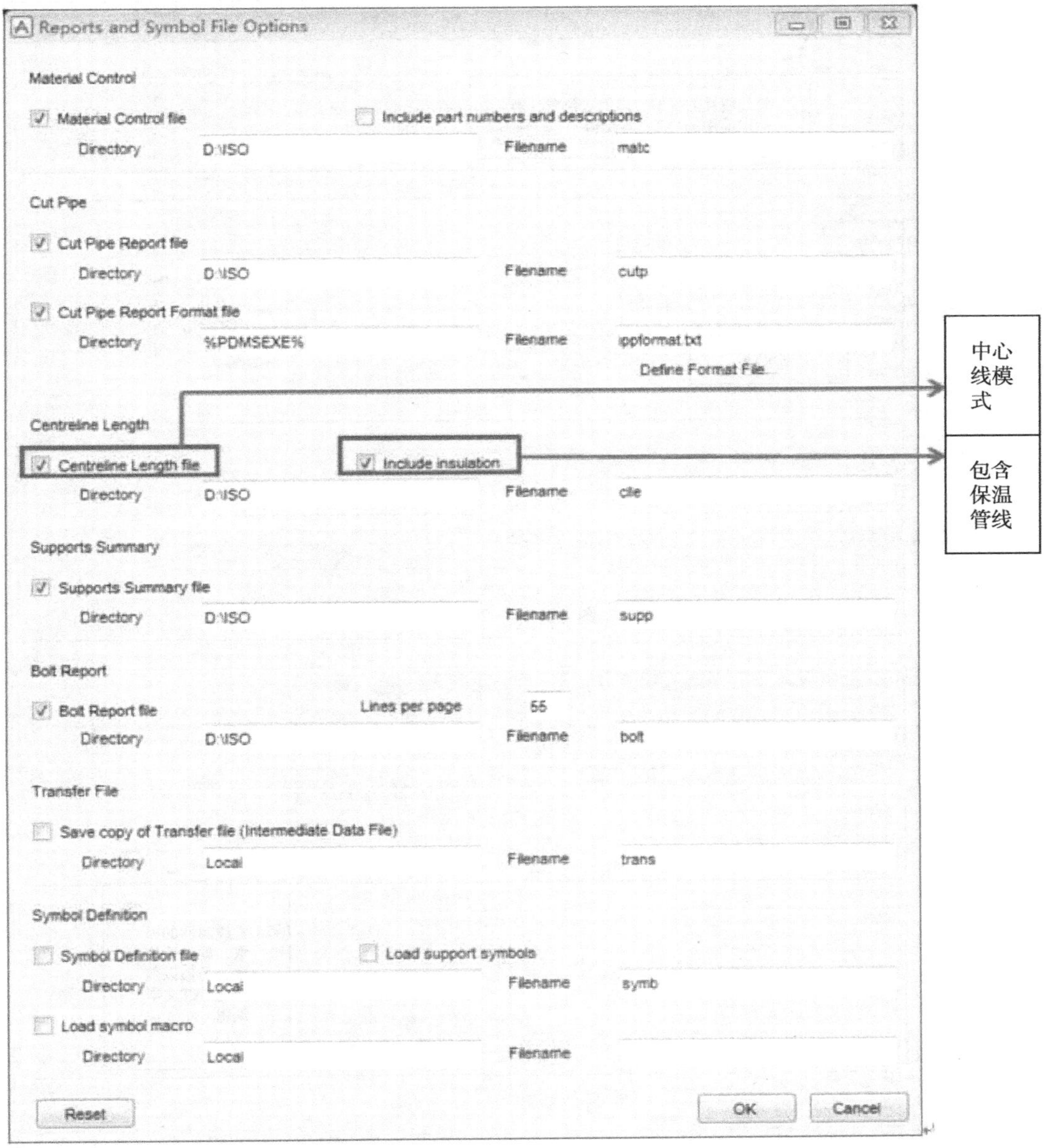
Reports and Symbol File Options
Material Control
Material Control file
Include part numbers and descriptions
Directory
D:\ISO
Filename
matc
Cut Pipe
Cut Pipe Report file
Directory
D:\ISO
Filename
cutp
Cut Pipe Report Format file
Directory
%PDMSEXE%
Filename
ppformat.txt
Define Format File...
Centreline Length
Centreline Length file
Include insulation
Directory
D:\ISO
Filename
clle
Supports Summary
Supports Summary file
Directory
D:\ISO
Filename
supp
Bolt Report
Bolt Report file
Lines per page
55
Directory
D:\ISO
Filename
bolt
Transfer File
Save copy of Transfer file (Intermediate Data File)
Directory
Local
Filename
trans
Symbol Definition
Symbol Definition file
Load support symbols
Directory
Local
Filename
symb
Load symbol macro
Directory
Local
Filename
Reset
OK
Cancel
中心线模式
包含保温管线

图 12－2－70

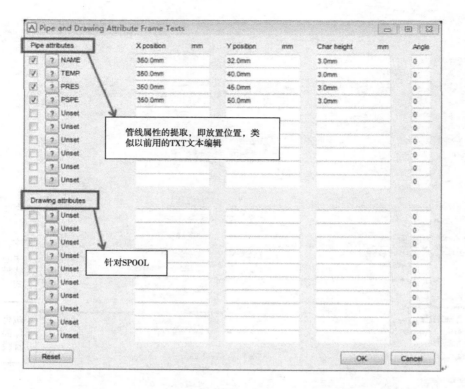

图 12 - 2 - 71

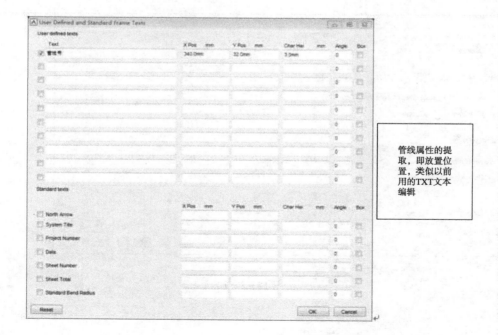

图 12 - 2 - 72

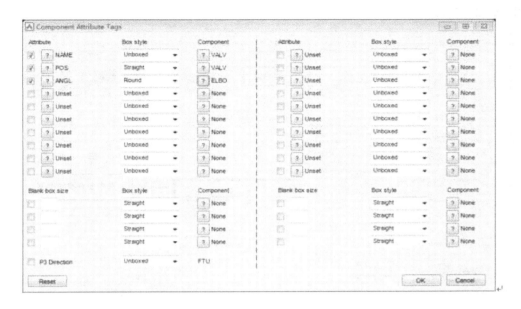

图 12-2-73

Detail Plots——可以套用详图（图 12-2-74），但是每个都要套同样的东西，意义不大。

图 12-2-74

类似 Draft 的 NOTE，也像制定好了块之后盖章就可以。

Compipe Interface 与外部接口的转换。

Alternative Texts 可以替换图纸中的文字，也可以关闭文字。

IDF Processing 外部挂一些程序的定制。

Change Highlighting 变动对比做了这个定制之后，通过 Settings—Comparison Data

（图 12 - 2 - 75）。

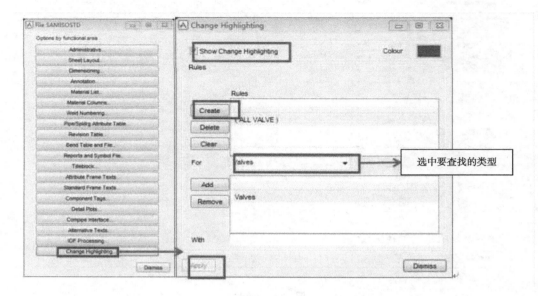

图 12 - 2 - 75

设定要比较的时间，如图 12 - 2 - 76 所示。

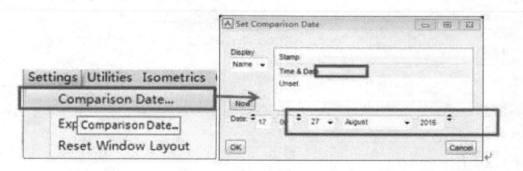

图 12 - 2 - 76

在更新 ISO 图机会显示变化的内容，如图 12 - 2 - 77 所示。

注意，所有过滤的内容都会高亮，但是只有高亮的尺寸线才是变化的内容。

第三节　三维模型碰撞检查

在海洋石油工程项目中，详细提供的模型文件通常有两种，一种是带数据库的模型文件，一种是通过 PDMS 或其他设计导出的不带数据库的 rvm、dri 等格式文件。根据 PDMS 和 Navisworks 软件支持的文件格式几碰撞检查特点，总结碰撞检查解决的方案。

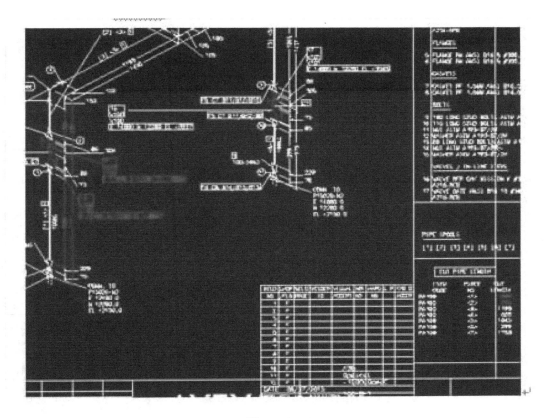

图 12-2-77

一、PDMS 软件碰撞检查

PDMS 只能对具备详细设计提供数据库的 PDMS 模型进行详细的碰撞检查，碰撞检查直接在 PDMS 模型上进行，准确度高，查找修改碰撞方便快捷。对于详细设计提供数据库的 PDMS 三维模型，石油 PDMS 软件碰撞检查为首选方案。

二、Navisworks 软件碰撞检查

Navisworks 作为第三方浏览软件，支持多种建模软件导出的不带数据库的文件格式，如 rvm、dri、3ds 等，可以利用 Navisworks 进行碰撞检查，对于提供数据库的 PDMS 模型客户端无法方便使用 PDMS 软件，也可导出 rvm 文件使用 Navisworks 进行碰撞检查。

附录一　设计图例

附表 1－1　结构专业

序号	分类	中文名称	英文名称	型号	图片	截面特性	简要说明
1	焊接型材	H 型钢	H Steel	PG1300×650×25×50 PG1300×450×25×50 PG1200×650×25×50 PG1158×500×19×38 PG1000×400×19×38 PG800×300×16×25 PG600×360×16×25			常用标准： 材质 GB 712—2011 制作要求和公差 YB3301—2005
2	型材	H 型钢	H Steel	H700×300×13×24 H588×300×12×20 H440×300×11×18 H450×200×9×14 H300×300×10×15 H300×150×6.5×9 H250×125×6×9 H200×200×8×12 H200×100×5.5×8			常用标准： 材质 JIS G3106—2008 GB/T 1591—2008 GB/T 700—2006 尺寸公差和技术要求 GB/T 11263—2010

附表 1－1 结构专业（续）

序号	分类	中文名称	英文名称	型号	图片	截面特性	简要说明
3	板材	钢板	Steel Plate	PL80×1900×6000 PL50×3000×12000 PL38×3000×12000 PL32×2600×12000 PL25×2800×12000 PL19×3000×12000 PL16×2500×11000 PL8×2000×8600 PL6×2500×8000			常用标准： 材质 GB 712—2011 GB/T 700—2006 尺寸公差和技术要求 GB/T 709—2006 注意事项：板材选用尺寸可 根据需要选定
4	焊接型材	T型钢	T Steel	T300×610×32×50			常用标准： 材质 GB 712—2011 制作要求和公差 YB3301—2005
5	型材	槽钢	Channel Steel	C140×60×8×9.5 C200×73×7×11			常用标准： 材质 GB/T 700—2006 尺寸公差和技术要求 GB/T 706—2008

附表 1-1 结构专业（续）

序号	分类	中文名称	英文名称	型号	图片	截面特性	简要说明
6	型材	方钢管	Square Hollow Steel	HSH160×160×8 HSH120×120×8 HSH100×100×8 HSH100×80×6			常用标准： 材质 GB/T 700—2006 尺寸公差和技术要求 GB/T 6728—2002
7	型材	角钢	Angle Steel	L125×80×7 L100×100×7			常用标准： 材质 GB/T 700—2006 尺寸公差和技术要求 GB/T 706—2008
8	型材	无缝钢管	Steel Tube	φ356×16 φ273×12 φ168×8 φ140×12			常用标准： 材质 GB/T 700—2006 GB/T699—1999 尺寸公差和技术要求 GB/T 8162—2008

附表 1-1 结构专业（续）

序号	分类	中文名称	英文名称	型号	图片	截面特性	简要说明
9	型材	圆钢	Round Steel	$\phi 12$ $\phi 10$			常用标准： 材质 GB/T 700—2006 尺寸公差和技术要求 GB/T702—2008
10	型材	扁铁	Flat Bar	—6X50 —5X50 —5X100 —5X150			常用标准： 材质 GB/T 700—2006 尺寸公差和技术要求 GB/T702—2008
11	板材	瓦楞板	Corrugated Sheet	BHD 4×1600×5500 BHD 10×1400×5500 BHD 12×1600×5500			常用标准： 材质 GB/T 700—2006

附表 1-1 结构专业（续）

序号	分类	中文名称	英文名称	型号	图片	截面特性	简要说明
12	板材	花纹板	Checked	CH PL6×1500×6000 CH PL8×1500×6000			常用标准： 材质 GB/T 700—2006 尺寸公差和技术要求 GB/T 3277—1991 YB/T4159—2007
13	板材	钢格栅	Steel Grating	G325/30/100/S G			常用标准： YB/T 4001—1998

附表 1 - 2 焊接专业

序号	接头类型	坡口类型	焊缝形式	简写	示意图	符号	简要说明
1	对接接头 Butt Joint	I 形坡口	对接焊缝 Butt Weld	B			常用焊接方法：焊条电弧焊（SMAW）、埋弧焊（SAW）、药芯焊丝电弧焊（FCAW）、钨级惰性气体保护焊（GTAW）。常用焊接材料类型：焊条、焊丝、焊剂
2	对接接头 Butt Joint	V 形坡口	对接焊缝 Butt Weld	B			指引线：
3	对接接头 Butt Joint	单边 V 形坡口	对接焊缝 Butt Weld	B			α：坡口角度；b：根部间隙；p：钝边
4	对接接头 Butt Joint	带钝边 V 形坡口	对接焊缝 Butt Weld	B			
5	对接接头 Butt Joint	带钝边单边 V 形坡口	对接焊缝 Butt Weld	B			一般情况下，20mm 以下钢板开单面坡口，20mm 及以上钢板开双面坡口，需要单面焊的情况除外。

附表 1－2　焊接专业（续）

序号	接头类型	坡口类型	焊缝形式	简写	示意图	符号	简要说明
6	对接接头 Butt Joint	双面 V 形坡口	对接焊缝 Butt Weld	B			
7	对接接头 Butt Joint	双面带钝边单边 V 形坡口	对接焊缝 Butt Weld	B			
8	对接接头 Butt Joint	双面单边 V 形坡口	对接焊缝 Butt Weld	B			
9	对接接头 Butt Joint	双面带钝边单边 V 形坡口	对接焊缝 Butt Weld	B			

附表 1-2 焊接专业（续）

序号	接头类型	坡口类型	焊缝形式	简写	示意图	符号	简要说明
10	角接接头 Corner Joint	I形坡口	对接焊缝和角焊缝组合 Butt Weld And Fillet Weld	C			
11	角接接头 Corner Joint	单边V形坡口	对接焊缝和角焊缝组合 Butt Weld And Fillet Weld	C			
12	角接接头 Corner Joint	双面单边V形坡口	对接焊缝和角焊缝组合 Butt Weld And Fillet Weld	C			
13	T形接头 T-Joint	I形坡口	角焊缝 Fillet Weld	T			

附表 1-2 焊接专业（续）

序号	接头类型	坡口类型	焊缝形式	简写	示意图	符号	简要说明
14	T形接头 T—Joint	双面单边V形坡口	对接焊缝和角焊缝组合 Butt Weld And Fillet Weld	T			
15	T形接头 T—Joint	单边V形坡口	对接焊缝和角焊缝组合 Butt Weld And Fillet Weld	T			

附表 1-3 配管专业

序号/分类	分类	中文名称	英文名称	图片	图例	简要说明
1	法兰	对焊法兰	Welding Neck FLANG (WN FL)	带颈对焊法兰（WN）		美标系列：ASME B16.5、ASME B16.47 公称压力：150 lb、300 lb、400 lb、600 lb、900 lb、1500 lb、2500 lb等。 国标系列：HG/T20615（Class系列）、HG/T20592（PN系列） 公称压力：PN6、10、16、25、40、63、100、160 连接方式有：对焊、平焊、承插焊、螺纹、电熔等； 密封面形式有：突面、榫面/槽面、凹面/凸面、环连接面。
2	法兰	平焊法兰	Slip On FLANG (SO FL)	带颈平焊法兰（SO）		
3	法兰	螺纹法兰	Threaded FLANG (NPT FL)			

附表 1－3 配管专业（续）

序号/分类	分类	中文名称	英文名称	图片	图例	简要说明
4	法兰	插焊法兰	Socket Weld FLANG (SW FL)	带颈承插焊法兰		
5	法兰	活套法兰	Lap Joint FLANG (LJ FL)	对焊环板式松套法兰		
6	弯头	对焊弯头	Butt Welding ELBOW (BW－ELB)			美标系列：ASME B16.9、ASME B16.11、ASME B16.28 公称压力：150lb、300lb、600lb、900lb、1500lb、2000lb、2500lb、3000lb、6000lb、9000lb 等；对焊采用壁厚等级表示其压力等级。 国标系列：GB12459、GB/T14383、GB/T14626 连接方式有：对焊、承插焊、螺纹。 常用弯头有45°和90°弯头，为1.5D半径弯头；另有特殊角度、特殊半径弯头，如60°和180°，长半径（如3D、5D）和短半径（如1D）。

附表 1－3　配管专业（续）

序号/分类	分类	中文名称	英文名称	图片	图例	简要说明
7	弯头	插焊弯头	Socket Weld ELBOW (SW－ELB)			
8	弯头	螺纹弯头	Threaded ELBOW (NPT－ELB)			
9	三通	对焊三通	Butt Welding Tee (BW－TEE)			美标系列：ASME B16.9、ASME B16.11 公称压力：150lb、300lb、600lb、900lb、1500lb、2000lb、2500lb、3000lb、6000lb、9000lb 等。 国标系列：GB12459、GB/T14383、GB/T14626 常用连接方式有：对焊、插焊、螺纹； 三通分等径三通（TEE）和变径三通（R－TEE）。

附表 1 - 3　配管专业（续）

序号/分类	分类	中文名称	英文名称	图片	图例	简要说明
10	三通	插焊三通	Socket Weld Tee (SW－TEE)			
11	三通	螺纹三通	Threaded Tee (NPT－TEE)			
12	管座	对焊管座	Weldolet (WOL)			美标系列：MSS－SP－97 公称压力：承插和螺纹管座压力等级为2000lb，3000lb，6000lb，9000lb等；对焊管座采用壁厚等级表示其压力等级。 国标系列：GB/T 19326 公称压力：承插和螺纹管座压力等级为3000LB，6000LB，对焊管座采用壁厚等级表示其压力等级。

附表 1 - 3 配管专业（续）

序号/分类	分类	中文名称	英文名称	图片	图例	简要说明
13	管座	插焊管座	Sockolet (SOL)			
14	管座	螺纹管座	Threadolet (TOL)			美标系列：ASME B16.11，ASME B16.9，MSS SP-79 公称压力：承插和螺纹压力等级为 3000LB，6000LB 等；对焊采用壁厚等级表示其压力等级。 国标系列：GB12459、GB/T14383，GB/T14626 公称压力：承插和螺纹压力等级为 3000LB，6000LB；对焊采用壁厚等级表示其压力等级。 连接方式有：对焊、插焊、螺纹。
15	大小头	同心大小头	Concentric Reducer (CR)			大小头分同心（REDC）、偏心大小头（REDE），偏心大小头多应用在设备的进口、或者管线标高特定需要的场所。尤其偏心大小头在泵进口管线上的应用十分普遍。

附表 1-3 配管专业（续）

序号/分类	分类	中文名称	英文名称	图片	图例	简要说明
16	大小头	偏心大小头	Eccentric Reducer (ER)			
17	由壬	由壬	Union			美称系列：MSS－SP－83 公称压力：3000lb，6000lb，3000psi，20bar 等 国标系列：GB/T 3287、BS 3799 由壬是一种能方便安装拆卸的常用管道连接件。连接两管子的管件，可不动管子而将两管分开，便于检修。主要有螺母、云头、平接三部分组成。

附表 1 - 3 配管专业（续）

序号/分类	分类	中文名称	英文名称	图片	图例	简要说明
18	管箍	螺纹管箍	Thread Coupling			美标系列：ASME B16.11、GB/T 14383 公称压力：2000LB、3000LB、6000LB、9000LB、20bar 等； 国标系列：GB/T14383 连接方式有：螺纹连接、承插焊接、热熔焊接。 管箍是用来直接连接两根管子外壁的管件，也叫外接头、直接头。 非金属管箍通常采用厂家标准。
19	管箍	承插焊管箍	Socket Coupling			
20	管箍	非金属管箍	Nonmetallic Coupling			

附表 1－3　配管专业（续）

序号/分类	分类	中文名称	英文名称	图片	图例	简要说明
21	管帽	对焊管帽	BW Cap	对焊管帽		美标系列：ASME B16.11，ASME B16.9 国标系列：GB/T 12459，GB/T 14383，GB/T 13401； 管帽的作用与盲法兰类似，是安装在管端或装在管端外端部以盖堵管子的管件，用来封闭管路。连接形式分为对焊、螺纹、承插焊三种。
22	管帽	承插焊管帽	SW Cap	承插焊管帽		
23	管帽	螺纹管帽	NPT Cap	螺纹管帽		

附表 1－3 配管专业（续）

序号/分类	分类	中文名称	英文名称	图片	图例	简要说明
24	丝堵	丝堵	Plug			美标系列：ASME B16.11，MSS SP－95； 国标系列：GB/T 14626 丝堵用于管道的末端，防止管道的泄露，起到密封的作用。 头部形状有四方头、六方头、圆头等；
25	垫片	金属缠绕垫片	Spiral Wound Gaskets			美标系列：ASME B16.21，ASME B16.20 压力等级：150 lb，300 lb，400 lb，600 lb，900 lb，1500 lb，2500 lb 等； 国标系列：GB/T 4622.2，GB/T 13403 金属缠绕式垫片是由金属带和非金属复合螺旋缠制而成的一种复合平垫片。其特性是：压缩、回弹性能好；具有多道密封和一定的自紧功能，分为基本型缠绕垫；内环缠绕垫；外环缠绕垫；内外环缠绕垫；
26	垫片	非金属平垫片	Non－Metallic Flat Gasket			非金属材料制成的平垫片，包括但不限于：NR（天然橡胶）、CR（氯丁橡胶）、NBR（丁腈橡胶）、SBR（丁苯橡胶）、EPDM（三元乙丙橡胶）、FPM（氟橡胶，FKM，ASTM 标准）、PTFE（聚四氟乙烯板）、ePTFE（膨体聚四氟乙烯板）、RPTFE（填充改性聚四氟乙烯板）、XB450（石棉橡胶板）、XB400（石棉橡胶板）、NY400（耐油石棉橡胶板）。
27	垫片	八角环垫	Metal Ring			

附表 1 - 3 配管专业（续）

序号/分类	分类	中文名称	英文名称	图片	图例	简要说明
28	垫片	非石棉耐火垫片	Non—Asbestos Fire Resisting Material			
29	盲法兰	盲法兰	Blind Flange			美标系列：ASME B16.5 国标系列：HG/T 21547 盲法兰的功能之一是封堵住管道的末端，其二是有可以在检修时方便清除管道中的杂物的作用。
30	盲板	8字盲板	Figure—8 Blank			美标系列：ASME B16.48 国标系列：HG/T 21547 8字盲板是一种一个是实心的，另一个是开口的，用膜板或连接扁钢连接在一起的承压板件，包含平面8字盲板，凹凸面8字盲板、棒槽面8字盲板，环连接面8字盲板、凸面衬环连接端面8字盲板、凹面椭圆衬面连接端面8字盲板。主要是防止阀门内漏或便于检修时快速将系统盲死隔离。

附表 1-3 配管专业（续）

序号/分类	分类	中文名称	英文名称	图片	图例	简要说明
31	紧固件	螺栓/螺母	Bolt / Nut			美标系列：ASME B18.31.2/ASME B18.2.2；ASME B18.31.1M/ASME B18.2.4.6M；ASME B18.2.1/ASME B18.2.2；GB/T 9125-2010； 常用表面处理形式有 GALV.；PTFE；GALV.&PTFE；镀锌；镀镍；镀铬；镀铜镀铬；非电解镀片涂层；氧化；煮黑； 螺栓材质常用的有：A193 B7；A193 B7M；A193 B8；A193 B8M；A193 B8 CL2；A193 B16；A307 B；A320 B8M CL2；A320 L7；35CrMoA，35#；30CrMoA； 螺母材质常用的有：A194 2H；A194 2HM；A194 2H；A194 4；A194 8；A194 8M；25#；35#；45#；35CrMo；40CrMo；5；8；10；A2-50；A2-70；A4-70；
32	紧固件	U型螺栓/螺母	UBolt / Nut			
33	阀门	球阀	Ball			AP1608，AP16D，BS EN ISO 17292 球阀开关轻便，体积小，可以做成很大口径，密封可靠，结构简单，维修方便，密封面常在闭合状态，不易被介质冲蚀，在各行业得到广泛的应用。 球阀分两类，一是浮动球阀式，二是固定球阀式。 球阀有缩孔（Reduced Bore），通孔（Full bore）之分，通常使用的球阀为缩孔球阀。

附表 1-3 配管专业（续）

序号/分类	分类	中文名称	英文名称	图片	图例	简要说明
34	阀门	闸阀	Gate			API 600 and 602，ASME B16.34 优点：流体阻力小，启闭省劲，可以在介质双向流动的情况下使用，没有方向性，全开时密封面不易冲蚀，结构长度短，不仅适合做小阀门，而且适合做大阀门。 闸阀按阀杆螺纹分两类，一是明杆式，二是暗杆式。按闸板构造分，也分两类，一是平行，二是楔式。
35	阀门	截止阀	Globe			applicable parts of API 600 and 602，ASME B16.34，BS 1873，BS EN ISO 15761 截止阀只许介质单向流动，安装时有方向性。 它的结构长度大于闸阀，同时流体阻力大，长期运行时，密封可靠性不强。 截止阀分为三类：直通式、直角式及直流式斜截止阀。

附表 1－3　配管专业（续）

序号/分类	分类	中文名称	英文名称	图片	图例	简要说明
36	阀门	蝶阀	Butterfly			API 609 蝶阀具有轻巧的特点，比其他阀门要节省材料，结构简单，开闭迅速，切断和节流都能用，流体阻力小，操作省力。蝶阀，可以做成很大口径。能够使用蝶阀的地方，最好不要使用闸阀，因为蝶阀比闸阀经济，而且调节性好。
37	阀门	止回阀	Check			API6D，API594 and BS 1868 止回阀的作用是阻止介质倒流。它的名称很多，如逆止阀、单向阀、单流门等。 阀门型号代码含义见附件 1。 国际阀门代码规范

附表 1 - 3　配管专业（续）

序号/分类	分类	中文名称	英文名称	图片	图例	简要说明
38	管材	无缝钢管	Seamless Pipe			美标系列：ASME B16.11，ASME B16.9，ASME B36.19M，EEMUA 144，ASME B36.10M 管线的焊接方式有对焊、承插焊。 常用防腐措施有镀锌，涂塑等。
39	管材	铜镍合金管	90Cu/10Ni Pipe			
40	管材	钢骨架复合管	SRPE Pipe			

附表 1-4 电气专业

序号	分类	中文名称	英文名称	名称简写	图片	图例	简要说明
1	电缆桥架支架	电缆桥架支架	Cable Tray Support	CTS			用于支撑固定电缆桥架，一般选用槽钢、角钢焊接而成。
2	灯具支架	灯具支架（舷外）	Lighting Support (Outboard)	LS (O)			用于支撑固定灯具，一般选用无缝钢管、槽钢、角钢、钢板、大小头焊接而成。

附表 1-4 电气专业 (续)

序号	分类	中文名称	英文名称	名称简写	图片	图例	简要说明
3	灯具支架	灯具支架（舷内）	Lighting Support (Inboard)	LS (I)			用于支撑固定灯具，一般选用无缝钢管、槽钢、角钢、钢板，大小头焊接而成。
4	灯具支架	灯具支架（吊装）	Lighting Support (Lifting)	LS (L)			用于支撑固定灯具，一般选用无缝钢管、槽钢、角钢、钢板，大小头焊接而成。

附表 1-4 电气专业（续）

序号	分类	中文名称	英文名称	名称简写	图片	图例	简要说明
5	灯具支架	灯具支架（墙装）	Lighting Supported (Wall Mounted)	LS (W)			用于支撑固定灯具，一般选用无缝钢管、槽钢、角钢、钢板、大小头焊接而成。
6	灯具支架	泛光灯支架（墙装）	Lighting Supported (Wall Mounted)	LS (W)			用于支撑固定灯具，一般选用无缝钢管、槽钢、角钢、钢板、大小头焊接而成。
7		盘柜底座	Panel Base	PB			用于支撑固定配电盘、柜，一般选用槽钢、角钢焊接而成。

附表 1—4　电气专业（续）

序号	分类	中文名称	英文名称	名称简写	图片	图例	简要说明
8	电气小设备底座	按钮盒底座	Push Button Base	PBB			用于支撑固定按钮盒，一般选用槽钢、角钢、钢板焊接而成。
9	电气小设备底座	防爆接线箱底座	Explosion—Proof Junction Box Base	EX—JBB			用于支撑固定电气接线箱，一般选用槽钢、角钢焊接而成。
10	电气小设备底座	防爆插座底座	Explosion-Proof Receptacle Base	EX-RB			用于支撑固定电气防爆插座，一般选用槽钢、角钢焊接而成。

附表 1-4 电气专业（续）

序号	分类	中文名称	英文名称	名称简写	图片	图例	简要说明
11	电气护管	电气护管（方形穿舱壁）	Cable Penetration (Square on Wall)	CP(SW)			用于电缆穿墙时对电缆的防护，一般选用 PL6 钢板焊接而成。
12	电气护管	电气护管（圆形穿舱壁）	Cable Penetration (Circle on Wall)	CP(CW)			用于电缆穿墙时对电缆的防护，一般选用 φ48、φ76、φ89、φ114 无缝钢管焊接而成。
13	电气护管	电气护管（方形穿甲板）	Cable Penetration (Square on Deck)	CP(SD)			用于电缆穿甲板时对电缆的防护，一般选用 PL6 钢板焊接而成。

附表 1－4　电气专业（续）

序号	分类	中文名称	英文名称	名称简写	图片	图例	简要说明
14	电气护管	电气护管（圆形穿甲板）	Cable Penetration (Circle on Deck)	CP(CD)			用于电缆穿甲板时对电缆的防护，一般选用 φ48、φ76、φ89、φ114 无缝钢管焊接而成。
15	电气马脚	电气马脚	Cable Support	CS			用于电缆走线时固定电缆用，一般选用扁钢 50×5、30×3 焊接而成。
16	电气接地片	电气接地片	Earthing Bar	EB			用于电气设备接地用，一般选用 PL6、PL9 钢板。

附表 1 - 4 电气专业（续）

序号	分类	中文名称	英文名称	名称简写	图片	图例	简要说明
17	电气 MCT	电气 MCT	Multi Cable Transit	MCT		（图注：1485、1285；S 2x1 Primed mild steel, Approximate weight: 3.9 kg）	MCT 穿舱件是与电缆护管作用是相同的成套产品，具有安装套修方便等优点，缺点是价格较贵，一般用于要求较高项目。
18	电气设备	中压盘、整流逆变柜变频控制柜	Variable-frequency Drive Room	VFD			VFD 房间内电控设备主要有中压盘、整流逆变柜变频控制柜等电气设备，主要对钻机大型设备如绞车、泥浆泵、顶驱起变频控制作用。

附表 1-4 电气专业（续）

序号	分类	中文名称	英文名称	名称简写	图片	图例	简要说明
19	电气设备	低压控制盘 照明盘 伴热盘	Motor Control Center Room	MCC			MCC房间内电装设备主要有低压盘、照明盘、伴热盘，主要对钻机的小型电气设备如泵、风机、通风空调，照明灯具、电伴热起控制作用。
20	电气设备	变压器	Transformer Room	TR			变压器间是专门放置各类变压器的场所，主要包括中压、低压、照明、伴热变压器。
21	电气设备	UPS电池	Uninterruptible Power System-Battery	UPS			电池间是主要放置UPS电池的场所，防爆等级要求较高，防爆等级一般为EXDⅡCT4。

附表 1－4 电气专业（续）

序号	分类	中文名称	英文名称	名称简写	图片	图例	简要说明
22	电气设备	防爆接线盒	Explosion-Proof Junction Box	EPJB		防爆接线盒 EXPLOSION-PROOF JUNCTION BOX EPJB / JB	电气防爆接线盒一般起用电能的分配电能的作用。防爆等级一般为 EXD Ⅱ BT4。
23	电气设备	制动电阻	Break Resistance	BR			制动电阻是绞车能耗制动时将多余电能转化为电阻热能的电气设备，体积较大，安装时注意防护，防止水流进入。
24	照明灯具	防爆荧光灯	Explosion-Proof Two Fluorescent Lighting	ETFL		防爆双管荧光灯 EXPLOSION-PROOF TWO FLUORESCENT LAMPS ETFL	防爆等级一般为 EXD Ⅱ BT4。

附表 1 - 4　电气专业（续）

序号	分类	中文名称	英文名称	名称简写	图片	图例	简要说明
25	照明灯具	非防爆荧光灯	Two Fluorescent Lighting	TFL		双管荧光灯（普通） TWO FLUORESCENT LAMPS(GENERAL)　TFL	无防爆要求，但应防水防尘。
26	照明灯具	带电池荧光灯	Explosion-Proof Two Fluorescent Lightingwith Battery	EFL－B		双管带电池防爆荧光灯 EXPLOSION-PROOF TWO FLUORESCENT LAMP WITH BATTERY　EFL-B	应急照明灯要求放电时间大于 60 分钟。
27	照明灯具	泛光灯	High Pressure Sodium Project Lamp	HPSL		投光灯（高压钠灯） HIGH PRESSURE SODIUM PROJECTOR LIGHT　HPSPL	高压钠灯，金属卤化物灯等都用于泛光灯，一般安装在管子堆场、泥浆泵房等场所。
28	插座	防爆插座	Explosion-Proof Receptacle	EPTR		防爆三插插座 THREE-PHASE RECEPTACLE (EXPLOSION-PROOF)　EPTR	防爆插座一般用于钻机上插接临时用电设备，防爆等级一般为 EXDⅡ BT4。

附表 1－4　电气专业（续）

序号	分类	中文名称	英文名称	名称简写	图片	图例	简要说明
29	电伴热	电伴热接线盒	Heat Tracing Junction Box	HT-JB BOX		WD-033-01 JB-WD-05	电伴热电源盒是用于接收电源盘引出的电源，并将电源分配给伴热带用的接线盒。
30	电伴热	电伴热线	Heat Tracing Wire	HT WIRE		302 1305 1205	电伴热热带是缠绕在管道、设备、容器上，为其提供电加热保温的发热电线。
31	电伴热	电伴热三通	Heat Tracing Tee Kit	TEE		WD-046-1 FW 22 130 大	电伴热三通是起在管道分支处按管道走向将电伴热带分路敷设的作用。

附表 1-4　电气专业（续）

序号	分类	中文名称	英文名称	名称简写	图片	图例	简要说明
32	电伴热	电伴热尾端	Heat Tracing End Kit	END			电伴热尾端是将电伴热带的零线和火线相连接，导通电流回路的作用。
33	电缆	变频电缆	Variable Frequency Cable	VFC		导体、导体屏蔽、绝缘、绝缘屏蔽、金属屏蔽、内护套、铠装层、外护套	变频电缆主要用于连接需要变频控制的设备如绞车、泥浆泵等处的电缆。
34	电缆	阻燃电缆	Hofr Cable	HOFR		导体、绝缘、内护套、铠装层、外护套	阻燃电缆外部保护层可以阻止火势燃烧更加剧烈，随时间推移可自然熄灭。适用于一般电气仪表回路。

附表 1-4 电气专业（续）

序号	分类	中文名称	英文名称	名称简写	图片	图例	简要说明
35	电缆	防火电缆	Fs Cable	FS		导体 耐火层 绝缘 内护套 铠装层 外护套 CJPJR85/NC	防火电缆外部保护层可在电缆起火时仍能保证电缆内部完好，在一定时间内通讯供电不受影响。适用于应急电气仪表回路。
36	电缆	接地电缆	Earthing Cable	ERC			接地电缆外护套一般为黄绿双色，根据截面积分 6、16、35、70 平方毫米等几种规格，用于电气仪表设备接地使用。
37	电缆桥架	桥架直通	Cable Tray Straight	CTS			电缆桥架直通是电缆在直线距离敷设时使用的，材质一般选用不锈钢、无铜铝合金，形式一般为梯级式。

附表 1-4 电气专业（续）

序号	分类	中文名称	英文名称	名称简写	图片	图例	简要说明
38	电缆桥架	电缆桥架弯通	Cable Tray Bend	CTB			电缆桥架弯通是电缆在需要转弯敷设时使用的，材质一般选用不锈钢、无铜铝合金，形式一般为梯级式。
39	电缆桥架	电缆桥架三通	Cable Tray Tee	CTT			电缆桥架三通是电缆在分支敷设时使用的，材质一般选用不锈钢、无铜铝合金，形式一般为梯级式。

附表 1-4　电气专业（续）

序号	分类	中文名称	英文名称	名称简写	图片	图例	简要说明
40	电缆桥架	桥架四通	Cable Tray Cross	CTC			电缆桥架三通是电缆在分支敷设时使用的，材质一般选用不锈钢、无铜铝合金，形式一般为梯级式。
41	电缆桥架	调高片	Cable Tray Riser	CTR			电缆桥架调高片是在电缆在垂直方向上需要变高时使用的，材质一般选用不锈钢、无铜铝合金，一处调高需要4个调高片。
42	电缆桥架	调宽片	Cable Tray Wider	CTW			电缆桥架调宽片是起调整电缆桥架宽度作用的附件，材质一般选用不锈钢、无铜铝合金，一处调宽需要2个调宽片。

附表 1-4 电气专业（续）

序号	分类	中文名称	英文名称	名称简写	图片	图例	简要说明
43	接线端子	接线端子（圆形）	Terminal Lug (Circle)	TL(C)		施工耗材无图例	圆形接线端子是根据设备和盘柜内已有接线端子形式选择的，一般用于小型电动机接线、接地线等处。
44	接线端子	接线端子（方形）	Terminal Lug (Square)	TL(S)		施工耗材无图例	方形接线端子是根据设备和盘柜内已有接线端子形式选择的，一般用于大型电动机接线、盘柜内主电源接线等处。
45	接线端子	接线端子（针形）	Terminal Lug (Needle)	TL(N)		施工耗材无图例	针形接线端子是根据设备和盘柜内已有接线端子形式选择的，一般用于MCC接线、PLC接线、控制系统接线等处。
46	电缆扎带	不锈钢扎带	Cable Tie (Stainless Steel)	CT(SS)		施工耗材无图例	不锈钢扎带一般用于室外电缆的绑扎固定，规格有400×9、300×8、150×5等，根据绑扎电缆多少选用。

附表 1 - 4 电气专业（续）

序号	分类	中文名称	英文名称	名称简写	图片	图例	简要说明
47	电气扎带	尼龙扎带	Cable Tie (Nylon)	CT(N)		施工耗材无图例	尼龙扎带一般用于室内电缆的绑扎固定，规格同不锈钢扎带。
48	电缆填料函	电缆填料函	Cable Gland	CG		施工耗材无图例	电缆填料函是用于电缆进入设备时，对有防爆要求的设备起防爆作用的电气附件，材质一般为黄铜。
49	电缆终端	电缆冷缩终端	Cold Shrinkable Cable Terminal	CST		施工耗材无图例	冷缩终端安装在电缆端头部位，起防水、应力控制，屏蔽、绝缘作用，用于高压电缆。
50	电缆终端	电缆热缩终端	Heat-Shrinkable Cable Terminal	HST		施工耗材无图例	热缩终端安装在电缆端头部位，起防水、应力控制，屏蔽、绝缘作用，用于中、低压电缆。

附表 1 - 4 电气专业（续）

序号	分类	中文名称	英文名称	名称简写	图片	图例	简要说明
51	电气绝缘胶带	电气绝缘胶带	Electrical Tape	ET		施工耗材无图例	适用于各种电气零件的绝缘。如电线接头缠绕、绝缘破损修复、等各类电机、电子零件的绝缘防护。
52	电缆防火堵料	电缆防火堵料	Cable Fireproof Blocking Material	CFBM		施工耗材无图例	用于封堵各种电缆、风管、油管、气管等穿过墙板时形成的各种开口，具有优良的防火功能。
53	电缆衬套	电缆衬套	Cable Bushing	CB		施工耗材无图例	用于封堵各种电缆室内穿墙时形成的开孔，起密封防护作用。

附表 1 - 5 仪表专业

序号	分类	中文名称	英文名称	名称简写	图片	图例	简要说明
1	压力仪表	压力表	Pressure Indicator	PI		PI	测量范围（MPa）：0～0.1；0～0.16；0～0.25；0～0.4；0～0.6；0～1.0；0～1，6；0～2.5；0～4.0；0～6.0；0～10；0～16；0～25；0～40；0～60；0～100；0～160……
2	压力仪表	压力变送器	Pressure Transmittr	PT		PT	工艺接口一般为：1/2″NPT（M）；电气连接一般为：1/2″NPT（F）
3	压力仪表	压力开关	Pressure Switch Pressure Switch High/ Pressure Switch Low	PS PSH/PSL		PS PSH PSL	压力开关是一种简单的压力控制装置，当被测压力达到额定值时，压力开关可发出警报或控制信号。当被测压力超过额定值时，弹性元件自由端推动开关产生位移，直接或经过比较后推动开关元件，改变开关元件的通断状态，达到控制被测压力的目的。

附表 1 - 5 仪表专业（续）

序号	分类	中文名称	英文名称	名称简写	图片	图例	简要说明
4	压力仪表	差压指示	Pressure Differential Indicator	PDI		PDI	测量两个不同点处的压力之差。
5	温度仪表	温度表	Temperature Indicator	TI		TI	在海洋平台上，一般情况下温度表需戴温度表套进行使用。
6	温度仪表	温度变送器	Temperatur Transmitter	TT		TT	输出信号为 4～20mA，一般情况下需配温度井使用。

附表 1 – 5　仪表专业（续）

序号	分类	中文名称	英文名称	名称简写	图片	图例	简要说明
7	温度仪表	温度开关	Temperatur Switch			TS	随温度的变化升高或降低，内部触点自动断开或闭合，从而起到控温作用。
8	温度仪表	温度计外护管（温井）	Thermowell			TW	温度计温井是仪表保护装置，是仪表与被测介质隔离，提高仪表使用寿命，并可在装置运行情况下，方便地对仪表进行维修和更换。
9	液位仪表	液位计	External Level Indicator	LI		LI	一般需和排空排污球阀配套使用。

附表 1-5　仪表专业（续）

序号	分类	中文名称	英文名称	名称简写	图片	图例	简要说明
10	液位仪表	液位变送器	External Level Transmitter	LT		LT	输出信号 4～20mA。
11	液位仪表	液位开关	Level Switch	LS		LS	从形式上主要分为接触式和非接触式。常用的非接触式有电容式开关，接触式的浮球式液位开关应用最广泛。
12	流量仪表	电磁流量计	Magnetic Flow Meter			FE M	流量计口径可选择与用户管道口径一致。

附表 1 – 5 仪表专业（续）

序号	分类	中文名称	英文名称	名称简写	图片	图例	简要说明
13	流量仪表	涡轮式流量计	Tuibine Element			FE	涡轮流量计对流体的要求为洁净（或基本洁净），单相或低黏度的。对于腐蚀性介质，使用材质要选择要注意，含杂质多及腐蚀性介质不推荐使用。
14	流量仪表	容积式流量计	Inline Positive Displacement Meter			FQI	利用机械测量元件把流体连续不断地分割成单个已知的体积部分，根据计量室逐次充满和排放该体积部分流体的次数来测量流量体积总量。
15	流量仪表	转子流量计	Rotameter			FI	以浮子在垂直锥形管中随着流量变化而升降，改变它们之间的流通面积来进行测量的体积流量仪表。
16	流量仪表	超声波流量计	Ultrasonic Flowmeter			FE	超声波流量计是通过检测流体流动时对超声波束（或超声脉冲）的作用来测量体积流量的仪表。

附表 1 - 5　仪表专业（续）

序号	分类	中文名称	英文名称	名称简写	图片	图例	简要说明
17	阀类	安全阀	Pressure Safety Valve	PSV			安全阀是启闭件受外力作用下处于常闭状态，当设备或管道内的介质压力升高超过规定值时，通过向系统外排放介质来防止管道或设备内介质压力超过规定数值的特殊阀门。
18	阀类	电磁阀	Solenoid Valve	SDY			电磁阀属于执行器，电压规格用尽量优先选用。24 V DC。
19	阀类	自立式调节阀	Pressure Regulator Valve	PCV			自力式调节阀是一种无需外来能量，依靠被调介质自身的压力、温度、流量变化进行自动调节的节能仪表。

附表 1－5 仪表专业（续）

序号	分类	中文名称	英文名称	名称简写	图片	图例	简要说明
20	火气系统仪表	烟探头	Smoke Detector	SD		S	用于对各类早期火灾发出的烟雾及时做出报警。分为电离烟探测器和光电电烟探测器。
21	火气系统仪表	热探头	Heat Detector	HD		H	一般分为定温型热探测器和温升速率型热探测器。另外也可以根据实际需要进行组合。
22	火气系统仪表	火焰探头	Flame Detector	FD		F	分为紫外线探测器、红外线探测器，紫外/红外探测器和三频红外线探火焰探测器。

附表 1 - 5 仪表专业（续）

序号	分类	中文名称	英文名称	名称简写	图片	图例	简要说明
23	火气系统仪表	可燃气探头	Combustible Gas Detector	GD		G	分为催化式可燃气探头、红外式可燃气探头、超声式可燃气探头。
24	火气系统仪表	平台状态灯	Platform Status Light			⊗⊗⊗	蓝色代表弃平台，红色代表有毒气体报警、黄色代表确认火，确认可燃气体泄漏报警，绿色代表正常
25	火气系统仪表	手动火灾报警按钮	Manual Fire Station			MFS	手动火灾报警按钮应设置在明显的和便于操作的部位。

附表 1-6 通讯专业

序号	分类	中文名称	英文名称	名称简写	图片	图例	简要说明
1	广播报警系统	广播机柜	PA/GAMain Station	PAGA		CENTRAL PROCESSING & SWITCHING UNIT / AUDIO BOARD, POWER AMPLIFIERS & INPUT/OUTPUT / OTHER MODULE	包括广播系统主机、功率放大器数模转换器、音频发生器、配线架等
2	广播报警系统	扬声器	Speaker	SP		25	功率有 3W、5W、8W、15W、25W 等 防爆形式有防爆和非防爆两种
3	广播报警系统	广播遥控话站	Remote Control Unit	RCU		RCU	可实现全平台遥控广播
4	广播报警系统	音量控制盒	Voice Controller Box	VCU			安装高度为 1.5～1.6 米

附表 1-6　通讯专业（续）

序号	分类	中文名称	英文名称	名称简写	图片	图例	简要说明
5	程控系统	通讯机柜	PABX Main Station	PABX			包括程控交换机，模拟/数字用户板，IP 语音交换机，24 口 48 口交换机，MDF 配线架等及其他附件
6	程控系统	电话	Automatic Telephone	TEL			安装形式有：台式和壁挂式两种，防爆等级有防爆和非防爆
7	程控系统	接线箱	Junction Box	JB			防爆等级有防爆和非防爆

附表 1-6 通讯专业（续）

序号	分类	中文名称	英文名称	名称简写	图片	图例	简要说明
8	局域网系统	网络插座	RJ45	OT			室内安装高度为 300～500mm
9	局域网系统	服务器	Server			SERVER LQ-NSWI-102	用于通信的网络与用于仪控的网络应在物理上分开
10	局域网系统	交换机	Lan Switch				24 口，48 口
11	局域网系统	网络主配线架	Main Distribution Frame	MDF			常用的是 24 口，48 口两种

附表 1-6 通讯专业（续）

序号	分类	中文名称	英文名称	名称简写	图片	图例	简要说明
12	娱乐系统	卫星天线	Satellite Antenna	ATV			满足 INMARSAT 国际海事卫星组织规范范要求
13	娱乐系统	机柜	Entertainment Cabinet	CATV		ENTERTAINMENT RECEIVER EQUIPMENT LO-CATV-191 D/E RECEIVER	内部包括功分器卫星电视电视接收机、干线放大器、卫星电视电视调制器等
14	娱乐系统	分配器	Ways Tap Off	TSS			二路，四路

附表 1-6 通讯专业（续）

序号	分类	中文名称	英文名称	名称简写	图片	图例	简要说明
15	娱乐系统	电视面板	TV Outlet	TVS			安装高度一般为 800mm 左右
16	应急救生系统	应急示位标	Emergancy Position Indicating Radio Beacon	EPRB		EPIRB	用于海上遇险时指示平台（船舶）位置的一种无线电调频发射装置，利用射频信号表示平台的存在状态及位置，以便于营救和援助的设备和人员搜索目标
17	应急救生系统	搜救雷达应答器	Search And Rescue Radar Transponder	SART		SART	用于遇险搜救，可永久性安装在救生艇上，也可作为自由漂浮体，浮在海面上作定位应用
18	应急救生系统	双向无线电话	Two Way VHF FM Portable Radiophone	VFP			用于救生艇之间、救生艇与船舶、救生艇与救助者之间的现场通讯联系

附表 1－6　通讯专业（续）

序号	分类	中文名称	英文名称	名称简写	图片	图例	简要说明
19	气象系统	风向风速仪	Wind Speed/Direction Sensors				安装满足中国民用航空总局局颁发的《小型航空商业运营人运行合格审定规则》要求
20	气象系统	温湿度传感器	Humidity/Temperature Sensor				安装满足中国民用航空总局局颁发的《小型航空商业运营人运行合格审定规则》要求
21	气象系统	气压传感器	Pressure Sensor				安装满足中国民用航空总局局颁发的《小型航空商业运营人运行合格审定规则》要求

附表 1-6 通讯专业（续）

序号	分类	中文名称	英文名称	名称简写	图片	图例	简要说明
22	监视系统	防爆云台摄像机	Camera	CAM			含云台及解码器，IP67，316不锈钢，水平及垂直均可360度旋转
23	监视系统	监视器	Monitor	MOT			24″监视器
24	监视系统	键盘	Keyboard	KB			根据操作员的键入指令对系统中的摄像机，中控等设备进行操作，并接收和检测系统中各种设备发出的回送信息，显示各种设备的运行状态。

附表 1-6　通讯专业（续）

序号	分类	中文名称	英文名称	名称简写	图片	图例	简要说明
25	导航系统	NDB 主机	NDB Main TX&TR Unit				包括发射机、监听器和一套备用发射机。
26	导航系统	NDB 天线调谐器	NDB Antenna Coupler				满足 ICAO 国际民用航空组织规范要求
27	导航系统	NDB 遥控单元	NDB Remote Unit				安装在报房内，安装高度一般为 1.5m

附表 1－6 通讯专业（续）

序号	分类	中文名称	英文名称	名称简写	图片	图例	简要说明
28	导航系统	NDB 发射天线	Helipad Antenna				满足 ICAO 国际民用航空组织、《小型航空商业运输运营人运行合格审定规则》要求
29	导航系统	NDB 监听天线	Loop Antenna				安装高度为 2.5m
30	高频电话	对空电话主机	VHF-AM Aeronautical Radio				安装在无线电组合台上

附表 1-6 通讯专业（续）

序号	分类	中文名称	英文名称	名称简写	图片	图例	简要说明
31	高频电话	天线	VHF-AM Antenna				天线一主一备，安装高度 2.5m
32	高频电话	手持对讲机	VHF-AM Portable Radios				一般配备 2 部

附表 1-6 通讯专业（续）

序号	分类	中文名称	英文名称	名称简写	图片	图例	简要说明
33	高频电话	高频电话主机	VHF-FM Marine Radio			VHF-FM MARINE RADIO (DSC) (MAIN)	配备一主一备 2 套
34	单边带系统	单边带主机	NF/HF SSB Control Unit			HANDSET / NF/HF SSB CONTROL UNIT LCQ-SSB-1D3	
35	单边带系统	单边带天线	SSB Transceiver Antenna				天线长度 8m，安装高度满足 ICAO 国际民用航空组织规范要求。

附表 1-6 通讯专业（续）

序号	分类	中文名称	英文名称	名称简写	图片	图例	简要说明
36	单边带系统	DSC 天线	DSC Antenna				安装高度 2.5m
37	内部对讲系统	对讲话站	Talk Telephone Master Station	TBK			形式有内部和外部两种，内部话站安装在正压防爆区域，外部话站采用防爆产品，安装在钻台面和二层台区域。

附表 1-6 通讯专业（续）

序号	分类	中文名称	英文名称	名称简写	图片	图例	简要说明
38	内部对讲系统	脚踏式开关	Foot Switch	TS			
39	内部对讲系统	鹅颈式麦克风	Gooseneck Microphone	TMIC			安装在司钻房内

附表 1-7 机械专业

序号	分类	中文名称	英文名称	名称简写	图片	图例	简要说明
1		高压泥浆泵	Hp Mud Pump	P			泥浆泵是钻探设备的重要组成部分。将地表冲洗介质在一定的压力下，经过高压软管、水龙头直送钻杆柱中心孔，达到冷却钻头，将切削下来的岩屑清除并输送到地表的目的。
2		砂泵	Pump	P			包括灌注泵、混合泵、计量泵、除砂泵、除泥泵、离心机供液泵，为泥浆流动提供动力。
3		无热再生式干燥器	Regenerative Desicant Type Air Dryer	AD			除去压缩空气中的水分

附表 1－7 机械专业（续）

序号	分类		中文名称	英文名称	名称简写	图片	图例	简要说明
4			空气气罐	Air Receiver	V			包括空压机房空气罐及仪表气罐。储存具有一定压力的空气
5			空压机	Air Compressor	C			压缩产生一定压力的空气
6			柴油日用罐	Diesel Tank	T			储存发电机用柴油

附表 1-7　机械专业（续）

序号	分类	中文名称	英文名称	名称简写	图片	图例	简要说明
7		备用发电机	Emergency Generator	X			备用发电
8		锅炉	Boiler	B			输出具有一定热能的蒸汽
9		拖链	Drag Chain	X			在往复运动的场合，能够对内置的电缆、油管、气管、水管等起到牵引和保护作用

附表 1－7　机械专业（续）

序号	分类	中文名称	英文名称	名称简写	图片	图例	简要说明
10		缓冲罐	Surge Tank	V			缓冲波动，使运行平稳，保证配料精度
11		混料漏斗	Hopper	HO			增加药剂，实现泥浆的重新配比
12		搅拌器	Mud Tank Agitator	MI			使泥浆池内各处均匀

附表 1-7 机械专业（续）

序号	分类	中文名称	英文名称	名称简写	图片	图例	简要说明
13		气动绞车	Bop Air Winch	L			包括BOP气动绞车、钻台面气动绞车及猫道气动绞车，主要是辅助施工。
14		13-5/8" BOP组	13-5/8" BOP Stack Package	BP			石油钻井时，安装在井口套管头上，用来控制高压油、气、水的井控装置。在井内油气压力很高时，防喷器能把井口封闭（关死）。从钻杆内压人重泥浆时，其闸板下有四通，可替换出受气侵柱的泥浆，增加井内液柱的压力，以压住高压油气的喷出

附表 1-7 机械专业（续）

序号	分类	中文名称	英文名称	名称简写	图片	图例	简要说明
15		爬行器	Claw Block	X			保证钻机模块的正常移动
16		BOP控制单元	Bop Control Package	BC			BOP 压力提供装置
17		综合液压站	Hydraulic Power Unit	HY			为液压系统提供液压

附表 1-7 机械专业（续）

序号	分类	中文名称	英文名称	名称简写	图片	图例	简要说明
18		滑移控制箱	Skidding Control Panel	SC			控制钻机模块的移动
19		离心机	Centrifuge	CS			将经过除砂除泥器处理的泥浆中更加细小的有害固相颗粒去除
20		振动筛	Shale Shaker	SK			将钻井放回泥浆中较大的岩屑筛分出来

附表 1－7 机械专业（续）

序号	分类	中文名称	英文名称	名称简写	图片	图例	简要说明
21		真空除气器	Vacuum Degasser	V			去除钻井液中的气体
22		除砂除泥器	Mud Cleaner	SD/SL			去除泥浆中颗粒度比较小的有害固相颗粒
23		固井管汇	Cement Manifold	M			注水泥固井、修井

附表 1-7 机械专业（续）

序号	分类	中文名称	英文名称	名称简写	图片	图例	简要说明
24		立管管汇、泥浆气分离器、节流压井管汇	Dual Standpipe Manifold	M			立管管汇：用于汇集、输送泥浆泵排出的钻井泥浆 泥浆气分离器：对来自节流管汇中的气侵钻井液进行净化处理，除去混入钻井液中的空气与天然气，回收初步净化的钻井液的专用设备 节流压井管汇：控制井内各种液体的流动，通过节流阀给井内施加一定回压的一整套专用管合
25		气动倒绳机	Drill Line & Reel Package	DR			为主绞车倒绳

附表 1 - 8 暖通专业

序号	分类	中文名称	英文名称	名称简写	图片	图例	简要说明
1	船用通风机	离心风机	Centrifugal Fan				气流由风机轴向进入叶片空间，沿半径方向离心开叶轮，靠产生的离心力来做功达到通风除尘的作用
2		轴流风机	Axial Fan				轴流式风机通常用在流量要求高而压力要求较低的场合，工作时气体平行于风机轴流动

附表 1－8 暖通专业（续）

序号	分类	中文名称	英文名称	名称简写	图片	图例	简要说明
3	空调	船用分体空调	Split Air Conditioning				分体式空调是空调的一种，由室内机和室外机组成。分体式空调室内机有壁挂式、立柜式、吊顶式、嵌入式、落地式
4		中央空调	Central Air-Conditioning				中央空调系统由冷热源系统和空气调节汽化系统组成。采用液体汽化制冷的原理为空气调节系统提供所需冷量，用以抵消室内环境的热负荷；制热系统为空气调节系统提供所需热量，用以抵消室内环境冷负荷

附表 1-8 暖通专业（续）

序号	分类	中文名称	英文名称	名称简写	图片	图例	简要说明
5	风闸	防火风闸	Fire Damper	FDA			安装在适用于有防火要求的通风空调系统的风管上，当发生火警时，一旦风管内的温度上升到临界值，防火风闸迅速的自动关闭，以达到区域隔离防止火势沿风道蔓延扩大
6		容积风闸	Volume Damper	VD			用于调节风量大小

附表 1－8　暖通专业（续）

序号	分类	中文名称	英文名称	名称简写	图片	图例	简要说明
7	布风器	TPB型布风器	Cabin Unit				用于空调送风（冷、热）
8	格栅	通风格栅	Air Diffuser				用于机械或自然送风、抽风，类型有钢制、铝制、圆形、方形等
9	弯头	PB型预绝热热弯头	Pre－Insulation Elbow	PB			用于空调风管连接

附表 1 - 8 暖通专业（续）

序号	分类	中文名称	英文名称	名称简写	图片	图例	简要说明
10	异径接头	预绝热（PF型）变径	Pre-Insulation Reducer	PF			用于变径风管连接
11	螺旋风管	预绝热螺旋风管（PR型）	Insulated Spiral Tubes	PR			用于空调系统
12	四通	预绝热四通（PX型）	Insulated Cross	PX			

附表 1-8 暖通专业（续）

序号	分类	中文名称	英文名称	名称简写	图片	图例	简要说明
13	三通	预绝热（PT型）三通	Pre-Insulation Tee	PT			保温厚度：12.5mm/15mm/25mm 常用尺寸：PT350/300，PT250/200 连接方式有：对焊、平焊、承插焊、螺纹
14		预绝热三通（PY型）	Insulated T-Piece	PY			
15		预绝热45°斜三通（PV型）	Insulated 45°T-Piece	PV			
16	软管	预绝热软管（PS型）	Insulated Flexible Tube	PS			

附表 1-8 暖通专业（续）

序号	分类	中文名称	英文名称	名称简写	图片	图例	简要说明
17	卡箍	卡箍	Clamp	SK			卡箍是连接带沟槽的管件、阀门以及管路配件的一种连接装置
18	通舱件	预绝热特制通舱件（PTG 型）	Insulated Special Penetration	PTG			用于在穿越墙壁处连接风
19		预绝热通舱件（PG 型）	Insulated Penetration	PG			表示方法：PG300/200 代表内径 300mm，长度 200mm。外壁厚 3.5mm 舱壁开孔尺寸为 $D_1 = D+3$
20		非绝热通舱件（G 型）	Uninsulated Penetration	G			

附表 1-8 暖通专业（续）

序号	分类	中文名称	英文名称	名称简写	图片	图例	简要说明
21	内接头	N 型内接头	Internal connecting	N			用于连接不带接头的两段风管
22	风管吊架	PU 型风管吊架	Clip	PU		PU型	起加强螺旋风管，防止坠落的作用

附表 1-9 安全专业

序号	分类	中文名称	英文名称	名称简写	图片	图例	简要说明
1	消防泡沫罐	消防泡沫罐	Foam Bladder Vessel	—			用来储存泡沫灭火剂,并通过压力比式比例混合器的作用,将消防供水装置内储存的泡沫灭火剂,并与水供水按一定的比例混合成泡沫混合液的装置
2	消防软管站	消防软管站	Hose Reel (Water)	—			以水作灭火剂,能在迅速展开软管的过程中喷射灭火剂的灭火器具
3	消防炮	消防炮	FireWater/ Foam Monitor				消防水炮是以水作介质,远距离扑灭火的灭火设备

附表 1－9 安全专业（续）

序号	分类	中文名称	英文名称	名称简写	图片	图例	简要说明
4	消防员装备箱	消防员装备箱	Fireman Box				装有防火服、安全靴、手套、安全头盔、安全手提灯、消防斧、呼吸器、防火毯、快速切割、防火救生绳、呼吸器备用气瓶、带金属钩的钩杆、消防锤、橇扛、消防剪刀等设备的工具箱
5	淋浴/洗眼站	淋浴/洗眼站	Eye Washer Station				洗眼站是当现场作业者的眼睛或者身体接触有毒有害以及具有其他腐蚀性化学物质的时候，可以这些设备对眼睛和身体进行紧急冲洗或者冲淋，主要是避免造成进一步伤害

附表 1-9 安全专业（续）

序号	分类	中文名称	英文名称	名称简写	图片	图例	简要说明
6	FM200灭火系统	FM200灭火系统	Fm200				FM-200是国际公认理想的洁净气体自动灭火系统
7	手提式二氧化碳灭火器	手提式二氧化碳灭火器	Carbon Dioxide Extinguisher			CDE	手提式二氧化碳灭火器是把空气排挤，令火失去氧气熄灭，可用在B类，C及E类火上
8	手提式干粉灭火器	手提式干粉灭火器	Dry Chemical Extinguisher			DC	手提式干粉灭火器适用于易燃、可燃液体、气体及带电设备的初起火灾；手提式干粉灭火器除可用于上述几类火灾外，还可扑救固体类物质的初起火灾，但都不能扑救金属燃烧火灾

附表 1-9 安全专业（续）

序号	分类	中文名称	英文名称	名称简写	图片	图例	简要说明
9	推车式干粉灭火器	推车式干粉灭火器	Wheeled Dry Chemical Extinguisher				推车贮压式内部装有磷酸铵盐干粉灭火剂和氮气，灭火器适用于粉灭干扑灭可燃固体、可燃液体、可燃气体与带电设备的初起火灾的 ABC 干粉
10	推车式泡沫灭火器	推车式泡沫灭火器	Wheeled Foam Fire Extinguisher				推车式泡沫灭火器是一种灭火器。适用于扑救一般 B 类火灾，如油制品、油脂等火灾，也可适用于 A 类火灾，但不能扑救 B 类火灾中的水溶性可燃、易燃液体的火灾，如醇、醚、酮等物质火灾，也不能扑救带电设备及 C 类和 D 类火灾
11	H₂S 保护站	H₂S 保护站	H₂S Protection Station				防硫化氢器具存放处

附表 1 - 9 安全专业（续）

序号	分类	中文名称	英文名称	名称简写	图片	图例	简要说明
12		注意安全	Caution Danger				
13	标识牌	当心滑跌	Caution Slip				
14		必须戴防护镜	Must Wear Protective Goggles				

附表 1 - 10 舾装专业

序号	分类	中文名称	英文名称	名称简写	图片	图例	简要说明
1	舾装板	舾装壁板	Lining Panel				GB/T 23913.1－2009 用于具有耐火分隔要求的房间装饰及隔音,一般项目采用防火等级为 B15 级舾装板
2	舾装板	舾装天花板	Ceiling Panel				GB/T 23913.2－2009 用于具有耐火分隔要求的房间天花板装饰及隔音,一般项目采用防火等级为 B15 级天花板
3	保温绝缘材料	岩棉毡	Rockwool				以岩石、矿渣为主要原料,经高温熔融,用离心等方法制成的棉及以热固型树脂为粘结剂生产的绝热制品。常用厚度为 $t=30mm$ 常用厚度 $r=50mm$ 常用密度 $r=140kg/m^3$

附表 1-10 舾装专业（续）

序号	分类	中文名称	英文名称	名称简写	图片	图例	简要说明
4	保温绝缘材料	A-60陶瓷棉毡	A-60 Ceramic Fibre				精选优质焦宝石2000℃以上电炉熔化，喷吹成纤维，同时均匀加入特制的粘结剂、防油剂，增水剂经加热固化而成，作保温、隔热、防火、防潮、防腐、吸音之用。常用厚度 $t=20mm/50mm$ 常用密度 $r=170kg/m^3$
5	舾装辅件	轻钢龙骨	Light Steel Keel				龙骨是用来支撑造型、固定结构的一种材料
6	舾装辅件	镀锌铁皮	Galvanized Iron Sheet				

附表 1 - 10 舾装专业（续）

序号	分类	中文名称	英文名称	名称简写	图片	图例	简要说明
7	舾装辅件	保温钉及压盖	Stud Pins & Washer				碰钉及压盖配合使用。将碰钉焊在钢围壁上，将保温棉固定，再将压盖穿在碰钉上，将碰钉压弯，从而起到固定作用。
8	舾装辅件	梯子	Ladder				

附表 1 - 10 舾装专业（续）

序号	分类	中文名称	英文名称	名称简写	图片	图例	简要说明
9	舾装辅件	栏杆	Handrail				
10	甲板敷料	不燃轻质甲板敷料	Deck Covering				某些区域的甲板和舱内平台，敷设甲板敷料可起到防滑和装饰地面的效果，也具有一定的隔音、隔热作用。
11	橡胶地板	防火绝缘橡胶地板	Fire Proof Non-Conductive Rubber Floor				分为带颗粒和不带颗粒的。带颗粒可起到防滑作用。常用厚度 t $=6mm$

附表 1 - 10　舾装专业（续）

序号	分类	中文名称	英文名称	名称简写	图片	图例	简要说明
12	预拌砂浆	预拌砂浆（混凝土）	Sand-Cement Grout			WET AREA	GB 175－2007 由一定比例的沙子和胶结材料加水预制而成。一般用于潮湿区域地面，内部焊接水泥爪，上铺设瓷砖。
13	救生艇	救生艇	Life Boat				用于海上救生。参照标准 GB/T 20842－2007 封闭救生艇技术条件。
14	门	防火门	Door				GBT 23913.3－2009 用于舱室，防火等级一般分为 A0 级、B0 和 A60 级，材质分为不锈钢和碳钢，有风雨密门和普通门，风雨密门用于与室外连通，普通门用于舱室内部。

附表 1-10 舾装专业（续）

序号	分类	中文名称	英文名称	名称简写	图片	图例	简要说明
15	门	检修门	Access Door				
16	窗	A0 级 可开式窗	A0 Class Fire-Proof Window				
17	窗	A60 级 不开式窗	A60 Welded Fixed Rectangular Window Window				

附表 1 - 10 舾装专业（续）

序号	分类	中文名称	英文名称	名称简写	图片	图例	简要说明
18	家具	椅子	Chair				
19	家具	更衣柜	Change Locker				
20	家具	货架	Store Shelf				

附表 1 – 11 防腐专业

序号	分类	中文名称	英文名称	型号	图片	简要说明
1	车间底漆	无机硅酸锌车间底漆	Two Component, Zinc Ethyl Silicate	MC-SP-1		钢材入厂后进行喷砂处理后喷涂车间底漆。 常用膜厚：25μm。 常见颜色：浅灰色。
2	富锌底漆	环氧富锌底漆	Zinc Rich Epoxy Primer	MC-EP-1		用于主体钢结构、房间墙壁、各类管支架、设备底座等部位，通常在主体焊接完成后施工。 常用膜厚：60～75μm。 常见颜色：灰色。
3	富锌底漆	无机硅酸富锌底漆	Two Component Solvent Based Inorganic Zinc Rich Ethyl Silicate	MC-SP-2		常用于高温部位底漆，如蒸汽管线、排烟管道等。 常用膜厚：50μm。 常见颜色：红色、灰色。

附表 1－11　防腐专业（续）

序号	分类	中文名称	英文名称	型号	图片	简要说明
4	环氧漆	环氧云铁漆	Two Component High Solids MIO Epoxy	MC-EI-1		用于主体钢结构、房间墙壁、各类管支架、设备底座等部位，通常作为富锌底漆与聚氨酯面漆的中间涂层。油漆用加入了片状云母氧化铁，隔绝水汽渗透到钢材表面，腐蚀防护效果较好。常用膜厚：150μm（围壁）200μm（结构）常见颜色：灰色。
5	环氧漆	耐磨环氧漆	Hard Wearing, Surface Tolerant, Two Component Epoxy	MC-SRT-1		用于甲板表面，要求成膜涂层坚韧耐磨，因漆膜厚度要求较高，通常分两道施工。常用膜厚：200×2μm。常见颜色：浅灰色、绿色。常见色号：RAL6002、RAL6024等。

附表 1-11 防腐专业（续）

序号	分类	中文名称	英文名称	型号	图片	简要说明
6	环氧漆	环氧玻璃鳞片漆	Glass Flake Epoxy	MC-EI-2		用于导管架海水飞溅区、交通甲板等表面等。一般漆膜较厚，成膜坚韧耐磨，且在海水浸泡环境中腐蚀防护效果良好。各品牌性能不同，有的品牌可自作底漆，有的品牌需搭配底漆，具体配套以厂家推荐为准。常用膜厚：1000~1500μm（可分 2~3 道施工）。常见颜色：灰色、黄色、绿色。常见色号：RAL1023、RAL6002 等。
7	环氧漆	通用环氧漆	Two Component Epoxy	MC-EP-6		通常用作底漆，用于表面处理要求不高的区域，如：镀锌件。为达到规定涂层厚度及方便施工，通常又有厚浆（High build）及高固含（High solids）等要求。常用膜厚：100μm。常见颜色：灰色、浅灰色。

附表 1 - 11　防腐专业（续）

序号	分类	中文名称	英文名称	型号	图片	简要说明
8	酚醛环氧漆	酚醛环氧漆	Epoxy Phenolic	MC-NE-2		通常用于生产水罐、油罐等内涂，可用做泥浆罐内衬材料，也可用做需要保温的罐体和管道外涂层。因酚醛环氧特性，每道涂层厚度应控制在 150μm 以内。 常用膜厚：100×3μm，125×2μm。 常见颜色：浅灰色。
9	聚氨酯面漆	聚氨酯面漆	Two Component Acrylic Modified Polyurethane	MC-AT-1		通常最为涂层系统的面漆使用，具有优异的耐候性。颜色可选性大。 常用膜厚：60～75μm。 常用颜色：黄色、白色、红色等，颜色可选择性大。
10	高温漆	有机硅耐热铝粉漆	Heat Resistant Silicone Aluminium	MC-HT-1		通常用作内高温系统的封闭漆，用于蒸汽管线、排烟管道等高温区域，作为无机富锌底漆的封闭面漆使用。 常用膜厚：25×2μm。 常用颜色：铝白。

附录二 设计阶段划分及设计内容规定

附表 2-1 各工程设计阶段设计文件典型目录

序号	图纸及技术文件名称	基本设计	详细设计	加工设计	完工文件
1	**总体专业**				
1.0	图纸文件目录	○	○		○
1.1	总规格书	○	○		
1.2	系统编号规格书	○			
1.3	总体布置图				
	a. 总体平面布置图	○	○		○
	b. 总体立面布置图	○	○		○
2	**工艺专业**				
2.0	图纸文件目录	○	○		○
2.1	图例	○	○		○
2.2	工艺计算书	○			
2.3	工艺管道及仪表图流程图（P&ID）				
	钻井液循环系统	○	○		○
	钻井液净化系统	○	○		○
	散装灰罐系统	○	○		○
	固井系统	○	○		○
	模块钻机与上部组块界面	○	○		○
	生产水系统	○	○		○
	柴油系统	○	○		○
	排放系统（开排、闭排）	○	○		○
	压缩空气系统	○	○		○
	海水系统	○	○		○
	淡水系统	○	○		○
	饮用水系统	○	○		○
	钻井水系统	○	○		○
	蒸汽系统	○	○		○
	液压系统	○	○		○
	排海系统	○	○		○
2.4	工艺系统管线表		○		

附表 2-1 各工程设计阶段设计文件典型目录（续）

序号	图纸及技术文件名称	基本设计	详细设计	加工设计	完工文件
3 安全消防专业					
3.0	图纸文件目录	○	○	○	○
3.1	规格书				
	a. 喷淋阀及喷头规格书	○	○		
	b. 气体灭火系统规格书	○	○		
	c. 辅助消防设备规格书	○	○		
3.2	数据表				
	a. 雨淋阀及喷头数据表		○		
	b. 气体灭火系统数据表		○		
	c. 辅助消防设备数据表		○		
	d. 消防管线数据表		○		
3.3	设备清单				
	a. 设备清单	○	○		○
	b. 材料清单		○		○
3.4	计算书				
	a. 消防水系统计算书	○	○		
	b. 气体灭火系统计算书	○	○		
3.5	危险区域划分图	○	○		○
3.6	火区划分图	○	○		○
3.7	防火控制图				○
3.8	图例	○	○		○
3.9	各消防系统流程图（P&ID）				
	a. 消防水系统	○	○		○
	b. 泡沫灭火系统	○	○		○
	c. 气体灭火系统	○	○		○
3.10	布置图				
	a. 逃生通道图	○	○		○
	b. 消防设备布置图	○	○		○
	c. 安全标示牌布置图		○		○
	d. 气体灭火系统房间布置图		○		
3.11	消防设备安装图、支架图				
	a. 气体灭火系统橇安装图			○	
	b. 泡沫罐安装图			○	

附表 2-1 各工程设计阶段设计文件典型目录（续）

序号	图纸及技术文件名称	基本设计	详细设计	加工设计	完工文件
	c. 雨淋阀安装图			○	
	d. 洗眼站安装图			○	
	e. 消防软管站安装图			○	
	f. 安全标识支架典型图			○	
	g. 灭火器支架图			○	
3.12	招标技术文件				
	a. 水喷淋系统（喷淋阀、喷头）		○		
	b. 气体灭火系统		○		
	c. 泡沫灭火系统		○		
	d. 辅助消防设备		○		
3.13	调试大纲		○		
3.14	调试表格			○	
3.15	料单				
	a. 支架采办料单			○	
	b. 安全标识采办料单			○	
	c. 调试用料的采办和施工料单			○	
4	机械动力专业				
4.0	图纸文件目录	○	○	○	○
4.1	设备规格书				
	a. 柴油发电机	○	○		
	b. 备用柴油机	○	○		
	c. 蒸气锅炉装置	○	○		
	d. 空气压缩机及其附件	○	○		
	e. 防喷器	○	○		
	f. 井架	○	○		
	g. 高压泥浆泵	○	○		
	h. 橇装通用规格书		○		
	i. 常压容器		○		
	j. 钻机设备认证		○		
	k. 其它		○		
4.2	计算书				
	a. 大钩载荷	○			
	b. 高压泥浆泵	○			

附表 2－1　各工程设计阶段设计文件典型目录（续）

序号	图纸及技术文件名称	基本设计	详细设计	加工设计	完工文件
4.3	主要设备数据表				
	a. 柴油发电机	○	○		
	b. 锅炉	○	○		
	c. 高压泥浆泵	○	○		
	d. 空气压缩机及其附件	○	○		
	e. 防喷器组及控制单元	○	○		
	f. 井架	○	○		
	g. 顶驱	○	○		
	h. 主绞车	○	○		
	i. 转盘	○	○		
	j. 固控系统	○	○		
	k. 液压站及滑移系统	○	○		
	l. 防喷器吊	○	○		
	m. 高压管汇	○	○		
	n. 灰罐	○	○		
	o. 气动或液动小绞车		○		
	p. 拖链		○		
	q. 离心泵		○		
	r. 低压泥浆系统		○		
	s. 空气罐		○		
	t. 柴油罐		○		
	u. 螺旋输送器		○		
	v. 岩屑干燥机		○		
	w. 其它设备数据表		○		
4.4	技术招标书				
	a. 主电站	○			
	b. 备用电站	○			
	c. 蒸汽锅炉（或蒸汽发生器）		○		
	d. 空气压缩机及其附件		○		
	e. 防喷器悬吊系统		○		
	f. 高压泥浆泵		○		
	g. 顶驱		○		
	h. 绞车		○		

附表 2-1 各工程设计阶段设计文件典型目录（续）

序号	图纸及技术文件名称	基本设计	详细设计	加工设计	完工文件
	i. 转盘		○		
	j. 高压管汇		○		
	k. 固控设备		○		
	l. 拖链		○		
	m. 气动/液压绞车		○		
	n. 低压泥浆系统		○		
	o. 离心泵		○		
	p. 液压站及滑移系统		○		
	q. 防喷器及控制单元		○		
	r. 压力容器		○		
	s. 常压容器		○		
	t. 杂散设备		○		
	u. 其它		○		
4.5	设备布置图（室内）		○		
4.6	设备布置总图		○		○
4.7	动力、热力设备进、排气系统布置图		○		
4.8	动力、热力设备进、排气系统安装图			○	
4.9	设备清单	○	○		○
4.10	设备安装图			○	
4.11	设备基座图			○	
4.12	设备采办料单及设备安装散料采办料单			○	
4.13	调试大纲		○		
4.14	调试表格			○	
4.15	非标准机械装置设计及各种零部件设计		○	○	
4.16	三维模型		○	○	
5 电气专业					
5.0	图纸文件目录	○	○	○	○
5.1	规格书				
	a. 电气总规格书	○	○		
	b. 发电机（包括配套的电气设施）	○	○		
	c. 应急发电机	○	○		
	d. 中压配电盘	○	○		
	e. 低压配电盘及马达控制中心	○	○		

附表 2-1 各工程设计阶段设计文件典型目录（续）

序号	图纸及技术文件名称	基本设计	详细设计	加工设计	完工文件
	f. UPS 电源	○	○		
	g. 撬装电气设备	○	○		
	h. 变压器	○	○		
	i. 动力、控制、接地电缆	○	○		
	j. 电伴热	○	○		
	k. 电气建造规格书		○		
	l. 传动系统规格书（VFD 或 SCR）	○	○		
5.2	计算书				
	a. 系统潮流计算	○	○		
	b. 电气保护整定和配合		○		
	c. 电气负荷计算	○	○		
	d. 短路电流计算	○	○		
	e. 电力系统谐波分析	○	○		
5.3	数据表				
	a. 中压配电盘	○	○		
	b. 低压配电盘及马达控制中心	○	○		
	c. 高压变压器	○	○		
	d. 中压变压器	○	○		
	e. 低压变压器	○	○		
	f. UPS 电源	○	○		
	g. 主发电机	○	○		
	h. 应急发电机	○	○		
	i. 传动系统（VFD 或 SCR）	○	○		
	j. 数显电能监控仪表	○	○		
5.4	清单/清册				
	a. 电气设备清单	○	○		○
	b. 电缆清册		○		
	c. 电缆滚筒清册			○	
5.5	招标技术文件				
	a. 电控系统	○			
	b. 变压器		○		
	c. 电缆		○		
	d. UPS 电源		○		
	e. 灯具、桥架、电伴热、电气小设备等			○	

附表 2－1　各工程设计阶段设计文件典型目录（续）

序号	图纸及技术文件名称	基本设计	详细设计	加工设计	完工文件
5.6	料单				
	a. 电缆料单		○		
	b. 电伴热系统料单		○		
	c. 照明系统料单		○		
	d. 杂散料采办料单			○	
	e. 电缆托架采办料单		○		
	f. 施工料单			○	
	g. 小设备料单		○		
	h. 电缆托架支架采办料单			○	
5.7	图例				
	a. 电气系统图样符号	○	○		○
	b. 典型安装图例		○		
5.8	图纸				
	a. 电气系统总单线图	○	○		○
	b. 主发电机单线图	○	○		○
	c. 应急发电机单线图	○	○		○
	d. 中压系统单线图	○	○		○
	e. 低压系统单线图（照明和小动力、电伴热、UPS 等）	○	○		○
	f. PLC 系统接线图（如需要）		○		○
	g. 电气系统原理框图（如需要）	○	○		
	h. 电气端子图			○	○
	i. 电气间设备布置图	○	○		○
	j. 照明系统布置图		○		○
	k. 电气设备布置图（电气间外）		○		○
	l. 电气设备底座（或支架）布置及定位图			○	
	m. 接地布置图		○		○
	n. 电缆托架布置图		○	○	○
	o. 电缆托架支架布置图			○	
	p. 电缆托架支架详图			○	
	q. 电缆布线图		○		○
	r. 电伴热三维布置图			○	○
	s. 电伴热的电源盒布置图			○	○
	t. 护管典型图		○		

附表 2-1 各工程设计阶段设计文件典型目录（续）

序号	图纸及技术文件名称	基本设计	详细设计	加工设计	完工文件
	u. 电缆护管（或 MCT）类型及布置图（包括护管、MCT）			○	
	v. 马脚布置图			○	
	w. MCT 排布图（包括本体排布定位和 MCT 框架内电缆排布）			○	
	x. 电气设备底座（或支架）加工图			○	
	y. 电缆护管（MCT 或其它类似用途部件）、马脚、接地片等加工图			○	
5.9	调试大纲		○		
5.10	调试表格			○	
5.11	电气设备安装程序			○	
5.12	三维模型				
	a. 电气间内的电气盘柜以及变压器等主设备		○		
	b. 电缆托架		○		
	c. 电缆托架支架、灯具支架、电气设备底座			○	
	d. 电气小设备（接线箱、操作柱等）支吊架			○	
	e. 灯具及电气小设备（接线箱、操作柱等）		○		
6	仪表专业				
6.0	图纸文件目录	○	○	○	○
6.1	规格书				
	a. 钻井仪表	○	○		
	b. 司钻控制系统	○	○		
	c. 火灾、可燃气体探测报警和控制原理	○	○		
	d. 橇装仪表规格书	○	○		
	e. 仪表电缆	○	○		
	f. 司钻房	○	○		
6.2	数据表				
	a. 压力表		○		
	b. 差压表		○		
	c. 压力变送器		○		
	d. 压力开关		○		
	e. 自力式调节阀		○		
	f. 关断阀		○		
	g. 流量变送器		○		
	h. 流量计		○		

附表 2-1 各工程设计阶段设计文件典型目录（续）

序号	图纸及技术文件名称	基本设计	详细设计	加工设计	完工文件
	i. 液位计		○		
	j. 液位变送器		○		
	k. 压力释放阀		○		
	l. 电磁阀		○		
	m. 接线箱		○		
	n. 泵冲传感器		○		
	o. 称重仪		○		
	p. 司钻房		○		
6.3	招标技术文件				
	a. 钻井仪表请购单		○		
	b. 火气及 ESD 系统请购单		○		
	c. 现场仪表请购单		○		
	d. 灰罐仪表请购单		○		
	e. 仪表电缆请购单		○		
	f. 司钻房请购单		○		
6.4	布置图				
	a. 司钻房布置图	○	○		○
	b. 仪表电缆布线图		○		○
	c. 火气探测设备布置图	○	○		○
	d. 仪表桥架布置图		○		○
	e. 接线箱布置图		○		○
6.5	火灾/气体探测及控制系统方框图				
	a. 仪表控制系统框图	○	○		○
	b. 火气控制系统框图	○	○		○
	c. 司钻房控制系统框图	○	○		○
6.6	接线图				
	a. 仪表系统接线图		○		○
	b. 火气系统接线图		○		○
	c. 仪表气源管线连接图		○		○
6.7	端子图				
	a. 仪表系统厂家端子图			○	○
	b. 火气系统厂家端子图			○	○
6.8	逻辑图				
	a. 火气系统因果图	○	○		○

附表 2-1　各工程设计阶段设计文件典型目录（续）

序号	图纸及技术文件名称	基本设计	详细设计	加工设计	完工文件
6.9	典型图样				
	a. 仪表安装图		○		
	b. 仪表接地图		○		
6.10	清单				
	a. 现场仪表设备清单	○	○		○
	b. 钻井仪表设备清单	○	○		○
	c. 灰罐仪表设备清单	○	○		○
	d. 电缆清册		○		
	e. 仪表控制系统 I/O 清单	○	○		○
	f. 火气系统设备清单	○	○		○
	g. 火气系统 I/O 清单	○	○		○
6.11	料单				
	a. 仪表电缆托架材料表		○		
	b. 电缆材料表		○		
	c. 仪表材料施工料单			○	
	d. 仪表杂散料单			○	
6.12	调试大纲		○		
6.13	调试表格			○	
6.14	仪表安装程序			○	
6.15	三维模型				
	a. 仪表电缆托架		○		
	b. 火气设备		○		
	c. 仪表设备		○		
	d. 电缆桥架支架			○	
	e. 火气设备支架			○	
7	配管专业				
7.0	图纸文件目录	○	○	○	○
7.1	规格书				
	a. 管道总体规格书	○	○		
	b. 管道材料规格书	○	○		
	c. 管道保温规格书		○		
	d. 管道试验规格书		○		
	e. 管道标准图规格书		○		

附表 2－1　各工程设计阶段设计文件典型目录（续）

序号	图纸及技术文件名称	基本设计	详细设计	加工设计	完工文件
	f. 管道支架规格书		○		
	g. 管道焊接规格书		○		
	h. 管道建造规格书	○	○		
	i. 管道检验规格书		○		
	j. 管道色标规格书		○		
7.2	数据表				
	阀门数据表	○	○		
7.3	计算书				
	管线壁厚计算表	○	○		
7.4	图纸				
	a. 管道平面布置图		○		○
	b. 管道支架平面布置图		○		○
	c. 地漏平面布置图		○		○
	d. 管道三维图		○	○	○
	e. 管道支架详图			○	
	f. 单管预制图			○	
	g. 管鞋制作图			○	
	h. 管线试压图			○	
7.5	设备清单				
	a. 阀门材料清单	○	○		
	b. 管道材料清单	○	○		
	c. 支架材料清单		○		
	d. 保温材料清单		○		
	e. 特殊件材料清单		○		
	f. 阀门施工料单			○	
	g. 管线施工料单			○	
	h. 支架施工料单			○	
	i. 保温施工料单			○	
	j. 试压施工料单			○	
	k. 地漏采办料单			○	
	l. 管道标识采办料单			○	
7.6	程序文件				
	a. 试压程序文件			○	

附表 2-1　各工程设计阶段设计文件典型目录（续）

序号	图纸及技术文件名称	基本设计	详细设计	加工设计	完工文件
	b. 压力试验检查清单			○	
	c. 安装程序文件			○	
7.7	三维模型				
	a. 管道、管件及阀门		○		
	b. 管支架			○	
8	结构专业				
8.0	图纸文件目录	○	○	○	○
8.1	规格书和程序				
	a. 结构设计规格书	○	○		
	b. 结构材料规格书	○	○		
	c. 制造规格书	○	○		
	d. 安装规格书	○	○		
	e. 滑轨建造安装规格书		○		
	f. 建造程序			○	
	g. 卷管程序			○	
8.2	设计报告				
	a. 在位分析（包括计算机的输入、输出结果）	○	○		
	b. 施工分析	○	○		
	c. 局部分析		○		
	d. 附属构件设计		○		
	e. 重量控制报告	○	○		
8.3	结构图（平、立剖图）				
	a. 总说明	○	○		○
	b. 平、立面图	○	○		○
	c. 附属结构图				○
	d. 节点详图		○		○
	e. 吊装及吊点图	○	○		○
	f. 滑轨图	○	○		○
	g. 栈桥		○		○
	h. 材料表	○	○		○
8.4	建造施工方案				
	a. 建造程序			○	
	b. 总体建造方案（模块钻机、栈桥、滑轨）			○	

附表 2 - 1 各工程设计阶段设计文件典型目录（续）

序号	图纸及技术文件名称	基本设计	详细设计	加工设计	完工文件
	c. 施工滑道靴设计与建造方案			○	
	d. 滑轨预制方案			○	
	e. 立柱卷制、接长方案			○	
	f. 拉筋卷制、接长方案			○	
	g. 附件管材卷制、接长方案			○	
	h. 各种工装设计方案			○	
	i. 立片预制方案			○	
	j. 立片方案			○	
	k. 甲板片预制、吊装方案			○	
8.5	三维模型		○		
9	舾装专业				
9.0	图纸文件目录	○	○	○	○
9.1	图纸				
	a. 图纸目录		○	○	○
	b. 房间布置图		○		○
	c. 房间舾装设备及家具定位安装图			○	
	d. 门、窗布置图		○		○
	e. 门、窗安装图			○	
	f. 门铭牌 & 钥匙牌布置图		○		○
	g. 门铭牌 & 钥匙牌安装图			○	
	h. 门楣典型安装图			○	
	i. 房间甲板敷料布置图		○	○	○
	j. 保温 & 防火绝缘布置图		○		○
	k. 保温 & 防火绝缘安装图			○	
	l. 保温 & 防火绝缘典型图		○		○
	m. 房间装饰壁版及天花板排版图			○	
	n. 梯子 & 栏杆布置图		○		○
	o. 梯子 & 栏杆典型图		○		○
	p. 梯子 & 栏杆安装图			○	
	q. 梯子 & 栏杆浸锌分段图			○	
9.2	料单				
	a. 舾装料单		○		
	b. 门窗清单		○		

附表 2-1　各工程设计阶段设计文件典型目录（续）

序号	图纸及技术文件名称	基本设计	详细设计	加工设计	完工文件
	c. 家具采办料单			○	
	d. 门 & 窗采办料单			○	
	e. 甲板敷料采办料单			○	
	f. 保温 & 防火绝缘采办料单			○	
	g. 梯子 & 栏杆采办料单			○	
	h. 加工设计新增及施工中补充采办料单			○	
	i. 调试用料及施工杂散料采办料单			○	
9.3	舾装规格书	○	○		
9.4	舾装施工程序			○	
9.5	三维模型		○		
10	通讯专业				
10.0	图纸文件目录	○	○	○	○
10.1	规格书				
	a. 通讯系统总规格书	○	○		
	b. 工业监视系统规格书	○	○		
	c. 内部对讲系统规格书	○	○		
10.2	系统图				
	a. 公共广播报警系统单线图	○	○		○
	b. 自动电话系统单线图	○	○		○
	c. 局域网系统单线图	○	○		○
	d. 工业监视系统单线图	○	○		○
	e. 内部对讲系统单线图	○	○		○
10.3	技术招标书				
	a. 通讯系统		○		
	b. 工业监视系统		○		
	c. 内部对讲系统		○		
10.4	布置图及布线图				
	a. 通讯设备布置图	○	○		○
	b. 通讯电缆布线图		○		○
	c. 电缆护管定位图			○	
10.5	通讯设备清单	○	○		○
10.6	料单/清册				
	a. 电缆料单		○		

附表 2-1 各工程设计阶段设计文件典型目录（续）

序号	图纸及技术文件名称	基本设计	详细设计	加工设计	完工文件
	b. 电缆清册		○		
	c. 电缆滚筒清册			○	
	d. 支架采办料单			○	
	e. 杂散料采办料单			○	
	f. 施工料单			○	
10.7	典型安装图				
	a. 通讯设备典型安装图		○		○
10.8	加工图				
	a. 通讯设备支撑底座加工图			○	
	b. 电缆、马脚、护管、接地片加工图			○	
10.9	调试大纲		○		
10.10	调试表格			○	
10.11	通讯系统施工程序			○	
10.12	三维模型				
	a. 通讯机柜及通讯接线箱		○		
	b. 扬声器、自动电话、摄像头、话站		○		
	c. 设备支撑底座			○	
11	防腐专业				
11.0	图纸文件目录	○	○	○	
11.1	规格书				
	涂装规格书	○	○		
11.2	材料表、料单				
	a. 涂装料单		○		
	b. 车间底漆采办料单			○	
	c. 结构油漆采办料单			○	
	d. 舾装及管线油漆采办料单			○	
11.3	涂装施工方案			○	
12	暖通专业				
12.0	图纸文件目录	○	○	○	○
12.1	规格书				
	a. 暖通系统规格书	○	○		
	b. 暖通设备规格书	○	○		
12.2	设备清单	○	○		○

附表 2-1 各工程设计阶段设计文件典型目录（续）

序号	图纸及技术文件名称	基本设计	详细设计	加工设计	完工文件
12.3	P&ID 图				
	a. 防火风闸	○	○		○
	b. 调节风闸	○	○		○
	c. 集中空调	○	○		○
12.4	技术招标书				
	a. 通风系统		○		
	b. 集中空调		○		
	c. 分体空调		○		
12.5	布置图				
	a. 通风布置图	○	○		○
	b. 空调布置图	○	○		○
	c. 暖风机布置图	○	○		○
12.6	设备安装图				
	a. 空调安装图			○	
	b. 风机安装图			○	
	c. 风机支架图			○	
	d. 暖风机安装图			○	
	e. 盐雾过滤器安装图			○	
12.7	调试大纲		○		
12.8	调试表格			○	
12.9	计算书				
	a. 暖通系统计算书	○	○		
	b. 集中空调计算书	○	○		
12.10	料单				
	a. 暖通设备采办料单			○	
	b. 通风散料采办料单			○	
	c. 通风散料施工料单			○	
12.11	其他暖通设备安装图及零部件制作图			○	
12.12	三维模型				
	a. 风机		○		
	b. 空调		○		
	c. 风闸		○		
	d. 暖风机		○		
	e. 风管		○		
	f. 防火风闸指示盒或控制盒		○		
	g. 防火风闸手拉阀		○		
	h. 风机起停按钮盒		○		
	i. 风机支吊架			○	
	j. 风管吊架			○	
13	焊接专业				
13.0	文件目录			○	
13.1	程序文件				

附表 2 - 1　各工程设计阶段设计文件典型目录（续）

序号	图纸及技术文件名称	基本设计	详细设计	加工设计	完工文件
	a. 导管架制造焊接程序（WPS）			○	
	b. 组块架制造焊接程序（WPS）			○	
	c. 工艺管线焊接程序（WPS）			○	
	d. 海底管线焊接程序			○	
	e. 结构焊后热处理程序			○	
	f. 工艺管线焊后热处理程序			○	
	g. 焊接工艺评定试验程序			○	
13.2	料单				
	a. 焊接用焊材类采办			○	
	b. 焊接用焊材类施工料单			○	
	c. 焊工考试、焊接工艺评定试验类钢材料单			○	

附录三 模块钻机主要设备材料技术参数表

版本号：2013-01

附表 3-1 电控系统技术参数比较表

项目/所属单位名称：　　　　　　　　　　　　采办申请编号：

项目内容/产品名称：　　　　　　　　　　　　招标书编号：

	投标人/国别								
	制造商/国别								
	型号								
	数量								
	招标文件要求	技术参数	评议	技术参数	评议	技术参数	评议	技术参数	评议
主要指标	投标文件的完整性								
	业绩：新建海洋 7000m 钻机供货业绩。								
	项目组织机构：提供施工过程中的组织机构及主要相关人员的海洋工程结构施工简历								
	质量管理体系及质量保证措施：提供相应的质量保证体系及质量保证措施文件、集成的低压电控系统需具有 3C 认证。								
	技术支持服务工作计划及执行方案：提供相应的技术支持服务工作计划及执行方案文件								
	安全、健康环保管理体系及方案：提供安全、健康环保管理体系文件及方案文件								
	供货计划及保障：提供计划及保障文件								
	690V 配电盘								
	供电系统：690V，3Ph，3W，50Hz								
	母线额定容量：MDR-LOV-001 4000A/MDR-LOV-002 3200A								
	中性点绝缘方式：中性点绝缘								
	故障电流（半周期有效值）：65kA								

版本号：2013-01

附表 3-1 电控系统技术参数比较表（续）

招标文件要求		技术参数	评议	技术参数	评议	技术参数	评议	技术参数	评议
主要指标	变频控制系统（VFD）								
	绞车、自动送钻、泥浆泵、转盘								
	输入电压：690V，AC，3Ph，3W，50Hz								
	输出电压：600V，AC，3Ph，3W								
	整流脉动数：≥6								
	输出频率：0～300Hz								
	额定功率输出： 2 台绞车：每台 800kW（电机额定功率） 4 台泥浆泵驱动系统：每台 600kW（电机额定功率） 1 台转盘电机：600kW（电机额定功率）								
	共直流母线系统								
	额定电流为 4000 A								
	制动单元及制动电阻								
	690V，3Ph，3W，50Hz								
	电阻箱外壳材质：316SS 或 326L								
	防护等级：制动单元 IP23 制动电阻 IP44								
	带盐雾滤器及冷却风扇								
	PLC 控制柜								
	双 PLC 热备								
	防护等级：IP23								
	400V 正常应急配电盘								
	供电系统：400V，3Ph，3W，50Hz								
	母排额定电流：MDR-LOV-003 2500A、MDR-LOV-004 800A、MDR-ELV-001 250A								
	中性点绝缘方式：中性点绝缘								
	故障电流（半周期有效值）：65kA								
	230V 正常照明盘								
	230V，3Ph，3W，50Hz，250A								
	防护等级：IP23								
	230V 应急照明盘								
	230V，3Ph，3W，50Hz，100A								
	防护等级：IP23								
	正常电伴热盘								
	230V，3Ph，3W，50Hz，250A								
	防护等级：IP23								
	应急电伴热盘								
	230V，3Ph，3W，50Hz，100A								

附表 3-1 电控系统技术参数比较表（续）

招标文件要求		技术参数	评议	技术参数	评议	技术参数	评议	技术参数	评议
主要指标	防护等级：IP23								
	电能质量监控系统（QMS）								
	包括间隔层设备、网络通讯层设备、监控主机及操作系统等设备								
	交流不间断电源（UPS）								
	负载容量：10kVA								
	蓄电池类型：镍镉								
	电池开关：IP56，ExdIICT4								
一般指标	变频控制系统（VFD）								
	空间加热器电源：外部 220V 交流单相电源								
	备件：1 年备件								
	防护等级：VFD&PLC& 变频器为 IP23、其他 IP56								
	安装方式：落地式安装								
	进线方式：底部进线								
	整流单元：带进线断路器 IP23								
	泥浆泵逆变单元：带熔断器保护 IP23								
	绞车逆变单元：带熔断器保护 IP23								
	转盘逆变单元：带熔断器保护 IP23								
	690V 配电盘								
	空间加热器电源：外部 220V 交流单相电源								
	备件：1 年备件								
	防护等级：IP23								
	备用回路：20％以上								
	安装方式：落地式安装								
	进线方式：底部进线								
	400V 配电盘								
	空间加热器电源：外部 220V 交流单相电源								
	备件：1 年备件								
	防护等级：IP23								
	备用回路：20％以上								
	安装方式：落地式安装								
	进线方式：底部进线								
	230V 照明、电伴热配电盘								
	空间加热器电源：外部 220V 交流单相电源								

版本号：2013-01

附表 3-1 电控系统技术参数比较表（续）

招标文件要求		技术参数	评议	技术参数	评议	技术参数	评议	技术参数	评议
一般指标	备件：1 年备件								
	防护等级：IP23								
	备用回路：20％以上								
	安装方式：落地式安装								
	进线方式：底部进线								
	交流不间断电源（UPS）								
	输入/输出电压：220V DC/AC 115V±1％								
	电池开关：IP56，ExdIICT4								
	安装方式：落地式安装								
	进线方式：底部进线								
	电能质量监控系统（QMS）								
	使用寿命不少于 20 年								
	工业型除湿机								
	AC220V 1Ph 2W 50Hz								
	除湿量：不低于 48L/天								
供货范围	承包方方提供交流变频钻机的电控系统 1 套（单个模块），供货范围应至少包括以下内容，但不限于以下内容：交流变频器控制单元、690V 低压配电盘、400V 正常/应急低压盘及马达控制中心、正常/应急照明及小功率配电盘、正常/应急电伴热配电盘、电能监控系统、UPS交流不间断电源、工业型除湿机。附件：所有电控系统内部链接附件、插件、启动备件和调试备件、一年作业备件								
结论									

1."评议"栏中填写"接受"或"不接受"。

2."结论"栏中填写"合格"或"不合格"。

3.备注：工程和服务项目，本表可在根据招标文件调整后使用。

申请单位/项目组确认签字：

备注说明：正式评标时，须将上行"申请单位/项目组确认签字："替换为："技术评标人员签字："。

版本号：2013-01

附表 3－2　变压器技术参数比较表

项目/所属单位名称：　　　　　　　　　　　　　　　　　采办申请编号：

项目内容/产品名称：　　　　　　　　　　　　　　　　　招标书编号：

投标人/国别								
制造商/国别								
型　　号								
数　　量								

	招标文件要求	技术参数	评议	技术参数	评议	技术参数	评议	技术参数	评议
主要指标	投标文件的完整性								
	业绩：新建海洋 7000m 钻机供货业绩。								
	项目组织机构：提供施工过程中的组织机构及主要相关人员的海洋工程结构施工简历								
	质量管理体系及质量保证措施：提供相应的质量保证体系及质量保证措施文件、集成的低压电控系统需具有 3C 认证。								
	技术支持服务工作计划及执行方案：提供相应的技术支持服务工作计划及执行方案文件								
	安全、健康环保管理体系及方案：提供安全、健康环保管理体系文件及方案文件								
	供货计划及保障：提供计划及保障文件								
	高压变压器								
	干式变压器								
	原边系统 35kV/3Ph/3W/50Hz								
	副边系统 690V/3Ph/3W/50Hz/65kA/RMS 1SEC								
	中性点绝缘								
	空气自冷/强制风冷								
	连续运行输出额定容量（自然冷却）4000kVA								
	IP23								
	抽头范围 ＋/－2.5％，＋/－5％								
	辅助电源电压等级 220V，1Ph，2W，50Hz								
	撬装底座								
	绕组温度指示灯，警报，跳闸（关断）								

版本号：2013-01

附表 3-2　变压器技术参数比较表（续）

招标文件要求		技术参数	评议	技术参数	评议	技术参数	评议	技术参数	评议
主要指标	绝缘等级 F、温升等级 B								
	中压变压器								
	干式变压器								
	原边系统 6.3kV/3Ph/3W/50Hz								
	副边系统 690V/3Ph/3W/50Hz/65kA/RMS 1SEC								
	中性点绝缘								
	空气自冷/强制风冷								
	连续运行输出额定容量（自然冷却）4000kVA								
	IP23							.	
	抽头范围 +/−2.5%，+/−5%								
	辅助电源电压等级 220V，1Ph，2W，50Hz								
	阻抗电压 7%								
	三相接线组方式 Dy11								
	撬装底座								
	绕组温度指示灯，警报，跳闸（关断）								
	绝缘等级 F、温升等级 B								
	低压变压器								
	干式变压器								
	原边系统 690V/3Ph/3W/50Hz/65kA/RMS 1SEC								
	副边系统 400V/3Ph/3W/50Hz/65kA/RMS 1SEC								
	中性点绝缘								
	空气自冷/强制风冷								
	连续运行输出额定容量（自然冷却）1250kVA								
	阻抗电压 6%								
	IP23								
	三相接线组方式 Dy11								
	抽头范围 +/−2.5%，+/−5%								
	辅助电源电压等级 220V，1Ph，2W，50Hz								

版本号：2013-01

附表 3-2　变压器技术参数比较表（续）

	招标文件要求	技术参数	评议	技术参数	评议	技术参数	评议	技术参数	评议
主要指标	撬装底座								
	绕组温度指示灯，警报，跳闸（关断）								
	绝缘等级 F、温升等级 B								
	照明变压器								
	干式变压器								
	原边系统　400V/3Ph/3W/50Hz65kA RMS 1SEC								
	副边系统　230V/3Ph/3W/50Hz/15kA/ RMS 1SEC								
	中性点绝缘								
	空气自冷								
	连续运行输出额定容量（自然冷却）160kVA								
	IP23								
	阻抗电压 4%								
	三相接线组方式 Dy11								
	抽头范围 +/−2.5%，+/−5%								
	辅助电源电压等级　220V，1Ph，2W，50Hz								
	撬装底座								
	绕组温度指示灯，警报，跳闸（关断）								
	绝缘等级 F、温升等级 B								
	伴热变压器								
	干式变压器								
	原边系统　400V/3Ph/3W/50Hz65kA RMS 1SEC								
	副边系统　230V/3Ph/3W/50Hz/15kA/ RMS 1SEC								
	中性点绝缘								
	空气自冷								
	连续运行输出额定容量（自然冷却）75kVA								
	IP23								
	阻抗电压 4%								
	三相接线组方式 Dy11								
	抽头范围 +/−2.5%，+/−5%								
	辅助电源电压等级　220V，1Ph，2W，50Hz								
	撬装底座								

版本号：2013-01

附表 3－2 变压器技术参数比较表（续）

招标文件要求		技术参数	评议	技术参数	评议	技术参数	评议	技术参数	评议
主要指标	绕组温度指示灯，警报，跳闸（关断）								
	绝缘等级 F、温升等级 B								
一般指标	铭牌中英文对照								
	进线方式：下进线下出线								
	提供接地电缆								
	能并联运行								
供货范围	所有变压器系统内部链接附件、插件、工具、温控仪及防凝露装置、启动备件和调试备件、一年作业备件								
结论									

1. "评议"栏中填写"接受"或"不接受"。

2. "结论"栏中填写"合格"或"不合格"。

3. 备注：工程和服务项目，本表可在根据招标文件调整后使用。

申请单位/项目组确认签字：

备注说明：正式评标时，须将上行"申请单位/项目组确认签字："替换为："技术评标人员签字："。

版本号：2013-01

附表 3-3 火气通讯技术参数比较表

项目/所属单位名称：　　　　　　　　　　　　采办申请编号：

项目内容/产品名称：　　　　　　　　　　　　招标书编号：

	招标文件要求	技术参数	评议	技术参数	评议	技术参数	评议	技术参数	评议
	投标人/国别								
	制造商/国别								
	型　号								
	数　量								
主要指标	投标文件的完整性								
	项目组织机构：提供施工过程中的组织机构及主要相关人员的海洋工程结构施工简历								
	质量管理体系及质量保证措施：提供相应的质量保证体系及质量保证措施文件								
	技术支持服务工作计划及执行方案：提供相应的技术支持服务工作计划及执行方案文件								
	安全、健康环保管理体系及方案：提供安全、健康环保管理体系文件及方案文件								
	供货计划及保障：提供计划及保障文件								
	1. GD_{EX}								
	型号：IR2100								
	厂家：GM								
	类型：点红外型								
	响应时间：（含100％LEL的甲烷应用）的T50<5s。T90<10s								
	精度：±2.5％LEL								
	防爆等级：EXD								
	防护等级：IP56								
	2. FD_{EX}								
	型号：FL4000H								
	厂家：GM								
	类型：三频红外型								
	响应时间：<5S								
	仰角及范围：100°@100英尺，90°@210英尺								

版本号：2013-01

附表 3－3　火气通讯技术参数比较表（续）

招标文件要求		技术参数	评议	技术参数	评议	技术参数	评议	技术参数	评议
主要指标	防爆等级：EXD								
	防护等级：IP56								
	3. HD$_{EX}$								
	型号：12-X27120-022-160								
	厂家：Fenwal								
	类型：固定温度＋温升速率型								
	防爆等级：EXD								
	防护等级：IP56								
	4. HD								
	型号：ORB-HT-11015								
	厂家：Apollo								
	类型：固定温度＋温升速率型								
	海洋业绩：2 年								
	5. SD								
	型号：ORB-OH-13003								
	厂家：Apollo								
	类型：光电型								
	防护等级：IP44								
	6. SD$_{EX}$								
	型号：55000-540								
	厂家：Apollo								
	类型：光电型								
	防爆等级：EXD								
	防护等级：IP56								
	7. MFS$_{EX}$								
	型号：PBUL								
	厂家：MEDC								
	防护等级：IP56								
	防爆等级：EXD								
	附件：填料函								
	8. MR								
	型号：PBUL								

版本号：2013-01

附表 3-3　火气通讯技术参数比较表（续）

招标文件要求	技术参数	评议	技术参数	评议	技术参数	评议	技术参数	评议
厂家：MEDC								
防护等级：IP56								
防爆等级：EXD								
9. MI								
型号：PBUL								
厂家：MEDC								
防护等级：IP56								
防爆等级：EXD								
10. STB（AS）								
型号：Asserta Sounder Beacon								
厂家：MEDC								
防护等级：IP44								
11. STB$_{EX}$（AS$_{EX}$）								
型号：XB15/DB3								
厂家：MEDC								
防爆等级：EXD								
防护等级：IP56								
12. H2$_{EX}$								
型号：S4000CH								
厂家：GM								
类型：催化燃烧型								
精度：±2.5%								
防爆等级：EXD IICT6								
防护等级：IP56								
13. H$_2$S								
型号								
厂家								
类型：电化学								
响应时间：T50＜50s（屏幕）T50＜70s（烧结）								
防爆等级：EXDIIBT4								
防护等级：IP56								
14. SL								

（左侧竖排：主要指标）

版本号：2013-01

附表 3-3　火气通讯技术参数比较表（续）

招标文件要求		技术参数	评议	技术参数	评议	技术参数	评议	技术参数	评议
主要指标	型号：SOLX								
	厂家：MEDC								
	防护等级：IP56								
	15. SL$_{EX}$								
	型号：BEXP4S0X3L1A2M20IIBR								
	厂家：E2S								
	防爆等级：EXDIIBT4								
	防护等级：IP56								
	16. 火气盘								
	800×800×2100								
	17. 火气监控盘								
	ExdIIBT4 IP56								
	18. 火气可寻址盘								
	800mm×800mm×2200mm								
	19. 3W 室内吸顶扬声器								
	型号：BK-560T								
	厂家：DNH、挪威								
	20. 5W 防水吸顶扬声器								
	型号：HPS-6CT								
	厂家：DNH、挪威								
	21. 5W 室内防爆扬声器								
	型号：HS-8EExmNT；ExdIIBT4								
	厂家：DNH、挪威								
	22. 5W 室内壁挂扬声器								
	型号：SAFE-10T								
	厂家：DNH、挪威								
	23. 15W 室外防爆扬声器								
	型号：HS-15EExmNT								
	厂家：DNH、挪威								
	24. 25W 室外防爆扬声器								
	型号：DSP-25EExmNT								

版本号：2013-01

附表 3-3　火气通讯技术参数比较表（续）

招标文件要求		技术参数	评议	技术参数	评议	技术参数	评议	技术参数	评议
主要指标	厂家：DNH、挪威								
	25. 桌面电话								
	型号：HCD007（182J）								
	厂家：步步高 中国								
	26. 壁挂电话								
	型号：KNSP-09								
	厂家：昆仑 中国								
	27. 防爆电话								
	型号：11286101								
	厂家：FHF 德国								
	28. 通讯系统防爆接线箱								
	Exd IIB T4								
	防护等级 IP56								
	29. 通讯系统接线箱								
	IP23								
	30. 局域网系统								
	RJ45 输出接头								
	局域网分配器								
供货范围	卖方提供 火气及 ESD 系统，现场设备包括热探头、烟探头、火焰探头、可燃气体探头、H2S 探头、平台状态灯、手动报警站、FM200 释放/终止按钮以及其他警灯警铃设备，必要的接线盒及附属的电缆、显示及控制设备、调试校验设备、火气盘、人机接口（HMI）、备用电池、内部电缆、特殊电缆和接头、所有电缆填料函需厂家提供、配件及调试文件、一年操作备件、专用工具、＊相关图纸和文件。通讯系统：PA/GA 系统 1 套、PABX 系统 1 套、LAN 系统 1 套、一年备件、厂家提供正式的检验证书、所有电缆填料函需厂家提供、专用工具、相关图纸和文件、配件及调试文件。								
结论									

1. "评议"栏中填写"接受"或"不接受"。

2. "结论"栏中填写"合格"或"不合格"。

3. 备注：工程和服务项目，本表可在根据招标文件调整后使用。

申请单位/项目组确认签字：

版本号：2013-01

附表 3－4 司钻房及钻井仪表技术参数比较表

项目/所属单位名称：　　　　　　　　　　　　　采办申请编号：

项目内容/产品名称：　　　　　　　　　　　　　招标书编号：

	投标人/国别									
	制造商/国别									
	型　号									
	数　量									
	招标文件要求	技术参数	评议	技术参数	评议	技术参数	评议	技术参数	评议
主要指标	投标文件的完整性								
	项目组织机构：提供施工过程中的组织机构及主要相关人员的海洋工程结构施工简历								
	质量管理体系及质量保证措施：提供相应的质量保证体系及质量保证措施文件								
	技术支持服务工作计划及执行方案：提供相应的技术支持服务工作计划及执行方案文件								
	安全、健康环保管理体系及方案：提供安全、健康环保管理体系文件及方案文件								
	供货计划及保障：提供计划及保障文件								
	司钻房钢结构房体（带有舾装层）								
	结构房体，房体围壁为不锈钢钢板（316、大于等于 4mm），房体涂漆应符合海洋标准，防火等级 A60								
	窗前配备护栏，并配两个刮雨器◆窗户配备 15mm 防弹、A60 防火玻璃								
	地板垫应为防油和防泥浆腐蚀的可冲洗防滑绝缘橡胶地板垫								
	室内配备正常和应急的照明灯各一盏								
	吊耳应具有整体提升司钻房的能力								
	限定尺寸（L×W×H）：2800×5000×3000（mm）								
	钻井仪表控制台、司钻控制台								
	采用 316 不锈钢密闭的箱体，箱体防护等级为 NEMA 4X，箱体需防水，并装有密闭门。钻井控制台配有至少为一级 2 区的正压供气系统，要求供气压力为 125PSI								

版本号：2013-01

附表 3-4　司钻房及钻井仪表技术参数比较表（续）

招标文件要求		技术参数	评议	技术参数	评议	技术参数	评议	技术参数	评议
主要指标	正压通风系统								
	通风系统包括防爆风机、防爆风闸、风管及其附件								
	风闸需配带防爆电磁阀，防爆等级为 ExdIIBT4，防火风闸手拉阀材质要求 316SS，风闸现场指示盒防爆等级要求为 Ex dIIBT4								
	仪表气管线材质要求 316SS，并连接紧固件								
	空调								
	司钻房内应安装防爆、分体壁挂式空调，空调单元包括室内机和室外机，室外机的防爆等级应至少满足在 1 级 2 类防爆区域使用。夏天室内要求保持＋26℃和 50％±10％相对湿度								
	工业监视系统（CCTV）								
	工业监视显示主控板及摄像头控制单元：防爆 ExdIIBT4 电源：AC110V IPH 50Hz								
	工业监视显示屏：防爆 ExdIIBT4 17″ LCD								
	工业监视摄像头：防爆 ExdIIBT4 防护等级 IP56								
	控制键盘：防爆 ExdIIBT4								
	连接电缆：船用铠装电缆								
	内部对讲系统（TALKBACK）								
	内部对讲话站：防爆 ExdIIBT4 防护等级 IP56								
	鹅颈式麦克风：防爆 ExdIIBT4 防护等级 IP56								
	连接电缆：船用铠装电缆								
	数据采集器 DAQ								
	远程逻辑控制系统至少包括下列设备：钻井信息管理系统软件，UPS，服务器，17″LCD 监视器，打印机，以太网转换器。显示器属于本安型，适合于 1 类 1 区 C&D 组，液晶显示要求在任何照明条件下显示清晰								

版本号：2013-01

附表 3-4　司钻房及钻井仪表技术参数比较表（续）

招标文件要求		技术参数	评议	技术参数	评议	技术参数	评议	技术参数	评议
主要指标	钻井参数仪								
	包括指重表、立管压力表、大钳扭矩表、泵冲表等								
	液压包及指重表								
	安装在死绳锚上，拉伸型，包括液压包、液压管线和接头；内部刻度显示总悬重，外部刻度显示钻压，系统接收信号来自死绳锚上的液压包								
	大钳扭矩传感器及扭矩表								
	安装在尾绳桩区域，包括大钳扭矩传感器、显示表、液压管线和接头								
	转盘转速传感器								
	接近式传感器，适用于一类危险区								
	绞车编码器								
	光电增量型编码器，用于计算井深、钻头位置、下钻速度等参数，适用于一类危险区								
	立管压力液压传感器								
	附件包括液压管线和接头以及显示表								
	高压泥浆泵泵冲传感器和显示表								
	接近式传感器，包括累计泵冲仪								
	泥浆返回流量传感器								
	靶式流量传感器								
	液电转换器								
	立管压力、大钩载荷、大钳扭矩								
	超声波液位计								
	测量范围：0～5000mm（14套）、0～3000mm（2套）								
	仪表接线箱								
	防爆接线箱 \ 60个 \ 316SS \ IP56/Ex-dIIBT4 \ 250V/440V								
	开孔形式：15×M20（9用6备），2×M32（1用1备），1×M40								
	仪表接线箱								
	防爆接线箱 \ 80个 \ 316SS \ 150V/250V								
	开孔形式：19×M20（12用7备），3×M25（1用2备），3×M32（2用1备），1×M40								

版本号：2013-01

附表 3-4 司钻房及钻井仪表技术参数比较表（续）

招标文件要求		技术参数	评议	技术参数	评议	技术参数	评议	技术参数	评议
一般指标	司钻房								
	配所有对外接口的配对法兰及配套的螺栓、螺母和垫片								
	调试过程中初次填充的消耗品，如润滑油、滤芯、保险丝等								
	防腐和涂装满足要求								
	cctv 及内部对讲								
	设备需配备满足设备防爆等级的黄铜隔爆填料函（填料函要有防爆证明）并提供附件及电缆								
	钻井仪表								
	填料函材质为黄铜镀镍填料函								
	所有钻井仪表设备满足数据表要求								
	接线箱								
	设备需配备满足设备防爆等级的黄铜隔爆填料函（填料函要有防爆证明）								
供货范围	投标方供货范围包括但不限于：司钻房及内部设施一套，泵冲传感器、泵冲显示表、液电转换器、超声波液位计、靶式流量传感器、绞车编码器、立管压力传感器及立管压力表、转盘转速传感器、大钳扭矩传感器及扭矩表、液压包（死绳固定器）及指重表、钻井参数仪、数据采集器在室外防爆接线箱、内部电缆、所有电缆填料函需厂家提供、配件及调试文件、一年操作备件、专用工具、相关图纸和文件。CCTV 一套、TALK-BACK 一套、一年备件、厂家提供正式的检验证书、所有电缆填料函需厂家提供、专用工具、相关图纸和文件、配件及调试文件								
结论									

1. "评议"栏中填写"接受"或"不接受"。

2. "结论"栏中填写"合格"或"不合格"。

3. 备注：工程和服务项目，本表可在根据招标文件调整后使用。

申请单位/项目组确认签字：

备注说明：正式评标时，须将上行"申请单位/项目组确认签字："替换为："技术评标人员签字："。

版本号：2013-01

附表 3-5 电仪小设备技术参数比较表

项目/所属单位名称：　　　　　　　　　　　　　　　　采办申请编号：

项目内容/产品名称：　　　　　　　　　　　　　　　　招标书编号：

	投标人/国别								
	制造商/国别								
	型　号								
	数　量								
	招标文件要求	技术参数	评议	技术参数	评议	技术参数	评议	技术参数	评议
主要指标	防爆按钮盒								
	双指示灯（运行：红色；停止：绿色）								
	双按钮（运行：红色；停止：绿色），停止按钮带自锁功能								
	控制电压：110V/AC 50Hz								
	防爆等级：Ex "d" IIBT4								
	材质：316 不锈钢								
	标准容量：5A								
	防护等级：IP56								
一般指标	每个按钮盒带一个防爆铜制填料函。适合铠装电缆，配接地端子，配不锈钢铭牌								
主要指标	防爆按钮盒								
	双指示灯（运行：红色；停止：绿色）								
	双按钮（运行：红色；停止：绿色），停止按钮带自锁功能								
	控制电压：110V/AC 50Hz								
	防爆等级：Ex "d" IICT4								
	材质：316 不锈钢								
	标准容量：5A								
	防护等级：IP56								
一般指标	每个按钮盒带一个防爆铜制填料函。适合铠装电缆，配接地端子，配不锈钢铭牌								
主要指标	按钮盒								
	双指示灯（运行：红色；停止：绿色）								
	双按钮（运行：红色；停止：绿色），停止按钮带自锁功能								
	控制电压：110V/AC 50Hz								
	材质：316 不锈钢								
	防护等级：IP44								

附表 3-5 电仪小设备技术参数比较表（续）

招标文件要求		技术参数	评议	技术参数	评议	技术参数	评议	技术参数	评议
一般指标	每个按钮盒带一个铜制填料函．适合铠装电缆，配接地端子，配不锈钢铭牌								
主要指标	防爆配电箱								
	防爆等级 EX "d" Ⅱ BT4，防护等级 IP56								
	电压：380V								
	材质：316 不锈钢								
	WHPC/WHPD (MDR-JB-001) 164AT/250AF; (MDR-JB-002) 164AT/250AF; (MDR-JB-003) 164AT/250AF; (MDR-JB-004) 164AT/250AF; (MDR-JB-008) 40AT/100AF; (MDR-JB-009) 40AT/100AF; (MDR-JB-010) 40AT/100AF; WHPE (泥浆录井单元) 164AT/250AF;								
一般指标	带防爆铜制电缆填料函（适合铠装电缆），配接地端子								
	配不锈钢铭牌								
主要指标	配电箱								
	防护等级 IP56								
	电压：380V								
	材质：316 不锈钢								
	WHPC/WHPD (MDR-JB-005) 50AT/100AF; (MDR-JB-006) 40AT/100AF; (MDR-JB-007) 40AT/100AF;								
一般指标	带防爆铜制电缆填料函（适合铠装电缆），配接地端子								
	配不锈钢铭牌								
	防爆插座								
主要指标	额定电压：380V/AC								
	额定容量：63A								
	防爆等级：Ex "d" IIBT4								
	防护等级：IP56								
一般指标	防爆三相插座，带 2 个插头、接地极及接地端子								
	配黄铜防爆填料函								

版本号：2013-01

附表 3 - 5　电仪小设备技术参数比较表（续）

招标文件要求		技术参数	评议	技术参数	评议	技术参数	评议	技术参数	评议
主要指标	仪表接线箱								
	MDR-IJB-F01 端子：40 个								
	MDR-IJB-F02 端子：90 个								
	MDR-IJB-F03 端子：120 个								
	MDR-IJB-F04 端子：70 个								
	MDR-IJB-F05 端子：180 个								
	MDR-IJB-F06 端子：110 个								
	WHPE：MDR-IJB-F01 端子：50 个								
	WHPE：MDR-IJB-F02 端子：150 个								
	WHPE：MDR-IJB-F03 端子：110 个								
	WHPE：MDR-IJB-F04 端子：130 个								
	材质：316SS								
	防爆等级：ExdIIBT4								
	防护等级：IP56								
一般指标	配接地端子								
	配黄铜防爆填料函								
供货范围	招标文件中所有供货范围，所有安装附件、插件								
结论									

1. "评议"栏中填写"接受"或"不接受"。

2. "结论"栏中填写"合格"或"不合格"。

3. 备注：工程和服务项目，本表可在根据招标文件调整后使用。

申请单位/项目组确认签字：

备注说明：正式评标时，须将上行"申请单位/项目组确认签字："替换为："技术评标人员签字："。

版本号：2013-01

附表 3-6　照明系统技术参数比较表

项目/所属单位名称：　　　　　　　　　　　　　　　采办申请编号：

项目内容/产品名称：　　　　　　　　　　　　　　　招标书编号：

	投标人/国别						
	制造商/国别						
	型　号						
	数　量						
招标文件要求		技术参数	评议	技术参数	评议	技术参数	评议
主要指标	投标文件的完整性	完整		完整		完整	
	项目组织机构：提供施工过程中的组织机构及主要相关人员简历	满足要求		满足要求		满足要求	
	质量管理体系及质量保证措施：提供相应的质量保证体系及质量保证措施文件。	满足要求		满足要求		满足要求	
	技术支持服务工作计划及执行方案：提供相应的技术支持服务工作计划及执行方案文件	满足要求		满足要求		满足要求	
	安全、健康环保管理体系及方案：提供安全、健康环保管理体系文件及方案文件	满足要求		满足要求		满足要求	
	供货计划及保障：提供计划及保障文件	满足要求		满足要求		满足要求	
普通荧光灯							
主要指标	类型：船用双管荧光灯						
	电压：220V AC						
	功率：2×40W						
	功率因数：>0.8						
	防护等级：IP44						
一般指标	镇流器类型						
	灯体材质						
	配接地端子						
	配成套的安装附件						
	配填料函						
普通荧光灯							
主要指标	类型：船用双管荧光灯						
	电压：220V AC						
	功率：2×40W						
	功率因数：>0.8						
	防护等级：IP23						

版本号：2013-01

附表 3－6　照明系统技术参数比较表（续）

	招标文件要求	技术参数	评议	技术参数	评议	技术参数	评议
一般指标	镇流器类型						
	灯体材质						
	配接地端子						
	配成套的安装附件						
	配填料函						
防爆荧光灯							
主要指标	类型：船用防爆双管荧光灯						
	电压：220V AC						
	功率：2×40W						
	功率因数：＞0.8						
防爆防护等级：ExdIIBT4 IP56							
一般指标	镇流器类型						
	灯体材质						
	配接地端子						
	配成套的安装附件						
	配黄铜防爆填料函						
防爆荧光灯（带电池）							
主要指标	类型：船用防爆双管荧光灯						
	电压：220V AC						
	功率：2×40W						
	功率因数：＞0.8						
	连续放电 60 分钟						
	防爆防护等级：ExdIIBT4 IP56						
一般指标	镇流器类型						
	灯体材质						
	配接地端子						
	配成套的安装附件						
	配黄铜防爆填料函						
防爆荧光灯（带电池）							
主要指标	类型：船用防爆双管荧光灯						
	电压：220V AC						
	功率：2×40W						
	功率因数：＞0.8						
	连续放电 60 分钟						
	防爆防护等级：ExdIICT4 IP56						

版本号：2013-01

附表 3-6　照明系统技术参数比较表（续）

	招标文件要求	技术参数	评议	技术参数	评议	技术参数	评议
一般指标	镇流器类型						
	灯体材质						
	配接地端子						
	配成套的安装附件						
	配黄铜防爆填料函						
	防爆型高压钠灯						
主要指标	类型：船用金属卤化物灯						
	电压：220V AC						
	功率：250W						
	功率因数：>0.8						
	防护等级：IP56						
	旋转程度						
一般指标	镇流器类型						
	灯体材质						
	配接地端子						
	密封圈材质						
	内部电线类型						
	配成套的安装附件						
	配黄铜防爆填料函						
主要指标	防爆接线盒						
	220V　20A						
	Ex "d" II BT4 IP56						
	四路出线						
一般指标	材质						
	配接地端子						
	配成套的安装附件						
	配黄铜防爆填料函						
主要指标	接线盒						
	220V　20A						
	IP44						
	四路出线						
一般指标	材质						
	配接地端子						
	配成套的安装附件						
	配填料函						

版本号：2013-01

附表 3-6　照明系统技术参数比较表（续）

	招标文件要求	技术参数	评议	技术参数	评议	技术参数	评议
主要指标	防爆单相插座						
	220V　20A						
	Ex "d" II BT4 IP56						
	1Ph-2-POLE，两线、三线两用型						
	配接地端子						
	配成套的安装附件						
	配黄铜防爆填料函						
主要指标	单相插座						
	220V　20A						
	IP44						
	1Ph-2-POLE，两线、三线两用型						
	配接地端子						
	配成套的安装附件						
	配黄铜防爆填料函						
供货范围	防爆荧光灯　142						
	双管荧光灯（IP44）　66						
	双管荧光灯（IP23）　36						
	防爆荧光灯　229						
	防爆荧光灯（电池间）　2						
	防爆泛光灯　76						
	防爆接线盒　25						
	接线盒　6						
	防爆插座　19						
	插座　36						
	所有照明系统安装附件、插件、工具、启动备件和调试备件、一年作业备件						
	结论						

1. "评议"栏中填写"接受"或"不接受"。

2. "结论"栏中填写"合格"或"不合格"。

3. 备注：工程和服务项目，本表可在根据招标文件调整后使用。

技术评标人员签字：

评标小组技术负责人：

版本号：2013-01

附表 3-7 电缆桥架技术参数比较表

项目/所属单位名称：　　　　　　　　　　　　　采办申请编号：

项目内容/产品名称：　　　　　　　　　　　　　招标书编号：

	投标人/国别						
	制造商/国别						
	型　号						
	数　量						
	招标文件要求	技术参数	评议	技术参数	评议	技术参数	评议
主要指标	投标文件的完整性	满足要求					
	项目组织机构：提供施工过程中的组织机构及主要相关人员的海洋工程结构施工简历	满足要求					
	质量管理体系及质量保证措施：提供相应的质量保证体系及质量保证措施文件。	满足要求					
	技术支持服务工作计划及执行方案：提供相应的技术支持服务工作计划及执行方案文件	满足要求					
	安全、健康环保管理体系及方案：提供安全、健康环保管理体系文件及方案文件	满足要求					
	供货计划及保障：提供计划及保障文件	满足要求					
关键技术指标	1. 类型	直通					
	2. 规格	1200 * 150 * 2000mm；1000 * 150 * 2000mm；800 * 150 * 2000mm；600 * 150 * 2000mm；400 * 150 * 2000mm；200 * 150 * 2000mm					
	3. 材质						
	1. 类型	弯通					
	2. 规格	1200 * 150mm；800 * 150mm；600 * 150mm；400 * 150mm；200 * 150mm					
	3. 材质						

版本号：2013-01

附表 3-7　电缆桥架技术参数比较表（续）

招标文件要求		技术参数	评议	技术参数	评议	技术参数	评议
关键技术指标	1. 类型	三通					
	2. 规格	1200 * 1200 * 1200 * 150mm； 1200 * 1000 * 1200 * 150mm； 1000 * 1000 * 1000 * 150mm； 1200 * 800 * 1200 * 150mm； 1000 * 800 * 1000 * 150mm； 800 * 1200 * 800 * 150mm； 800 * 800 * 800 * 150mm； 600 * 600 * 600 * 150mm； 400 * 400 * 400 * 150mm；					
	3. 材质	304					
一般技术指标	1. 满足的标准、规范	满足要求					
	2. 适用的环境条件	海洋环境					
	3. 设计寿命	30 年					
	表面防护处理	满足要求					
	4. 连接件技术指标（连接片、调宽片、调高片、调角片等）	满足要求					
	材质	304					
	配套安装附件	螺栓紧固件					
	5. 附件技术指标（压板、绝缘垫块等）	满足要求					
	材质						
	配套安装附件						
	6. 接地线技术指标	满足要求					
	规格	1 * 6mm² 1 * 16mm²； 1 * 70mm²					
	电压等级	0.6/1.0kV					
	外护套	满足要求					
	配套安装附件	配套安装附件					
供货范围	标书中要求的供货范围	满足要求					
	安装及调试备件	螺栓紧固件					
	标书要求提供的文件资料	满足要求					
结论							

1. "评议"栏中填写"接受"或"不接受"。

2. "结论"栏中填写"合格"或"不合格"。

3. 备注：工程和服务项目，本表可在根据招标文件调整后使用。

技术评标人员签字：

版本号：2013-01

附表 3-8 电缆技术参数比较表

项目/所属单位名称：　　　　　　　　　　　　　采办申请编号：

项目内容/产品名称：　　　　　　　　　　　　　招标书编号：

	投标人/国别								
	制造商/国别								
	型　号								
	数　量								
	招标文件要求	技术参数	评议	技术参数	评议	技术参数	评议	技术参数	评议
主要指标	投标文件的完整性								
标准体系及业绩	使用标准满足规格书要求								
	质量体系								
	海上项目两年以内稳定运行证明								
	船检机构工厂认证及产品证书								
变频电缆主要技术指标 / HOFR	电缆绝缘等级（1.8/3kV）								
	绝缘层：乙丙橡胶（EPR）								
	内护套：低烟无卤交联聚烃烯（PO）内护套 IEC60092-359								
	导体：镀锡软铜导体								
	铠　装：镀锌铜丝丝编织带								
	外护套：低烟无卤交联聚烃烯护套								
	使用寿命：25 年								
	电缆满足 B 类设备要求，并提供产品船检证书								
	护套、外护层以及辅助材料（包带及填充）全部或部分采用阻燃材料。缆芯中间应填充，确保成缆后外型应圆整。								
中压动力电缆一般技术指标	业绩在过去 2 年中，投标人应在中国境内至少成功供应了 2 台/套与本次招标货物相当的并在与本次招标货物运行环境相当的条件下稳定运行 2 年以上的货物，并提供用户证明。								
	每一滚筒电缆应为连续长度，中间不能有拼接。电缆端头应做防水处理，以防运输或户外贮存期间进水受潮。电缆滚筒应用板条封固								
	技术偏离表								
	质量体系文件								

版本号：2013-01

附表 3-8 电缆技术参数比较表（续）

	招标文件要求	技术参数	评议	技术参数	评议	技术参数	评议	技术参数	评议
低压动力电缆主要技术指标	FS	电缆绝缘等级（0.6/1kV）							
		导体：镀锡软铜导体							
		耐火层：云母带							
		绝缘层：交联聚乙烯（XLPE）或乙丙橡胶（EPR）							
		内护套：低烟无卤交联聚烯烃内护套							
		铠 装：镀锌钢丝编织带							
		外护套：低烟无卤交联聚烯烃护套							
		电缆满足 B 类设备要求，并提供产品船检证书							
		使用寿命：25 年							
	HOFR	电缆绝缘等级（0.6/1kV）							
		绝缘层：交联聚乙烯（XLPE）或乙丙橡胶（EPR）							
		内护套：低烟无卤交联聚烯烃内护套							
		导体：镀锡软铜导体							
		铠 装：镀锌钢丝编织带							
		外护套：低烟无卤交联聚烯烃护套							
		电缆满足 B 类设备要求，并提供产品船检证书							
		使用寿命：25 年							
		护套、外护层以及辅助材料（包带及填充）全部或部分采用阻燃材料。缆芯中间应填充，确保成缆后外型应圆整。							
低压动力电缆一般技术指标		业绩在过去 2 年中，投标人应在中国境内至少成功供应了 2 台/套与本次招标货物相当的并在与本次招标货物运行环境相当的条件下稳定运行 2 年以上的货物，并提供用户证明。							
		每一滚筒电缆应为连续长度，中间不能有拼接。电缆端头应做防水处理，以防运输或户外贮存期间进水受潮。电缆滚筒应用板条封固。							
		技术偏离表							
		质量体系文件							

版本号：2013-01

附表 3-8　电缆技术参数比较表（续）

招标文件要求		技术参数	评议	技术参数	评议	技术参数	评议	技术参数	评议
仪表电缆主要技术指标	FS	导线材料：镀锡软铜导体							
		电压等级：150/250V							
		防火层：云母带							
		绝缘层材料：交联聚乙烯（XLPE）或乙丙橡胶（EPR）							
		屏蔽泄漏线							
		内护套及填充材料：低烟无卤							
		铠装材料：镀锡钢丝编织							
		外护套材料：低烟无卤交联聚烯烃，聚烯烃或类似材料							
		电缆护套及滚筒标识							
		电缆外护套颜色及线芯颜色							
		电缆测试满足规格书要求							
		防火标准：IEC-60331							
		电缆满足 B 类设备要求，并提供产品船检证书							
		使用寿命：20 年							
	HOFR	导线材料：镀锡软铜导体							
		电压等级：150/250V							
		绝缘层材料：交联聚乙烯（XLPE）或乙丙橡胶（EPR）							
		内护套及填充材料：低烟无卤							
		铠装材料：镀锡钢丝编织							
		外护套材料：低烟无卤交联聚烯烃，聚烯烃或类似材料							
		电缆护套及滚筒标识							
		电缆外护套颜色及线芯颜色							
		电缆测试满足规格书要求							
		阻燃标准：IEC-60332-A							
		电缆满足 B 类设备要求，并提供产品船检证书							
		使用寿命：20 年							

版本号：2013-01

附表 3-8 电缆技术参数比较表（续）

招标文件要求		技术参数	评议	技术参数	评议	技术参数	评议	技术参数	评议
仪表电缆一般技术指标	业绩在过去 2 年中，投标人应在中国境内至少成功供应了 2 台/套与本次招标货物相当的并在与本次招标货物运行环境相当的条件下稳定运行 2 年以上的货物，并提供用户证明。								
	每一滚筒电缆应为连续长度，中间不能有拼接。电缆端头应做防水处理，以防运输或户外贮存期间进水受潮。电缆滚筒应用板条封固。								
	技术偏离表								
	质量体系文件								
通讯电缆主要技术指标	FS	导线材料：镀锡软铜导体							
		电压等级：150/250V							
		防火层：云母带							
		绝缘层材料：交联聚乙烯（XLPE）或乙丙橡胶（EPR）							
		内护套及填充材料：低烟无卤							
		铠装材料：镀锡钢丝编织							
		外护套材料：低烟无卤交联聚烯烃，聚烯烃或类似材料							
		电缆护套及滚筒标识							
		电缆外护套颜色及线芯颜色							
		电缆测试满足规格书要求							
		防火标准：IEC-60331							
		电缆满足 B 类设备要求，并提供产品船检证书							
		使用寿命：20 年							
	HOFR	导线材料：镀锡软铜导体							
		电压等级：150/250V							
		绝缘层材料：交联聚乙烯（XLPE）或乙丙橡胶（EPR）							
		内护套及填充材料：低烟无卤							
		铠装材料：镀锡钢丝编织							
		外护套材料：低烟无卤交联聚烯烃，聚烯烃或类似材料							
		电缆护套及滚筒标识							
		电缆外护套颜色及线芯颜色							
		电缆测试满足规格书要求							
		阻燃标准：IEC-60332-A							
		电缆满足 B 类设备要求，并提供产品船检证书							
		使用寿命：20 年							

版本号：2013-01

附表 3－8　电缆技术参数比较表（续）

招标文件要求		技术参数	评议	技术参数	评议	技术参数	评议	技术参数	评议
通讯电缆一般技术指标	业绩在过去 2 年中，投标人应在中国境内至少成功供应了 2 台/套与本次招标货物相当的并在与本次招标货物运行环境相当的条件下稳定运行 2 年以上的货物，并提供用户证明。								
	每一滚筒电缆应为连续长度，中间不能有拼接。电缆端头应做防水处理，以防运输或户外贮存期间进水受潮。电缆滚筒应用板条封固。								
	技术偏离表								
	质量体系文件								
供货范围	电气								
	仪表								
	通讯								
	其他								
结论									

1. "评议"栏中填写"接受"或"不接受"。

2. "结论"栏中填写"合格"或"不合格"。

3. 备注：工程和服务项目，本表可在根据招标文件调整后使用。

申请单位/项目组确认签字：

备注说明：正式评标时，须将上行"申请单位/项目组确认签字："替换为："技术评标人员签字："。

版本号：2013-01

附表3-9 现场仪表技术参数比较表

项目/所属单位名称：　　　　　　　　　　　　　采办申请编号：

项目内容/产品名称：　　　　　　　　　　　　　招标书编号：

	投标人/国别								
	制造商/国别								
	型号								
	数量								
	招标文件要求	技术参数	评议	技术参数	评议	技术参数	评议	技术参数	评议
压力表	主要指标								
	设备号：MDR-PI-6103、MDR-PI-6104、量程：0～1600kPa								
	表盘直径：150mm								
	材质：316SS								
	显示精度：1.6%								
	密封隔膜：膜片密封、工艺接口1/2寸NPTM								
	工艺接口：1/2″NPTM								
	填充硅油								
	一般指标								
	表阀，丝堵，材质：316SS								
	应有1.3倍的过量程保护；配316SS的标牌和位号								
压力开关	主要指标								
	设备号：MDR-PSL-6103，MDR-PSL-6104								
	可调范围：1.6MPaG								
	工艺接口：1/2″NPTM								
	电气连接：M20								
	电源：24VDC								
	开关类型：SPDT								
	一般指标								
	表阀，丝堵，材质：316SS								
	配316SS的标牌和标号，黄铜防爆填料函								
供货范围	所有现场仪表设备按照数据表的要求配相应填料函、丝堵、泄放阀、三阀组以及附属连接件、防虫网、散热设备、感压元件以及膜片材质等均满足数据表的相关要求								
结论									

1. "评议"栏中填写"接受"或"不接受"。

2. "结论"栏中填写"合格"或"不合格"。

3. 备注：工程和服务项目，本表可在根据招标文件调整后使用。

申请单位/项目组确认签字：

备注说明：正式评标时，须将上行"申请单位/项目组确认签字："替换为："技术评标人员签字："。

版本号：2013-01

附表 3－10　称重仪表技术参数比较表

项目/所属单位名称：　　　　　　　　　　　　　　采办申请编号：

项目内容/产品名称：　　　　　　　　　　　　　　招标书编号：

投标人/国别						
制造商/国别						
型　号						
数　量						
招标文件要求	技术参数	评议	技术参数	评议	技术参数	评议
投标文件的完整性						
业绩：新建海洋 7000m 钻机供货业绩。	业绩：新建海洋 7000m 钻机供货业绩。		业绩：新建海洋 7000m 钻机供货业绩。		业绩：新建海洋 7000m 钻机供货业绩。	
项目组织机构：提供施工过程中的组织机构及主要相关人员的海洋工程结构施工简历	项目组织机构：提供施工过程中的组织机构及主要相关人员的海洋工程结构施工简历		项目组织机构：提供施工过程中的组织机构及主要相关人员的海洋工程结构施工简历		项目组织机构：提供施工过程中的组织机构及主要相关人员的海洋工程结构施工简历	
技术支持服务工作计划及执行方案：提供相应的技术支持服务工作计划及执行方案文件	技术支持服务工作计划及执行方案：提供相应的技术支持服务工作计划及执行方案文件		技术支持服务工作计划及执行方案：提供相应的技术支持服务工作计划及执行方案文件		技术支持服务工作计划及执行方案：提供相应的技术支持服务工作计划及执行方案文件	
安全、健康环保管理体系及方案：提供安全、健康环保管理体系文件及方案文件	安全、健康环保管理体系及方案：提供安全、健康环保管理体系文件及方案文件		安全、健康环保管理体系及方案：提供安全、健康环保管理体系文件及方案文件		安全、健康环保管理体系及方案：提供安全、健康环保管理体系文件及方案文件	
供货计划及保障：提供计划及保障文件	供货计划及保障：提供计划及保障文件		供货计划及保障：提供计划及保障文件		供货计划及保障：提供计划及保障文件	

版本号：2013-01

附表 3-10　称重仪表技术参数比较表（续）

招标文件要求	技术参数	评议	技术参数	评议	技术参数	评议
主要指标						
设备号：MDR-LT-0502A 名称：导波雷达料位变送器						
服务位置：1号水泥散料罐						
测量范围：0～7m	测量范围： 0～7m		测量范围： 0～7m			
材质：316SS	材质：316SS		材质：316SS			
显示精度：0.25％	显示精度： 0.25％				＜0.1％	
安装位置：悬臂吊梁式						
输出信号：4～20mA/HART	4～20mA/ HART				4～20mA/ HART（两线）	
电气接口：M20	M20×1.5					
电压：24VDC	电压：24VDC				24VDC	
防护等级：IP56 防爆等级：ExdIIBT4	IP67 ExdiaIICT6		IP66		ExdIIBT4/ IP68	
应有1.3倍的过量程保护；配316SS的标牌和位号	防爆填料函及 不锈钢标牌					
设备号：MDR-LT-0502B 名称：导波雷达料位变送器						
服务位置：2号水泥散料罐						
测量范围：0～7m	测量范围： 0～7m		测量范围： 0～7m			
材质：316SS	材质：316SS		材质：316SS			
显示精度：0.25％	显示精度： 0.25％				＜0.1％	
安装位置：悬臂吊梁式						
输出信号：4～20mA/HART	输出信号： 4～20mA/ HART				4～20mA/ HART（两线）	
电气接口：M20	M20×1.5					
电压：24VDC	电压：24VDC				24VDC	
防护等级：IP56 防爆等级：ExdIIBT4	IP67 ExdiaIICT6		IP66		ExdIIBT4/ IP68	
应有1.3倍的过量程保护；配316SS的标牌和位号	防爆填料函及 不锈钢标牌					

灰罐

版本号：2013-01

附表 3-10　称重仪表技术参数比较表（续）

招标文件要求		技术参数	评议	技术参数	评议	技术参数	评议
灰罐	主要指标						
	设备号：MDR-LT-0502C 名称：导波雷达料位变送器						
	服务位置：3 号水泥散料罐						
	材质：316SS	材质：316SS					
	显示精度：0.25%	显示精度： 0.25%				<0.1%	
	测量范围：0～7m						
	安装位置：悬臂吊梁式						
	输出信号：4～20mA/HART	输出信号： 4～20mA/ HART				4～20mA/ HART（两线	
	防护等级：IP56 防爆等级：ExdIIBT4	IP67 ExdiaIICT6				ExdIIBT4/ IP68	
	电气接口：M20	M20×1.5					
	电压：24VDC	电压：24VDC				电压：24VDC	
	应有 1.3 倍的过量程保护；配 316SS 的标牌和位号	防爆填料函及不锈钢标牌					
	主要指标						
	设备号：MDR-LT-0503 名称：导波雷达料位变送器						
	服务位置：重晶石散料罐						
	材质：316SS	材质：316SS		材质：316SS			
	显示精度：0.25%	显示精度： 0.25%				<0.1%	
	测量范围： 0～7m	测量范围： 0～7m		测量范围： 0～7m			
	安装位置：悬臂吊梁式						
	输出：4～20mA HART 协议	输出： 4～20mA HART 协议				4～20mA/ HART（两线）	
	防爆防护：ExdIIBT4 IP56	IP67 ExdiaIICT6		IP66		ExdIIBT4/ IP68	
	电压：24VDC	电压：24VDC				电压：24VDC	
	电气接口：M20	M20×1.5					
	应有 1.3 倍的过量程保护；配 316SS 的标牌和位号，黄铜防爆填料函	防爆填料函及不锈钢标牌					

版本号：2013-01

附表 3 - 10　称重仪表技术参数比较表（续）

招标文件要求		技术参数	评议	技术参数	评议	技术参数	评议
灰罐	主要指标						
	设备号：MDR-LT-0504 名称：导波雷达料位变送器						
	服务位置：膨润土散料罐						
	材质：316SS	材质：316SS		材质：316SS			
	显示精度：0.25%	显示精度：0.25%				<0.1%	
	测量范围：0~7m	测量范围：0~7m		测量范围：0~7m			
	安装位置：悬臂吊梁式						
	输出：4~20mA HART 协议	输出：4~20mA HART 协议				4~20mA/HART（两线）	
	防爆防护：ExdIIBT4 IP56	IP67 ExdiaIICT6		IP66		ExdIIBT4/IP68	
	电压：24VDC	电压：24VDC				电压：24VDC	
	电气接口：M20	M20×1.5					
	应有 1.3 倍的过量程保护；配 316SS 的标牌和位号，黄铜防爆填料函	防爆填料函及不锈钢标牌					
缓冲罐	主要指标						
	设备号：WTT-0501 名称：指重变送器						
	测量范围：0~15t	0~15.3t		10t			
	最大承受重量：15300kg	15300kg					
	材质：316ss	材质：316ss		316L 不锈钢外壳			
	精度：1%	精度等级 C3					
	防护等级：IP56　ExdIIBT4	IP68 ExdiaIICT6		防护等级：IP56 ExdIICT4			
	输出：4~20mA HART 协议						
	电压：24VDC	激励电压 5VDC					
	电气接口：M20						
	应有 1.3 倍的过量程保护；配 316SS 的标牌和位号，黄铜防爆填料函						
结论							

1. "评议"栏中填写"接受"或"不接受"。

2. "结论"栏中填写"合格"或"不合格"。

3. 备注：工程和服务项目，本表可在根据招标文件调整后使用。

申请单位/项目组确认签字：

版本号：2013-01

附表 3-11 BOP 及控制系统技术参数比较表

项目/所属单位名称：　　　　　　　　　　　　　　　　采办申请编号：
项目内容/产品名称：BOP 及 BOP 控制系统采办　　　　招标书编号：

招标文件要求		技术参数	评议	技术参数	评议	技术参数	评议
投标人/国别							
制造商/国别							
型号							
数量							
主要指标	公司是否具有近 2 年海油系统内同类型钻机配套设备、设施生产业绩						
	项目组织机构：提供施工过程中的组织机构及主要相关人员的海洋工程结构施工简历						
	质量管理体系及质量保证措施：提供相应的质量保证体系及质量保证措施文件						
	技术支持服务工作计划及执行方案：提供相应的技术支持服务工作计划及执行方案文件						
	安全、健康环保管理体系及方案：提供安全、健康环保管理体系文件及方案文件						
	供货计划及保障：提供计划及保障文件						
	防喷器组一套						
	配置 13-5/8″ 5,000 psi 环形防喷器						
	配置 13-5/8″ 5,000 psi 单闸板防喷器（仿 CAMERON 结构）						
	13-5/8″ 5,000 psi 双闸板防喷器（要求仿 CAMERON 结构）						
	13-5/8″ 5,000 psi 钻井四通						
	试压芯轴 ：$3-1/2″$、$4-1/2″$、$5″5-1/2″$						
	防喷器试验单元 1 套						
	防喷器试压桩 1 套						
	防喷器升高管 1 套						
	防喷器控制单元 1 套（与防喷器配套）2 台电动泵、3 台气动泵						

版本号：2013-01

附表 3－11　BOP 及控制系统技术参数比较表（续）

招标文件要求	技术参数	评议	技术参数	评议	技术参数	评议
1. 单闸板防喷器工作压力 5,000psi，通径为 13-5/8″，手动锁紧； 2. 底部法兰连接，顶部栽丝连接，上、下钢圈槽为 BX-160，并堆焊 625 铬镍铁合金； 3. 2 个旁通孔工作压力为 5,000psi，通径为 3-1/8″，钢圈槽为 R35，栽丝连接，并配置盲板法兰和钢圈						
1. 双闸板防喷器工作压力 5,000psi，通径为 13-5/8″，手动锁紧； 2. 底部法兰连接，顶部栽丝连接，上、下钢圈槽为 BX-160，并堆焊 625 铬镍铁合金； 3. 4 个旁通孔工作压力为 5,000psi，通径为 3-1/8″，钢圈槽为 R35，栽丝连接并配置盲板法兰和钢圈						
钻井四通上装有 2 个 5,000psi 的液动平板阀，2 个 5,000psi 的手动平板阀和一个单向阀。法兰侧钢圈均为 R35，并堆焊 625 铬镍铁合金						
防喷器试压泵（气动），包括一台高压泵和一台低压泵，相关的控制阀门、仪表、记录仪及记录纸等，一根试压软管						
结论						

1. "评议" 栏中填写 "接受" 或 "不接受"。

2. "结论" 栏中填写 "合格" 或 "不合格"。

3. 备注：工程和服务项目，本表可在根据招标文件调整后使用。

申请单位/项目组确认签字：

版本号：2013-01

附表 3 - 12　柴油罐及空气罐技术参数比较表

项目/所属单位名称：　　　　　　　　　　　　　　　采办申请编号：

项目内容/产品名称：　　　　　　　　　　　　　　　招标书编号：

投标人						
招标文件要求	技术参数	评议	技术参数	评议	技术参数	评议
主要指标 柴油罐 罐体尺寸：2000×1800×2000 总撬尺寸：2500×2000×4000 容积：5m³ 设计压力：FW+2.7 设计温度：80℃ 罐体材质：Q235B 空气罐 罐尺寸：1400（ID）×1800 容积：3m³ 设计压力：1200kPaG 设计温度：75℃ 罐体材质：Q345R						
一般指标 柴油罐和空气罐设计寿命：25 年						
提供船检证书						
柴油罐： 法兰材质：16Mn 外螺栓螺母：35CrMoA/35（镀锌＋PT-FE） 内螺栓螺母：316SS						
空气罐： 法兰材质：16Mn 外螺栓螺母：35CrMoA/30 CrMoA（镀镉） 内螺栓螺母：35CrMoA/30 CrMoA（镀镉）						
供货范围 柴油罐 1 套						
空气罐 2 套						
结论						

1. "评议"栏中填写"接受"或"不接受"。

2. "结论"栏中填写"合格"或"不合格"。

3. 备注：工程和服务项目，本表可在根据招标文件调整后使用。

技术评标人员签字：

评标小组技术负责人：

备注说明：正式评标时，须将上行"申请单位/项目组确认签字："替换为："技术评标人员签字："。

版本号：2013-01

附表 3－13　高压泥浆泵技术参数比较表

项目/所属单位名称：　　　　　　　　　　　　　　采办申请编号：

项目内容/产品名称：　　　　　　　　　　　　　　招标书编号：

	投标人/国别				
	招标文件要求	技术参数	评议	技术参数	评议
主要指标	公司是否具有近 2 年海油系统内同类型 7000m 钻机配套设备、设施生产业绩				
	项目组织机构：提供施工过程中的组织机构及主要相关人员的海洋工程结构施工简历				
	质量管理体系及质量保证措施：提供相应的质量保证体系及质量保证措施文件				
	技术支持服务工作计划及执行方案：提供相应的技术支持服务工作计划及执行方案文件				
	安全、健康环保管理体系及方案：提供安全、健康环保管理体系文件及方案文件				
	供货计划及保障：提供计划及保障文件				
	1600 HP 的三缸单作用高压泥浆泵 4 台				
	最大排出压力：5000psi；				
	额定冲次 120spm；				
	额定功率：1600HP				
	额定冲程 ：≥12″				
	强制风冷，正压防爆，防护等级：IP44				
	绝缘等级（定子/转子）：H/H				
	2×600kW 电机				
一般指标	配备润滑油泵和电机				
	配备润喷淋泵和电机				
	风机要求带盐雾过滤器。并带有进口配对法兰和螺栓（螺栓要求数量为 200%）				
	7000psi 的压力表，带有法兰/管座				
	排出空气包，吸入空气包				
	链条传动箱				
	配悬臂吊及设备底座				

版本号：2013-01

附表 3-13　高压泥浆泵技术参数比较表（续）

招标文件要求		技术参数	评议	技术参数	评议
供货范围	交流电机、喷淋泵和电机、润滑油泵和电机、电机风机（带有进口配对法兰和螺栓）、盐雾过滤器、7000psi 的压力表，带有法兰/管座、排出空气包、吸入空气包、链条传动箱、1 年维修备件、专用工具、底座、悬臂吊、安装和维修的标准工具				
结论					

1. "评议"栏中填写"接受"或"不接受"。

2. "结论"栏中填写"合格"或"不合格"。

3. 备注：工程和服务项目，本表可在根据招标文件调整后使用。

申请单位/项目组确认签字：

版本号：2013-01

附表 3 - 14　提升与液压滑移系统技术参数比较表

项目/所属单位名称：　　　　　　　　　　　　　　　　采办申请编号：

项目内容/产品名称：提升系统和液压滑移系统采办　　　　招标书编号：

	投标人/国别						
	制造商/国别						
	型　号						
	数　量						
	招标文件要求	技术参数	评议	技术参数	评议	技术参数	评议
主要指标	井架参数（2套）： 额定钩载：450MT 绳系：12 钻井大绳直径：1-1/2″ 底部跨距：9.144m×9.144m 高度：天车台以下≥46m						
	天车参数（2套）： 额定最大钩载：450MT 滑轮数：7						
	转盘参数（2套）： 最大工作扭矩：32362 Nm 转盘开口尺寸：37-1/2″ 额定静载荷：5850kN 主补芯尺寸：适用37-1/2″钻盘						
	绞车参数（2套）： 额定功率：2000HP 最大静钩载：450MT 最大快绳拉力：485kN 游动系统绳数：12 两台交流变频电机 单台电机功率：约800kW 额定电压：600V 冷却方式：强制风冷 防护等级：IP44 绝缘等级：H/H						
	综合液压站（2套）： 工作压力 3000psi 两台液压油泵 防爆等级：ExdIIBT4 防护护等级：IP56						

版本号：2013-01

附表 3－14　提升与液压滑移系统技术参数比较表（续）

招标文件要求	技术参数	评议	技术参数	评议	技术参数	评议
死绳固定器参数（2套）：死绳最大拉力：410kN；钢丝绳直径：1-1/2″						
钻台面气动绞车参数（4套）：起重量：5MT；钢丝绳直径：19mm						
井口区域气动绞车参数（4套）：起重量：5MT；钢丝绳直径：19mm						
猫道气动绞车参数（2套）：起重量：5MT；钢丝绳直径：19mm						
载人气动绞车参数（2套）：起重量：1MT；钢丝绳直径：1/2寸						
BOP气动桁吊参数（4套）：起重量：单台25MT						
综合液压站（2套）：额定工作压力：3000psi；电机防爆/防护等级：Exd Ⅱ BT4，IP56；电机功率：2×45kW；最大流量：120L/min						
上部滑移系统参数（4套）：单缸最大拉力：195MT；行程：750mm；滑移速度：300mm/min						
下部滑移系统参数（4套）：单缸最大拉力：350MT；行程：750mm；滑移速度：300mm/min						
液压猫头（4套）：最大牵引力：160kN，牵引距离≥1620mm						
井架参数（2套）二层台容量：270MT；带二层台气动绞车，整体镀锌或喷铝后涂装防腐；						
游车参数（2套）：最大载荷：450MT；滑轮数量：6；钢丝绳直径：1-1/2″						
绞车参数（2套）配盐雾过滤器；配天车防碰装置；配盘刹液压站						
转盘参数（2套）：带盐雾过滤器；转盘补芯配齐；气动惯性刹车						
气动倒绳机及钢丝绳参数（2套）：钢丝绳直径：1-1/2″；倒绳机驱动方式：气动，带防雨罩，带支架撬座，钢丝绳容量：7000ft；						

（一般指标）

版本号：2013-01

附表 3－14　提升与液压滑移系统技术参数比较表（续）

招标文件要求	技术参数	评议	技术参数	评议	技术参数	评议
供货范围 井架总成、天车总成、游车、绞车、转盘、钻井大绳倒绳机、死绳锚、载人气动绞车、盘刹液压站单元、猫道气动绞车、综合液压站、滑移系统、液压猫头、钻台面气动绞车、BOP 气动绞车、BOP 气动桁吊						
结论						

1. "评议"栏中填写"接受"或"不接受"。

2. "结论"栏中填写"合格"或"不合格"。

3. 备注：工程和服务项目，本表可在根据招标文件调整后使用。

申请单位/项目组确认签字：

版本号：2013-01

附表 3 – 15　低压泥浆系统技术参数比较表

项目/所属单位名称：　　　　　　　　　　　　　　　　采办申请编号：

项目内容/产品名称：低压泥浆系统　　　　　　　　　　招标书编号：

	投标人						
	招标文件要求	技术参数	评议	技术参数	评议	技术参数	评议
主要指标	投标文件的完整性	完整		完整		完整	
	供货计划及保障： 供货计划及保障文件						
	泥浆罐： 容积：50m³ 尺寸：4800（L）×3800（W）×3100（H）						
	泥浆罐： 容积：10m³ 尺寸：2500（L）×1900（W）×3100（H）						
	泥浆混合泵： 功率：37kW 排量：180m³/h 排出压力：310kPaG						
	泥浆搅拌器： 功率：7.5kW						
	混合漏斗： 处理能力：180m³/h						
一般指标	项目组织机构： 提供施工过程中的组织机构						
	质量管理体系及质量保证措施：提供相应的质量保证体系及质量保证措施文件						
	技术支持服务工作计划及执行方案：提供相应的技术支持服务工作计划及执行方案文件						
	安全、健康环保管理体系及方案：提供安全、健康环保管理体系文件及方案文件						
	泥浆混合泵： 电源：380V　3PH　50Hz 扬程：31m 吸入口：6″ 150lb RF 排放口：5″ 150lb RF 防爆/防护/绝缘等级： ExdIIBT4/IP56/F						

版本号：2013-01

附表 3-15　低压泥浆系统技术参数比较表（续）

招标文件要求		技术参数	评议	技术参数	评议	技术参数	评议
一般指标	泥浆搅拌器： 电源：380V　3PH　50Hz 叶轮转速：60rpm 防爆/防护/绝缘/温升等级： ExdIIBT4/IP56/F/B						
	混合漏斗： 类型：文丘里 最小进口压头：31m 进口：5″ 150lb RF 出口：5″ 150lb RF						
供货范围	混合泵1台						
	搅拌器6台						
	混料漏斗1台						
	泥浆罐1套						
	1个斜梯（去泥浆罐顶）和4个竖梯						
	罐顶栏杆、扶手等						
	罐体内部管线及罐体外部接口短接						
	泥浆罐顶多泥浆返回槽						
	所有与招标方设备接口的配对法兰、密封垫片、螺栓、螺母和垫圈等						
	防护和涂漆						
	所有必需的启动和调试备件（包括初始润滑）						
	一年操作备件						
	所有必需的特殊工具						
	所有的检验和试验报告、证书						
	售后服务，包括培训、安装指导和现场调试等						
	所有文件图纸（包括安装、操作及维修手册、检验及试验报告、第三方证书、调试大纲、防爆证书等）						
结论							

1. "评议"栏中填写"接受"或"不接受"。

2. "结论"栏中填写"合格"或"不合格"。

3. 备注：工程和服务项目，本表可在根据招标文件调整后使用。

技术评标人员签字：

评标小组技术负责人：

备注说明：正式评标时，须将上行"申请单位/项目组确认签字："替换为："技术评标人员签字："。

版本号：2013-01

附表 3-16 司钻房及钻井仪表技术参数比较表

项目/所属单位名称：　　　　　　　　　　　　　　采办申请编号：

项目内容/产品名称：司钻房及钻井仪表　　　　　　招标书编号：

	投标人								
	招标文件要求	技术参数	评议	技术参数	评议	技术参数	评议	技术参数	评议
主要指标	投标文件的完整性								
	供货计划及保障： 提供计划及保障文件								
	司钻房体：A60 级 -不锈钢结构（涂装符合海洋标准，防火等级 A60）								
	司钻控制台、司钻角控台： 采用 316 不锈钢密闭的箱体，箱体防护等级为 NEMA 4X，箱体需防水，并装有密闭门								
	司钻房配置正压通风系统								
	空调： 防爆\冷暖型\分体壁挂式空调								
一般指标	质量管理体系及质量保证措施： 提供相应的质量保证体系及质量保证措施文件								
	司钻房体： -窗前配备护栏，并配两个刮雨器 -天窗配备防护网，以防从上部掉落的物体砸坏天窗 -隔音处理（外部声音达到最大85dBA 时，司钻房内部声音不能超过 65dBA） -墙壁、地板和天花板保温 -易冲洗油污和泥浆的防滑地板 -靠近室外设备的活动门窗材料为不锈钢，并且防水 -自闭式门配有的门栓在紧急情况下能自动开启，门的最小净尺寸为 1000×2300mm -窗户配备 15mm 以上夹层安全 A60防火玻璃 -室内配备正常和应急的照明灯各一盏 -配备至少 2 套复合插座 -吊耳具有整体提升司钻房的能力 -大体尺寸（L×W×H）：2800×3600×2800（mm）								

版本号：2013-01

附表 3－16　司钻房及钻井仪表技术参数比较表（续）

招标文件要求		技术参数	评议	技术参数	评议	技术参数	评议	技术参数	评议
供货范围	司钻房：1 套 -司钻房钢结构房体（带有舾装层） -司钻控制台 -司钻角控台 -正压通风系统 -空调（防爆） -所有文件图纸（包括安装、操作及维修手册、检验及试验报告、第三方证书、调试大纲、防爆证书等）								
	其它： -所有对外接口的配对法兰及配套的螺栓、螺母和垫片 -启动、调试和一年操作备件（包括初始润滑） -调试过程中初次填充的消耗品，如润滑油、滤芯、保险丝等 -维修专用工具 -防腐和涂装 -本请购单及其附件中要求的所有文件 -本请购单及其附件中要求的检验和试验								接受
结论									

1. "评议"栏中填写"接受"或"不接受"。
2. "结论"栏中填写"合格"或"不合格"。
3. 备注：工程和服务项目，本表可在根据招标文件调整后使用。

技术评标人员签字：

评标小组技术负责人：

备注说明：正式评标时，须将上行红字"申请单位/项目组确认签字："替换为："技术评标人员签字："。

版本号：2013-01

附表 3－17　拖链技术参数比较表

项目/所属单位名称：　　　　　　　　　　　　　采办申请编号：

项目内容/产品名称：拖链　　　　　　　　　　　招标书编号：

投标人						
招标文件要求	技术参数	评议	技术参数	评议	技术参数	评议
投标文件的完整性						
供货计划及保障： 提供计划及保障文件						
拖链材质： 拖链的材料要求选用不锈钢，链板、销轴、支撑板、压板、联结器要求为 316L						
链板厚度： 不低于 5mm						
WHPC 模块东西拖链： 长度：10300mm 行程：9000mm 弯曲半径（中心线）：1250mm 截面尺寸（宽×高）：1200mm×500mm						
WHPC 模块南北拖链： 长度：13600mm 行程：17200mm 弯曲半径（中心线）：1000mm 截面尺寸（宽×高）：1200mm×500mm						
WHPD 模块东西拖链： 长度：10300mm 行程：9000mm 弯曲半径（中心线）：1250mm 截面尺寸（宽×高）：1200mm×500mm						
WHPD 模块南北拖链： 长度：13600mm 行程：17200mm 弯曲半径（中心线）：1000mm 截面尺寸（宽×高）：1200mm×500mm						
WHPE 模块东西拖链： 长度：9500mm 行程：9000mm 弯曲半径（中心线）：1000mm 截面尺寸（宽×高）：1200mm×500mm						
WHPE 模块南北拖链： 长度：13600mm 行程：17200mm 弯曲半径（中心线）：1000mm 截面尺寸（宽×高）：1200mm×500mm						

主要指标

版本号：2013-01

附表 3-17 拖链技术参数比较表（续）

招标文件要求		技术参数	评议	技术参数	评议	技术参数	评议
一般指标	水平旋转支撑棒要求采用 PVC 外套						
	拖链头尾配安装固定板及安装固定螺栓						
	拖链上所有连接螺栓材质要求与拖链本体相同						
	拖链分区内需在布满设计的软管和电缆后留有 10%～15% 的空间，方便以后管线增加						
供货范围	WHPC 模块 1 套东西拖链和 1 套南北拖链 WHPD 模块 1 套东西拖链和 1 套南北拖链 WHPE 模块 1 套东西拖链和 1 套南北拖链						
结论							

1. "评议"栏中填写"接受"或"不接受"。

2. "结论"栏中填写"合格"或"不合格"。

3. 备注：工程和服务项目，本表可在根据招标文件调整后使用。

技术评标人员签字：

评标小组技术负责人：

备注说明：正式评标时，须将上行"申请单位/技术评标人员签字："替换为："技术评标人员签字："。

版本号：2013-01

附表 3 – 18　分体空调技术参数比较表

项目/所属单位名称：　　　　　　　　　　　　　　　　采办申请编号：

项目内容/产品名称：船用分体空调　　　　　　　　　　招标书编号：

	投标人/国别						
	招标文件要求	技术参数	评议	技术参数	评议	技术参数	评议
主要指标	投标文件的完整性						
	公司是否具有近 2 年海油系统内同类型钻机配套设备、设施生产业绩						
	供货计划及保障： 提供计划及保障文件						
	分体空调形式：船用 \ 风冷形式						
	防护等级： 所有室内机 \ 室外机：IP44 \ IP56						
	风量（WHPC \ WHPD）： MDR-SAC-5725：600m³/h MDR-SAC-5730：2600m³/h MDR-SAC-5750A/B/C/D：6000m³/h MDR-SAC-5755：600m³/h MDR-SAC-5760：800m³/h MDR-SAC-5765：800m³/h MDR-SAC-5770A/B/C/D：5000m³/h MDR-SAC-5701：3000m³/h						
	制冷量 \ 加热量（WHPC \ WHPD）： MDR-SAC-5725：4kW \ 5kW MDR-SAC-5730：14kW \ 6kW MDR-SAC-5750A/B/C/D：31kW \ 5kW MDR-SAC-5755：4kW \ 3kW MDR-SAC-5760：5kW \ 3.5kW MDR-SAC-5765：5kW \ 4kW MDR-SAC-5770A/B/C/D：27kW \ 4kW MDR-SAC-5701：16kW \ -						
	备件库、电气维修机、泥浆实验室和机修间的空调为壁挂式分体空调						
	泥浆实验室空调室内机要求防爆，防爆等级为 ExdⅡBT4						
	WHPD平台 MDR-SAC-5750A/B 空调室外机为顶出风形式						

版本号：2013-01

附表 3 - 18　分体空调技术参数比较表（续）

招标文件要求		技术参数	评议	技术参数	评议	技术参数	评议
一般指标	电制：380V \ 3PH \ 50Hz						
	室外机外壳材质为 SS316						
	所有空调设备的铭牌采用 SS316 材质						
	配齐内外机组之间的所有连接件及其安装附件						
	提供第三方船检证书						
	提供人员技术服务，配合完成现场安装调试						
供货范围	分体空调 27 套及内外机之间的连接附件						
结论							

1. "评议"栏中填写"接受"或"不接受"。

2. "结论"栏中填写"合格"或"不合格"。

3. 备注：工程和服务项目，本表可在根据招标文件调整后使用。

技术评标人员签字：

评标小组技术负责人：

备注说明：正式评标时，须将上行红字"申请单位/项目组确认签字："替换为："技术评标人员签字："。

版本号：2013-01

附表 3-19　风机技术参数比较表

项目/所属单位名称：　　　　　　　　　　　　　　　采办申请编号：
项目内容/产品名称：风机　　　　　　　　　　　　　招标书编号：

	投标人/国别								
	招标文件要求	技术参数	评议	技术参数	评议	技术参数	评议	技术参数	评议
	投标文件的完整性								
	供货计划及保障： 提供计划及保障文件								
主要指标	风机风量（WHPC \ WHPD）： MDR-BL-5710：2500m³/h MDR-BL-5715：15000m³/h MDR-BL-5716：14500m³/h MDR-BL-5720：33000m³/h MDR-BL-5721：32500m³/h MDR-BL-5725：200m³/h MDR-BL-5730：300m³/h MDR-BL-5735：5100m³/h MDR-BL-5736：5100m³/h MDR-BL-5740A \ B：1000m³/h MDR-BL-5745A \ B：13000m³/h MDR-BL-5746A \ B：12500m³/h MDR-BL-5750：400m³/h MDR-BL-5755：200m³/h MDR-BL-5760：300m³/h MDR-BL-5765：200m³/h MDR-BL-5770：400m³/h								
	风机静压（WHPC \ WHPD）： MDR-BL-5710：290Pa（G） MDR-BL-5715：290Pa（G） MDR-BL-5716：290Pa（G） MDR-BL-5720：290Pa（G） MDR-BL-5721：290Pa（G） MDR-BL-5725：100Pa（G） MDR-BL-5730：500Pa（G） MDR-BL-5735：400Pa（G） MDR-BL-5736：400Pa（G） MDR-BL-5740A \ B：400Pa（G） MDR-BL-5745A \ B：350Pa（G） MDR-BL-5746A \ B：350Pa（G） MDR-BL-5750：520Pa（G） MDR-BL-5755：100Pa（G） MDR-BL-5760：540Pa（G） MDR-BL-5765：100Pa（G） MDR-BL-5770：520Pa（G）								

版本号：2013-01

附表 3-19 风机技术参数比较表（续）

招标文件要求		技术参数	评议	技术参数	评议	技术参数	评议	技术参数	评议
主要指标	风机功率（WHPC＼WHPD）： MDR-BL-5710：1.1kW MDR-BL-5715：3kW MDR-BL-5716：3kW MDR-BL-5720：7.5kW MDR-BL-5721：7.5kW MDR-BL-5725：0.12kW MDR-BL-5730：0.75kW MDR-BL-5735：2.2kW MDR-BL-5736：2.2kW MDR-BL-5740A＼B：1.5kW MDR-BL-5745A＼B：3kW MDR-BL-5746A＼B：3kW MDR-BL-5750：0.75kW MDR-BL-5755：0.12kW MDR-BL-5760：1.5kW MDR-BL-5765：0.12kW MDR-BL-5770：0.75kW								
	风机防护等级：IP56								
	风机材质：外壳：Q235B＋涂层；叶轮叶片轴：SS316								
	暖风机制热量（WHPC＼WHPD）： MDR-HF-5710：20kW MDR-HF-5740：10kW MDR-HF-5205A：21kW MDR-HF-5205B：21kW MDR-HF-5205D：21kW MDR-HF-5205G：21kW MDR-HF-5205H：21kW MDR-HF-5205I：21kW								
	暖风机制热型式（WHPC＼WHPD）： MDR-HF-5710：电加热 MDR-HF-5740：电加热 MDR-HF-5205A：蒸汽加热 MDR-HF-5205B：蒸汽加热 MDR-HF-5205D：蒸汽加热 MDR-HF-5205G：蒸汽加热 MDR-HF-5205H：蒸汽加热 MDR-HF-5205I：蒸汽加热								

版本号：2013-01

附表 3-19　风机技术参数比较表（续）

招标文件要求		技术参数	评议	技术参数	评议	技术参数	评议	技术参数	评议
主要指标	防爆要求（WHPC \ WHPD）： MDR-BL-5740A/B：Exd Ⅱ CT4 MDR-BL-5760：Exd Ⅱ BT4 MDR-HF-5740：Exd Ⅱ CT4 MDR-HF-5205G：Exd Ⅱ BT4 MDR-HF-5205H：Exd Ⅱ BT4 MDR-HF-5205I：Exd Ⅱ BT4								
	暖风机防护等级要求： MDR-HF-5710/5740 为 IP44，其余为 IP56								
一般指标	所有风机电制：380V \ 3PH \ 50Hz								
	提供离心风机与风管之间的挠性软连接 （三防帆布，L＝150mm），轴流风机与 风管之间的膨胀节（SS316，L＝250）								
	暖风机 MDR-HF-5710/5740 为悬挂式， 其余垂直安装，分三档（至少）控制								
	按招标文件要求配齐其他所有附件								
	提供第三方船检证书								
	提供人员技术服务，配合完成现场安装 调试								
供货范围	提供招标文件要求的所有货物								
结论									

1. "评议"栏中填写"接受"或"不接受"。

2. "结论"栏中填写"合格"或"不合格"。

3. 备注：工程和服务项目，本表可在根据招标文件调整后使用。

技术评标人员签字：

评标小组技术负责人：

备注说明：正式评标时，须将上行"申请单位/技术评标人员签字："替换为："技术评标人员签字："。

版本号：2013-01

附表 3-20　风机风闸技术参数比较表

项目/所属单位名称：　　　　　　　　　　　　　　　　　采办申请编号：

项目内容/产品名称：风机风闸　　　　　　　　　　　　　招标书编号：

	投标人									
	招标文件要求	技术参数	评议	技术参数	评议	技术参数	评议	技术参数	评议
主要指标	供货计划及保障： 提供计划及保障文件								
	风机类型：离心风机								
	风机防护等级：IP56								
	所有风闸控制开关和指示盒防护等级：IP56								
	提供第三方船检证书								
	MDR-BL-5701 风机防爆等级：ExdI-IBT4								
	MDR-FDA-5701/5702 风闸指示盒和控制开关防爆等级：ExdIIBT4								
一般指标	风机风量 \ 功率： MDR-BL-5701：450m³/h \ 0.12kW MDR-BL-5702：365m³/h \ 0.06kW MDR-BL-5703：900m³/h \ 0.55kW MDR-BL-5704：270m³/h \ 0.06kW MDR-BL-5705：700m³/h \ 0.55kW MDR-BL-5706：270m³/h \ 0.06kW								
	风机旋向： MDR-BL-5701：左旋180° MDR-BL-5702：右旋180° MDR-BL-5703：左旋180° MDR-BL-5704：右旋180° MDR-BL-5705：左旋180° MDR-BL-5706：左旋180°								
	防火风闸尺寸： MDR-FDA-5701：100×130 L=320 MDR-FDA-5702：100×130 L=320 MDR-FDA-5703：100×130 L=320 MDR-FDA-5704：100×130 L=320 MDR-FDA-5705：240×300 L=320 MDR-FDA-5706：240×300 L=320 MDR-FDA-5707：80×120 L=320 MDR-FDA-5708：80×120 L=320 MDR-FDA-5709：120×210 L=320 MDR-FDA-5710：120×210 L=320 MDR-FDA-5711：100×130 L=320 MDR-FDA-5712：100×130 L=320								

版本号：2013-01

附表 3 - 20　风机风闸技术参数比较表（续）

招标文件要求		技术参数	评议	技术参数	评议	技术参数	评议	技术参数	评议
一般指标	防火风闸防火等级： MDR-FDA-5701：A60 MDR-FDA-5702：A60 MDR-FDA-5703：A60 MDR-FDA-5704：A60 MDR-FDA-5705：A0 MDR-FDA-5706：A60 MDR-FDA-5707：A0 MDR-FDA-5708：A0 MDR-FDA-5709：A0 MDR-FDA-5710：A0 MDR-FDA-5711：A0 MDR-FDA-5712：A60								
	重力风闸尺寸： MDR-GDA-5701：100×130 L=100 MDR-GDA-5702：100×130 L=100 MDR-GDA-5703：800×130 L=100 MDR-GDA-5704：120×210 L=100 MDR-GDA-5705：100×130 L=100 MDR-GDA-5706：240×300 L=100								
	风机内部叶轮、叶片和轴的材质：SS316								
	风闸外壳材质：1Cr13								
	风闸指示盒材质：316L								
供货范围	离心风机：6 台 防火风闸：12 个 重力风闸：6 个								
结论									

1. "评议"栏中填写"接受"或"不接受"。

2. "结论"栏中填写"合格"或"不合格"。

3. 备注：工程和服务项目，本表可在根据招标文件调整后使用。

技术评标人员签字：

评标小组技术负责人：

备注说明：正式评标时，须将上行"申请单位/技术评标人员签字："替换为："技术评标人员签字："。

版本号：2013-01

附表 3-21 井口工具技术参数比较表

项目/所属单位名称：　　　　　　　　　　　　　　采办申请编号：

项目内容/产品名称：井口工具　　　　　　　　　　招标书编号：

投标人/国别								
制造商/国别								
型号								
数量								
招标文件要求	技术参数	评议	技术参数	评议	技术参数	评议	技术参数	评议
主要指标 投标文件的完整性								
供货计划及保障：提供计划及保障文件								
钻杆卡瓦：5″								
钻杆卡瓦：5-1/2″								
钻铤卡瓦：4-1/2″～6″								
钻铤卡瓦：5-1/2″～7″								
钻铤卡瓦：6-3/4″～8-1/4″								
钻铤卡瓦：8-1/2″～10″								
安全卡瓦：4-1/2″～5-5/8″								
安全卡瓦：5-1/2″～7″								
安全卡瓦：6-3/4″～8-1/4″								
安全卡瓦：9-1/4″～10-1/2″								
钻杆吊卡：5″18°×450T								
钻杆吊卡：5-1/2″18°×450T								
钻铤吊卡：6-1/2″								
钻铤吊卡：8″								
液压大钳：最大扭矩 100kN-m 适用管径 3-1/2″～8″								
吊钳：扭矩 75kN-m，3-1/2″～13-3/8″								
一般指标 链钳：36″								
链钳：48″								
护丝：630，铁质								
护丝：730，铁质								
护丝：411，铁质								
护丝：4A10，铁质								
防喷盒：5″DP，带相应密封及回流管								
防喷盒：5-1/2″DP，带相应密封及回流管								

版本号：2013-01

附表 3 – 21   井口工具技术参数比较表（续）

招标文件要求		技术参数	评议	技术参数	评议	技术参数	评议	技术参数	评议
供货范围	以下为单套钻机供货范围：								
	钻杆卡瓦：5″，5-1/2″，各 1 套；SDXL 型								
	钻铤卡瓦：4-1/2″ ～ 5-3/4″，5-1/2″ ～ 7″，6-3/4″ ～ 8-1/4″，8-1/2″ ～ 10″ 各 1 套；DCS-R 型								
	安全卡瓦：4-1/2″ ～ 5-5/8″，5-1/2″ ～ 7″，6-3/4″ ～ 8-1/4″，9-1/4″ ～ 10-1/2″ 各 1 套；MP-R 型								
	钻杆吊卡：5″，5-1/2″各 1 套；DDZ 型								
	钻铤吊卡：6-1/2″，8″，各 1 套；DD 型								
	防喷盒：5″，5-1/2″，各 1 套；								
	液压大钳：1 套；								
	吊钳：2 付；DB 型								
	护丝：730，630，4A10 各 1 套，411，HT55PIN 各 2 套								
	链钳：36″，48″各 2 付								
结论									

1. "评议"栏中填写"接受"或"不接受"。
2. "结论"栏中填写"合格"或"不合格"。
3. 备注：工程和服务项目，本表可在根据招标文件调整后使用。

申请单位/项目组确认签字：

备注说明：正式评标时，须将上行"申请单位/技术评标人员签字："替换为："技术评标人员签字："。

版本号：2013-01

附表 3-22　消防安全设备技术参数比较表

项目/所属单位名称：　　　　　　　　　　　　采办申请编号：

项目内容/产品名称：　　　　　　　　　　　　招标书编号：

	投标人								
	招标文件要求	技术参数	评议	技术参数	评议	技术参数	评议	技术参数	评议
主要指标	投标文件的完整性								
	供货计划及保障： 供货计划满足招标文件要求								
	手提式干粉灭火器：8kg								
	手提式二氧化碳灭火器：5kg								
	推车式干粉灭火器：35kg								
	灭火器箱：不锈钢								
	灭火器架：不锈钢								
	FM200 撬：撬体尺寸限于 4000mm×3000mm×3000mm（LXWXH） WO-X-6201：七氟丙烷瓶组 70L×10，5 主用瓶，5 备用瓶 WO-X-6202：七氟丙烷瓶组 70L×2，1 主用瓶，1 备用瓶								
一般指标	手提式干粉灭火器： 灭火剂：磷酸铵盐 灭火级别：4A，144B：C 有效释放范围：不小于 5m								
	手提式二氧化碳灭火器： 灭火剂：二氧化碳 灭火级别：34B：C								
	推车式干粉灭火器： 灭火剂：磷酸铵盐 灭火等级：65B：C 配防雨罩和一条长 15m 直径 Φ25mm 的软管								
	灭火器箱厚度：不小于 2mm 厚的不锈钢								
	灭火器架厚度：不小于 2mm 厚的不锈钢								
	消防水软管站： 包括 GRP 或不锈钢箱、20m 高压橡胶软管、16mm 铜质喷枪等 接口尺寸：1 1/2″ 操作压力：不低于 350kPaG								
	防火毯：不含石棉，展开时的尺寸约为 1.0m ×2.0m								
	洗眼站：最小的工作压力应能达到 200kPaG，满足 ANSI Z358.1								

版本号：2013-01

附表 3－22　消防安全设备技术参数比较表（续）

招标文件要求		技术参数	评议	技术参数	评议	技术参数	评议	技术参数	评议
一般指标	EEBD 紧急逃生呼吸装置： EEBD 至少能提供 10 分钟的持续使用时间；应包括一具合适的头罩或全面罩用于在逃生期间为眼睛、鼻子和嘴提供保护，头罩和面罩使用防火材料制成，并应包括一扇清洁明亮观察窗								
	FM200 撬： 总管汇材质：无缝钢管，内外镀锌 释放管材质：无缝钢管，内外镀锌 控制管材质：高压紫铜管 所有橇内管线焊接部分应做 100% RT 无损探伤试验 撬内开关、电磁阀、接线盒等防护等级：IP56								
	安全标识牌：配齐安装附件								
供货范围	手提式干粉灭火器：46 个 手提式 CO_2 灭火器：12 个 推车式干粉灭火器：2 个 灭火器箱体：19 只 灭火器架：10 只 消防水软管站：2 套 防火毯：5 张 洗眼站：2 个 EEBD 紧急逃生呼吸装置：5 个 FM200 撬：1 个 安全标识牌：76 个及安装附件								
结论									

1. "评议"栏中填写"接受"或"不接受"。

2. "结论"栏中填写"合格"或"不合格"。

3. 备注：工程和服务项目，本表可在根据招标文件调整后使用。

技术评标人员签字：

评标小组技术负责人：

备注说明：正式评标时，须将上行"申请单位/技术评标人员签字："替换为："技术评标人员签字："。

版本号：2013-01

附表 3-23 门窗舾装板技术参数比较表

项目/所属单位名称：　　　　　　　　　　　　　　　采办申请编号：

项目内容/产品名称：门窗舾装板　　　　　　　　　　招标书编号：

	投标人				
	招标采参要求	技谳谂数	技谳谂数	技谳谂数	评议
主要指标	供货计划及保障： 提供计划及保障文件				
	门材质： 门框表面要求使用不小于 1.5mm 厚 316L 不锈钢，门扇表面要求使用不小于 1.2mm 厚 316L 不锈钢				
	门性能要求：风雨密				
	门防火等级： 各门防火等级与招标清单要求的防火等级一致				
	舾装板： 复合岩棉壁板和天花板两面需安装不低于 0.7mm 厚的镀锌钢板，可视面需贴有 PVC 保护膜				
	投标方需提供门、舾装板安装所需的全部附件（包括但不限于天槽、地槽、踢脚板、包边、吊挂件、嵌条等），保证门和舾装板顺利安装。				
	投标方需按招标方要求派技术人员到招标方建造场地，为门和舾装板安装提供技术支持和指导				
一般指标	门： 单开门提供闭门器，移门提供止门器				
	门： 所有舱室门锁都需要配备万能钥匙和单独的钥匙；万能钥匙需提供三把；所有的钥匙都配备钥匙铭牌				
	门： 所有门都需要安装铭牌显示房间号和房间名称				
	舾装板 复合岩棉壁板和天花板内部岩棉密度不小于 140kg/m³				
	检修门： 供货范围包括 4 个 400×400 的检修门，检修门技术要求同天花板，检修门需要配门锁				
	所有门和舾装板提供船检证书				

版本号：2013-01

附表 3-23　门窗舾装板技术参数比较表（续）

招标文件要求		技术参数	评议	技术参数	评议	技术参数	评议	技术参数	评议
供货范围	A0 级 2000×900 防火门 6 扇 A60 级 2000×900 防火门 3 扇 A0 级 1800×3000 防火移门 1 扇 A60 级 1800×3000 防火移门 1 扇 复合岩棉天花板：47m² 复合岩棉壁板：116m² 检修门：4 个 400×400 检修门								
结论									

1. "评议"栏中填写"接受"或"不接受"。

2. "结论"栏中填写"合格"或"不合格"。

3. 备注：工程和服务项目，本表可在根据招标文件调整后使用。

技术评标人员签字：

备注说明：正式评标时，须将上行"申请单位/技术评标人员签字："替换为："技术评标人员签字："。

版本号：2013-01

附表 3-24　阀门技术参数比较表

项目/所属单位名称：　　　　　　　　　　　　　　　采办申请编号：

项目内容/产品名称：阀门　　　　　　　　　　　　　招标书编号：

投标人/国别						
制造商/国别						
型　号						
数　量						
招标文件要求		技术参数	评议	技术参数	评议	技术参数	评议
主要指标	球阀参数						
	尺寸：1/2″、3/4″、1″、1 ½″、2″、2½″、3″						
	材质：Nickel Alluminum Bronze/Monel/Monel& RPTFE/Monel；A182 F316L/316L S. S/316L S. S &stellite/316S. S；A105/316L S. S/316L S. S &stellite/316S. S；316 S. S/316L S. S/316L S. S &stellite/316S. S；A216 Gr WCB/316L S. S/316L S. S &stellite/316S. S；						
	压力等级：150LB、800LB、3000psi						
	端面形式：NPT、SW、SW×NPT、RF						
一般指标	规范/标准：ASME B16.34、API 608						
主要指标	闸阀参数						
	尺寸：1/2″、3/4″、1″、1 ½″、2″、4″、6″、8″、10″						
	材质：A105/316L S. S/316L S. S &stellite/316S. S；A182 F316/316L S. S/316L S. S &stellite/316S. S；A216 Gr WCB/316L S. S/316L S. S &stellite/316S. S；						
	压力等级：150LB、800LB						
	端面形式：RF、SW、SW×NPT、NPT						
一般指标	规范/标准：ASME B16.34、API STD 602						
主要指标	单向阀参数						
	尺寸：1″、2 ″、3″、8″						
	材质：A216 GrWCB/316L S. S/316LS. S& Stellite						
	压力等级：150LB						
	端面形式：RF						

版本号：2013-01　　　　附表 3-24　阀门技术参数比较表（续）

招标文件要求		技术参数	评议	技术参数	评议	技术参数	评议
一般指标	规范/标准：ASME B16.34						
主要指标	针阀参数						
	尺寸：1/2″						
	材质：A182 F316/316L S.S/316L S.S &Delrin/316 S.S						
	压力等级：6000psi						
	端面形式：RF						
一般指标	规范/标准：ASME B16.34						
主要指标	排气阀参数						
	尺寸：1″						
	材质：碳钢						
	压力等级：150LB						
	端面形式：RF						
一般指标	规范/标准：ASME B16.34						
供货范围	料单中的所有阀门及阀门附属手柄，手轮，锁具等，其他配件（如果需要）及所有检查、测试报告，证书以及与安装、操作有关的文件等。						
结论							

1. "评议"栏中填写"接受"或"不接受"。
2. "结论"栏中填写"合格"或"不合格"。
3. 备注：工程和服务项目，本表可在根据招标文件调整后使用。

申请单位/项目组确认签字：

附录四 SAP 物料编码申请流程及注意事项

1.SAP 物料编码的相关流程

首先，确认申报数据应在 A43 大类的物资分类属性模板中，确定需要申请物料编码的采办物资所属的大类、中类以及小类，将采办物资与其所属的物料组对号入座；

然后，严格按照采办物资所属物料组的物资分类属性模板的说明和要求，填写该物料组的物料主数据创建导入模板；

第三，按照提报要求，在物料主数据创建导入模板中填入物料类型、物料组、旧物料号和提报单位等；

最后，认真检查所填内容，确保无错误、无漏项之后方可提报物料主数据的申请工单。

2.SAP 物料编码的注意事项

在物资分类属性模板中，每个物料组都附有具体的分类说明，用以明确此物料组的具体涵盖范畴，帮助使用者将采办物资正确归类。

①应注意确认各专业常用的基本单位。例如：机、管、电专业采办物资常用的基本单位有：EA、M、M2、KG、TO、SET 等。具体要求应以相应物料组的物资分类属性模板中的说明为准。

②应注意物资名称属性的写法：物资名称尽量从属性值列表中选择一个与采办物资贴合的名称，如果列表中有"手工输入"字样，也可以按照相关规范选用标准名称，要注意的是应该采用中英文简写。具体要求应以相应物料组的物资分类属性模板中的说明为准。

③应注意公称压力公称尺寸的写法及二者之间的匹配性：公制用 DN 和后跟无因次的整数数字组成，无计量单位。采用 Ⅱ 系列尺寸的，应在公称尺寸 DN 的数值后标记"Ⅱ"以示区别，中间不用空格连接。采用 Ⅰ 系列尺寸的，则默认在公称尺寸 DN 的数值后不标记；美标用 NPS 和后跟无因次的整数数字或者分数组成，分数的整数部分与分数部分用空格隔开，无计量单位。具体要求应以相应物料组的物资分类属性模板中的说明为准。公制用 PN 加数字加单位的格式表示，单位按制造标准上的压力单位 MPa 或 bar 进行标注（用 MPa 作为单位时数字保留一位小数）；美标公称压力为 Class（磅级），用简写 CL 加数字表示；公称压力单位为 psi 时，用数字加 psi 的格式表示。具体要求应以相应物料组的物资分类属性模板中的说明为准。两者的匹配性，即国标用 DN 与 PN，美标用 NPS 与 CL 或 psi，不可采用国标与美标写法交叉的形式。

④应注意材质属性的写法：由材料标准号和材料牌号组成，中间用空格连接。ASTM

标准不标注"ASTM"、"Gr."以及"UNS"等字样。国内标准的材质不需要填写国标的年代号,而且有时要求在管制件或端部连接形式仅为对焊(BW)时填写材料标准号和材料牌号,有时要求不用填写材料标准号只填写材料牌号即可。具体要求应以相应物料组的物资分类属性模板中的说明为准。

⑤应注意参照标准属性的写法:参照标准即该类物资设计制造所遵循的标准。对于参照标准有值列表的,尽量选择使用。如模板中没有的标准,应正确填写执行标准。具体要求应以相应物料组的物资分类属性模板中的说明为准。

⑥应注意其他属性的写法:除以上列举出来的一些通用属性,还有像弯头弯曲角度属性、弯头曲率半径属性、法兰密封面属性等等其他物资的特有属性,具体要求应以该采办物资所属相应物料组的物资分类属性模板中的说明为准。

⑦应注意在物资分类属性模板中,前置符号列表、后置符号列表和属性计量单位值列表中若有列举出来的值列表,填写物料主数据创建导入模板时应按实际所需与模板要求选用填写。在物资分类属性模板中,连接符号列表中若为"\"则不需填写,若为其他符号,则在填写主数据创建导入模板时注意不要遗漏。

⑧应注意填写物料主数据创建导入模板时,所填属性应按照模板要求填写,不要带多余的符号、字母或空格。